DORN ■ BADER

Physik 9

Gymnasium | Bayern

Schroedel
westermann

DORN . BADER

Physik 9 Gymnasium
Bayern

Herausgegeben von
Dr. Christian Gleixner

Begründet von
Prof. Dr. Franz Bader †, Prof. Friedrich Dorn †

Bearbeitet von
Dr. Christian Gleixner
Gerwald Heckmann
Dr. Thomas Kunzl
Anja Lohrer
Monika Nürnberger
Antonia Öhrlein
Dr. Peter Patalong
Susanne Schmitter
Peter Spießl

westermann GRUPPE

Druck A[1] / Jahr 2021
Alle Drucke der Serie A sind inhaltlich unverändert.

Redaktion: Dr. Ulrich Kilian, science & more redaktionsbüro
Illustrationen: BC GmbH Verlags- und Medien-, Forschungs- und Beratungsgesellschaft, Konrad Eyferth, Dr. Christian Gleixner, Dr. Ulrich Kilian, Lithos, newVISION! GmbH
Druck und Bindung: Westermann Druck GmbH, Georg-Westermann-Allee 66, 38104 Braunschweig

ISBN 978-3-507-11818-8

Inhaltsverzeichnis

Inhaltsverzeichnis

3 Licht und Atome

4 Temperatur und Druck

Energie und Klima
5

Profilbereich am NTG
6

Inhaltsverzeichnis

Inhaltsverzeichnis

Kapitel 5: Energie und Klima

Schülerversuche

Kompetenz- und Methodenkästen

Beispielaufgaben

Lernaufgaben

Sachtexte

Exkurse, Projekte

Kapitel 6: Profilbereich am NTG

Kompetenz- und Methodenkästen

Sachtexte

Projekte, Forsche selbst

Dein Physikbuch – eine kurze Gebrauchsanweisung

Inhaltsverzeichnis und Stichwortverzeichnis – Das **Inhaltsverzeichnis** befindet sich am Anfang des Buches. Du kannst dir hier einen Überblick über die Einteilung des Buches in Kapitel und Unterkapitel verschaffen. Zudem siehst du schon, welche Inhalte auf welchen Seiten behandelt werden.

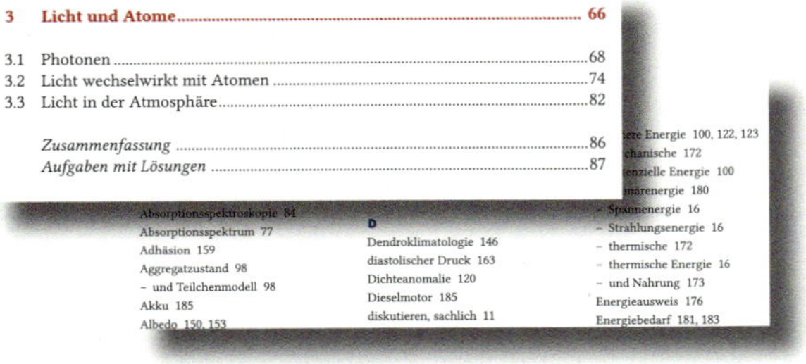

Das **Stichwortverzeichnis** findest du am Ende des Buches. Du solltest es benutzen, wenn du gezielt nach einem Begriff suchst, z. B. „Photon“. Im Stichwortverzeichnis sind *alphabetisch sortiert* die wichtigen Begriffe aufgeführt, die im Buch verwendet werden. Auf den jeweils angegebenen Seiten findest du dann passende Informationen zum gesuchten Begriff.

Profilbereich – Wenn du Schülerin oder Schüler eines *naturwissenschaftlich-technologischen Gymnasiums* bist, hast du so genannte Profilstunden. In diesen vertiefst du deine Kompetenzen, vor allem im experimentellen Bereich. Informationen und Anregungen dazu findest du in **Kapitel 6**.

Anhang – Dieser Teil am Buchende ist ein *Mini-Lexikon* mit einer Übersicht über physikalische Größen und Formeln sowie Hilfsmittel zum Lösen von Aufgaben. Dazu gehören z. B. *Tabellen* (z. B. „spezifische Wärmekapazität“) und eine Liste von nützlichen *Symbolen* (z. B. elektrische Schaltzeichen).

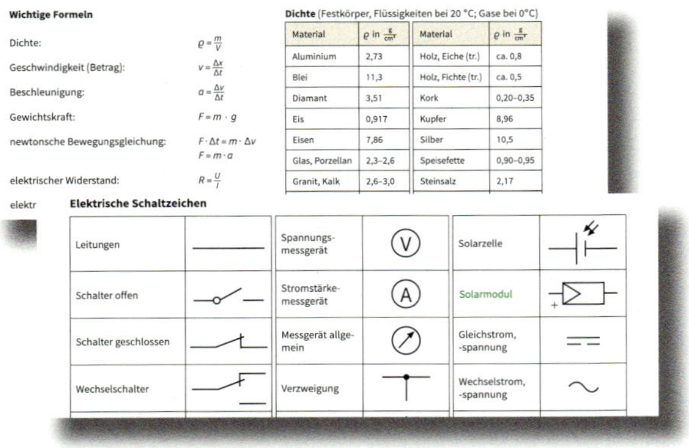

Aufbau des Buches – Das findest du im Buch:

- **Nummerierte Kapitel** zeigen dir auf den Titelseiten eine Zusammenfassung davon, was dich erwartet.

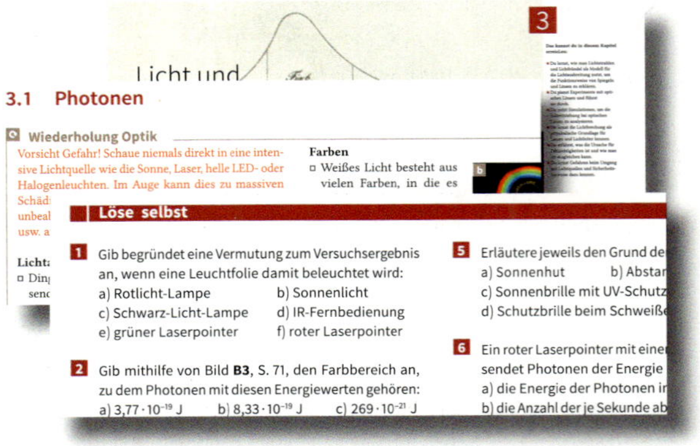

Nummerierte Unterkapitel enthalten zusammengehörige Informationen aus dem jeweiligen Themenbereich. Sie sind durch **Spitzmarken** in einzelne Textabschnitte untergliedert.

- **Übungsaufgaben** findest du am Ende der Unterkapitel. Du erkennst sie an der Überschrift „Löse selbst“. Manche Aufgaben sind markiert:
  - ↗ Diese Aufgabe benötigt etwas mehr Zeit oder sie ist etwas schwieriger.
  - ↑ Hier wird deutlich mehr Zeit als bei normalen Aufgaben benötigt oder sie ist sehr schwierig.
  - 👥 Hier arbeitest du zu zweit oder als Gruppe.
  - **H** Heimexperimente kannst du auch selbst leicht zuhause durchführen.

- Eine **Zusammenfassung** des Kapitels (Symbol: **!**) sowie **Aufgaben mit Lösungen** (Symbol: 🔑) auf den *zwei letzten Seiten eines Kapitels* helfen dir, dein Wissen und Können zu überprüfen. Die Lösungen der Aufgaben findest du ab Seite 188.

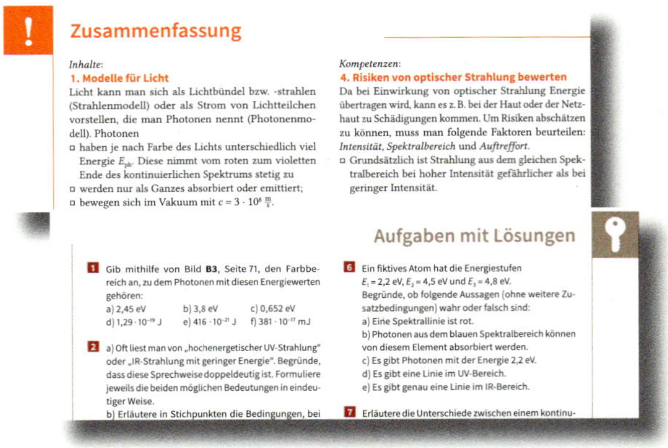

Farben und Symbole – Im Buch findest du verschiedene **Textkästen**, die mit Farben und Symbolen gekennzeichnet sind.

- Graue Farbe kennzeichnet Kästen, deren Inhalt im Unterricht normalerweise behandelt wird. Hierzu gehören die Kästen *Versuche*, *Kompetenz*, *Beispielaufgabe*, *Sachtext*, *Projekt*.

- Rote Farbe zeigt die wichtigen Dinge an, die du lernen oder beachten musst. Das sind vor allem die *Merksätze* und *Warnhinweise*.

- Orange Farbe zeigt dir, dass der Kasten zusätzliche Informationen liefert, die nicht unbedingt im Unterricht behandelt werden. Das können *Exkurse*, *Hilfsmittel* oder *weitergehende Versuche* sein, die du selbst ausprobieren kannst.

Wiederholung: Du hast in den vergangenen Schuljahren schon einiges an Wissen und Kompetenzen erworben. In Kapiteln, in denen auf dieses Vorwissen zurückgegriffen wird, findest du zu Beginn eine kurze Wiederholung der wichtigsten Dinge.

V1 Symbol für **Versuche:** Aufbau und Durchführung eines Versuchs werden in einem Versuchskasten beschrieben. Beobachtungen, Auswertungen und Erklärungen dazu stehen im Fließtext.
Der Hinweis **Schülerversuch** zeigt, dass du diesen Versuch in der Schule vielleicht sogar selbst durchführen wirst.

V1 Aus diesen Versuchen im **Profilbereich** kannst du oder deine Lehrkraft etwas auswählen. Unter Beachtung der Sicherheitshinweise kannst du sie oft auch selbst unter Mithilfe eines Erwachsenen durchführen.

Beispielaufgaben zeigen dir genau, wie du bestimmte Aufgabenstellungen bearbeiten musst. Bei Rechenaufgaben findest du einen ausführlichen Rechenweg, den du bei ähnlichen Aufgaben mit anderen Zahlen wieder verwenden kannst.

L L In **Lernaufgaben** wendest du dein bisheriges Wissen möglichst selbstständig an, um damit neues Wissen und neue Kompetenzen zu erwerben. Sie sind oft etwas schwieriger und aufwendiger. Du findest sie bei **Löse selbst** und als eigene Textkästen.

Kompetenz, Methode: Hier werden Arbeitstechniken und Methoden beschrieben, die du in Physik benötigst.
Auch was du unter **Projekt** oder **Sachtext** findest, solltest du im Normalfall im Unterricht bearbeiten.

Exkurs, **Probiere selbst**, **Sachtext**:
In einem **Exkurs** findest du Informationen, die über das hinaus gehen, was normalerweise im Unterricht behandelt wird.

Bei **Probiere selbst** kannst du dich in Experimenten längerfristig und tiefergehend mit einer Sache auseinandersetzen. Beide können dir z. B. als Grundlage für ein Referat dienen oder als Anregung, dich intensiver mit einer Sache zu beschäftigen.

Sachtexte, die mit dieser Farbe gekennzeichnet sind, enthalten zusätzliche oder tiefergehende Informationen.

Vorsicht Gefahr! oder **Achtung!** Diese **Hinweise auf Gefahren oder zum Verhalten** musst du unbedingt beachten! Sie dienen dazu, dich vor gefährlichen Situationen zu warnen, damit du sicher experimentieren kannst.

Merksatz: Hier werden die wichtigen Ergebnisse und Festlegungen notiert, die sich in einem Abschnitt ergeben. Sie enthalten das, was du unbedingt lernen und wissen musst.

Grundlegende Arbeitstechniken – ein Überblick

Kompetenz: Sicher experimentieren

Dieses Jahr wirst du Experimente *selbstständig* planen, durchführen und auswerten. Beachte dabei, dass beim Experimentieren Gefahren lauern. Halte daher folgende Regeln ein – nicht nur in der Schule, sondern auch zuhause!

Grundregeln des Experimentierens

1. Achte auf Gefahrstellen durch Kleidung, Schmuckstücke und Haare. Binde lange Haare zusammen und lege Schmuckstücke vorher ab.
2. Iss und trink nicht beim Experimentieren.
3. Lies die Versuchsanleitung sorgfältig von Anfang bis Ende. Achte dabei auf Gefahrenhinweise, Gefahren- und Gefahrstoffsymbole (siehe **Anhang**).
4. Halte dich an die Anweisungen. Verändere den Aufbau nicht ohne Absprache mit der Lehrkraft.
5. Gehe sorgfältig mit den Geräten um. Achte darauf, dass der Arbeitsplatz übersichtlich bleibt und räume am Ende die Geräte wieder ordentlich auf.

Folgende Gefahrenhinweise gelten weiterhin:

Achtung beim Umgang mit Lichtquellen! Schütze bei allen Versuchen deine Augen vor hellen Lichtquellen (Sonne, sehr helle LED, Laserpointer, usw.). Achte auf unbeabsichtigte Reflexionen. Verwende wenn nötig eine Schutzbrille.

Achtung bei offenem Feuer und hohen Temperaturen! Achte bei allen Versuchen mit Kerzen, Bunsenbrennern, heißem Wasser, heißen Dämpfen u.ä. auf Verbrennungs- bzw. Brandgefahr! Halte genügend Abstand zu brennbaren Stoffen. Stelle Wasser als Löschmittel bereit.

Achtung beim Umgang mit Elektrizität! Verwende bei Experimenten nur Batterien oder spezielle Netzgeräte (jeweils bis maximal 24 Volt). Benutze niemals direkt die Steckdose!

Methode: Think – pair – share

Diese Methode kann man benutzen, um sachliche Informationen untereinander auszutauschen oder um sich einen Überblick über verschiedene Meinungen zu einer Sache zu verschaffen. Sie umfasst drei Phasen:

- **Think**: In der ersten Phase beschäftigt sich jeder allein mit der gleichen Aufgabe oder dem gleichen Thema. Als Gedächtnisstütze für die nächste Phase werden Lösungswege oder Zusammenfassungen notiert.
- **Pair**: In der zweiten Phase findet ihr euch zu Paaren zusammen und berichtet euch der Reihe nach gegenseitig von euren Ergebnissen. Wer gerade zuhört, macht sich Notizen und fragt nach. Am Schluss fasst ihr eure Ergebnisse in passender Form (Notizzettel für einen Kurzvortrag, Plakate, Präsentation usw.) für die letzte Phase zusammen.
- **Share**: In dieser dritten Phase werden die Ergebnisse der Klasse oder einer Teilgruppe vorgestellt und diskutiert (siehe auch **Kompetenz: Sachlich diskutieren**). Am Ende erstellt man gemeinsam eine kurze Zusammenfassung. Für diese Phase benötigt man je nach Umfang der Aufgabe 15–30 Minuten.

Kompetenz: Sachlich diskutieren

Diskutieren, um zu beurteilen – In vielen Bereichen unserer Gesellschaft finden Diskussionen statt, da bei Entscheidungen für oder wider eine Sache oft Fakten und Meinungen aus mehreren Bereichen berücksichtigt und bewertet werden müssen.

Ein Beispiel: Eine Familie überlegt die Anschaffung eines neuen Autos: Hier können das Platzangebot, die Innenausstattung, das Design, der Ruf der Herstellerfirma, der Preis, aber auch Art und Umfang des Energiebedarfs für die Entscheidung eine Rolle spielen. Je nachdem, wie viel Wert man dem jeweiligen Merkmal zuweist, wird man sich für das eine oder andere Modell entscheiden. Vor dem Kauf wird man auch darüber diskutieren, was nun wichtiger ist.

Auch in übergeordneten Bereichen unseres Lebens müssen wir oft Dinge gegeneinander abwägen. Vielleicht kennst du schon Diskussionen rund um die Energieversorgung: Wo können sinnvollerweise Windkrafträder gebaut werden? Wo sollen sie gebaut werden dürfen? Hier müssen Argumente aus verschiedensten Bereichen bewertet werden, um zu einer Entscheidung zu kommen. Oftmals wird man dabei auch Kompromisse eingehen müssen.

Sachlich diskutieren – Grundlegend bei allen Diskussionsformen sind die **Gesprächsregeln**, auf die man sich einigt. Diese könnten so aussehen:

- Jeder lässt den anderen ausreden.
- Jeder fasst sich so kurz wie möglich.
- Drückt man seine eigene Meinung aus, beginnt man mit „Ich denke ...“, „Ich bin der Meinung ...“ usw.
- In der Diskussion wird niemals die andere Person angegriffen, sondern es wird ausschließlich versucht, auf sachlicher Ebene deren Argumente zu entkräften.

Zwei Methoden, um das zu erreichen, werden hier kurz vorgestellt:

- **Kontrollierter Dialog:** Die Klasse teilt sich dazu in *Dreiergruppen* auf. Dialogpartner A erhält die „Pro“-Rolle, Dialogpartner B die „Contra“-Rolle. Beide erhalten zunächst etwa 10–15 Minuten Zeit, um sich z. B. anhand von Texten vorzubereiten.

  A beginnt mit einer kurzen Darstellung seiner Sichtweise. B fasst die Argumente von A zusammen und stellt seine Argumente dagegen. Danach macht A umgekehrt das Gleiche.
  Das dritte Gruppenmitglied achtet auf die Einhaltung der Gesprächsregeln. Es greift ein, wenn es zu Missverständnissen oder Unsachlichkeiten kommt.

- **Streitgespräch**: Die Klasse wird in drei bzw. vier Gruppen aufgeteilt: Pro-Gruppe, Contra-Gruppe, Beobachtergruppe und evtl. Publikumsgruppe. Zudem wird ein/eine Gesprächsleiter/in benötigt. Diese(r) führt kurz ins Thema ein und stellt die grundlegende(n) Streitfrage(n) vor. Anschließend stimmen alle zuerst nach ihrer eigenen Meinung ab.

  Nun bereiten sich Pro- und Contra-Gruppe ca. 10–20 Minuten vor. Anschließend findet unter der Leitung des Gesprächsleiters die Diskussion statt. Im Wechselspiel verteidigen Pro- und Contra-Gruppe ihre jeweiligen Positionen und versuchen, Gegenargumente zu entkräften. Die Beobachter notieren vorgebrachte Argumente und bewerten ihre Aussagekraft. Falls Publikum vorhanden ist, kann dieses auch Fragen stellen. Am Schluss führt man mithilfe der Notizen der Beobachter eine Auswertungsrunde mit allen zusammen durch.

Kompetenz: Informationen aus Quellen entnehmen und bewerten

Informationen finden und vorsortieren – Neben Fachliteratur stellt das Internet heute eine wichtige Informationsquelle dar. Mithilfe von **Suchmaschinen** lassen sich durch Eingabe von **Stich-** bzw. **Schlagwörtern** passende Informationen zu einem Thema finden, z. B. zu „dunkle Energie". Meist ist es sinnvoll, den Umfang der Trefferliste durch Hinzunahme weiterer Suchbegriffe oder Verwendung von Filtern wie Erscheinungsdatum, Sprache etc. zu verringern.

Es empfiehlt sich zudem, aus der Trefferliste (Grafik unten links) anhand von **Titel** ①, **Internetadresse (URL)** ② und **Textausschnitt** ③ eine Vorauswahl zu treffen. Teile die Treffer dazu nach den Kategorien „brauchbar", „vielleicht brauchbar" und „unbrauchbar" ein. Schau dazu auch in der Liste weiter hinten nach — nicht immer ist das Gesuchte gleich auf den ersten Seiten zu finden.

Ⓐ Was ist dunkle Energie?
http://astronomie-aktuell.phx/dunkle_energie/...
Was ist dunkle Energie? Die Forschungen zu den Beobachtungen des Hubble-Teleskops der astronomischen Fakultät der Univ...

Ⓑ Forschung aktuell: Mehr dunkle Energie ①
https://uni-meine_stadt.kid/astronomie/.... ②
Neueste Forschungen zur dunklen Energie zeigen, dass in den Modellen der Kosmologen weitere Parameter berück... ③

Ⓒ Dunkle Energie hilft aus der Krise
https://my_astrologie.atl/dark_energy/....
Vor wenigen Jahren war noch von der Energiekrise die Rede. Nun haben Astronomen eine riesige Energiequelle...

Ⓓ Das neue Taek-won-do
https://kuj-unterunsdorf.spt/taekwondo/....
Wir leben in einer Übergangszeit, in der sich die Mächte der dunklen Energie noch einmal zeigen, bevor das Licht...

Versuche anhand von *Titel* und *Textausschnitt* zu erkennen, ob es sich lohnt, diese Seite aufzurufen.
Beispiel: Die Quellen aus der Grafik unten links würde man vermutlich so kategorisieren:

- brauchbar: Ⓐ, Ⓑ – Die Titel sind sachlich gehalten; die Textausschnitte verweisen auf Forschungen.
- unbrauchbar: Ⓓ – Der Titel verweist auf eine Sportart und nicht auf Physik.
- vielleicht brauchbar: Ⓒ – Beim Titel ist nicht ganz klar, ob es sich um eine sachliche Feststellung oder eine Meinung handelt. Auch der Textausschnitt enthält schon Wertungen.

Wirf einen Blick auf die *Internetadresse* (URL): Bei Universitäten, anerkannten Forschungsinstituten, Fachverbänden und -zeitschriften oder Ministerien findest du mit großer Wahrscheinlichkeit fundierte Informationen. Namhafte Einrichtungen in Deutschland sind Fraunhofer-Institute, Helmholtz-Zentren, die Leibniz-Gemeinschaft und die Max-Planck-Gesellschaft.
Beispiel: Aufgrund der URL würde man die verbleibenden Quellen Ⓐ, Ⓑ und Ⓒ vermutlich so einteilen:

- brauchbar: Ⓐ, Ⓑ – Die URL scheinen zu einer Universität bzw. zu einer Fachzeitschrift zu gehören.
- unbrauchbar: Ⓒ – In der URL taucht der Begriff „Astrologie" auf. Als Astrologie wird die Deutung des Zusammentreffens astronomischer Ereignisse mit Ereignissen der persönlichen Biographie bezeichnet. Das hat mit objektiver Physik kaum etwas zu tun.

Quellen und Informationen bewerten – Nun folgt der schwierigste Schritt: Quellen und Informationen musst du hinsichtlich Zuverlässigkeit und Aussagekraft bewerten. Folgende Schritte können dir helfen:

- *Finde heraus, wer die Seite erstellt hat*:
  Ist unklar, ob es sich um eine glaubhafte Seite handelt, suche nach einem **Impressum**. Dort findest du u. a. Name und Adresse des Seiteninhabers und kannst so leichter entscheiden, ob die Quelle vertrauenswürdig ist.

https://www.cgu.astronomie.de

Home About us Research Press & Public Contact
Impressum: Astronomisches Institut
an der Cordula-Grün-Universität
Kepler-Rondell 2A
...

- *Überprüfe die Inhalte der Quellen*:
  Überlege, ob die Inhalte zu dem passen, was du bisher gelernt hast. Achte darauf, ob die verwendeten Argumente in einem logischen Zusammenhang stehen. Die beiden fiktiven Quellen dienen hier als *Beispiel*.
  Bekannte Begriffe:
  Quelle 1: Schwerkraft, Masse, Gravitationskraft, ...
  Quelle 2: Energieform, Masse
  Bekannte Zusammenhänge:
  Quelle 1: uns zur Erde zieht; Mond kreist um die Erde
  Quelle 2: gegenseitig anziehen; ohne Kontakt abstoßen
  logische Argumentation:
  Quelle 1: dehnt sich schneller aus ⇒ abstoßende Kraft ⇒ neue Energieform in mathematischen Modellen; Theorie ⇒ Test
  Quelle 2: Universum dehnt sich aus ⇒ Dunkle Energie; Supernovae ⇒ nicht immer gleiches Muster ⇒ fehlt Grundlage

- *Beurteile Glaubwürdigkeit und Interessenslagen*:
  Werden Fakten objektiv dargestellt und persönliche Meinungen deutlich gekennzeichnet? Werden sachliche Fakten mit persönlichen Meinungen vermischt, solltest du vorsichtig sein.
  Quelle 1: nur objektive Fakten
  Quelle 2: Meinungsäußerungen enthalten: angeblich, ominös, wieder einmal vernünftigere Lösung

  Werden Urheber angegeben? Versuche auch die Originalquelle zu finden.
  Quelle 1: Es ist nur von „Physikern" die Rede.
  Quelle 2: Nationalität und Zeiten werden genannt.

- *Vergleiche mehrere Quellen*: Welche Aussagen stimmen überein, welche widersprechen sich?
  Bei Widersprüchen: Sind die Daten widersprüchlich oder werden sie unterschiedlich bewertet?
  Bei Übereinstimmung: Achte darauf, ob nicht nur der gleiche Text kopiert wurde.
  Quelle 1 und Quelle 2 berichten beide über „dunkle Energie", widersprechen sich aber. Die Widersprüche beruhen nicht auf einer Bewertung gleicher Fakten, sondern darauf, dass sich die Faktenlage geändert hat.

Beide Quellen erfüllen die Kriterien für Zuverlässigkeit nicht komplett, scheinen aber aufgrund der logischen Argumentation glaubwürdig zu sein.

Quelle 1: *Dunkle Energie treibt das Universum auseinander.* *Aus dem Alltag kennen wir die Schwerkraft, die uns zur Erde zieht. Sie ist ein Spezialfall einer Kraft, die allgemein zwischen Gegenständen mit Masse wirkt – der Gravitationskraft. Sie ist stets anziehend und bewirkt z. B. dass der Mond um die Erde und die Erde um die Sonne kreist.*
Astronomische Beobachtungen haben nun Physiker vor ein Problem gestellt: Das Universum dehnt sich aus – und zwar immer schneller. Das zeigt die Rotverschiebung bei den Sternspektren. Es muss also im Weltraum auch noch eine abstoßende Kraft geben. In den mathematischen Modellen, die das Universum beschreiben, musste daher eine zusätzliche Energieform eingeführt werden, um dieses Phänomen korrekt beschreiben zu können. Sie wird „dunkle Energie" genannt. Um diese Theorie zu testen, wird ein Achtel des gesamten Sternenhimmels im Rahmen des Projekts „Dark Energy Survey" im Bereich des sichtbaren Lichts und der nahen Infrarotstrahlung untersucht.
(Quelle: Astronomisches Institut, Cordula-Grün-Univ.)

Quelle 2: *Dunkle Energie – nur ein Berechnungsfehler?* *1998 entdeckten zwei Forscherteams, dass sich das Universum ausdehnt. In der Folge wurde von Physikern die „Dunkle Energie" als neue Energieform erfunden. Dafür gab es 2011 sogar den Physik-Nobelpreis. Die dunkle Energie soll angeblich das Gegenstück zur Gravitationskraft sein, aufgrund derer alle Körper mit Masse sich gegenseitig anziehen. Die dunkle Energie soll bewirken, dass die Massen sich ohne direkten Kontakt abstoßen. Das erscheint seltsam - erleben wir doch im Alltag nie, dass wir von der Erde oder einem anderen Körper abgestoßen werden, ohne mit ihm in Kontakt zu kommen*
Südkoreanische und französische Forscher lassen nun Zweifel an der ominösen „dunklen Energie" aufkommen: Nach neunjähriger Datensammlung glauben sie, dass Supernovae vom Typ Ia nicht immer nach dem gleichen Muster ablaufen. Den Rechnungen zur dunklen Energie fehle so die Grundlage. Die Alltagserfahrung scheint wieder einmal die vernünftigere Lösung zu sein.
(Quelle: Kepler – Das Wissenschaftsmagazin)

Mechanische Energie

Ohne Energie geht gar nichts. Energie spielt bei allen Prozessen in der Natur, in der Umwelt und in der Technik eine wichtige Rolle.

Energie taucht in unterschiedlichen Formen auf, kann transportiert und von einem Gegenstand auf einen anderen übertragen werden.

Energie lässt sich weder erzeugen noch vernichten, sondern nur von einer Form in eine andere umwandeln. Das geht allerdings nicht in jede Richtung gleich gut. Daher müssen wir mit Energie sorgfältig umgehen.

1

Das kannst du in diesem Kapitel erreichen:

- Du lernst verschiedene Energieformen kennen und beschreibst Vorgänge in Natur, Umwelt und Technik mithilfe von Energieumwandlungen.
- Du erfährst, wie man Höhenenergie und kinetische Energie berechnen kann.
- Du benutzt den Energieerhaltungssatz, um Energiebilanzen aufzustellen und damit verschiedene Größen zu berechnen.
- Du lernst, dass man durch Arbeit die Gesamtenergie eines Systems verändern kann und was man physikalisch unter Leistung versteht.
- Du planst ein Experiment, mit dem du eine Leistung bestimmen kannst, und führst es dann durch.
- Du unterscheidest genau zwischen den Begriffen Kraft, Energie, Arbeit und Leistung.

1.1 Energie in verschiedenen Formen

B1 *Im Alltag spielt Energie eine wichtige Rolle. Die Bilder zeigen Situationen, in denen Energie von einer Form in eine andere umgewandelt bzw. von einem Körper auf einen anderen übertragen wird. Im Diagramm sind die wichtigsten Energieformen aufgeführt.*

Energie hat viele Formen. Energie begleitet deinen Alltag (Bild **B1**). Jeden Morgen liefert dir dein Frühstück Energie in Form von **chemischer Energie,** die einen Teil der **inneren potenziellen Energie** darstellt ①.
Fährst du mit dem Fahrrad zur Schule, wandelst du diese chemische Energie in **Bewegungsenergie (kinetische Energie)** um und überträgst diese mit deinen Beinen auf dein Fahrrad ②.
Um im Schwimmbad vom 3-m-Brett springen zu können, wandelst du die chemische Energie der Nahrung beim Hinaufklettern auf den Sprungturm in **Höhenenergie** um und diese beim Sprung in kinetische Energie ③.
Vielleicht bist du im Bogensportverein. Dann benötigst du die chemische Energie der Nahrung zum Spannen der Sehne. Im gespannten Bogen steckt **Spannenergie**, die dann auf den Pfeil übertragen und in Bewegungsenergie umgewandelt wird ④.

Die chemische Energie deiner Nahrung kommt ursprünglich von der Sonne. Diese sendet **Strahlungsenergie** zur Erde, die die Pflanzen wachsen lässt. Auch Photovoltaikanlagen nutzen diese Strahlungsenergie und wandeln sie in elektrische Energie um ⑤.
Technisch nutzen wir **elektrische Energie** z. B. für die Beleuchtung von Räumen, wobei sie wie bei einem Blitz in Strahlungsenergie in Form von sichtbarem Licht umgewandelt wird ⑥. Zum Aufladen deines Smartphones verwendest du elektrische Energie und wandelst sie dabei im Akku in chemische Energie um ⑦. Ist dir schon aufgefallen, dass sich das Gerät dabei auch erhitzt? Die elektrische Energie wird zum Teil auch in **thermische Energie (innere kinetische Energie)** umgewandelt. Geysire, wie du sie z. B. auf Island findest, sind Naturphänomene, die auf der Umwandlung von innerer Energie in Bewegungs- und Höhenenergie basieren ⑧.

B2 *Energieflussdiagramm für Energieumwandlungen und Energieübertragungen beim Fahrradfahren*

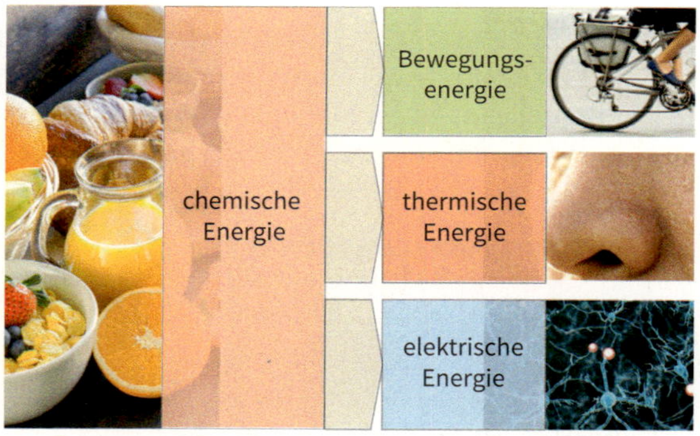

B3 *Die chemische Energie der Nahrung wird in mehrere Energieformen umgewandelt.*

Energie übertragen und umwandeln – Bild **B1** zeigt einige Prozesse, in denen Energie **übertragen** oder **umgewandelt** wird.

- Bei der **Energieübertragung** geht die Energie von einem Gegenstand auf einen anderen über. Beispielsweise wird die Bewegungsenergie der Beine eines Radfahrers auf das Fahrrad übertragen, ohne dass sich die Energieform ändert.
- Bei einer **Energieumwandlung**, wie z. B. beim Sprung vom Sprungturm, liegt die Energie hinterher in einer anderen Energieform vor als vorher, bleibt aber bei demselben Körper.

Häufig treten beide Prozesse gleichzeitig auf. Beim Radfahrer wird z. B. chemische Energie in Bewegungsenergie umgewandelt, wobei sie gleichzeitig von der Nahrung auf die Beine übertragen wird (Bild **B2**).

Nach Energieumwandlungen liegt die Energie am Ende oft nicht nur in einer, sondern in zwei oder mehr Formen vor. In deinem Körper wandelt sich chemische Energie außer in mechanische Energie auch in thermische sowie elektrische Energie für Nervensignale um, die z. B. deine Denkprozesse steuern (Bild **B3**).

Um solche Prozesse übersichtlich darzustellen, benutzt man **Energieflussdiagramme**, wie sie in Bild **B2** und Bild **B3** für die oben genannten Vorgänge zu sehen sind.

Merksatz

Energie tritt in verschiedenen Formen auf. Sie kann von einer Form in eine andere umgewandelt werden und lässt sich von einem Gegenstand auf einen anderen übertragen.

Oft möchte man bei Vorgängen wissen, unter welchen Bedingungen Energie in einer bestimmten Form vorhanden ist und wie sie sich verändert. Wie du das erkennen kannst, erfährst du im Kasten **Kompetenz: Energieformen und -umwandlungen** auf Seite 18.

Die Energie hat eine Einheit. Für die physikalische Größe Energie wird das Formelzeichen E verwendet. Ihre Einheit ist:

$[E]$ = 1 **Joule** = **1 J** (sprich: „dschuul“).

Sie ist nach dem englischen Physiker James Prescott Joule benannt. Da ein Joule eine relativ kleine Energiemenge ist, verwendet man häufig auch:

1 Kilojoule = 1kJ = 1000 J = $1 \cdot 10^3$ J,
1 Megajoule = 1 MJ = 1000 kJ = 1 000 000 J = $1 \cdot 10^6$ J.

Ein Jugendlicher in deinem Alter benötigt am Tag etwa zwischen 9200 kJ (Mädchen) und 11 200 kJ (Junge) an chemischer Energie.
Auf jedem verarbeiteten Lebensmittel findest du eine Angabe über die darin enthaltene Energiemenge pro 100 g. Neben der Angabe in Joule ist dort häufig auch eine Angabe in kcal (**Kilokalorien**) notiert. Dabei handelt es sich um eine frühere Energieeinheit. Die Umrechnung dazu lautet: 1 kcal = 4,2 kJ.
Eine Tafel Schokolade (100 g) liefert für unseren Körper z. B. etwa 2200 kJ bzw. 520 kcal an chemischer Energie.

Merksatz

Die physikalische Größe Energie E wird gemessen in der Einheit

$[E]$ = 1 Joule = 1 J.

Kompetenz: Energieformen und -umwandlungen

Woran erkennt man die Energieformen und Energieumwandlungen bzw. -übertragungen?

1. Ermittle anhand der Merkmale bei 👁 die vorhandenen Energieformen.
2. Bestimme anhand der Merkmale bei ↑↓, ob die Energie eines Gegenstands zu- oder abnimmt. Mit Energieflussdiagrammen kannst du das veranschaulichen.

mechanische Energie

kinetische Energie

👁 Ein Gegenstand bewegt sich.

↑↓ Der Gegenstand wird schneller bzw. langsamer.

Höhenenergie

👁 Ein Gegenstand befindet sich auf einer Höhenlage.

↑↓ Der Gegenstand wird angehoben bzw. abgesenkt.

Spannenergie

👁 Ein Gegenstand ist elastisch verformt.

↑↓ Die Verformung wird größer bzw. kleiner.

innere Energie

innere kinetische Energie

👁 Ein Gegenstand besitzt eine bestimmte Temperatur.

↑↓ Der Gegenstand wird wärmer bzw. kälter.

innere potenzielle Energie

👁 Sie ist in Bindungen zwischen Atomen und Molekülen gespeichert.

↑↓ Es laufen chemische Prozesse ab oder der Stoff schmilzt bzw. erstarrt oder verdampft bzw. kondensiert.

elektrische Energie

👁 In getrennten Ladungen ist Energie gespeichert, mit elektrischem Strom wird Energie transportiert.

↑↓ Elektrische Ladungen werden getrennt bzw. vereinigt.

Strahlungsenergie

👁 Energie wird mit sichtbarem Licht oder unsichtbarer Strahlung (IR- bzw. UV-Strahlung, Handystrahlung usw.) transportiert.

↑↓ Ein Gegenstand absorbiert oder emittiert Strahlung.

Beispielaufgabe: Kerze

Bei einer Kerze verbrennt Wachs; es entsteht sichtbares Licht und die Umgebung wird etwas erwärmt. Beschreibe die Energieumwandlungen und Energieübertragungen.

Lösung:
Beim Verbrennen von Wachs läuft ein chemischer Prozess ab. Es wird also chemische Energie umgewandelt. Licht ist eine Art von Strahlung. Die Temperaturerhöhung der Umgebung bedeutet, dass ein Teil der chemischen in thermische Energie der Umgebungsluft umgewandelt wurde.

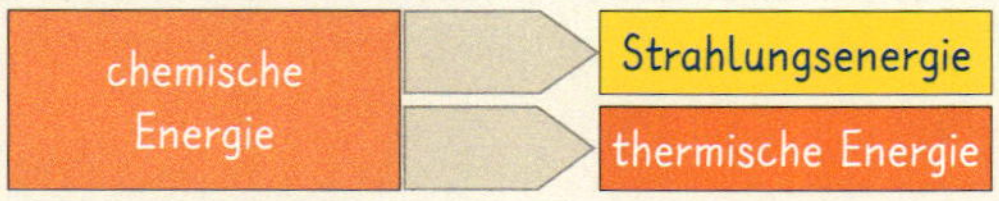

Sachtext: Das Walchenseekraftwerk

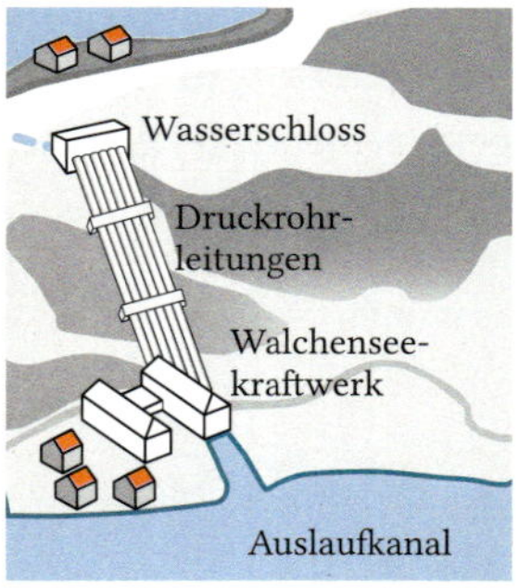

Das 1924 eröffnete Walchenseekraftwerk ist ein sog. Speicherkraftwerk. Vom Wasserschloss aus strömt das Wasser des höher gelegenen Walchensees durch die 400 m langen Druckrohrleitungen in den tiefer gelegenen Kochelsee. Dabei passiert es acht Turbinen, die mit Generatoren zur Stromerzeugung gekoppelt sind. Der Strom nimmt seinen Weg von den Generatoren zu den Transformatoren und wird dann in das Netz eingespeist. Ein Teil der Generatoren erzeugt ausschließlich Strom für den Zugbetrieb der Deutschen Bahn.

Löse selbst

1 Nenne zu jeder Energieform aus Bild **B1** (Seite 16) zwei weitere Beispiele aus dem Alltag.

2 Nenne sechs verschiedene Verkehrsmittel und erläutere, welche Energieform sie zur Fortbewegung benötigen.

3 Beschreibe die Energieumwandlungen und -übertragungen bei folgenden Haushaltsgegenständen:
a) Akkuschrauber b) Waschmaschine
c) Wasserkocher d) Feuerzeug

4 Nenne jeweils drei Sportarten, bei denen
a) kinetische Energie in Höhenenergie,
b) Spannenergie in kinetische Energie
umgewandelt wird.

5 Erstelle ein möglichst langes Energieflussdiagramm zu der folgenden Bilderserie:

6 Beschreibe die Energieumwandlungen bzw. Energieübertragungen für die angegebenen Situationen in Worten. Erstelle zudem jeweils ein Energieflussdiagramm.
a) Verbrennungskraftwerk (siehe Grafik)

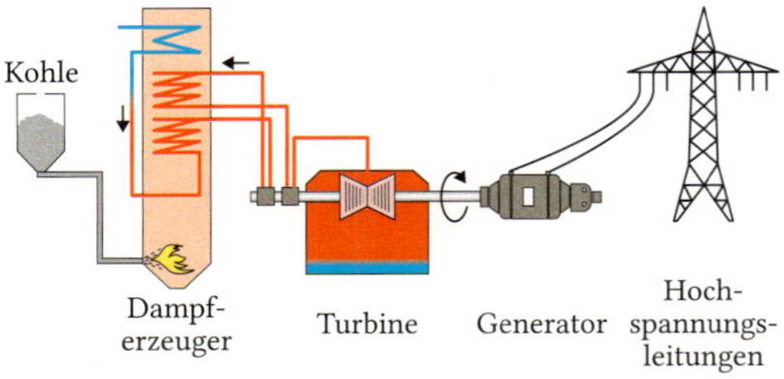

b) Walchenseekraftwerk (siehe **Sachtext**, Seite 18)
c) Aufschlag beim Tennis. Sieh dir dazu gegebenenfalls ein geeignetes Video an.
d) Ein Gartenschlauch liegt in der Sonne.
e) Eine Seilbahn befördert Personen nach oben.

7 Die in der Batterie eines Elektroautos gespeicherte Energie wird vielfältig genutzt. Beschreibe die entsprechenden Stellen und zeichne ein Energieflussdiagramm wie in Bild **B3**, Seite 17.

8 **L** Laut der Deutschen Gesellschaft für Ernährung (DGE) soll ein erwachsener Mann etwa 2000 kcal und eine Frau etwa 1800 kcal Energie durch die Nahrungsmittel zu sich nehmen. Es gilt: 1 g Fett liefert ca. 39 kJ, 1 g Kohlenhydrate bzw. Eiweiß liefert ca. 17 kJ an Energie.
a) Übersetze die oben genannten Energieangaben für erwachsene Personen in die Einheit Joule.
b) Erläutere, dass die Werte der DGE nur als Richtwerte zu verstehen sind.
c) Recherchiere die Energiemengen, die ein Apfel und ein Müsliriegel liefern.
d) Erstelle einen gesunden Speiseplan für einen Tag.
e) Formuliere, wie Abnehmen physikalisch funktioniert.
f) Viele Zeitschriften locken mit Diätversprechen. Ein typischer Satz lautet: „5 kg Körperfett in einer Woche verlieren." Beurteile dieses Versprechen aus physikalischer Sicht.

9 **H** Sicherheitshinweis: Arbeite mit Schutzbrille.
Brausetabletten sind oft in Röhrchen mit aufgestecktem Deckel verpackt. Fülle etwas Wasser in ein leeres Tablettenröhrchen und gib eine Tablette hinzu. Verschließe das Röhrchen dann rasch.

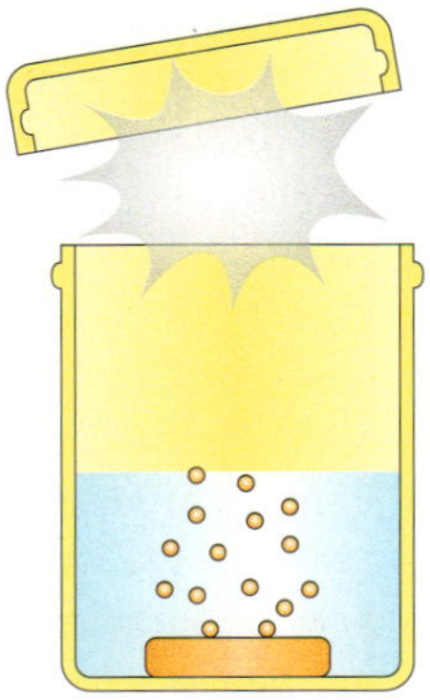

Dokumentiere den Versuch. Beschreibe die Energieumwandlungen und Energieübertragungen, die vom Verschließen des Röhrchens bis zur Landung des Deckels stattfinden.
Hinweise:
- Brausetabletten reagieren chemisch mit Wasser und es entsteht das Gas Kohlenstoffdioxid.
- Anstelle von Brausetabletten und Wasser kannst du auch Backpulver in das Röhrchen geben und anschließend etwas Essig einfüllen.

1.2 Energieerhaltung

Wiederholung Mechanik

Geschwindigkeit, Geschwindigkeitspfeil

Die Geschwindigkeit ist der Quotient aus zurückgelegter Streckenlänge und dafür benötigter Zeitspanne:

$$\text{Geschwindigkeit} = \frac{\text{Streckenlänge}}{\text{Zeitspanne}}; \quad v = \frac{\Delta x}{\Delta t}.$$

Die Einheit ist $[v] = 1\,\frac{\text{m}}{\text{s}}$, sie lässt sich so umrechnen:

$$v = 30\,\frac{\text{km}}{\text{h}} = \frac{30\text{ km}}{1\text{ h}} = \frac{30\,000\text{ m}}{3600\text{ s}} = \frac{300\text{ m}}{36\text{ s}} = \frac{100\text{ m}}{12\text{ s}} = 8{,}3\,\frac{\text{m}}{\text{s}}$$

$$v = 25\,\frac{\text{m}}{\text{s}} = \frac{25\text{ m}}{1\text{ s}} = \frac{25 \cdot 3600\text{ m}}{1 \cdot 3600\text{ s}} = \frac{90\,000\text{ m}}{3600\text{ s}} = \frac{90\text{ km}}{1\text{ h}} = 90\,\frac{\text{km}}{\text{h}}$$

Die Bewegung eines Gegenstands beschreibt man mit einem Geschwindigkeitspfeil $\vec{v}$. Die Richtung des Pfeils gibt die Bewegungsrichtung an, seine Länge den Betrag v der Geschwindigkeit.

Kraft, Kraftpfeil

Eine Einwirkung auf einen Gegenstand beschreibt man mit der physikalischen Größe Kraft. Ihren Betrag (Stärke der Kraft) bezeichnet man mit dem Formelzeichen F. Man misst ihn in der Einheit

$$[F] = 1\text{ Newton} = 1\text{ N} = 1\,\frac{\text{kg m}}{\text{s}^2}.$$

Die Wirkung einer Kraft hängt von ihrer Richtung, ihrem Betrag (Stärke) und ihrem Angriffspunkt ab. Kräfte werden durch Kraftpfeile $\vec{F}$ beschrieben:

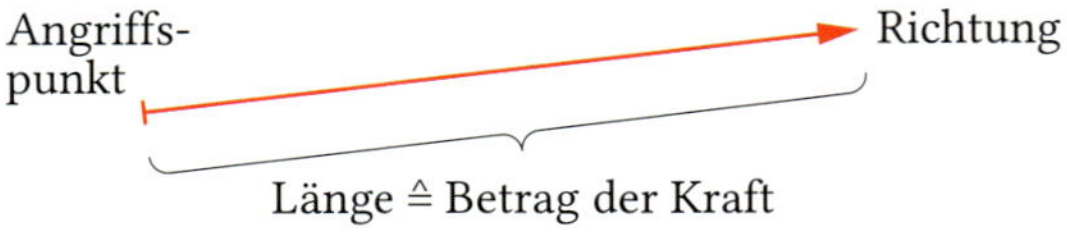

Der Kraftpfeil $\vec{F}$ hat die gleiche Richtung wie die Geschwindigkeitsänderung $\overrightarrow{\Delta v}$, die durch die Kraft hervorgerufen wird.

Pfeiladdition

- Bei Geschwindigkeits- und Kraftpfeilen wendet man die Pfeiladdition an. Dazu wird der Fußpunkt des zweiten Pfeils an die Spitze des ersten Pfeils gesetzt. Der Summenpfeil geht dann vom Fußpunkt des ersten Pfeils zur Spitze des zweiten Pfeils.
- Der Pfeil der Anfangsgeschwindigkeit $\vec{v}_A$ ergibt mit dem Pfeil der Geschwindigkeitsänderung $\overrightarrow{\Delta v}$ den Pfeil der Endgeschwindigkeit $\vec{v}_E$.
- Die Pfeiladdition von zwei Kräften $\vec{F}_1$ und $\vec{F}_2$ ergibt die resultierende Kraft $\vec{F}_{res}$.

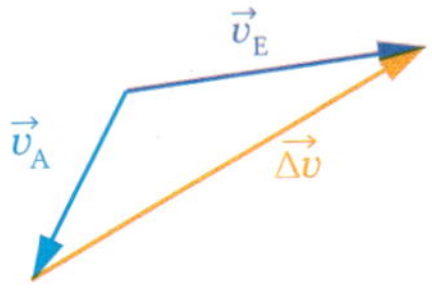

Beschleunigung

Die Beschleunigung a gibt an, wie schnell die Geschwindigkeitsänderung eines Gegenstands erfolgt:

$$\text{Beschleunigung} = \frac{\text{Geschwindigkeitsänderung}}{\text{dafür benötigte Zeitspanne}};$$

$$a = \frac{\Delta v}{\Delta t}; \quad [a] = \frac{1\,\frac{\text{m}}{\text{s}}}{1\text{ s}} = 1\,\frac{\text{m}}{\text{s}^2}.$$

Newtonsche Gesetze

- *1. newtonsches Gesetz (Trägheitssatz):*
  Gegenstände behalten ihre Geschwindigkeit nach Betrag und Richtung bei, sofern keine Kraft auf sie wirkt oder die resultierende Kraft null ist.
- *2. newtonsches Gesetz (Bewegungsgleichung):*
  Eine Kraft mit Betrag F, die während einer Zeitspanne Δt auf einen Gegenstand der Masse m einwirkt, führt bei diesem zu einer Geschwindigkeitsänderung vom Betrag Δv. Dabei gilt:

$$F \cdot \Delta t = m \cdot \Delta v \quad \text{bzw.} \quad F = m \cdot a.$$

Gewichtskraft und Masse

Auf jeden Körper auf der Erde wirkt die Gewichtskraft $\vec{F}_G$ Richtung Erdmittelpunkt. Sie bewirkt die ortsabhängige Fallbeschleunigung g. Dabei gilt:

$$F_G = m \cdot g \quad \text{mit} \quad g = 9{,}81\,\frac{\text{m}}{\text{s}^2} \text{ (Mittelwert)}.$$

Die Masse eines Körpers ist an unterschiedlichen Orten gleich. Sie ist ein Maß für seine Trägheit.

Schiefe Ebene

Mithilfe eines (Kräfte-)Parallelogramms lässt sich die Hangabtriebskraft $\vec{F}_H$ in zwei Kräfte zerlegen, deren Resultierende sie ist:

- die Gewichtskraft $\vec{F}_G$,
- die Normalkraft der Unterlage $\vec{F}_N$.

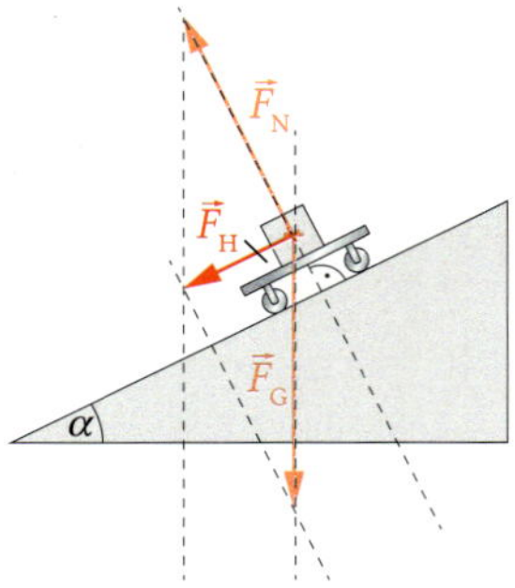

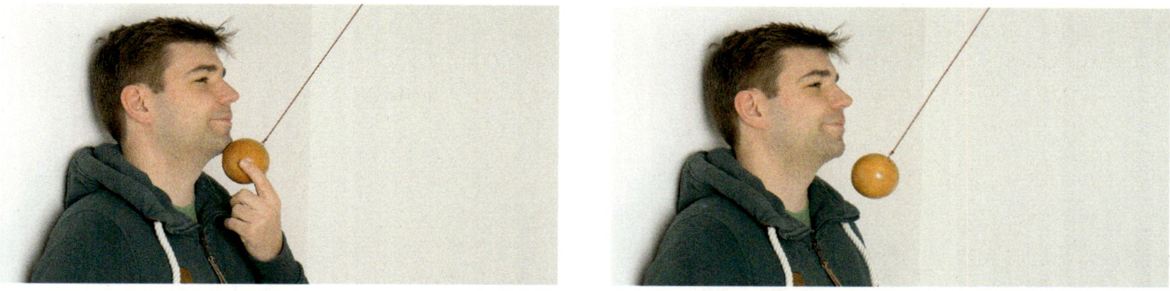

B1 *Eine schwere Kugel wird bis zum Kinn ausgelenkt und dann losgelassen. Sie pendelt quer durch den Physiksaal.*

Energie verschwindet nie. Der Physiklehrer in Bild **B1** hält eine schwere Kugel an sein Kinn, die an einer langen Schnur an der Decke des Physiksaals befestigt ist. Damit er nicht versehentlich das Kinn nach vorne bewegt, drückt er den Kopf gegen die Wand hinter sich. Er lässt die Kugel ohne Anschubsen los. Sie pendelt quer durch den Saal und wird bis zu ihrem tiefsten Punkt immer schneller. Dann schwingt sie auf der anderen Seite hoch, bremst dabei ab und kehrt schließlich ihre Bewegungsrichtung um. Sie steuert direkt auf den Lehrer zu. Muss er Angst um sein Kinn haben, wenn die Kugel zurückkommt?
Wenn man das Experiment durchführt, beobachtet man, dass die Kugel dem Kinn zwar sehr nahe kommt und es vielleicht sogar leicht berührt. Aber Angst vor Verletzungen muss der Lehrer nicht haben, es sei denn, er hat sein Kinn nach vorne bewegt. Die Kugel erreicht (maximal) wieder die Ausgangshöhe.

Wir können diesen Vorgang in der „Energiesprache“ so beschreiben (Bild **B2**):

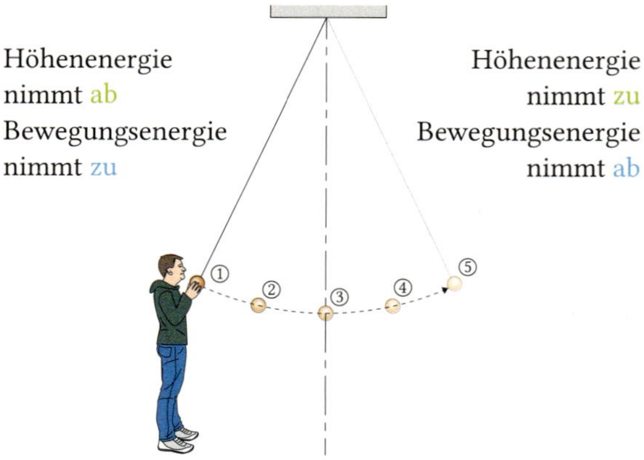

B2 *Bei der schwingenden Kugel nehmen die Höhenenergie und die Bewegungsenergie abwechselnd zu und ab.*

① Zu Beginn hat die Kugel nur Höhenenergie E_H.
② Lässt man sie los, wird die Kugel schneller, die kinetische Energie E_{kin} nimmt also zu. Gleichzeitig nimmt ihre Höhe über dem Bezugsniveau (Boden, Tischplatte o. Ä.) ab, die Höhenenergie E_H wird dadurch geringer. Es findet eine Energieumwandlung von Höhenenergie in kinetische Energie statt.
③ Die Kugel hat ihre geringste Höhe erreicht, ihre Höhenenergie E_H ist nun am kleinsten. Dafür ist die Kugel an dieser Stelle am schnellsten, die kinetische Energie E_{kin} ist daher maximal.
④ Bei der Aufwärtsbewegung wandelt sich die Bewegungsenergie nach und nach wieder in Höhenenergie um. E_H nimmt zu und E_{kin} nimmt ab.
⑤ Die gesamte Bewegungsenergie wurde nun wieder in Höhenenergie umgewandelt; die Bewegungsenergie ist wieder null und die Höhenenergie maximal.

Auf dem Rückweg finden die Energieumwandlungen jeweils umgekehrt statt.

Bei optimaler Aufhängung schwingt die Kugel hin und her, wobei die Umkehrpunkte (Positionen ① und ⑤) auf gleicher Höhe liegen. Dort ist also die Höhenenergie jeweils gleich. Es kommt bei den Energieumwandlungen keine Energie dazu und es geht auch keine Energie verloren. Wir schließen daraus, dass zu jedem Zeitpunkt die Gesamtenergie, d. h. die Summe aus der Höhenenergie E_H und der Bewegungsenergie E_{kin}, stets gleich ist. Man spricht daher vom **Energieerhaltungsprinzip**. Das gilt natürlich nur, wenn keiner die Kugel stoppt!

! Merksatz

Wenn kein Eingriff von außen erfolgt, bleibt die Gesamtenergie erhalten. Man spricht vom Energieerhaltungsprinzip.

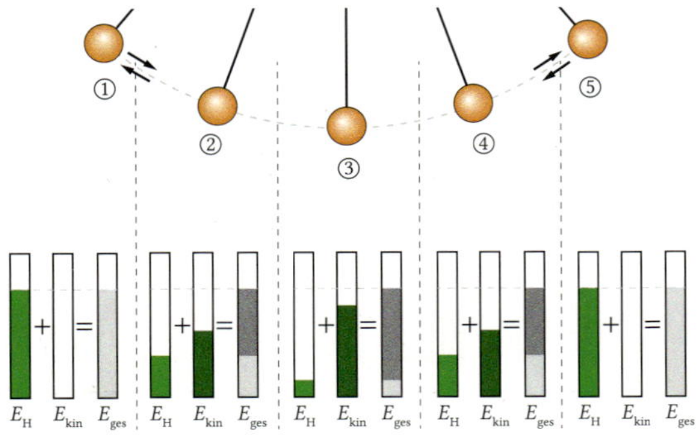

B1 *Energiekonten für Höhenenergie, Bewegungsenergie und Gesamtenergie für die Positionen ① bis ⑤ der Kugel*

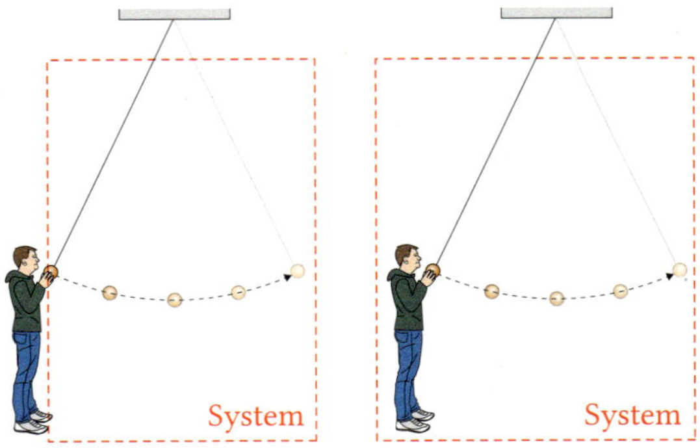

B2 *Energieerhaltung gilt in abgeschlossenen Systemen: a) System „Kugel" b) System „Kugel + Lehrer".*

Energiekonten – Das Energieerhaltungsprinzip lässt sich bequem mit **Energiekonten** veranschaulichen. Jeder Gegenstand hat bei dieser Analogie für die verschiedenen Energieformen jeweils ein eigenes Konto, auf dem sich der entsprechende Energiewert befindet. Dieser wird veranschaulicht durch die Höhe eines farbigen Balkens (siehe Bild **B1**). Der Energiewert kann auch null sein. Dann ist das zugehörige Energiekonto leer und der Balken hat die Höhe null. Das Prinzip der Energieerhaltung erkennt man daran, dass die Gesamtenergie (rechter grauer Balken) als Summe der einzelnen farbigen Balken immer gleich groß ist.

Die Energiekonten kann man mit Bankkonten vergleichen: Eine Person besitzt Geld auf verschiedenen Bankkonten. Sofern die Person nichts hinzu verdient oder ausgibt, bleibt der Wert, der sich auf allen Konten zusammen genommen befindet, konstant. Die Person kann aber zwischen diesen Konten Geld hin- und her überweisen, ohne dass sich etwas an dem Gesamtbetrag des Geldes ändert.

Bild **B1** zeigt jeweils die Energiekonten der schwingenden Kugel in den verschiedenen Positionen. Die farbigen Balken geben an, wie weit die jeweiligen Energiekonten gefüllt sind. Da in den Positionen ① und ⑤ nur Höhenenergie E_H vorhanden ist, sind die Konten für die kinetische Energie E_{kin} jeweils leer. In Position ③ ist die Höhenenergie minimal. Das Energiekonto der Höhenenergie E_H ist an dieser Position weniger gefüllt als in den übrigen Bildern. Es ist aber nicht leer, da immer noch eine gewisse Höhenenergie gegenüber dem Bezugsniveau vorhanden ist.
In Bild **B4** ist dargestellt, wie sich E_H und E_{kin} im Verlauf der Pendelbewegung verändern.

Energieerhaltung gilt in einem System. Wir haben die pendelnde Kugel bisher als sogenanntes **abgeschlossenes System** betrachtet, d. h. wir haben keine Eingriffe „von außen" zugelassen (Bild **B2a**). Nur dann gilt nämlich die Energieerhaltung.
Gibt der Lehrer der Kugel zwischendrin einen Schubs, so erreicht sie am nächsten Umkehrpunkt eine größere Höhe. Die Gesamtenergie der Kugel ist nicht mehr die gleiche wie vor dem Schubs.
Wenn wir aber den Lehrer als Teil des Systems betrachten (Bild **B2b**), müssen wir auch seine Energiekonten hinzunehmen und z. B. seine chemische Energie mit berücksichtigen. Dann gilt auch hier wieder das Prinzip der Energieerhaltung (Bild **B3**).

! Merksatz: Energieerhaltungsprinzip

In einem abgeschlossenen System kann Energie von einer Form in eine andere umgewandelt oder von einem Teil des Systems auf einen anderen übertragen werden. Die Summe aller Energien (Gesamtenergie E_{ges}) in diesem System bleibt konstant.

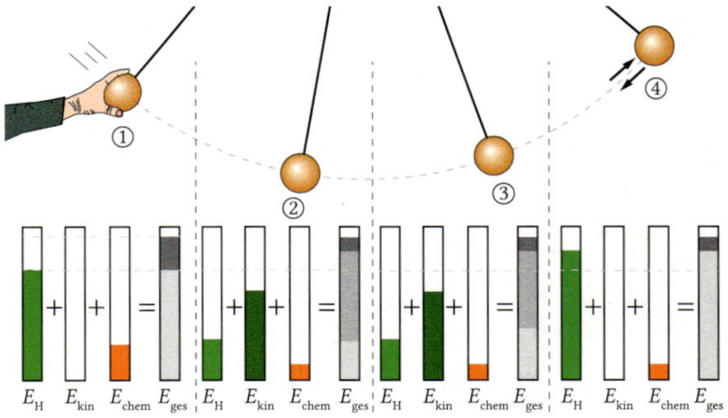

B3 *Gibt der Lehrer der Kugel zu Beginn einen Schubs, ergänzt man seine chemische Energie in den Energiekonten.*

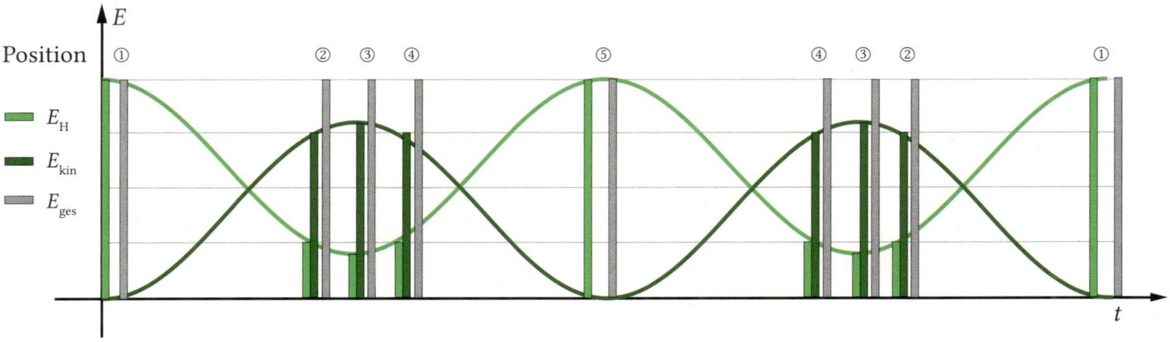

B4 *Das Zeit-Energie-Diagramm zeigt, wie sich die Kontostände der einzelnen Energiekonten beim Kugelpendel von Bild B1 ohne Reibung ändern.*

Energieerhaltung bei Reibung – In der Realität wird die Höhenlage der Umkehrpunkte bei der schwingenden Kugel im Laufe der Zeit geringer. Die Höhenenergie nimmt ab und die Energieerhaltung scheint nicht zu gelten. Grund dafür ist die **Reibung**, wodurch mechanische Energie in thermische Energie E_{th} umgewandelt und an die Umgebung abgegeben wird.

Wie vorher der Schubs des Lehrers ist auch die Reibung ein Eingriff „von außen". Die schwingende Kugel allein ist daher kein abgeschlossenes System. Wir können aber das System vergrößern, indem wir die umgebende Luft und die Aufhängung noch dazu nehmen. Bei diesem System gibt es nun keine Eingriffe mehr von außen und die Gesamtenergie bleibt im System „Kugel + Luft + Aufhängung" wieder erhalten.
Wenn wir lange genug warten, wird die gesamte kinetische Energie der Kugel umgewandelt in thermische Energie der Aufhängung und der Luft im Klassenzimmer. Die Temperatur im Klassenzimmer und die der Aufhängung nimmt bei diesem Bremsvorgang zu, allerdings nur um einen sehr kleinen Betrag.

Deutlicher erkennst du diesen Effekt bei einer Vollbremsung eines Fahrrads, bei der der Hinterreifen blockiert (Bild **B5**). Die gesamte kinetische Energie des Rads wird in thermische Energie umgewandelt. Die Temperatur des Straßenbelags und des Reifens erhöht sich und damit auch bei beiden der Kontostand von E_{th}. In Bild **B5a** wurde diese Temperaturerhöhung mit einer Wärmebildkamera sichtbar gemacht.

Auch hier gilt das Prinzip der Energieerhaltung, wenn man das System „Fahrrad" um den Straßenbelag erweitert. Bild **B5b** zeigt die Energiekonten des Systems „Fahrrad + Straßenbelag" zu Beginn und am Ende des Bremsvorgangs.

Bei vielen Vorgängen kann man leicht erkennen, wie sie ohne Reibung ablaufen würden. Für solche Fälle wird die Reibung oft vernachlässigt (vgl. Bild **B4**).

Wie du mit der Energieerhaltung argumentierst und Energiekonten zur Veranschaulichung nutzt, zeigt die **Beispielaufgabe** auf Seite 24.

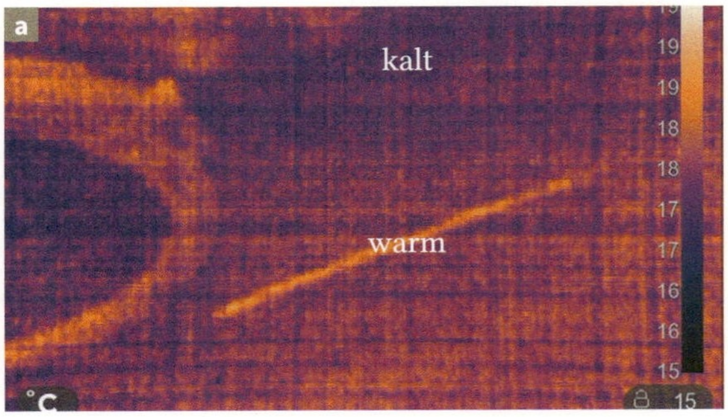

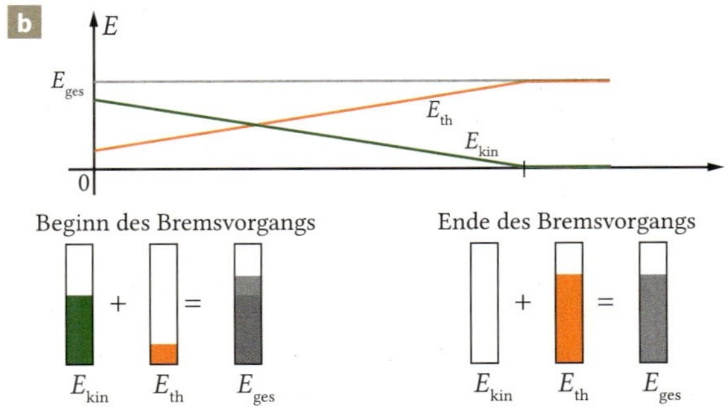

B5 *a) Eine Wärmebildkamera zeigt die Erwärmung des Reifens und des Straßenbelags entlang der Bremsspur nach einer Vollbremsung. b) Energiekonten zu Beginn und am Ende des Bremsvorgangs im System „Fahrrad + Straßenbelag".*

Beispielaufgabe: Achterbahn

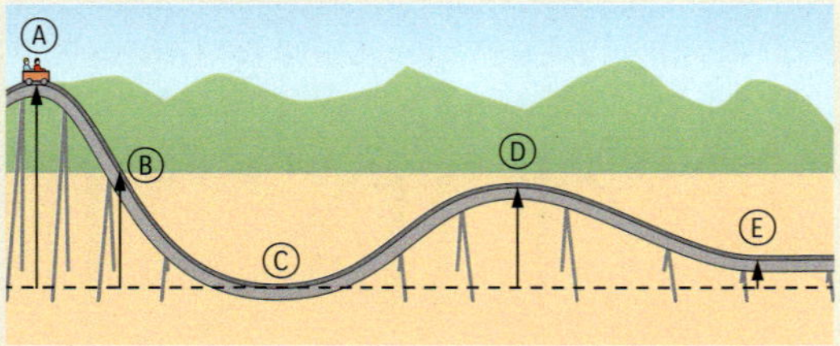

Der Wagen startet im Punkt Ⓐ aus der Ruhe. Reibungseffekte können vernachlässigt werden.
a) Gib die Energieformen an, die bei den einzelnen Punkten auftreten.
b) Gib die Punkte an, an denen die auftretenden Energieformen minimal bzw. maximal sind.
c) Zeichne die Energiekonten für die Positionen Ⓐ–Ⓔ.
d) Erläutere das Prinzip der Energieerhaltung am Beispiel der Achterbahn.

Lösung:
a) Punkt Ⓐ: nur E_H Punkte Ⓑ, Ⓓ, Ⓔ: E_H, E_{kin}
Punkt Ⓒ: nur E_{kin}
b) E_H ist maximal bei Ⓐ und minimal bei Ⓒ.
E_{kin} ist maximal bei Ⓒ und minimal bei Ⓐ.
c)

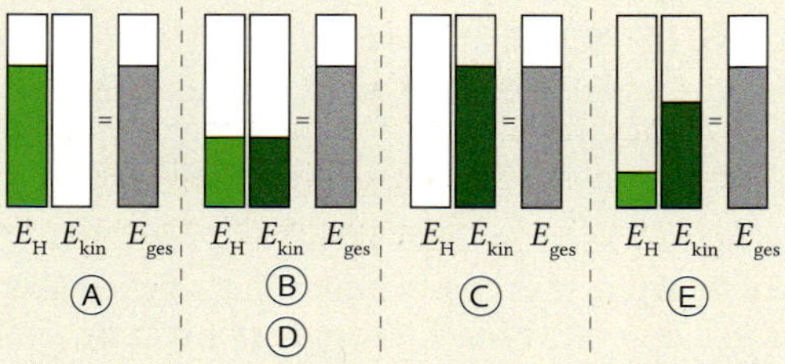

d) Bei der Achterbahn werden ständig Höhenenergie und Bewegungsenergie ineinander umgewandelt. Sofern sie auf ihrer Fahrt nicht von außen angeschoben wird und Reibungseffekte vernachlässigt werden können, ergibt die Summe aus Höhen- und Bewegungsenergie die Gesamtenergie, die zu jedem Zeitpunkt gleich bleibt. Deshalb nimmt die Bewegungsenergie E_{kin} z.B. zwischen den Punkten Ⓐ und Ⓑ genau um den Betrag zu, um den die Höhenenergie E_H hier abnimmt. Am Punkt Ⓒ wurde die gesamte Höhenenergie von Punkt Ⓐ in Bewegungsenergie umgewandelt. Da sich Ⓑ und Ⓓ auf derselben Höhe befinden, haben die entsprechenden Energiekonten jeweils den gleichen Kontostand.

Löse selbst

1 Vervollständige die Sätze und zeichne dazu passende Darstellungen mit Energiekonten bzw. Energieflussdiagrammen:
a) Eine Halogenlampe wandelt pro Sekunde 20 J elektrische Energie um in 3 J Strahlungsenergie, [redacted] J sind dann [redacted] Energie.
b) Ein Klippenspringer hat kurz nach dem Absprung eine Höhenenergie von 17 kJ und eine kinetische Energie von 3,5 kJ. Kurz vor dem Eintauchen beträgt seine Höhenenergie noch 3 kJ und seine kinetische Energie [redacted] J.
c) Ein Radfahrer nimmt Anlauf und erreicht so 600 J kinetische Energie. Dann lässt er sich eine Steigung hochrollen, bis E_{kin} auf 20 % des Anfangswerts gesunken ist; seine [redacted] beträgt dann [redacted] J, seine [redacted] entsprechend [redacted] J.

2 Eine Skaterin startet im Punkt A aus der Ruhe.

a) Zeichne qualitativ die Energiekonten für die auftretenden Energieformen in den Punkten A, B und C ohne Berücksichtigung der Reibung. Erläutere daran den Energieerhaltungssatz. Gib das von dir betrachtete System an.
b) Zeichne qualitativ die Energiekonten in A, B und C unter Berücksichtigung der Reibung.

3 Eine beliebte Freizeitsportart ist Trampolinspringen.

a) Erstelle eine Folge von Skizzen, die den Ablauf eines Trampolinsprungs darstellen. Wähle dazu besonders markante Zeitpunkte.
b) Nenne alle Energieformen, die beim Trampolinspringen auftreten. Gib jeweils die Sprungphase an, bei der sie maximal bzw. minimal sind.

c) Die Grafiken zeigen jeweils zusammengehörige Energiekonten der Trampolinspringerin für verschiedene Phasen ihres Sprungs. Ordne sie – falls möglich – deinen Skizzen aus a) zu. Beschreibe andernfalls, um welche Sprungphase es sich handeln könnte.

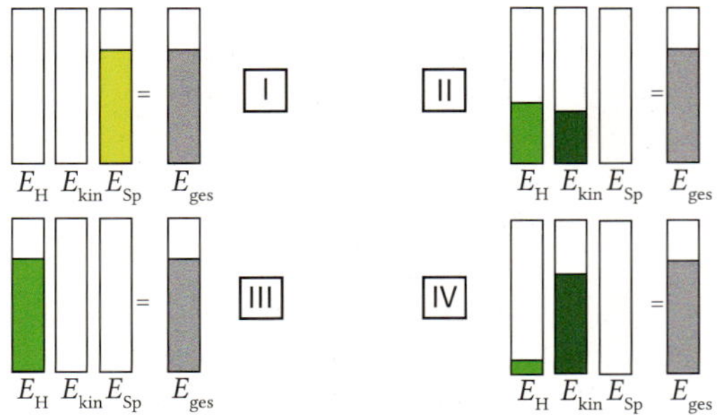

4 Ein Stabhochsprung beginnt mit dem Anlauf des Springers und endet mit der Landung auf der Matte. Die Positionen im Stroboskopbild werden von links nach rechts von ① bis ⑬ durchnummeriert.

a) Wähle ein passendes System, um das Prinzip der Energieerhaltung anwenden zu können. Begründe deine Wahl kurz.

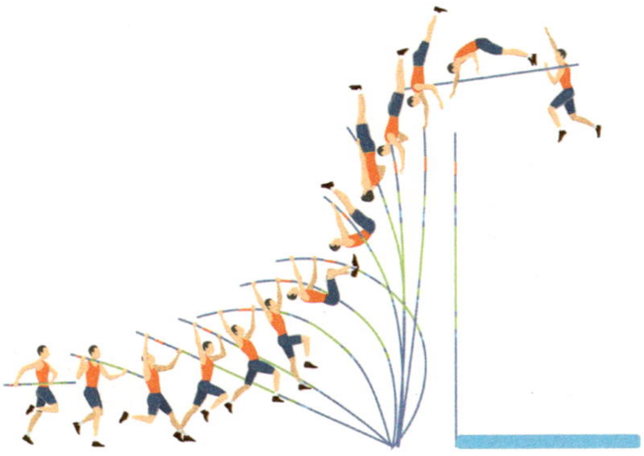

b) Beschreibe die Energieumwandlungen und Energieübertragungen, die während des Sprungs stattfinden. Berücksichtige dabei, dass jeder Gegenstand seine eigenen Energiekonten besitzt.

c) Vernachlässige Reibungsvorgänge und zeichne für die Positionen ①, ⑤, ⑧ und ⑫ die Energiekonten.

5 Recherchiere unter den Suchbegriffen „Feynman UND Bauklötze". Lies die Geschichte und arbeite die Analogie zwischen den Bauklötzen und der Energie heraus. Präsentiere deine Ergebnisse in passender Form.

6 **L** Bei einem Bungeesprung stürzen sich Waghalsige kopfüber an einem dicken Gummiseil hängend von einer Absprungplattform in die Tiefe. Die Grafik unten zeigt das (unvollständige) Ort-Energie-Diagramm für einen Bungeesprung. Außer E_H und E_{kin} tritt auch noch Spannenergie E_{Sp} auf.

Bearbeitet folgende Fragen nach der **Methode: Think-pair-share** (siehe Seite 10):

a) Welcher Sprungphase entsprechen die Punkte A, B und C im Diagramm?

b) Zu Beginn ist das Seil ungedehnt. Übertrage das Diagramm in dein Heft und ergänze den Graphen für E_{ges}.

c) Wie ermittelt man den Graphen für die Spannenergie? Ergänze ihn im Diagramm.

d) Welche Länge hat das ungedehnte Bungeeseil?

e) In welcher Höhe über dem Boden befindet sich die Absprungplattform?

f) Welcher mathematische Zusammenhang besteht zwischen der Höhenenergie und der Höhe, in der sich der Gegenstand über dem Boden befindet?

g) Warum verwendet man kein Stahlseil?

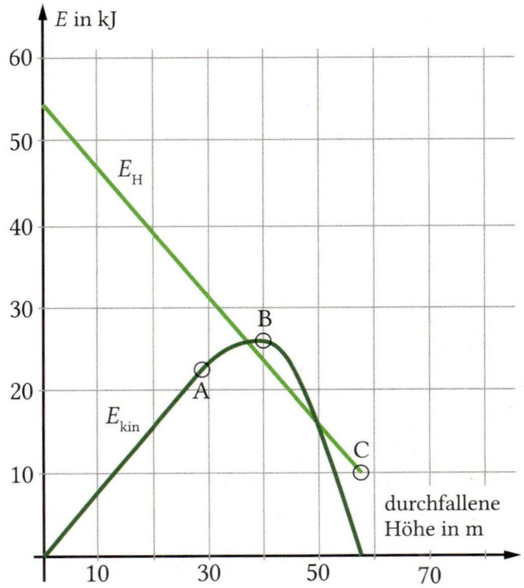

1.3 Energie in Zahlen

B1 *Auf dem Münchner Oktoberfest sorgt ein Freefall-Tower für Nervenkitzel. Nach dem Ausklinken ist die Gondel im freien Fall.*

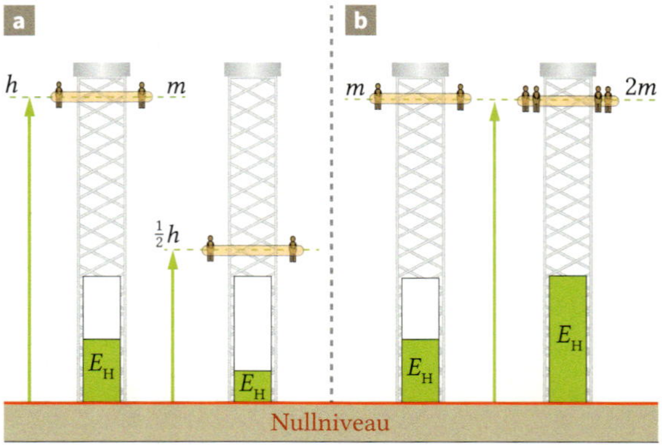

B2 *Die Höhenenergie der Gondel ist abhängig a) von der Höhe über dem Nullniveau und b) von ihrer Masse.*

Eine Formel für die Höhenenergie – Um Energiemengen vergleichen zu können, benötigen wir mathematische Beschreibungen für die verschiedenen Energieformen. Wir beginnen mit der **Höhenenergie**. In Bild **B1** siehst du einen Freefall-Tower. Bei diesem Fahrgeschäft wird eine Gondel einen Turm hinauf gezogen und oben ausgeklinkt. Anschließend fällt sie frei nach unten, bevor sie rechtzeitig wieder abgebremst wird. Beim Hinaufziehen wird elektrische Energie durch Elektromotoren in Höhenenergie der Gondel umgewandelt. Wovon hängt es ab, wie groß die Höhenenergie der Gondel ist?

Einerseits spielt sicherlich die Höhenlage der Gondel eine entscheidende Rolle. Auf der halben Höhe des Turms besitzt die Gondel weniger Höhenenergie als an der Spitze des Turms. Es ist auch plausibel, ihr auf der halben Höhe halb so viel Höhenenergie zuzuordnen (Bild **B2a**). Die Höhenlage h über dem Boden und Höhenenergie E_H sind dabei direkt proportional zueinander.

Andererseits wird die Masse der Gondel einen Einfluss auf die Höhenenergie haben. Je größer die Masse auf einer bestimmten Höhe ist, umso größer ist auch die Höhenenergie. Voll besetzt hat die Gondel an der Turmspitze eine größere Höhenenergie als leer. Auch die Masse m und die Höhenenergie E_H sind direkt proportional zueinander (Bild **B2b**).

Ist eine Größe zu zwei anderen Größen direkt proportional, so ist sie auch zum Produkt jener Größen direkt proportional. Aus $E_H \sim h$ und $E_H \sim m$ folgt:

$$E_H \sim m \cdot h \qquad \text{bzw.} \qquad E_H = k \cdot m \cdot h.$$

k ist der *Proportionalitätsfaktor*. Für k hat man die Fallbeschleunigung g gewählt. Damit ergibt sich als Formel zur Berechnung der Höhenenergie:

$$E_H = m \cdot g \cdot h.$$

Daraus erhält man folgende Umrechnung für 1 Joule:

$$[E_H] = 1\ \text{kg} \cdot 1\ \tfrac{\text{m}}{\text{s}^2} \cdot 1\ \text{m} = 1\ \text{kg}\ \tfrac{\text{m}^2}{\text{s}^2} = 1\ \text{J}.$$

Eine 100-g-Tafel Schokolade hat in einem Meter Höhe über dem Boden ungefähr die Höhenenergie 1 J:

$$E_H = m \cdot g \cdot h = 0{,}100\ \text{kg} \cdot 9{,}81\ \tfrac{\text{m}}{\text{s}^2} \cdot 1{,}0\ \text{m} = 0{,}98\ \text{J} \approx 1\ \text{J}.$$

Für die Angabe von h muss klar sein, wo sich die Höhenlage $h = 0$ m (das sogenannte **Nullniveau**) befindet. Man kann es vor der ersten Berechnung der Höhenenergie E_H frei wählen, muss es dann aber unverändert beibehalten. Das kann dazu führen, dass die Höhenenergie auch negative Werte annimmt. Oft wählt man daher das Nullniveau beim tiefsten Punkt einer Bewegung (Bild **B2**).

Die Formel für E_H kannst du dir experimentell mit der **Lernaufgabe** auf Seite 30 plausibel machen.

! Merksatz

Ein Gegenstand der Masse m hat auf der Höhenlage h über dem Nullniveau die Höhenenergie

$$E_H = m \cdot g \cdot h; \quad g = 9{,}81\ \tfrac{\text{m}}{\text{s}^2}\ \text{(Fallbeschleunigung)}.$$

Die Einheit der Höhenenergie ist

$$[E_H] = 1\ \text{kg}\ \tfrac{\text{m}^2}{\text{s}^2} = 1\ \text{J}.$$

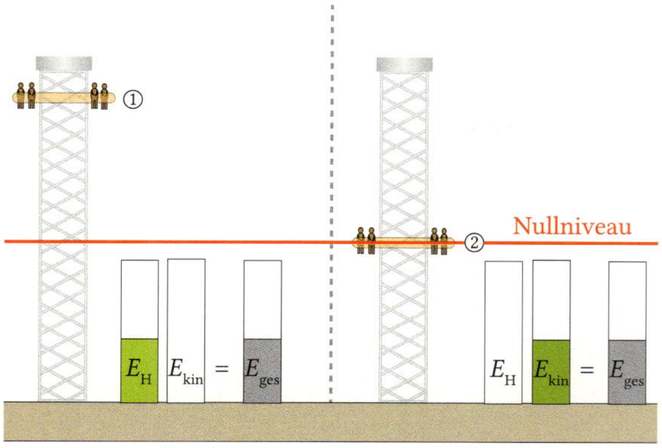

B3 *Beim Freefall-Tower ist die Gesamtenergie an Position ① genauso groß wie die Gesamtenergie an Position ②.*

Eine Formel für die kinetische Energie – Aus der Formel für die Höhenenergie und mithilfe des Prinzips der Energieerhaltung können wir experimentell eine Formel für die kinetische Energie ermitteln. Dazu betrachten wir beim Freefall-Tower nur den Höhenbereich, in dem die Gondel zwischen den Positionen ① und ② frei fällt. Bis hier wird die gesamte Höhenenergie der Gondel in kinetische Energie umgewandelt.

Das Prinzip der Energieerhaltung hilft uns beim Aufstellen einer **Energiebilanz**. Dazu bestimmt man die Gesamtenergie an den Positionen ① (kurz vor dem Ausklinken) bzw. ② (kurz vor dem Abbremsen, Bild **B3**). Beide Werte müssen gleich sein.

	Punkt ①		Punkt ②
Höhenenergie	$E_{H,1}$		$E_{H,2}$
kinetische Energie	$E_{kin,1}$		$E_{kin,2}$
Gesamtenergie	$E_{H,1} + E_{kin,1}$	=	$E_{H,2} + E_{kin,2}$

Das Nullniveau wählen wir an der Stelle, an der der Bremsvorgang beginnt (Position ②). Die Gleichung vereinfacht sich noch, weil $E_{kin,1} = 0\ \text{J}$ und $E_{H,2} = 0\ \text{J}$:

$$E_{H,1} = E_{kin,2} \quad \text{bzw.} \quad m \cdot g \cdot h_1 = E_{kin,2}. \qquad (*)$$

Somit können wir die kinetische Energie am unteren Ende der Fallstrecke mithilfe der Höhenenergie am oberen Ende des Turms berechnen. Wie hängt nun dieser Wert mit anderen physikalischen Größen zusammen? Für die experimentelle Untersuchung dieser Frage ersetzen wir die Gondel durch einen Hohlzylinder, den wir entlang einer langen Stativstange fallen lassen (Versuch **V1**).

V1 Freier Fall eines Hohlzylinders

Frage: Von welchen Größen ist die kinetische Energie eines Gegenstands abhängig und welche Zusammenhänge gelten zwischen den Größen?

Material: Hohlzylinder geringer Höhe mit unterschiedlicher Masse (z. B. aus Pappe, Schaumstoff oder Metall), lange Stativstange, Lichtschranke mit elektronischer Stoppuhr, Maßband, Waage

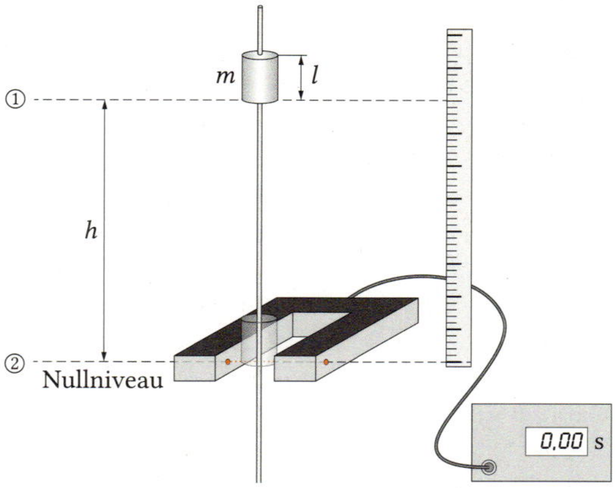

Durchführung:
a) Lass einen Hohlzylinder aus verschiedenen Höhenlagen h über dem Nullniveau fallen. Miss jeweils die Verdunklungszeit der Lichtschranke an Position ②.
b) Lass verschiedene Hohlzylinder mit unterschiedlicher Masse m aus derselben Höhenlage fallen. Miss wieder die Verdunklungszeiten an Position ②.

Aufträge:
1. Berechne bei allen Versuchen jeweils aus der Zylinderlänge l und der Verdunklungszeit Δt die Geschwindigkeit v_2, die der Zylinder am Nullniveau erreicht.
2. Finde für die Messreihe von Teil a) einen Zusammenhang zwischen der Fallhöhe h und der Geschwindigkeit v_2.
Übersetze diesen Zusammenhang in einen Zusammenhang zwischen v_2 und $E_{kin,2}$. Nutze dazu auch die Gleichung (∗).
3. Finde für die Messreihe von Teil b) einen Zusammenhang zwischen der Masse m und der Geschwindigkeit v_2 und übersetze ihn in einen Zusammenhang zwischen m und $E_{kin,2}$. Nutze dazu ebenfalls die Gleichung (∗).

h_1 in cm	10	20	30	40
Δt in s	0,066	0,048	0,039	0,034
v_2 in $\frac{m}{s}$ $(=\frac{L}{\Delta t})$	1,4	2,0	2,4	2,8
$E_{H,1} = E_{kin,2}$ in J	0,0062	0,012	0,019	0,025

T1 *Messergebnisse und Auswertungen zum Versuch **V1a***

m in g	6,3	164	11,6
L in cm	9,5	12,0	10,3
Δt in s	0,034	0,041	0,037
v_2 in $\frac{m}{s}$	2,8	2,9	2,8

T2 *Messergebnisse und Auswertungen zum Versuch **V1b***

In Versuch **V1a** ergaben sich bei einem Hohlzylinder aus Pappe (Masse $m = 6{,}3$ g; Länge $L = 9{,}5$ cm) für die Höhenlage h_1 in Position ① und die Geschwindigkeit v_2 in Position ② die Werte in der Tabelle **T1**.

Daraus liest man ab: Erst bei einer Vervierfachung der Fallhöhe verdoppelt sich die Geschwindigkeit des Zylinders. Bei vierfacher Höhe ist die Höhenenergie des Zylinders in Position ① viermal so groß (wegen $E_{H,1} = m \cdot g \cdot h_1$) und damit wegen $E_{H,1} = E_{kin,2}$ auch die kinetische Energie in Position ②.

Das heißt: Bei doppelter Geschwindigkeit ist die kinetische Energie viermal so groß. Das deutet darauf hin, dass die kinetische Energie direkt proportional zum Quadrat der Geschwindigkeit ist, also

$$E_{kin} \sim v^2. \qquad (**)$$

In Versuch **V1b** stellt sich heraus, dass bei derselben Starthöhe die gleiche Geschwindigkeit in Position ② erreicht wird (Tabelle **T2**) – unabhängig von der jeweiligen Masse. Da $E_{H,1} = E_{kin,2}$ gilt, muss die kinetische Energie mit zunehmender Masse genauso zunehmen wie die Höhenenergie. Das bedeutet also:

$$E_{kin,2} \sim m. \qquad (***)$$

Aus (**) und (***) folgt wie bei der Höhenenergie:

$$E_{kin,2} \sim m \cdot v^2 \quad \text{bzw.} \quad E_{kin,2} = k \cdot m \cdot v^2.$$

Durch Vergleichen bestimmt man den Proportionalitätsfaktor k:

$$E_H = m \cdot g \cdot h_1 = k \cdot m \cdot v_2^2 = E_{kin,2}$$

$$k = g \cdot \frac{h_1}{v_2^2} = 9{,}81\,\frac{m}{s^2} \cdot \frac{0{,}40\text{ m}}{(2{,}8\,\frac{m}{s})^2} = 0{,}50.$$

Für die kinetische Energie und ihre Einheit ergibt sich:

$$E_{kin} = \frac{1}{2} m \cdot v^2$$

$$[E_{kin}] = 1\text{ kg} \cdot (1\,\tfrac{m}{s})^2 = 1\text{ kg} \cdot \frac{m^2}{s^2} = 1\text{ J}.$$

Den Umgang mit den Formeln für die Höhenenergie und die kinetische Energie zeigt **Beispielaufgabe 1**.

Merksatz

Die Bewegungsenergie eines Gegenstands der Masse m bei der Geschwindigkeit v beträgt

$$E_{kin} = \frac{1}{2} m \cdot v^2.$$

Für die Einheit gilt: $[E_{kin}] = 1\text{ kg} \cdot \frac{m^2}{s^2} = 1\text{ J}$.

Beispielaufgabe 1: Freefall-Tower

Die Gondel eines Freefall-Towers mit 24 Sitzplätzen (Leermasse 20 t) wird um 75 m nach oben gezogen.

a) Berechne die Höhenenergie der leeren Gondel am höchsten Punkt. Gib das gewählte Nullniveau an.
b) Nach 1 s freiem Fall beträgt die Geschwindigkeit ca. 10 $\frac{m}{s}$. Schätze die kinetische Energie einer vollbesetzten Gondel bei dieser Geschwindigkeit ab.
c) Eine Person ($m = 65$ kg) hat kurz vor dem Abbremsen $E_{kin} = 25{,}5$ kJ. Berechne ihre Geschwindigkeit.

Lösung:
Als Nullniveau wählt man z. B. die Starthöhe der Gondel beim Einsteigen der Personen.

a) *Geg:* $m_{Gond} = 20\text{ t} = 20\,000\text{ kg}$; $h = 75\text{ m}$; $g = 9{,}81\,\frac{m}{s^2}$
Ges.: E_H
Lsg.: $E_H = m \cdot g \cdot h = 20\,000\text{ kg} \cdot 9{,}81\,\frac{m}{s^2} \cdot 75\text{ m} = 14\,715\,000\text{ J} = 15\text{ MJ}$

b) *Geg:* $v = 10\,\frac{m}{s}$; $m_{Gond} = 20\text{ t}$; $m_{Pers} = 70\text{ kg}$
Ges.: E_{kin}
Lsg.: $m_{ges} = 20\,000\text{ kg} + 24 \cdot 70\text{ kg} = 21\,680\text{ kg}$
$E_{kin} = \frac{1}{2} m \cdot v^2 = 1\,084\,000\text{ J} = 1{,}1\text{ MJ}$

c) *Geg.:* $E_{kin} = 25{,}5\text{ kJ} = 25\,500\text{ J}$; $m = 65\text{ kg}$
Ges.: v
Lsg.: $E_{kin} = \frac{1}{2} m \cdot v^2 \quad \Leftrightarrow \quad v = \sqrt{\frac{2 \cdot E_{kin}}{m}} = 28\,\frac{m}{s}$

B1 *Bei der Achterbahnfahrt wird die Höhenenergie vom Startpunkt ① in kinetische Energie und wieder in Höhenenergie umgewandelt. Für die Berechnung der Höhenenergie an den verschiedenen Positionen muss ein Nullniveau festgelegt werden.*

Aufstellen von Energiebilanzen – Die Formeln für die Höhenenergie und die kinetische Energie kann man auch für Energiebilanzen nutzen. Damit lassen sich verschiedene Größen berechnen. Das kann bei der Planung einer neuen Achterbahn (Bild **B1**) entscheidend sein, wenn z. B. vor einer Kurve eine gewisse Geschwindigkeit nicht überschritten werden darf.
Man betrachtet dazu die Achterbahn als abgeschlossenes, reibungsfreies System, für das das Prinzip der Energieerhaltung gilt. Der Wagen fährt vom Startpunkt ① ohne Eingriff von außen bis ins Ziel. Die Höhenenergie von Position ① wird während der Fahrt abwechselnd in kinetische Energie und wieder in Höhenenergie umgewandelt.
In Bild **B1** sind einige Positionen und das gewählte Nullniveau markiert. Für diese kann man die Energiebilanzen aufstellen:

Position	①	②	③
Höhenenergie	$E_{H,1} = m \cdot g \cdot h_1$	$E_{H,2} = m \cdot g \cdot h_2$	$E_{H,3} = 0\ J$
kinetische Energie	$E_{kin,1} = 0\ J$	$E_{kin,2} = \frac{1}{2} m \cdot v_2^2$	$E_{kin,3} = \frac{1}{2} m \cdot v_3^2$
Gesamtenergie	$E_{ges,1} = E_{H,1} + E_{kin,1} = m \cdot g \cdot h_1$	$E_{ges,2} = E_{H,2} + E_{kin,2} = m \cdot g \cdot h_2 + \frac{1}{2} m \cdot v_2^2$	$E_{ges,3} = E_{H,3} + E_{kin,3} = \frac{1}{2} m \cdot v_3^2$

Abhängig davon, welche Größen bekannt und welche Größen gesucht sind, kann man die Gesamtenergien zweier geeigneter Positionen gleichsetzen und nach der gesuchten Größe auflösen. Wie das genau geht, zeigt **Beispielaufgabe 2**.

Beispielaufgabe 2: Achterbahn in Zahlen

Bei der Achterbahn in Bild **B1** wird der vollbesetzte, 16 Tonnen schwere Wagen auf den höchsten Punkt gezogen – 67 m über dem Nullniveau. Dort startet der Wagen aus dem Stand und bremst erst am Ende der Fahrt ab. Reibungseffekte dürfen vernachlässigt werden.

a) Berechne die kinetische Energie des Wagens an Position ③.
b) An Position ④ beträgt die Geschwindigkeit des Wagens 85 $\frac{km}{h}$. Berechne seine Höhenlage.

Lösung:
a) *Geg.*: $h_1 = 67\ m$; $m = 16\ t$; $h_3 = 0\ m$; $v_1 = 0\ \frac{m}{s}$
Ges.: $E_{kin,3}$
Energiebilanz: $E_{ges,1} = E_{ges,3}$

$E_{H,1} + E_{kin,1} = E_{H,3} + E_{kin,3} \rightarrow E_{H,1} = E_{kin,3}$

$$E_{kin,3} = m \cdot g \cdot h_1 = 16\,000\ kg \cdot 9{,}81\ \frac{m}{s^2} \cdot 67\ m = 10\,516\,320\ J = 11\ MJ$$

b) *Geg.*: wie bei a) und $v_4 = 85\ \frac{km}{h}$
Ges.: h_4
Die Energiebilanz in ④ wird wie bei Position ③ aufgestellt: $E_{ges,1} = E_{ges,4}$

$E_{H,1} + E_{kin,1} = E_{H,4} + E_{kin,4} \rightarrow E_{H,1} = E_{H,4} + E_{kin,4}$

$m \cdot g \cdot h_1 = m \cdot g \cdot h_4 + \frac{1}{2} m \cdot v_4^2$

$m \cdot g \cdot h_4 = m \cdot g \cdot h_1 - \frac{1}{2} m \cdot v_4^2$

$$h_4 = h_1 - \frac{\frac{1}{2} m \cdot v_4^2}{m \cdot g} = h_1 - \frac{1}{2} \frac{v_4^2}{g} = 67\ m - \frac{1}{2} \frac{(23{,}61\ \frac{m}{s})^2}{9{,}81\ \frac{m}{s^2}} = 39\ m\ (2\ gZ)$$

L Lernaufgabe: Schleuderbrett

Mit diesem Experiment kannst du dir die Formel für die Höhenenergie plausibel machen.

Material:
Lineal, Stift, gleich schwere Massestücke (z.B. gleiche Münzen), Maßband, Waage

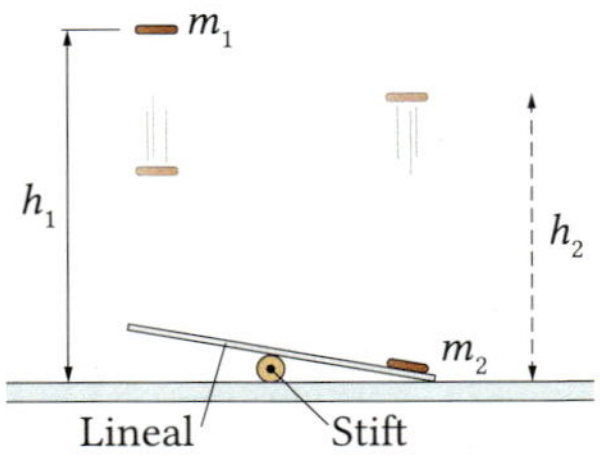

Vorbereitung:
Lege das Lineal mittig auf einen Stift.

Durchführung:
a) Lege ein Massestück außen auf die rechte Seite des Lineals. Lass ein zweites Massestück aus der Höhenlage h_1 außen auf die linke Seite des Bretts fallen. Miss die Höhe h_2, die das rechte Massestück erreicht (siehe Grafik). Variiere nun die Starthöhe h_1.
b) Lege zwei (drei, vier) Massestücke auf die rechte Seite des Schleuderbretts. Lass ein Massestück aus jeweils gleicher Höhe h_1 auf die linke Seite fallen. Miss wieder die Höhe h_2.

Auftrag:
1) Beschreibe die Energieumwandlungen.
2) Bestätige mithilfe deiner Messwerte und dem Prinzip der Energieerhaltung die Formel für die Höhenenergie. Erkläre mögliche Abweichungen.

L Lernaufgabe: Kugelweitsprung

Hier kannst du den Zusammenhang von kinetischer Energie und Geschwindigkeit erarbeiten.

Material: Kugel, Kugelbahn, Maßband, Bücher
Aufbau: siehe Grafik

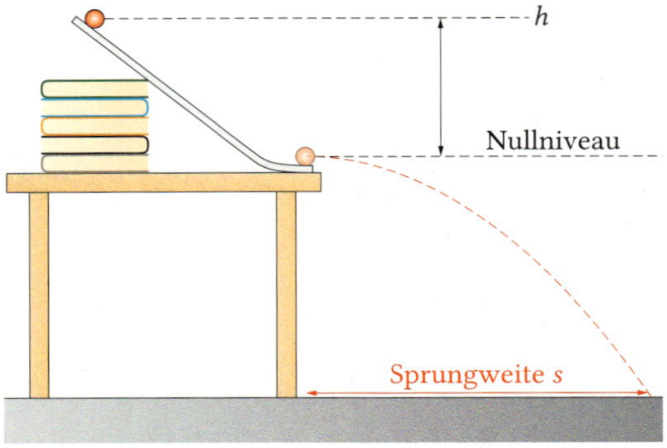

Durchführung:
Lass die Kugel die Kugelbahn aus einer Starthöhe h hinabrollen und miss die Sprungweite s.
Information: Du kannst davon ausgehen, dass die Absprunggeschwindigkeit v und die Sprungweite s direkt proportional zueinander sind.

Auftrag:
1) Führe den Versuch mit verschiedenen Starthöhen durch und notiere deine Messwerte.
2) Formuliere einen Zusammenhang zwischen der Starthöhe h und der Absprunggeschwindigkeit v bzw. zwischen der Geschwindigkeit und der kinetischen Energie.

Löse selbst

1 In einem Regal stehen Bücher gleicher Masse.
a) Finde Regalfelder mit derselben Höhenenergie in Bezug auf den Boden.
b) Feld 8 wird die Höhenenergie 3 J zugeordnet. Gib die Höhenenergien der Bücher in den übrigen Feldern an.
c) Finde sinnvoll zu b) passende Werte für die Masse eines Buches und den Abstand zweier Regalböden.

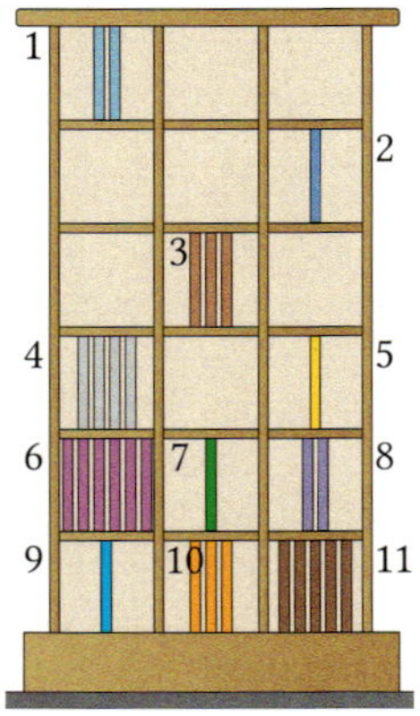

2 Ein Bungeespringer besitzt mit seiner Sicherheitsausrüstung eine Masse von 80 kg.
a) Berechne seine Höhenenergie in 90 m Höhe.
b) Berechne seine Höhe, wenn seine Höhenenergie 64 kJ beträgt.
c) Sein Freund besitzt in 90 m Höhe eine Höhenenergie von 64 kJ. Berechne dessen Masse.

3 Herr Morris (75,5 kg) unternimmt eine Bergtour zum Vorderen Hörnle. Er startet bei 930 m ü. NHN und erreicht den Gipfel, nachdem er 554 Höhenmeter überwunden hat. Berechne seine Höhenenergie am Gipfel im Bezug auf zwei verschiedene Nullniveaus.

Löse selbst

4 Energie im Straßenverkehr: In einer Ortschaft fährt ein Pkw der Masse 2,2 t mit 50 $\frac{\text{km}}{\text{h}}$.

a) Berechne die kinetische Energie des Pkw.
b) Berechne die Geschwindigkeit des Pkw bei einer kinetischen Energie von 150 kJ.
c) Stell dir vor, der Pkw fährt mit 50 $\frac{\text{km}}{\text{h}}$ gegen eine Wand. Berechne die Höhe, aus der der Pkw fallen müsste, um dieselben Schäden davonzutragen.
d) „Doppelte Aufprallgeschwindigkeit, doppelter Schaden." Nimm Stellung zu der Aussage.
e) Nenne Sicherheitseinrichtungen zum Schutz der Insassen bei einem Aufprall. Erkläre ihre Wirkung physikalisch.

5 Ein Artist (65 kg) springt von einer Plattform so auf ein Schleuderbrett, dass ein zweiter Artist (55 kg) in 1,75 m Höhe über dem Boden auf den Schultern eines dritten Artists landet (siehe Grafik).

a) Berechne die geringste Höhe, die die Plattform über dem Boden besitzen sollte.
b) Berechne die anfängliche Geschwindigkeit, mit der der zweite Artist nach oben geschleudert wird.

6 Das Bild zeigt eine Stroboskopaufnahme von einem Tennisball mit zwanzig Bildern pro Sekunde.

a) Werte das Foto hinsichtlich E_{H}, E_{kin} und der „Energieverluste" des Balles zu verschiedenen Zeitpunkten aus. Erstelle eine kurze Präsentation.
b) **H** Lass einen Flummi (Tischtennisball) mehrere Male auf dem Boden aufprallen und werte den Versuch analog zu a) aus.

7 Snowboarder Phil ($m = 80$ kg) startet in A aus der Ruhe. Er muss in C mindestens mit der Geschwindigkeit 15 $\frac{\text{m}}{\text{s}}$ ankommen, um dort einen bestimmten Sprung durchführen zu können. Berechne, wie viele Meter der Punkt A über dem Punkt B liegen muss.

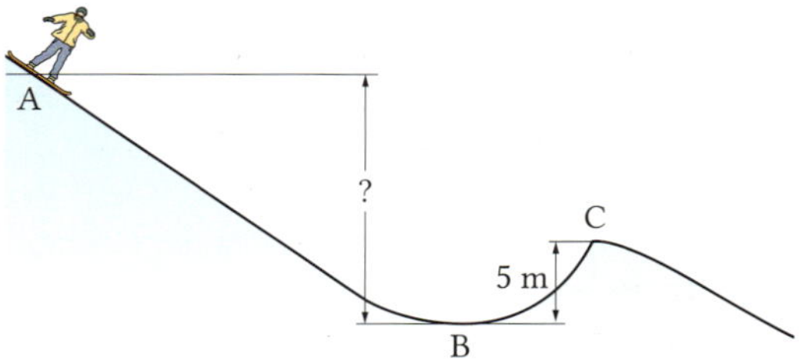

8 Ein 30 g schwerer Spielzeug-Grashüpfer (siehe Grafik) wird mit dem Saugnapf auf dem Tisch befestigt. Die verformten Metallfüße haben dann 240 mJ Spannenergie gespeichert. Sobald sich der Saugnapf löst, springt der Grashüpfer nach oben und landet wenig später auf dem Boden.

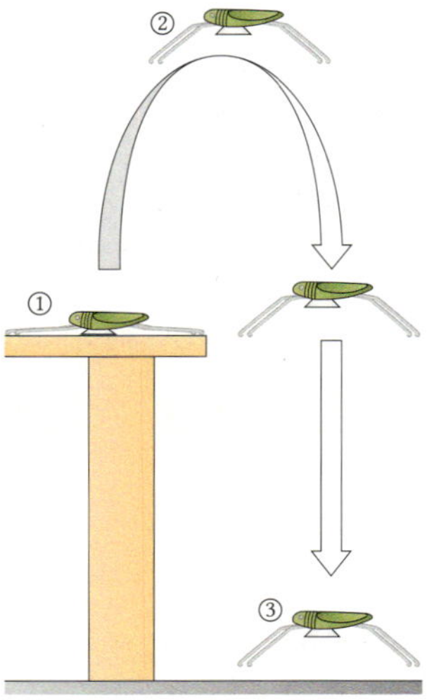

a) Stelle die Energiebilanzen zu den Positionen ① bis ③ auf.
b) Berechne die Absprunggeschwindigkeit und die maximale Höhe über dem Tisch.
c) Der Tisch ist 1,10 m hoch. Berechne die Geschwindigkeit des Grashüpfers beim Auftreffen am Boden.
d) Diskutiere den Einfluss, den die Wahl des Nullniveaus auf das Ergebnis von c) hat.

1.4 Arbeit ändert die Energie

B1 *Den stärksten Kran der Welt besaß 2020 die Sleipnir.*

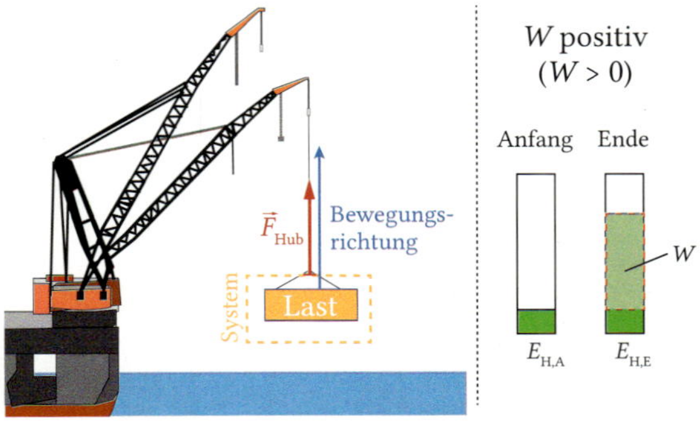

B2 *Beim Anheben der Last nimmt deren Energie zu.*

Arbeit führt zu Energieänderung. Der stärkste Kran der Welt ist auf dem Wasser unterwegs. Der Schwimmkran *Sleipnir* (Bild **B1**) kann über 20 000 Tonnen Masse auf einmal nach oben heben – das entspricht fast der doppelten Masse des Eiffelturms.

Wenn der Kran eine Last hochzieht, so nimmt deren Höhenenergie dabei zu. Betrachten wir hierbei die Last als eigenständiges **System**, dann führt die Kraftwirkung des Krans zu einer Zunahme der Gesamtenergie dieses Systems (Bild **B2**). Man sagt: Der Kran verrichtet (**mechanische**) **Arbeit** an der Last.
Je nachdem, welcher Vorgang zugrunde liegt, verwendet man auch Bezeichnungen wie Hubarbeit, Beschleunigungsarbeit, Bremsarbeit, Spannarbeit usw.

Allgemein spricht man in der Physik davon, dass an einem System Arbeit verrichtet wird, wenn die Gesamtenergie des Systems durch eine äußere Kraft verändert wird. Die Arbeit entspricht der jeweiligen Änderung der Gesamtenergie ΔE_{ges} des Systems; sie erhält das Formelzeichen W (engl. *work* – Arbeit):

$$W = \Delta E_{ges}.$$

Entsprechend ist die Einheit der Arbeit

$$[W] = 1\ \text{Joule} = 1\ \text{J}.$$

! Merksatz

An einem System wird Arbeit verrichtet, wenn die Gesamtenergie des Systems durch Wirkung einer äußeren Kraft verändert wird.
Man bezeichnet die Arbeit mit dem Buchstaben W. Sie entspricht der jeweiligen Änderung der Gesamtenergie ΔE_{ges}:

$$W = \Delta E_{ges};\quad \text{die Einheit ist } [W] = 1\ \text{Joule} = 1\ \text{J}.$$

Positive und negative Arbeit – Aus der Festlegung der physikalischen Größe Arbeit erhält man folgende Aussagen:

- Vergrößert sich durch eine Kraftwirkung die Gesamtenergie eines Systems, so haben die Energieänderung ΔE und damit die Arbeit W einen positiven Wert ($W > 0$). Das ist hier beim Kran der Fall (Bild **B2** und **Beispielaufgabe 1**). Er hebt die Last senkrecht nach oben, die Richtung der Kraft ist somit gleich der Bewegungsrichtung der Last.
- Beim Radfahren hingegen sorgt die Reibungskraft dafür, dass man auf ebener Strecke ausrollt, wenn man nicht mehr in die Pedale tritt (Bild **B3**). Die kinetische Energie des Systems „Radfahrer" wird durch Reibungskräfte, die die Luft und die Straße ausüben, in innere Energie des Fahrrads und innere Energie der Straße umgewandelt. Die Gesamtenergie E_{ges} des Fahrrads nimmt dabei ab.
  Die Arbeit W hat hier somit einen negativen Wert ($W < 0$). Die Richtung der Reibungskraft F_R ist in diesem Fall entgegengesetzt zur Bewegungsrichtung gerichtet.

Achtung: Nicht immer, wenn auf ein System von außen eine Kraft einwirkt, wird Arbeit verrichtet. Es muss sich dabei die Gesamtenergie des Systems ändern.

! Merksatz

Wenn Kraft- und Bewegungsrichtung übereinstimmen, vergrößert sich die Gesamtenergie des Systems, die Arbeit W ist dann positiv ($W > 0$).

Wenn Kraft- und Bewegungsrichtung entgegengesetzt sind, verringert sich die Gesamtenergie des Systems, die Arbeit W ist dann negativ ($W < 0$).

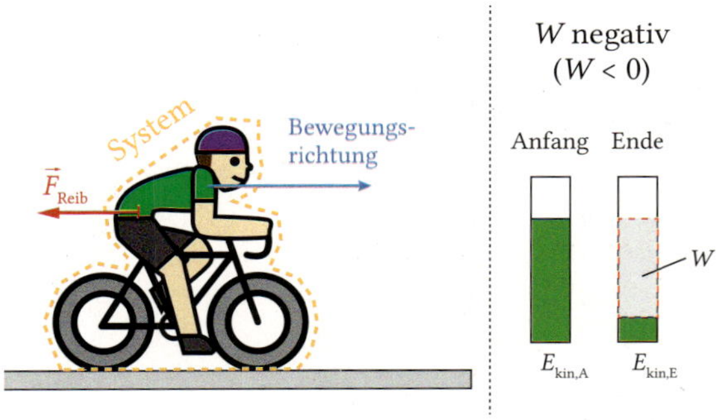

B3 *Die Reibungskraft verringert die Energie des Systems.*

B4 *Der Lift hebt die Rollstuhlfahrerin in das Fahrzeug.*

Arbeit oder Energieumwandlung? Dieser Unterschied lässt sich im Kontomodell so veranschaulichen:

- *Energieumwandlungen* innerhalb eines Systems entsprechen Geldüberweisungen zwischen zwei Konten, die *einer* Person gehören.
- Durch *Arbeit* wird einem System von außen Energie entzogen bzw. zugeführt. Das bedeutet im Kontomodell, dass man einer anderen Person Geld überweist oder von ihr Geld eingeht (vgl. **Grafik unten**).

Es hängt also von der Wahl des Systems ab, ob wir von Arbeit oder Energieumwandlung sprechen.

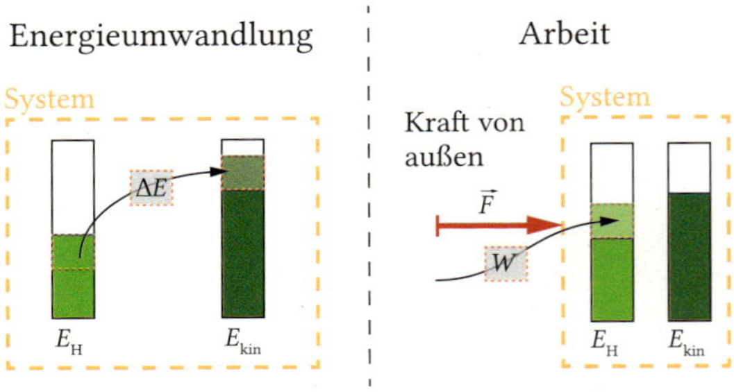

Beispielaufgabe 1: Hubarbeit

Berechne die Arbeit von *Sleipnir* am 10100 t schweren Eiffelturm, wenn er ihn um 10 m anheben würde.

Lösung:
Geg.: $\Delta h = 10$ m, $m = 10\,100$ t; *ges.*: W
Sleipnir ändert nur die Höhenenergie des Turms. Daher kann man W als Änderung von E_H berechnen:

$$W = \Delta E_H = m \cdot g \cdot \Delta h = $$
$$= 10\,100\,000 \text{ kg} \cdot 9{,}81 \tfrac{\text{m}}{\text{s}^2} \cdot 10 \text{ m} = 0{,}99 \text{ GJ}.$$

Antwort: Der Kran würde am Eiffelturm eine Arbeit von 0,99 GJ verrichten.

Eine Formel für die mechanische Arbeit – Wird ein Rollstuhlfahrer mithilfe eines Lifts senkrecht angehoben, nimmt seine Höhenenergie zu (Bild **B4**). Dazu übt der Lift eine Kraft aus, deren Betrag so groß ist wie die Gewichtskraft des Rollstuhlfahrers:

$$F_H = m \cdot g.$$

Die Arbeit, die der Lift verrichtet, lässt sich wie in **Beispielaufgabe 1** berechnen:

$$W = \Delta E_H = \underbrace{m \cdot g}_{F_H} \cdot \Delta h = F_H \cdot \Delta h.$$

Die Hubarbeit errechnet sich somit als Produkt aus der Hubkraft F_H und der Hubstrecke Δh. Diesen Gedanken erweitern wir auch auf alle anderen Kräfte: Wenn eine gleich bleibende Kraft F auf ein System einwirkt, das sich dabei über eine Strecke Δx bewegt, so lässt sich die verrichtete Arbeit wie folgt berechnen:

$$W = F \cdot \Delta x \quad \text{mit} \quad [W] = 1 \text{ N} \cdot 1 \text{ m} = 1 \text{ Nm} = 1 \text{ J}.$$

Wirkt die Kraft entgegengesetzt zur Bewegungsrichtung, so lässt sich die Arbeit ebenfalls über diese Formel berechnen. Dies wird in der Rechnung mit einem negativen Kraftwert berücksichtigt (siehe **Beispielaufgabe 2**, Seite 34).

! Merksatz

Wirkt eine gleich bleibende Kraft F auf ein System ein, das sich dabei über eine Strecke Δx bewegt, so berechnet man die verrichtete Arbeit wie folgt:

$$W = F \cdot \Delta x.$$

Dabei müssen Kraft- und Bewegungsrichtung übereinstimmen oder entgegengesetzt sein.

Beispielaufgabe 2: Negative Arbeit

Auf den Radfahrer in Bild **B3**, Seite 33, wirkt eine Reibungskraft mit dem Betrag $F_R = 65$ N. Seine kinetische Energie ist anfangs 1,0 kJ. Entscheide, ob er damit noch 15 m weit rollen kann.

Lösung: Aufgrund der Reibung wird Arbeit verrichtet, die die kinetische Energie verringert.

$$W = F_R \cdot \Delta x = -65\text{ N} \cdot 15\text{ m} = -975\text{ J}$$

$$W = \Delta E_{kin} = E_{kin,E} - E_{kin,A} \quad \Rightarrow$$

$$E_{kin,E} = E_{kin,A} + W = 1000\text{ J} + (-975\text{ J}) = 25\text{ J}.$$

Antwort: Er kann etwas mehr als 15 Meter rollen.

Arbeit auf verschiedenen Wegen – Wird der Rollstuhlfahrer über eine Rampe in das Auto geschoben (siehe Bild in **Beispielaufgabe 3**), so steigt seine Höhenenergie um den gleichen Wert an wie beim senkrechten Anheben. Während des Schiebens übt man die Schubkraft F_S auf den Rollstuhlfahrer aus und schiebt ihn damit entlang der Rampe hoch. Ist auch hier die Arbeit, also das Produkt $F_S \cdot \Delta x$, gleich der Änderung der Höhenenergie ΔE_H?

Die Lösung von **Beispielaufgabe 3** zeigt, dass die Arbeit W auch hier gleich der Änderung ΔE_H der Höhenenergie ist. Zugleich zeigen die Kraftpfeile, dass eine viel geringere Kraft benötigt wird, um die gleiche Hubarbeit zu verrichten. Dafür muss man diese über eine längere Strecke hinweg aufbringen. Kurz gesprochen:
„*Was man an Kraft spart, muss man an Weg zulegen.*"

Dies gilt allerdings nur, wenn die Reibung vernachlässigt werden kann. In der Realität landet ein Teil der Arbeit wegen der Reibung immer auf dem Konto der inneren Energie. Um wie im Beispiel $\Delta E_H = 0{,}32$ kJ zu erreichen, muss man wegen der Reibung tatsächlich mehr als 0,32 kJ Arbeit verrichten.

Merksatz

Kann man Reibungseffekte außer Acht lassen, so ist die Hubarbeit unabhängig davon, über welchen Weg sie verrichtet wird. Es gilt dann:

$$W = F \cdot \Delta x = \Delta E_H.$$

Bei längerer Strecke Δx ist damit die Kraft, die man ausüben muss, geringer – und umgekehrt.

Beispielaufgabe 3: Arbeit auf der Rampe

Ein Rollstuhlfahrer wird über eine 2,50 m lange Rampe geschoben und überwindet dabei eine Höhendifferenz von $\Delta h = 40$ cm. Inklusive Rollstuhl ist seine Masse 82 kg. Überprüfe, ob ohne Reibung das Produkt $F \cdot \Delta x$ gleich der Änderung ΔE_H ist. Verwende dabei Kenntnisse über Kräfte an der schiefen Ebene.

Lösung:
Geg.: $\Delta x = 2{,}50$ m; $\Delta h = 40$ cm; $m = 82$ kg
Ges.: $W = F_S \cdot \Delta x$

Mithilfe einer maßstabsgetreuen Zeichnung ermittelt man F_S. Die Gewichtskraft für den Rollstuhlfahrer ist:

$$F_G = m \cdot g = 82\text{ kg} \cdot 9{,}81\ \frac{\text{m}}{\text{s}^2} = 0{,}80\text{ kN}.$$

Aus der Zeichnung ergibt sich: $F_S = 0{,}12$ kN.
Die Arbeit W und die Änderung ΔE_H sind also

$$W = F_S \cdot \Delta x = 0{,}12\text{ kN} \cdot 2{,}50\text{ m} = 0{,}30\text{ kJ},$$

$$\Delta E_H = m \cdot g \cdot \Delta h = F_G \cdot \Delta h = 0{,}32\text{ kJ}.$$

Antwort: Im Rahmen der Zeichengenauigkeit sind W und ΔE_H gleich.

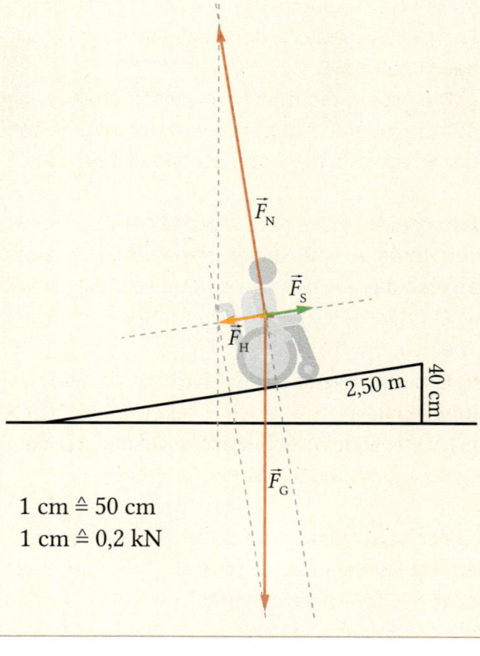

L Lernaufgabe: Der Flaschenzug

Der Flaschenzug ist ein Kraftwandler, der zum Einsatz kommt, wenn schwere Lasten angehoben werden sollen. Im einfachsten Fall besteht er aus zwei Rollen und einem Seil.

Aufträge:

1) Recherchiere den prinzipiellen Aufbau von Flaschenzügen.

2) Besorge dir passendes Material und baue einen (Modell-)Flaschenzug.

3) Plane einen Versuch, mit dem du untersuchen kannst, ob die verrichtete Arbeit mit der Änderung der Höhenenergie übereinstimmt. Überlege dabei, dass bei einer tatsächlichen Durchführung die Arbeit (fast) immer größer ist als die damit erreichte Änderung der Höhenenergie.

Präsentiere deine Ergebnisse in übersichtlicher Form.

Löse selbst

1 Gib jeweils drei Beispiele an, bei denen die Arbeit einen positiven bzw. einen negativen Wert hat.

2 Untersuche, ob folgende Aussagen korrekt sind. Begründe deine Entscheidung.

a) Um einen Ball fünf Meter hoch in die Luft zu werfen, muss man am Ball genauso viel Arbeit verrichten, wie wenn man ihn um fünf Meter nach oben trägt.

b) Um einen Ball fünf Meter hoch in die Luft zu werfen, muss man in seinem Körper genauso viel chemische Energie umwandeln, wie wenn man ihn um fünf Meter nach oben trägt.

c) Die Arbeit, die man beim Anschieben an einem Auto verrichtet, hängt nur von der Schubkraft und der Strecke ab, nicht von der Masse des Autos.

3 Entscheide, ob in den angegebenen Fällen Arbeit verrichtet wird. Gib gegebenenfalls das System an, an dem diese Arbeit verrichtet wird.

a) Ein Bild hängt an der Wand. Der Nagel übt eine Kraft auf das Bild aus.

b) Eine Urlauberin schiebt ihr Fahrrad einen steilen Berg hoch.

c) Du stellst deine Schultasche auf den Boden.

d) Du legst einen 100-Meter-Sprint hin.

4 In der **Beispielaufgabe 3** wurde die Reibung außer Acht gelassen. Tatsächlich beträgt die Reibungskraft etwa 5 % der Gewichtskraft. Berechne für diesen Fall die Arbeit beim Hochschieben über die Rampe.

5 Bestimme die Arbeit, die an einer Kiste Mineralwasser (Masse 17,0 kg) verrichtet wird, wenn sie

a) vom Keller in den ersten Stock (Höhendifferenz 5,5 m) getragen wird;

b) vom ersten Stock in den Keller gebracht wird;

c) im Keller um 5,5 m waagrecht verschoben wird, wobei eine Reibungskraft von 30 N wirkt.

6 Bei Bobrennen wird der Schlitten zuerst über eine fünfzehn Meter lange Strecke beschleunigt und gewinnt dabei 13 kJ an kinetischer Energie.

a) Berechne die Schubkraft, die die Athleten aufbringen müssen. Nimm dazu an, dass diese über die ganze Strecke gleich bleibt.

b) Die Geschwindigkeit des Schlittens beträgt dann 40 $\frac{\text{km}}{\text{h}}$. Bestimme seine Masse (ohne Athleten).

7 Die Reibungskraft bei Autos auf ebener guter Straße beträgt etwa 1 % der jeweiligen Gewichtskraft.

a) Bestimme die Streckenlänge, die ein Auto mit 1,6 t Masse benötigen würde, wenn es nur durch Reibung von 54 $\frac{\text{km}}{\text{h}}$ auf 36 $\frac{\text{km}}{\text{h}}$ abgebremst werden soll.

b) Max vermutet, dass sich das Ergebnis von a) verdoppelt, wenn das Auto auf 18 $\frac{\text{km}}{\text{h}}$ abbremsen soll. Zeige, dass er unrecht hat. Entscheide ohne Rechnung, ob der richtige Wert mehr oder weniger als das Doppelte beträgt.

1.5 Die Leistung

B1 *Beim Speedklettern kommt es auf die Schnelligkeit an, mit der man eine standardisierte Route durchklettert.*

B2 *Bei geringerer Masse setzt man auf der gleichen Strecke vergleichsweise weniger Energie um.*

Eine Definition für die Leistung – Mara möchte sich für die Jugendweltmeisterschaft im Klettern qualifizieren. Eine ihrer Disziplinen ist Speedklettern, bei der eine standardisierte Route auf Zeit geklettert wird (Bild **B1**). Im Training übt sie hierfür immer wieder die gleiche Route. Ihre Leistung ist umso größer, je geringer die Zeitspanne Δt ist, die sie für die gleiche Höhendifferenz Δh benötigt.

Während Mara die Route klettert, wandelt ihr Körper Energie um. Solange ihre Körpermasse konstant bleibt, geht bei jedem Durchlauf gleich viel chemische Energie in Höhenenergie über. Je schneller sie klettert, desto schneller findet diese Umwandlung statt – sie leistet mehr. Größere Leistung bedeutet also, dass die gleiche Energiemenge schneller umgewandelt wird.

Maras kleiner Bruder begleitet seine Schwester oft zum Training (Bild **B2**). Er klettert die gleiche Route wie Mara in derselben Zeit. Dennoch erbringt Mara eine größere Leistung. Woran liegt das?

Neben der Zeitspanne spielt auch die Menge an umgewandelter Energie eine Rolle. Mara ist schwerer als ihr Bruder. So besitzt sie am Ende der Strecke eine größere Höhenenergie, ihr Körper hat in der gleichen Zeitspanne mehr Energie umgewandelt. Deswegen spricht man davon, dass sie eine größere **Leistung** erbracht hat.

Physikalisch definiert man die Leistung daher als Quotienten aus umgewandelter Energie ΔE und dafür benötigter Zeitspanne Δt. Als Formelzeichen wird P (engl.: *power* – Leistung) verwendet:

$$\text{Leistung} = \frac{\text{umgewandelte Energie}}{\text{benötigte Zeitspanne}}, \quad P = \frac{\Delta E}{\Delta t}.$$

Die Einheit der Leistung ist

$$[P] = \mathbf{1\ Watt = 1\ W} = 1\,\frac{\text{J}}{\text{s}}.$$

Vielfach verwendet man auch folgende Einheiten:

1 Milliwatt = 1 mW = 0,001 W = $1 \cdot 10^{-3}$ W

1 Kilowatt = 1 kW = 1000 W = $1 \cdot 10^{3}$ W

1 Megawatt = 1 MW = 1 000 000 W = $1 \cdot 10^{6}$ W

Merksatz

Die Leistung P ist der Quotient aus der umgewandelten Energie ΔE und der benötigten Zeitspanne Δt:

$$\text{Leistung} = \frac{\text{umgewandelte Energie}}{\text{benötigte Zeitspanne}}, \quad P = \frac{\Delta E}{\Delta t}.$$

Die Einheit ist $[P]$ = 1 Watt = 1 W = $1\,\frac{\text{J}}{\text{s}}$.

Beispielaufgabe 1: Kletterleistung

Jan Hojer (m = 77 kg) hielt 2020 den deutschen Rekord beim Klettern an der 15-Meter-Wand. 2019 erreichte er seine Bestzeit von 6,456 Sekunden. Bestimme die von ihm erbrachte Leistung.

Gegeben: m = 77 kg, Δh = 15 m, t = 6,456 s

Gesucht: P

Lösung:

$$P = \frac{\Delta E_\text{H}}{\Delta t} = \frac{m \cdot g \cdot \Delta h}{\Delta t}$$

$$= \frac{77\ \text{kg} \cdot 9{,}81\ \frac{\text{m}}{\text{s}^2} \cdot 15\ \text{m}}{6{,}456\ \text{s}}$$

$$= 1755\ \text{W} = 1{,}8\ \text{kW}$$

Antwort: Jan Hojer erbrachte eine Leistung von 1,8 kW.

V1 Schülerversuch: Leistung beim Treppensteigen

Frage: Welche Leistung kann ein Mensch beim Treppensteigen erbringen?

Material: Maßband oder Meterstab, Stoppuhr

Vorbereitung: Lege eine passende Tabelle an.

Durchführung:
Achtung! Sorgt bei diesem Versuch für Sicherheit, indem ihr das Treppenhaus für unbeteiligte Personen absperrt, die Treppe nur nacheinander benutzt und darauf achtet, nicht zu stolpern.

1) Ermittle deine Körpermasse.
2) Ermittle im Treppenhaus den Höhenunterschied zwischen zwei oder mehr Stockwerken.
3) Miss die Zeitspanne, die du benötigst, um den von dir gewählten Höhenunterschied im Schritttempo zurückzulegen.
4) Wiederhole den Versuch, indem du möglichst schnell nach oben läufst. Achte hier besonders darauf, nicht zu stolpern!

Aufträge:
1) Berechne für beide Läufe jeweils deine Leistung.
2) Vergleiche deine Laufzeiten und die zugehörigen Leistungen mit denen von anderen.
3) Überlege, ob zwei Personen, die für den gleichen Höhenunterschied jeweils unterschiedliche Zeitspannen benötigen, die gleiche Leistung haben können. Begründe deine Entscheidung.
4) Begründe, dass nicht unbedingt diejenige Person die größte Leistung erbringt, die einen vorgegebenen Höhenunterschied in der kürzesten Zeitspanne zurücklegt.

B3 *Beim Beschleunigen setzt die Radfahrerin chemische Energie in Bewegungsenergie um.*

Zu jeder Energieumwandlung gehört eine Leistung.

Verändert ein Körper seine Höhenlage, wird die zugehörige Leistung über die Änderung der Höhenenergie bestimmt (siehe **Beispielaufgabe 1**). Auch bei anderen Energieumwandlungen oder Energieübertragungen wird Leistung erbracht, die stets als Quotient aus umgewandelter bzw. übertragener Energiemenge ΔE und dafür benötigter Zeitdauer Δt berechnet wird.

Beispielsweise ändert eine Radfahrerin beim Beschleunigen ihre kinetische Energie (Bild **B3**). Je schneller die Geschwindigkeitsänderung stattfindet, desto größer ist hierbei die Leistung. Die umgewandelte bzw. übertragene Energie kann hier aus der Differenz der End- und Anfangswerte der kinetischen Energie berechnet werden: $\Delta E = E_E - E_A$ (siehe **Beispielaufgabe 2**).

Beispielaufgabe 2: Radfahren

Max möchte mit seinem Fahrrad ($m_{ges} = 63$ kg) einen langsam fahrenden Traktor überholen und erhöht seine Geschwindigkeit in 3,5 s von 15 $\frac{km}{h}$ auf 25 $\frac{km}{h}$. Berechne seine Leistung.

Gegeben: $\Delta t = 3{,}5$ s, $m_{ges} = 63$ kg
$v_A = 15\,\frac{km}{h} = 4{,}167\,\frac{m}{s}$, $v_E = 25\,\frac{km}{h} = 6{,}944\,\frac{m}{s}$
Gesucht: P
Lösung:

$$\Delta E_{kin} = E_{kin,E} - E_{kin,A} = \frac{1}{2}\,m_{ges} \cdot v_E^2 - \frac{1}{2} \cdot m_{ges} \cdot v_A^2$$

$$= \frac{1}{2} \cdot 63\ \text{kg} \cdot \left[\left(6{,}944\,\frac{m}{s}\right)^2 - \left(4{,}167\,\frac{m}{s}\right)^2\right]$$

$$= 971{,}9\ \text{kg} \cdot \frac{m}{s^2} = 971{,}9\ \text{J},$$

$$P = \frac{\Delta E_{kin}}{\Delta t} = \frac{971{,}9\ \text{J}}{3{,}5\ \text{s}} = 277{,}7\ \text{W} = 0{,}28\ \text{kW}$$

Antwort: Seine Leistung beträgt 0,28 kW.

B1 *Eine Kugelstoßerin erbringt kurzzeitig eine hohe Leistung.*

Wer arbeitet, leistet auch etwas. Eine Kugelstoßerin beschleunigt vor dem Abwurf ihre Kugel (Bild **B1**). Betrachtet man die Kugel als eigenständiges System, so wird ihr aufgrund der Krafteinwirkung durch die Athletin von außen Energie zugeführt. Man spricht daher davon, dass die Kugelstoßerin Arbeit an der Kugel verrichtet.

Die Leistung der Kugelstoßerin ist dabei umso größer, je mehr Arbeit sie in einer bestimmen Zeitspanne Δt verrichtet oder je kürzer die Zeitspanne ist, in der sie eine bestimmte Arbeit W verrichtet. Beim Kugelstoßen erbringen die Athletinnen und Athleten während des Beschleunigungsvorgangs kurzzeitig hohe Leistungen (**siehe Beispielaufgabe 3**).

Beispielaufgabe 3: Kugelstoßen

Eine Kugelstoßerin beschleunigt während einer Zeitspanne von 1,0 s die 4,000 Kilogramm schwere Kugel aus der Ruhe. Ihre mittlere Leistung beträgt dabei 0,34 kW. Berechne die Arbeit, die sie an der Kugel beim Beschleunigen verrichtet, sowie die Abstoßgeschwindigkeit der Kugel.

Geg.: $m = 4{,}000\ \text{kg}$, $P = 0{,}34\ \text{kW}$; $\Delta t = 1{,}0\ \text{s}$, $v_A = 0\ \frac{\text{m}}{\text{s}}$
Gesucht: W, v_E

Lösung: $W = P \cdot \Delta t = 0{,}34\ \text{kW} \cdot 1{,}0\ \text{s} = 340\ \text{J} = 0{,}34\ \text{kJ}$

$E_{\text{kin,E}} = E_{\text{kin,A}} + W = 0\ \text{J} + 340\ \text{J} = 340\ \text{J}$

$$v_E = \sqrt{\frac{2 \cdot E_{\text{kin,E}}}{m}} = \sqrt{\frac{2 \cdot 340\ \text{J}}{4{,}000\ \text{kg}}} = 13\ \frac{\text{m}}{\text{s}}$$

Antwort: Die verrichtete Arbeit beträgt $W = 0{,}34\ \text{kJ}$, die Abstoßgeschwindigkeit $v_E = 13\ \frac{\text{m}}{\text{s}}$.

Leistungen technischer Geräte – Viele Geräte verrichten (mechanische) Arbeit und erbringen damit auch eine Leistung. Je nach Einsatzgebiet benötigt man manchmal Geräte mit hoher Leistung, manchmal welche mit niedriger Leistung. Im Schülerversuch **V1** kannst du die Leistung eines Akkuschraubers selbst bestimmen

V1 Schülerversuch: Leistung eines Akkuschraubers

Frage: Welche Leistung erbringt ein Akkuschrauber?

Material: Akkubohrer, langer Nagel, dünne, reißfeste Schnur (ca. 2 m), Maßband, Gegenstand, Stoppuhr, Stativmaterial

Achtung! Betreibt den Akkubohrer anfangs nur auf der niedrigsten Stufe. Achtet beim Hochziehen des Gegenstandes immer darauf, dass er sicher befestigt ist und niemanden verletzen kann.

Vorbereitung: Spannt den Nagel im Bohrfutter ein und befestigt an seinem äußeren Ende die Schnur. Verknotet das andere Ende der Schnur mit dem Gegenstand.

Durchführung:
1) Befestigt den Akkubohrer so, dass er den Gegenstand senkrecht nach oben ziehen kann. Die Verwendung von einem Tisch oder Stuhl kann hilfreich sein. Achtet darauf, dass die Schnur anfangs gespannt ist.
2) Messt den Höhenunterschied, den der Gegenstand während des Versuchs zurücklegt.
3) Bestimmt die Zeitdauer, in der der Akkuschrauber den Gegenstand hochzieht.
4) Wiederholt den Versuch mit größeren Zuggeschwindigkeiten.

Auftrag:
Bestimmt jeweils die Leistung des Akkuschraubers. Vergleicht diese mit den Ergebnissen eurer Mitschüler und Mitschülerinnen.

B1 *Bei normaler Zuladung beschleunigen die Motoren des ICE eine Masse von etwa 500 Tonnen.*

B2 *Die Begriffe Kraft, Arbeit, Energie und Leistung werden auch in der Alltagssprache benutzt.*

Mit der Leistung Zeitspannen berechnen – Die Leistung ist eine Kenngröße, wie schnell Energie umgewandelt oder übertragen wird. Damit wird vor allem im technischen Bereich abgeschätzt, welche Zeitspanne ein bestimmter Vorgang benötigt, wenn eine Maschine dabei eine bestimmte Leistung erbringt. Ein Beispiel dafür stellt der ICE von Bild **B1** dar. In **Beispielaufgabe 4** berechnest du die Zeitspanne, bis der ICE nach dem Anfahren Tempo 100 bzw. 200 erreicht.

Beispielaufgabe 4: ICE beim Anfahren

Ein ICE hat im normal beladenen Zustand eine Masse von etwa 450 Tonnen, seine Motoren erbringen beim Anfahren eine Leistung von 3500 kW. Ermittle rechnerisch, wie lange der Beschleunigungsvorgang dauert, wenn die Motoren durchgängig maximale Leistung erbringen:
a) von 0 auf 100 $\frac{km}{h}$; b) von 100 $\frac{km}{h}$ auf 200 $\frac{km}{h}$.

Geg.: $m = 450\,t = 4{,}5 \cdot 10^5\,kg$; $P = 3500\,kW = 3{,}5 \cdot 10^6\,W$

a) $v_A = 0\,\frac{m}{s}$; $v_E = 100\,\frac{km}{h} = 27{,}78\,\frac{m}{s}$;

b) $v_A = 27{,}78\,\frac{m}{s}$; $v_E = 200\,\frac{km}{h} = 55{,}56\,\frac{m}{s}$

Ges.: Δt

Lösung:

$$P = \frac{\Delta E_{kin}}{\Delta t} \Rightarrow \Delta t = \frac{\Delta E_{kin}}{P}.$$

a) $\Delta t = 2{,}25 \cdot 10^5\,kg \cdot \frac{(27{,}78\,\frac{m}{s})^2 - (0\,\frac{m}{s})^2}{3{,}5 \cdot 10^6\,W}$
$= 49{,}61\,s = 50\,s.$

b) $\Delta t = 2{,}25 \cdot 10^5\,kg \cdot \frac{(55{,}56\,\frac{m}{s})^2 - (27{,}78\,\frac{m}{s})^2}{3{,}5 \cdot 10^6\,W}$
$= 148{,}8\,s = 2{,}5\,min.$

Antwort: Der ICE benötigt etwa 50 s, um aus dem Stand die Geschwindigkeit 100 $\frac{km}{h}$ zu erreichen, und weitere 2,5 min, um auf 200 $\frac{km}{h}$ zu kommen.

Kraft, Energie, Arbeit und Leistung in der Alltagssprache und der Fachsprache – Im täglichen Sprachgebrauch werden die Begriffe *Kraft*, *Energie*, *Arbeit* und *Leistung* oft unscharf, in wechselnder oder in veränderter Bedeutung benutzt. So wurde z.B. unser heutiger Begriff Energie früher als „lebendige Kraft" bezeichnet. Daher kommt u.a. auch der Begriff Kraftwerk, das in moderner Fachsprache eigentlich „Energieumwandlungswerk" heißen müsste.

Bei physikalischen Argumentationen und Beschreibungen muss man dagegen darauf achten, die Begriffe in ihren festgelegten Bedeutungen zu verwenden und sie jeweils sauber voneinander abzugrenzen. Damit vermeidet man Verwechslungen und Missverständnisse.

Alle Ausdrücke in Bild **B2** beziehen sich auf Vorgänge, bei denen physikalisch gesehen Kraft, Energie, Arbeit oder Leistung eine Rolle spielen. Die Aussagen beziehen sich aber nicht immer auf die physikalischen Größen:

- „Mit ganzer Kraft" meint „mit allen zur Verfügung stehenden Mitteln"; mit Beschleunigen und Verformen im physikalischen Sinne hat das nichts zu tun.
- „Volle Kraft voraus" bedeutet physikalisch, dass z.B. die Maschinen eines Schiffs auf volle Leistung gebracht werden sollen. Sie erzeugen damit auch die größtmögliche Schubkraft im physikalischen Sinne.
- Beim Leistungsnachweis geht es zwar auf Zeit, aber es sind hier Wissen und Kompetenzen gefragt und nicht, wie viel Energie du dabei umwandelst.
- Dopingmittel können tatsächlich die physikalische Leistung eines Sportlers erhöhen, manchmal bewirken sie aber auch eine Steigerung der Ausdauer, erhöhen also eher die Zeitspanne, über die eine Leistung aufrechterhalten werden kann.

Kompetenz: Kraft, Arbeit, Energie und Leistung voneinander unterscheiden

Im Gegensatz zum Alltag werden in der Physik Begriffe stets mit ganz genau beschriebenen Bedeutungen verwendet und man ordnet jeder Größe eine bestimmte Einheit zu. Die Größen Kraft, Energie, Arbeit und Leistung hängen dabei eng zusammen und sind über mathematische Gleichungen miteinander verknüpft. Daher musst du hier besonders gut darauf achten, sie richtig zu verwenden (siehe **Grafik** rechts):

- Als Kraft F bezeichnet man eine Einwirkung auf ein Objekt, die dessen Geschwindigkeitsbetrag, Bewegungsrichtung oder Form beeinflusst. Ändert die Kraft den Betrag der Geschwindigkeit, so ändert sich auch die kinetische Energie E_{kin} des Objekts. Neben dem Kraftbetrag F spielen die Einwirkungsdauer Δt und die Masse m des Objekts eine Rolle. Der Zusammenhang wird durch die newtonsche Bewegungsgleichung beschrieben:

  $$F \cdot \Delta t = m \cdot \Delta v \quad \text{bzw.} \quad F = m \cdot a.$$

  Die Einheit der Kraft ist $[F] = 1\ \text{Newton} = 1\ \text{N}$.

- Wirkt die Kraft F über die Strecke Δx auf einen Gegenstand, so wird an ihm die Arbeit W verrichtet und die Energie des Gegenstands ändert sich:

  $$W = F \cdot \Delta x.$$

  Energieänderung ΔE und *Arbeit* W sind gleich groß. Ist W positiv, nimmt die Energie des Gegenstands zu; ist W negativ, nimmt sie ab. Die Einheit von Energie, Energieänderung und Arbeit ist

  $$[E] = [\Delta E] = [W] = 1\ \text{Joule} = 1\ \text{J}.$$

- Die Leistung P beschreibt, wie schnell eine bestimmte Arbeit W verrichtet oder eine Energiemenge ΔE übertragen bzw. umgewandelt wird. Neben dem Betrag von W bzw. ΔE spielt auch die Zeitspanne Δt eine Rolle. Es gilt:

  $$P = \frac{W}{\Delta t} \quad \text{bzw.} \quad P = \frac{\Delta E}{\Delta t}.$$

  Die Einheit der Leistung ist $[P] = 1\ \text{Watt} = 1\ \text{W}$.

Entsprechend der Gleichungen für die Größen bestehen auch Zusammenhänge zwischen den Einheiten:

$$1\ \text{N} = 1\ \frac{\text{kg} \cdot \text{m}}{\text{s}^2}$$

$$1\ \text{J} = 1\ \text{N} \cdot \text{m} = 1\ \frac{\text{kg} \cdot \text{m}^2}{\text{s}^2} = 1\ \text{W} \cdot \text{s}$$

$$1\ \text{W} = 1\ \frac{\text{J}}{\text{s}} = 1\ \frac{\text{kg} \cdot \text{m}^2}{\text{s}^3}$$

Beachte: Trotz des Wortbestandteils „Watt" stellt die Einheit 1 Kilowattstunde = 1 kWh keine Leistung dar, sondern eine Energie, da sie das Produkt aus einer Leistung (1 kW) und einem Zeitintervall (1 h) ist. Es gilt: 1 kWh = 1 kW · 1 h = 1000 W · 3600 s = 3,6 MJ.

Löse selbst

1 Rechne in die jeweils angegebene Einheit um. Verwende dabei auch passende Zehnerpotenzen:
a) 0,012 kW (MW, W) b) 255 mW (W, kW)
c) 35,24 W (mW, kW) d) 25,6 MW (kW, W)

2 Erläutere in physikalisch korrekter Fachsprache, was es bedeutet, wenn Leonie mehr geleistet, aber gleichzeitig weniger gearbeitet hat als Samuel.

3 Sebastian behauptet: „Wenn ich einen Kasten Wasser die Treppe hinauftrage, kann ich meine Leistung steigern, ohne die Geschwindigkeit erhöhen zu müssen." Hat er recht? Begründe mithilfe einer geeigneten Formel.

4 Schätze die Leistung ab, die du erbringst, wenn du innerhalb einer Sekunde eine Kiste Orangensaft vom Boden aus auf einen Tisch der Höhe 80 cm stellst.

5 Markus möchte am Wochenende Schloss Neuschwanstein fotografieren. Den besten Ausblick bietet die Marienbrücke. Er hat die Wahl zwischen dem 55-minütigen Wanderweg A und einem 30-minütigen steilen Weg B. Welchen Weg sollte er wählen, wenn er möglichst wenig Leistung erbringen möchte? Begründe.

6 100-m-Sprinter erreichen nach dem Start bereits innerhalb von 1,4 s eine Geschwindigkeit von über 10 $\frac{\text{m}}{\text{s}}$.
a) Bestimme die mittlere Leistung eines Sprinters mit 80 kg Körpermasse beim Beschleunigen.
b) Begründe, dass die tatsächliche Leistung höher ist.

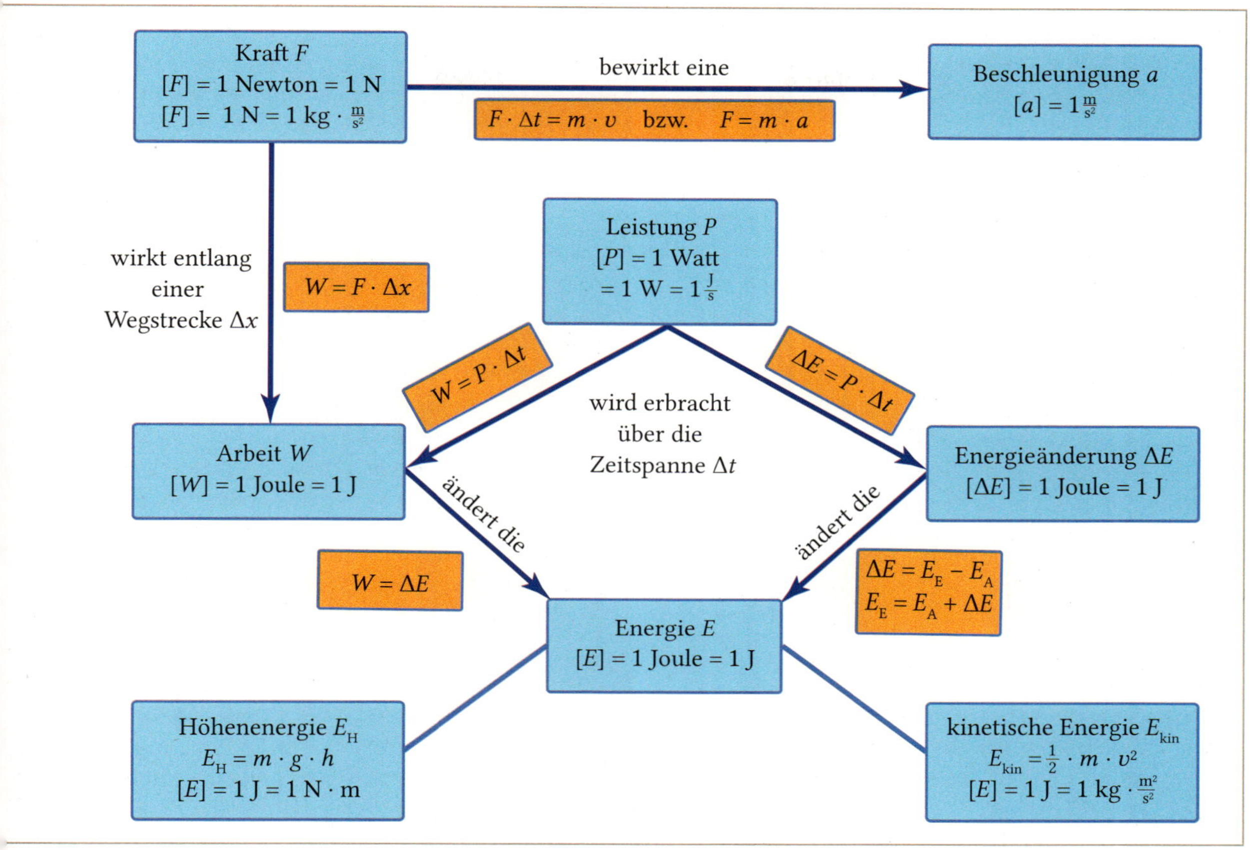

7 Der Motor eines Aufzugs hat eine mittlere Leistung von 5,4 kW.
a) Berechne die Höhendifferenz, wenn der Aufzug mit einer Gesamtmasse von 630 kg in 13 s vom Erdgeschoss in den 4. Stock fährt.
b) Bestimme rechnerisch die Masse, die der Motor bei gleicher Leistung in 10 s um 15 m heben könnte.
c) Bis 1991 war im Nürnberger Fernsehturm ein Restaurant in 182 m Höhe in Betrieb, das mit einem Aufzug für 30 Personen erreicht werden konnte. Der Aufzug fuhr dabei mit 6,3 $\frac{m}{s}$ hoch. Schätze die maximale Leistung des Aufzugmotors mithilfe passender Rechnungen ab.

8 Lange Zeit war vor allem bei Kraftfahrzeugen die Einheit PS für die Leistung im Gebrauch. Recherchiere, wie die Einheit PS definiert ist, und stelle dar, wie man sie in die Einheit Watt umrechnet.

9 **L** Fährt ein Auto oder Fahrrad auf ebener Strecke mit konstanter Geschwindigkeit, so muss ständig die (negative) Arbeit aufgrund der Reibungskraft F_R ausgeglichen werden.
a) Zeige, dass sich die dabei erbrachte Leistung über $P = F_R \cdot v$ berechnen lässt, wenn F_R konstant bleibt.
b) Du fährst eine Straße mit konstanter Steigung hoch. Begründe anschaulich, dass du bei gleicher Fahrgeschwindigkeit auf einer steileren Straße (ohne Reibung) eine größere Leistung erbringen musst.
c) Begründe mithilfe der Aufgaben a) bzw. b), dass die Geschwindigkeit, die ein Auto bzw. ein Radfahrer erreichen kann, nach oben hin beschränkt ist.
d) Ermittle zeichnerisch den Betrag der Normalkraft F_N für einen Radfahrer mit $m = 75$ kg bei einer Straße mit 10° (≙ 17,6 %) Steigung. Die Reibungskraft F_R betrage 10 % von F_N. Bestimme die Leistung des Radfahrers bei $v = 1{,}5\ \frac{m}{s}$.

Zusammenfassung

1. Energie

- Energie tritt in verschiedenen Formen auf. Sie kann von einer Form in eine andere umgewandelt werden und lässt sich von einem Gegenstand auf einen anderen übertragen.
- Die Energie E wird angegeben in der Einheit

$$[E] = 1\,\text{Joule} = 1\,\text{J}.$$

- Energieumwandlungen und -übertragungen lassen sich mit Energieflussdiagrammen (**Bild links**) oder dem Kontomodell (**Bild rechts**) darstellen.

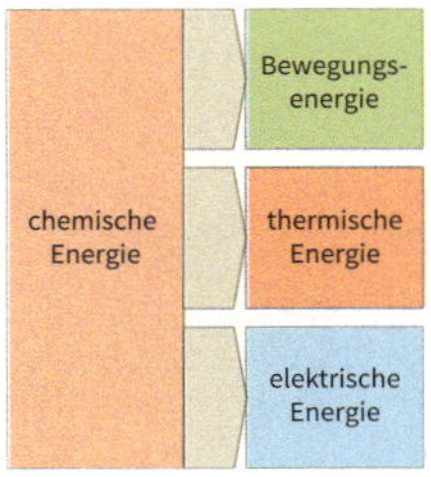

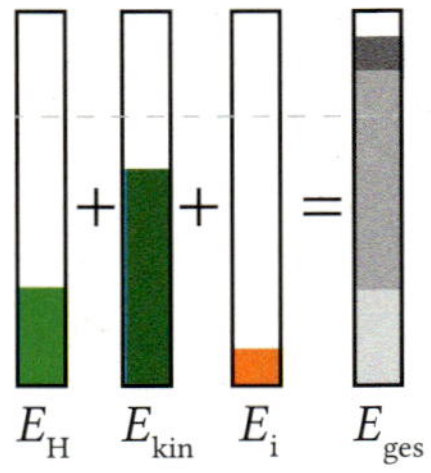

2. Energieerhaltungsprinzip

In einem abgeschlossenen System bleibt die Gesamtenergie, d. h. die Summe aller Energien, gleich. Ein System ist dabei abgeschlossen, wenn kein Eingriff von außen erfolgt. Mit dem Energieerhaltungsprinzip lassen sich Energiebilanzen für verschiedene Zeitpunkte eines Vorgangs aufstellen, z. B.

$$E_{\text{H, vor}} + E_{\text{kin, vor}} = E_{\text{H, nach}} + E_{\text{kin, nach}}\,.$$

3. Höhenenergie

Ein Gegenstand der Masse m, der sich in der Höhelage h über dem Nullniveau befindet, hat die Höhenenergie

$$E_H = m \cdot g \cdot h \quad (g\text{: Fallbeschleunigung, Ortsfaktor}).$$

Das Nullniveau kann frei gewählt werden, muss aber für weitere Berechnungen beibehalten werden.
Für die Einheit gilt:

$$[E_H] = 1\,\text{kg} \cdot \frac{\text{m}}{\text{s}^2} \cdot \text{m} = 1\,\text{J}.$$

4. Kinetische Energie

Die Bewegungsenergie (kinetische Energie) eines Gegenstands der Masse m, der sich mit der Geschwindigkeit v bewegt, beträgt

$$E_{\text{kin}} = \frac{1}{2}\,m \cdot v^2\,.$$

Für die Einheit gilt:

$$[E_{\text{kin}}] = 1\,\text{kg}\,\frac{\text{m}^2}{\text{s}^2} = 1\,\text{J}.$$

5. Arbeit

An einem System wird Arbeit verrichtet, wenn die Gesamtenergie des Systems durch Wirkung einer äußeren Kraft verändert (d. h. vergrößert oder verkleinert) wird. Man bezeichnet die Arbeit mit dem Buchstaben W. Sie entspricht der jeweiligen Energieänderung ΔE_{ges}:

$$W = \Delta E_{\text{ges}}.$$

Die Einheit ist

$$[W] = 1\,\text{Joule} = 1\,\text{J}.$$

Stimmen Kraft- und Bewegungsrichtung überein (**Bild links**), vergrößert sich die Gesamtenergie des Systems, die Arbeit W ist positiv ($W > 0$). Sind die beiden Richtungen entgegengesetzt (**Bild rechts**), verringert sich die Gesamtenergie, die Arbeit W ist dann negativ ($W < 0$).

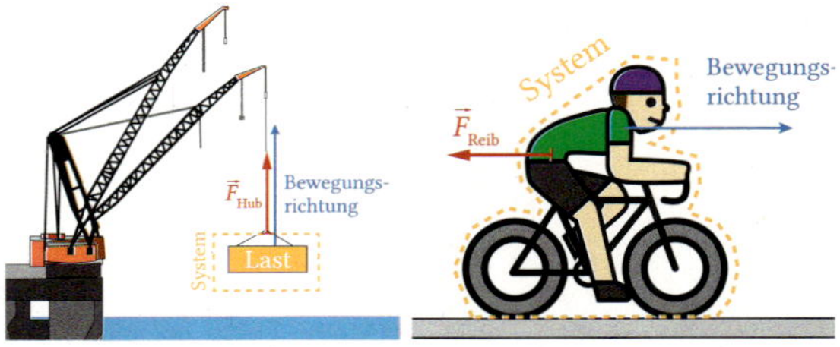

Wirkt eine gleich bleibende Kraft F auf ein System ein, das sich dabei über eine Strecke Δx bewegt, so berechnet man die verrichtete Arbeit wie folgt:

$$W = F \cdot \Delta x\,.$$

Dabei müssen Kraft- und Bewegungsrichtung übereinstimmen oder entgegengesetzt sein.
Kann man Reibungseffekte außer Acht lassen, so ist die Hubarbeit unabhängig davon, über welchen Weg sie verrichtet wird. Es gilt dann:

$$W = F \cdot \Delta x = \Delta E_H\,.$$

Bei gleicher Hubarbeit W und einer längeren Strecke Δx ist damit die Kraft F, die man ausüben muss, geringer – und umgekehrt.

6. Leistung

Die Leistung P beschreibt, wie schnell eine Energieumwandlung stattfindet, d. h. in welcher Zeitspanne Δt welche Arbeit W verrichtet oder welche Energiemenge ΔE übertragen bzw. umgewandelt wird:

$$P = \frac{\Delta E}{\Delta t} = \frac{W}{\Delta t}.$$

Die Einheit ist $[P] = 1\,\text{Watt} = 1\,\text{W} = 1\,\frac{\text{J}}{\text{s}}$.

1 Wenn du ein Kunststofflineal verbiegst und dann loslässt, federt es hin und her.

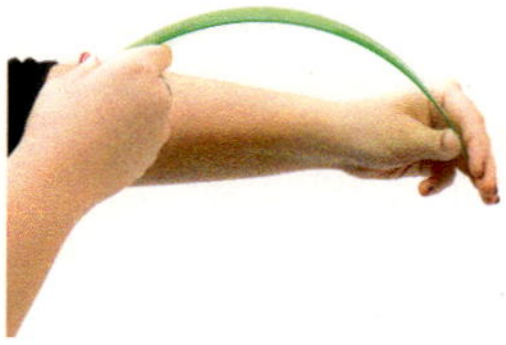

a) Gib die Energieformen an, die ab Beginn des Verbiegens bis zum Ende des Federns vorkommen.
b) Beschreibe die Energieumwandlungen, während das Lineal von oben nach unten federt. Zeichne für drei charakteristische Positionen jeweils die Energiekonten qualitativ.
c) Wiederhole b) für den Fall, dass das Lineal waagrecht hin und her federt.

2 Betrachte das System Bogen + Schützin + Zielscheibe.

a) Beschreibe möglichst genau die Energieumwandlungen und Energieübertragungen beim Bogenschießen. Zeichne dazu auch ein Energieflussdiagramm.
b) Betrachte nun das System Pfeil + Bogen. Vergleiche die Arbeit und die Leistung, die die Bogenschützin beim Spannen des Bogens verrichtet, mit den entsprechenden Werten beim Abschießen des Pfeiles.

3 Ein Stein mit der Masse $m = 250$ g fällt von einer Brücke 40 Meter tief, bis er auf die Wasseroberfläche eines Flusses trifft.
a) Nenne alle Energieformen, die bis zum Auftreffen am Grund des Flusses vorkommen.
b) Wähle den Grund des Flusses als Nullniveau. Skizziere die Energiekonten für drei ausgewählte Positionen des Steins bei diesem Vorgang.
c) Nimm die Wasseroberfläche als Nullniveau. Berechne die Höhenenergie des Steins auf der Brücke sowie die maximale Geschwindigkeit, die er bei dem Fall erreicht.
d) Erläutere, dass die Geschwindigkeit von c) ohne Reibung unabhängig von der Masse des Steins ist.

4 Bei einem Hangrutsch bewegen sich 500 t Material nach unten und verlieren dabei 120 MJ an Energie.
a) Zeichne ein Energieflussdiagramm, das Folgendes wiedergibt: Energieformen vor dem Rutschen, während des Rutschvorgangs und am Ende.
b) Berechne die durchschnittliche Rutschhöhe.

5 Ein Fahrradfahrer kommt mit $5{,}0\,\frac{\text{m}}{\text{s}}$ an ein abschüssiges Straßenstück und rollt dieses hinab, wobei er zehn Meter an Höhe verliert. Berechne die Geschwindigkeit, die der Fahrradfahrer anschließend hat. Stelle dazu eine geeignete Energiebilanz auf.

6 Ein Vater schiebt seinen Kinderwagen eine 3,0 m lange Rampe hinauf und überwindet damit einen Höhenunterschied von 75 cm. Dazu muss er eine Schubkraft von 52,3 N aufbringen.
a) Berechne die Änderung der Höhenenergie und bestimme damit die Masse des Kinderwagens. Wähle, falls notwendig, ein passendes Nullniveau.
b) Erkläre die Bedeutung von Rampen im Alltag.

7 Eine Rollerbladerin (55 kg) bremst mit konstanter Bremskraft von $12\,\frac{\text{km}}{\text{h}}$ auf $6\,\frac{\text{km}}{\text{h}}$ ab. Dazu benötigt sie eine Strecke von fünf Metern.

a) Betrachte die Rollerbladerin als System. Fertige eine Skizze an, in der du Kraft- und Bewegungsrichtungen einträgst. Gib das Vorzeichen der Arbeit an und beschreibe, wer sie verrichtet.
b) Bestimme die Bremskraft rechnerisch.

8 Jan erzählt Louisa vom Schlittenfahren: „Zuerst ziehe ich den Schlitten den steilen Berg hinauf. Dabei wähle ich immer den kürzesten Weg, damit ich mir Arbeit sparen kann. Mit meinem großen Bruder liefere ich mir dabei regelmäßig ein Rennen und ziehe mit voller Leistung an meinem Schlitten. Runter macht's natürlich am meisten Spaß, wie da aus Höhe Geschwindigkeit wird."
a) Begründe, dass Jans erste Aussage nur dann richtig ist, wenn Reibung im Spiel ist.
b) Formuliere seine Aussagen in korrekter Fachsprache und erkläre ihm seine Fehler.

Elektrische Energie

Die Versorgung mit elektrischer Energie ist ein wesentlicher Bestandteil unseres täglichen Lebens. Dank elektrischer Geräte lässt sich vieles schneller und bequemer erledigen.

Das Rührgerät in der Küche, Schraub- und Bohrgeräte auf Baustellen, die digitale Informationstechnik mit Internet und Smartphones – sie alle beruhen auf der Bereitstellung und Nutzung von elektrischer Energie.

Dabei hat die gezielte Nutzung dieser Energieform für Geräte und Maschinen erst zu Beginn des 20. Jahrhunderts ihren Anfang genommen.

2

Das kannst du in diesem Kapitel erreichen:

- Du erfährst, dass elektrische Ladungen Vielfache einer Elementarladung sind.
- Du erkennst, dass die elektrische Spannung mit der Energie zusammenhängt.
- Du lernst, wie die Leistung eines elektrischen Geräts mit Spannung und Stromstärke zusammenhängt.
- Du bestimmst elektrische Leistungen in einem Experiment.
- Du lernst den Wirkungsgrad als eine Kenngröße für die effiziente Nutzung von Energie kennen.
- Du bewertest die Umweltverträglichkeit eines Geräts anhand verschiedener Kriterien.

2.1 Stromstärke und Ladung

Wiederholung Elektrik

Vorsicht Gefahr! Führe Experimente nur mit einer Batterie oder mit einem speziellen Experimentiertrafo durch – in beiden Fällen bis maximal 24 Volt. Verwende für deine Versuche niemals die Steckdose!

Atombau und elektrische Ladungen

Es gibt negative und positive elektrische Ladungen. Gleichnamige Ladungen stoßen sich ab, ungleichnamige ziehen sich an. Atome bestehen aus einem Atomkern mit positiv geladenen (Protonen) und elektrisch neutralen Teilchen (Neutronen). Die Atomhülle enthält die negativ geladenen Elektronen (Bild **a**).

a

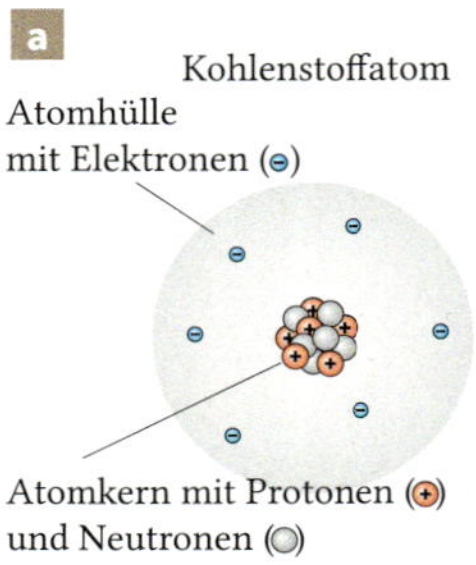

Elektrische Stromstärke

- Die elektrische Stromstärke I ist ein Maß für die Anzahl der Elektronen, die sich in jeder Sekunde an einer Stelle des Stromkreises vorbei bewegen. Ihre Einheit ist
  $[I] = 1\text{ Ampere} = 1\text{ A}$.
- Die Stromstärke in einem unverzweigten Stromkreis ist an jeder Stelle des Stromkreises gleich.
- In einem Stromkreis mit parallelen Zweigen gilt: Die Stromstärken in den Stromzweigen ergeben zusammen die Stromstärke I_{ges} in der Zuleitung:
  $I_{ges} = I_1 + I_2 + \ldots$
- Stromstärkemessgeräte werden in den entsprechenden Zweig in Reihe eingebaut (Bild **b**).

b

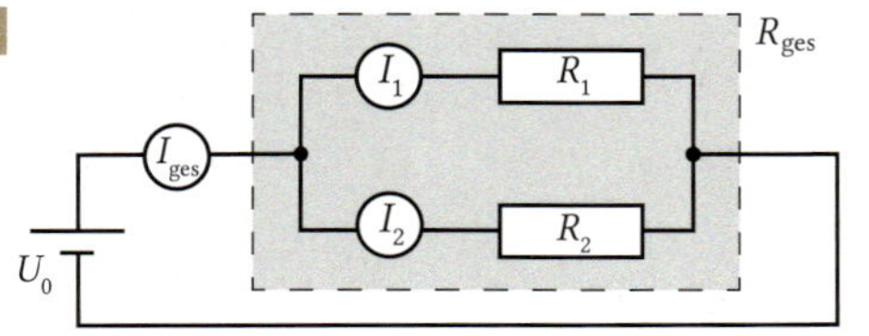

Elektrische Spannung und Widerstand

- Die elektrische Spannung U ist ein Maß für den Antrieb des Stroms durch die Elektrizitätsquelle. Ihre Einheit ist
  $[U] = 1\text{ Volt} = 1\text{ V}$.
- Der elektrische Widerstand R eines Bauteils begrenzt die Stromstärke. Seine Einheit ist
  $[R] = 1\text{ Ohm} = 1\,\Omega$.
- Beim gleichen elektrischen Bauteil wird die Stromstärke größer, wenn man die angeschlossene Spannung erhöht. Dabei gilt:
  $I = \frac{U}{R}$.
- Spannungsmessgeräte messen die Spannung zwischen zwei Punkten; sie werden parallel zum entsprechenden Bauteil geschaltet (Bild **c**).

c

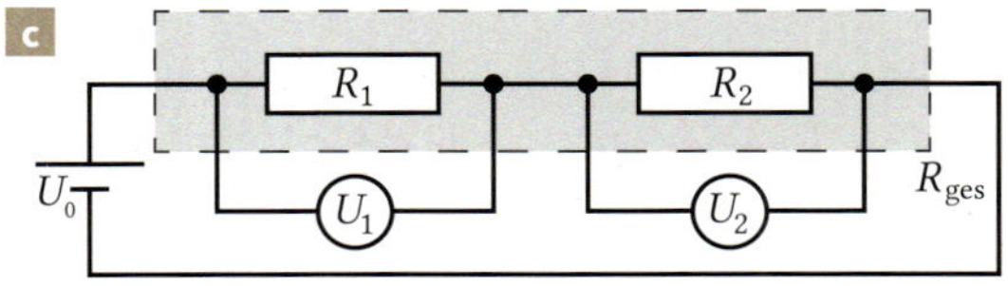

Reihen- und Parallelschaltung

- Der elektrische Widerstand in einem Stromkreis nimmt zu, wenn man zu einem Widerstand R_1 einen Widerstand R_2 in Reihe schaltet (Bild **c**). Er nimmt ab, wenn man R_2 parallel schaltet (Bild **b**).
- In einer Reihenschaltung ist die Stromstärke an jeder Stelle gleich. Die Spannung des Netzgeräts teilt sich im Verhältnis der Widerstände auf. Es gilt:
  $U_1 : U_2 = R_1 : R_2$ und $U_0 = U_1 + U_2$.
- In einer Parallelschaltung sind die Spannungen zwischen den Endpunkten der jeweiligen Stromzweige gleich groß. Die Stromstärken in den Zweigen verhalten sich umgekehrt wie die Widerstände. Zusammen ergeben sie die Stromstärke in der Zuleitung:
  $I_1 : I_2 = R_2 : R_1$ und $I_{ges} = I_1 + I_2$.

Mit Modellen veranschaulichen

Manche Zusammenhänge in Stromkreisen lassen sich durch Modelle veranschaulichen, z. B. mit einem Förderbandmodell. Modelle haben immer Grenzen, daher lassen sich nicht alle Vorgänge im Stromkreis mit demselben Modell gleich gut veranschaulichen.

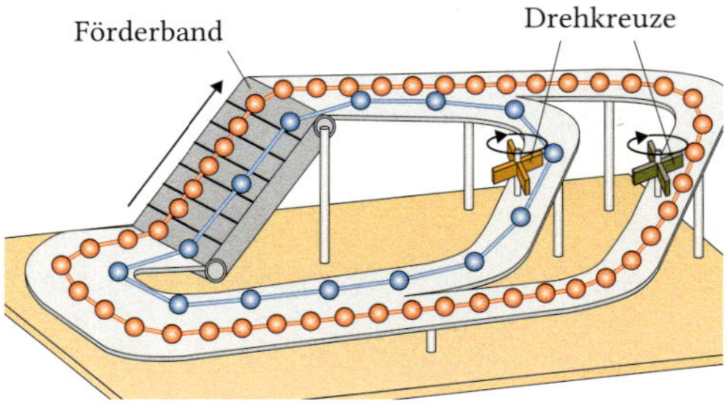

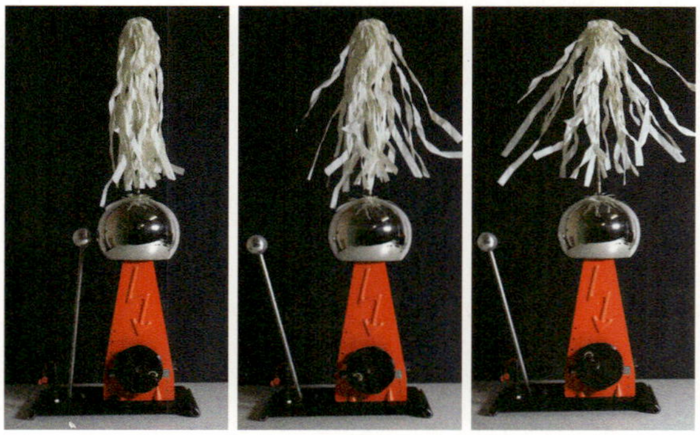

B1 *Je mehr man an der Kurbel des Bandgenerators dreht, umso stärker laden sich die Papierstreifen oben auf.*

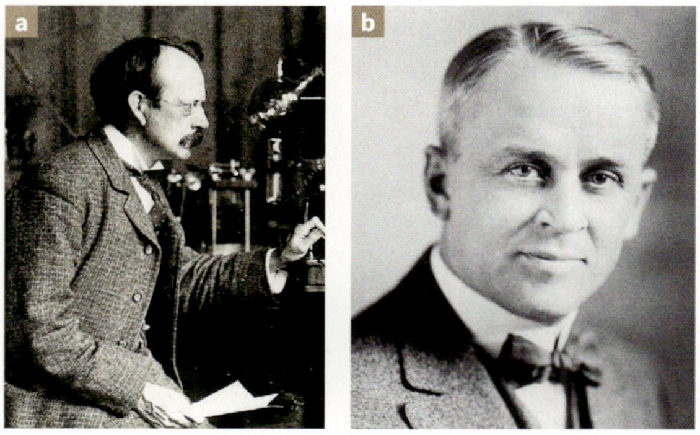

B2 *a) J.J. THOMSON entdeckte 1895 das Elektron. b) Robert Andrews MILLIKAN bestimmte 1910 die Größe der Elementarladung.*

Die elektrische Ladung – Mit einem Bandgenerator kann man ähnlich wie beim Reiben eines Luftballons positive und negative elektrische Ladungen voneinander trennen und Gegenstände dadurch *elektrisch aufladen*. In Versuch **V1** wird auf die Metallkugel des Bandgenerators ein Metallstift mit Papierstreifen aufgesetzt (Bild **B1**).

V1 Kleinere und größere Ladung

Material: Bandgenerator mit Aufsatz aus Kunststofffäden oder Papierstreifen

Durchführung: Setze den Aufsatz mit den Streifen auf die Metallkugel. Drehe langsam an der Kurbel.

Man beobachtet, dass sich die Papierstreifen des Aufsatzes immer weiter voneinander abspreizen und sogar nach oben gedrückt werden. Eine Erklärung dafür ist schon bekannt: Die Fäden spreizen sich voneinander ab, da sie über die Metallkugel gleichnamig aufgeladen werden (vgl. **Wiederholung**).
Eine Folgerung ergibt sich daraus, dass der Effekt sich offensichtlich verstärkt, wenn man länger kurbelt. Man sagt dann, dass die Fäden sich *stärker aufladen*, ihre *elektrische Ladung ist größer* geworden. Zur genaueren Beschreibung führt man die physikalische Größe **elektrische Ladung Q** ein. Ihre Einheit ist

$$[Q] = \mathbf{1\ Coulomb} = \mathbf{1\ C}.$$

Merksatz

Die elektrische Ladung Q misst man in der Einheit

$$[Q] = 1\ \text{Coulomb} = 1\ \text{C}.$$

Die Elementarladung – Bis Anfang des 20. Jahrhunderts war unklar, ob elektrische Ladung eine Art Flüssigkeit ist, die von einem Objekt zu einem anderen fließen kann, oder ob es sich um etwas Körnchenartiges wie Sand handelt. Die Klärung erfolgte in mehreren Schritten, von denen zwei hier dargestellt werden:

- Im Jahr 1895 entdeckte der englische Physiker Joseph John THOMSON (Bild **B2a**), dass glühende Metalldrähte kleine, negativ geladene Teilchen aussenden. Diese wurden später Elektronen genannt. THOMSON erhielt dafür 1906 den Physik-Nobelpreis.
- Der Amerikaner Robert Andrews MILLIKAN (Bild **B2b**) führte ab dem Jahr 1909 Experimente zur genauen Bestimmung der elektrischen Ladung von Elektronen durch. Bei den Öltröpfchen, die er dazu benutzte, fand er dabei stets nur Ladungswerte, deren Beträge ganzzahlige Vielfache des Werts $e = 1{,}6022 \cdot 10^{-19}$ C waren. Dafür erhielt er 1923 den Physik-Nobelpreis.

e nennt man auch **Elementarladung**. Der Betrag der elektrischen Ladung von Objekten ist stets ein ganzzahliges Vielfaches dieser Elementarladung.

- Elektronen, die z.B. die Hülle der Atome bilden, besitzen genau die Ladung $Q_{\text{Elektron}} = -e$.
- Protonen (z.B. in Atomkernen) tragen eine gleich große Ladung mit entgegengesetztem Vorzeichen: $Q_{\text{Proton}} = +e$.
- Neutronen sind ungeladen, d.h. $Q_{\text{Neutron}} = 0$ C.

Merksatz

Der Betrag jeder elektrischen Ladung ist ein ganzzahliges Vielfaches der Elementarladung e:

$$e = 1{,}6022 \cdot 10^{-19}\ \text{C}.$$

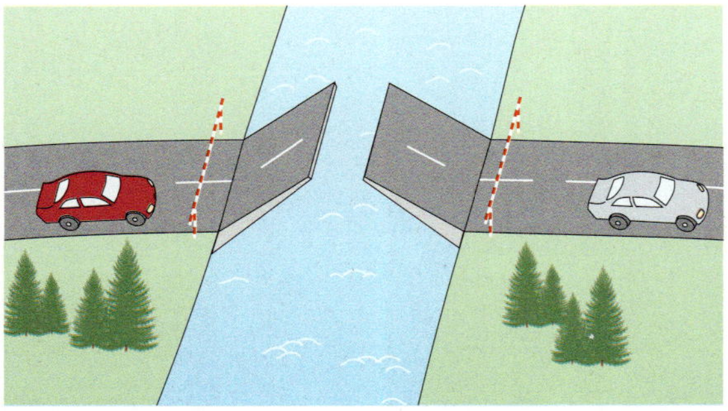

B1 *Modell eines elektrischen Leiters mit Schalter (Brücke) und Ladungen (Autos)*

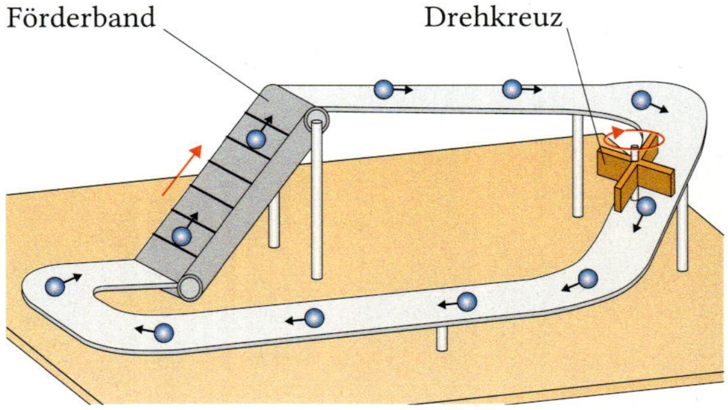

B2 *Modell eines elektrischen Stromkreises mit Batterie (Förderband), Ladungen (Kugeln) und Widerstand (Drehkreuz)*

Der elektrische Strom und seine Stärke – Wenn wir vom elektrischen Strom sprechen, dann haben wir die Vorstellung, dass sich elektrisch geladene Objekte in eine bestimmte Richtung bewegen. Dabei haben wir Modelle entwickelt, die verschiedene Aspekte des Stromkreises veranschaulichen. So waren die Objekte einmal Autos, die eine Straße entlang fahren (Bild **B1**), ein anderes Mal Kugeln, die eine vorgegebene Bahn entlang rollen (Bild **B2**). Für genauere Betrachtungen von Stromkreisen führten wir die elektrische Stromstärke als physikalische Größe ein, die mit Stromstärkemessgeräten (Amperemetern) gemessen wird.

Welche Vorstellung verbindet man aber mit der Stärke eines Stroms? Betrachtet man das Modellbeispiel eines „Autostroms" auf einer Straße (Bild **B3**), so wird man von einem „großen Strom" reden, wenn viele Autos innerhalb einer Stunde an einem Haus vorbeikommen. Will man genauere Abstufungen angeben als nur „großer Strom" oder „kleiner Strom", wird man die Anzahl der Autos zählen, die in einer bestimmten Zeitspanne das Haus passieren. Je mehr das sind, umso größer ist die „Autostromstärke". Diese kann man dann z. B. als „Fahrzeuge pro Stunde" angeben.

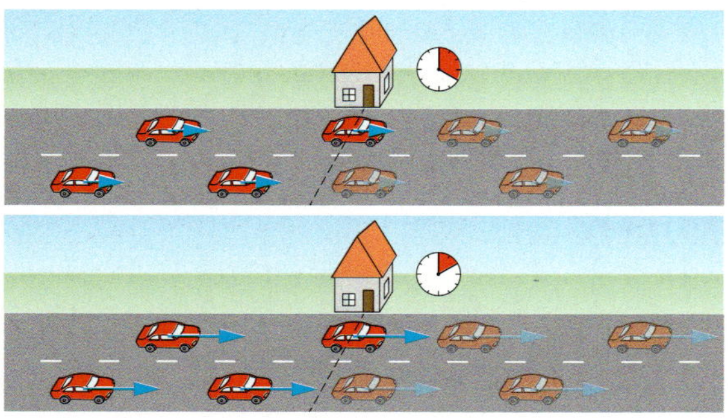

B3 *Gleiche Anzahl in kürzerer Zeit bedeutet größere Stromstärke.*

Man könnte aber auch die Zeitspanne messen, bis eine bestimmte Anzahl von Autos an dem Haus vorbei kommt. Gibt man die Stromstärke wie vorher als „Fahrzeuge pro Zeitspanne" an, so erhält man die größere Stärke dann, wenn die vorgegebene Anzahl von Autos das Haus während einer kürzeren Zeitspanne passiert. Dazu könnten sie z. B. bei gleichem Abstand schneller fahren (Bild **B3**) – passend zu früheren Überlegungen beim Förderbandmodell von Bild **B2**.

In gleicher Weise präzisiert man die elektrische Stromstärke I als „Anzahl N der transportierten Elementarladungen pro Zeiteinheit Δt". Auch hier kann man die Stromstärke auf zwei Weisen bestimmen:

- Man ermittelt die Anzahl N an Elementarladungen, die innerhalb einer festen Zeitspanne Δt eine Stelle im elektrischen Stromkreis passieren.
- Man misst die Zeitdauer Δt, in der eine zuvor festgelegte Anzahl N an Elementarladungen an dieser Stelle vorbeikommen.

Statt der Anzahl N an Elementarladungen verwendet man für die Definition der Stromstärke die Ladungsmenge $\Delta Q = N \cdot e$, die dabei transportiert wird:

$$\text{Stromstärke} = \frac{\text{transportierte Ladungsmenge}}{\text{benötigte Zeitspanne}}; \quad I = \frac{\Delta Q}{\Delta t}.$$

Für die Einheiten gilt dann:

$$[I] = 1\ \text{A} = 1\ \frac{\text{C}}{\text{s}} \quad \text{bzw.} \quad [Q] = 1\ \text{C} = 1\ \text{As}.$$

Merksatz

Die elektrische Stromstärke I ist ein Maß für die pro Sekunde transportierte Ladungsmenge ΔQ:

$$I = \frac{\Delta Q}{\Delta t}, \qquad [I] = 1\ \text{A} = 1\ \frac{\text{C}}{\text{s}}.$$

Beispielaufgabe: Anzahl der Elektronen

Ein Amperemeter zeigt den Wert 50 mA an. Berechne die Anzahl N der Elektronen, die innerhalb von 0,25 s das Amperemeter passieren.

Gegeben: $I = 50\ \text{mA} = 0{,}050\ \text{A}$; $\Delta t = 0{,}25\ \text{s}$
Gesucht: N

Lösung:

$$I = \frac{\Delta Q}{\Delta t} \Rightarrow \Delta Q = I \cdot \Delta t = 0{,}050\ \text{A} \cdot 0{,}25\ \text{s} = 0{,}0125\,\text{C}.$$

$$\Delta Q = N \cdot e \ \Rightarrow\ N = \frac{\Delta Q}{e} = \frac{0{,}0125\ \text{C}}{1{,}6022 \cdot 10^{-19}\ \text{C}} = 7{,}8 \cdot 10^{16}.$$

Hinweis: Diese Anzahl ist sehr groß ($\sim 10^{17}$). Ein Kupferdraht von einem Meter Länge mit einer Querschnittsfläche von 2,5 mm² hat ein Volumen von 2,5 cm³ und enthält ungefähr 10^{23} Elektronen. Daher entspricht diese hohe Anzahl nur etwa einem Millionstel der Elektronenanzahl in dem Draht.

Löse selbst

1 Gib für jede Schaltung an, ob man mit ihr die Stärke des elektrischen Stroms durch die Lampe messen kann.
a) Begründe jeweils deine Aussage.
b) Bestimme die Anzahl der Elektronen, die in 10 Minuten das Messgerät in ③ bei $I = 68$ mA passieren.

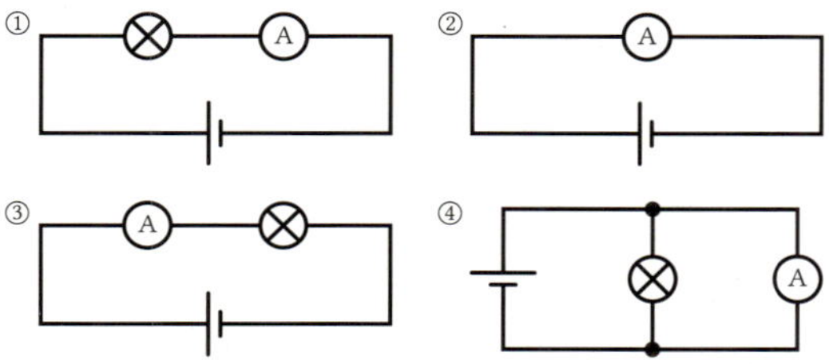

2 Gib jeweils die Stromstärke mit passender Einheit an:
a) Durch einen Ort fahren 150 Pkw in 20 Minuten.
b) Den Schuleingang durchqueren 200 Schülerinnen und Schüler in 5 Minuten.
c) Ein Rasensprenger verteilt 0,4 m³ Wasser in der Stunde.
d) Durch einen Draht fließen $1{,}2 \cdot 10^{20}$ Elektronen in zehn Sekunden.

3 Bei einem Haus wurden an zwei verschiedenen Stellen Zähler für die durchfließende Wassermenge angebracht.
a) Erläutere ein Verfahren zur Messung der Wasserstromstärke.
b) Begründe, dass die Zähler unter Umständen unterschiedliche Werte anzeigen können.
c) Übertrage die Situation auf das Haushaltsstromnetz. Vergleiche die beiden Situationen.
d) Wenn du die sogenannte Wasseruhr in deinem Haushalt findest: Untersuche die Wasserstromstärke, wenn du z. B. den Wasserhahn in der Küche öffnest.

4 Berechne jeweils ΔQ bzw. I bzw. Δt:
a) $I = 0{,}25$ A; $\Delta t = 1{,}25$ h
b) $I = 45$ mA; $\Delta t = 2{,}5$ min
c) $\Delta Q = 12$ C; $\Delta t = 20$ min
d) $\Delta Q = 25$ mC; $\Delta t = 75$ s
e) $I = 80$ mA; $\Delta Q = 2{,}0$ C
f) $\Delta Q = 1{,}2$ kC; $I = 0{,}20$ A

5 Die Übertragungsrate eines Internetanschlusses beträgt maximal 200 Mbit/s. Rechne mit 1 Byte = 8 bit.
a) Berechne die Ladezeit einer Datei mit 3,4 GByte.
b) Begründe, ob es sich um die minimale oder maximale Zeitdauer handelt.

6 Bei einem Gewitter entlädt eine Wolke in einem Blitz die Ladungsmenge 3 kC.
a) Bestimme die Anzahl der Elementarladungen, aus der diese Ladungsmenge besteht.
b) Die Stromstärke bei dem Blitz betrug 600 kA. Berechne die Zeitdauer.

7 In zwei Stromkreisen misst man die Stromstärken $I_1 = 10$ mA bzw. $I_2 = 100$ mA. Begründe, ob die folgenden Aussagen ohne weitere Bedingungen korrekt sind:
a) I_2 gibt an, dass mehr Ladungen transportiert werden als im Stromkreis mit I_1.
b) Die gleiche Ladungsmenge braucht bei I_2 eine längere Zeit als bei I_1, um das Messgerät zu passieren.
c) In einer Sekunde transportiert der Strom mit der Stärke I_2 zehnmal mehr Ladungen als der mit der Stärke I_1.
d) In einer Zeitspanne von 0,1 s passieren etwa $6 \cdot 10^{15}$ Elektronen dasjenige Messgerät, das I_2 anzeigt.

2.2 Spannung, Potenzial und Energie

B1 *Beim Akkuschrauber wird elektrische Energie umgewandelt.*

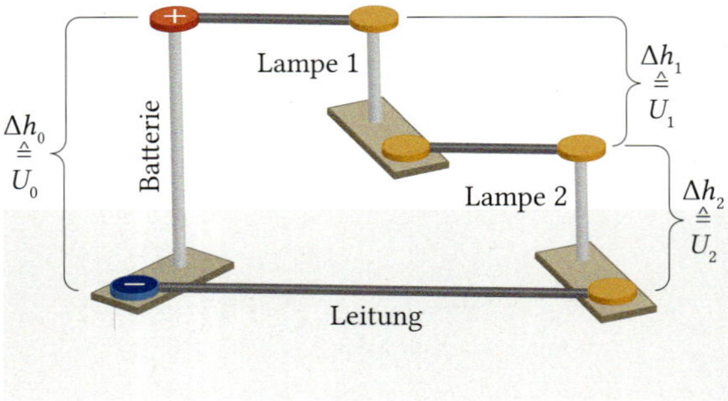

B2 *Höhenmodell für die Spannungen in einer Reihenschaltung*

Elektrische Spannung und Energie – Resi und Kurt diskutieren über die Umwandlung der Energie in einem elektrischen Stromkreis.

Kurt: So ganz verstehe ich nicht, was elektrische Energie ist. Wir sagen zwar, das ist elektrische Energie, die wie beim Akkuschrauber (Bild **B1**) in kinetische Energie, in thermische Energie oder in Licht umgewandelt wird – aber was soll ich mir unter elektrischer Energie vorstellen?

Resi: Na ja, du hast elektrische Energie, wenn Ladungen getrennt werden. Ich zeichne das mal:

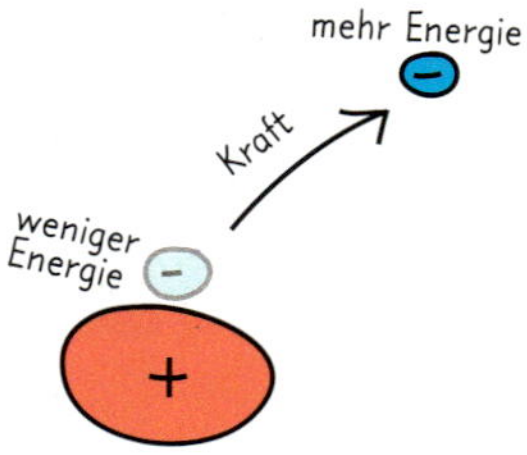

Du ziehst ein negativ geladenes Elektron von einem positiv geladenen Gegenstand weg. Dann musst du über eine Strecke hinweg eine Kraft ausüben.
Das heißt doch, dass du Arbeit an dem Elektron verrichtest. Dann vergrößert sich in diesem Fall die Energie des Elektrons. Das ist dann elektrische Energie.

Kurt: Aber wer zieht die Elektronen von den positiven Teilchen denn weg?
Resi: Das macht die Batterie. Erinnerst du dich an das Förderbandmodell? Die Batterie ist wie ein Förderband, das die negativen Ladungen immer wieder von den positiven Ladungen wegzieht.

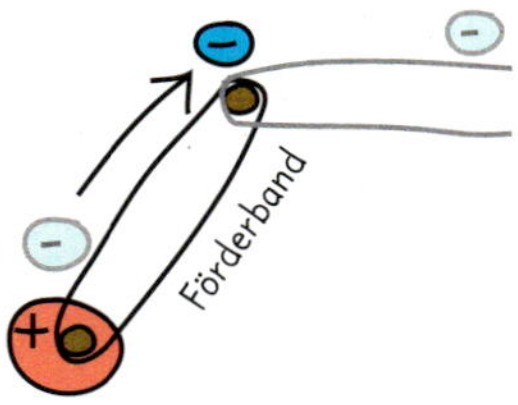

Kurt: Okay, wenn die Elektronen sich durch die Leitungen zum positiv geladenen Teilchen bewegen, dann verringert sich diese elektrische Energie wieder. Müsste sie sich nicht in kinetische Energie der Elektronen umwandeln?
Resi: Das passt nicht. In unserem Modell sind die Elektronen aneinander gekoppelt und würden sich bei gleichen Abständen schneller bewegen – die Stromstärke wäre dann beim Rückweg nicht die gleiche wie auf dem Hinweg.
Kurt: Die elektrische Energie wird also *an die Bohrmaschine übertragen* und in kinetische Energie des Motors oder bei der Lampe in Licht umgewandelt.
Resi: Ja, so ist das. Das Förderband erinnert mich übrigens an die Sache mit der Höhenenergie. Da hat ein Gegenstand oben auch mehr Höhenenergie als unten – und wie viel das mehr ist, hängt vom Höhenunterschied Δh ab.
Kurt: Dann könnte die Spannung ja so etwas wie ein elektrischer Höhenunterschied sein – je größer die Spannung ist, umso mehr nimmt die elektrische Energie der Elektronen auf dem Weg vom Pluspol zum Minuspol in der Batterie zu.
Resi: Ja – und an den Elektrogeräten nimmt sie dann wieder ab. Darum messen wir da auch eine Spannung.
Kurt: Dann reicht es ja, wenn wir uns ein Modell machen, in dem es nur auf Höhenunterschiede ankommt.
Resi: Ich hab da schon mal so was gesehen ...

Sie zeigt Kurt die **Modelle** in Bild **B2** und **B3**, in denen die Spannungen in Reihen- und Parallelschaltungen als Höhenunterschiede veranschaulicht sind. Dabei ist eines allerdings nun anders: Da man für die Richtung des elektrischen Stroms vereinbart hat, dass sie außerhalb der Batterie vom Pluspol zum Minuspol geht, liegt in diesem Modell der Pluspol der Batterie höher als der Minuspol.

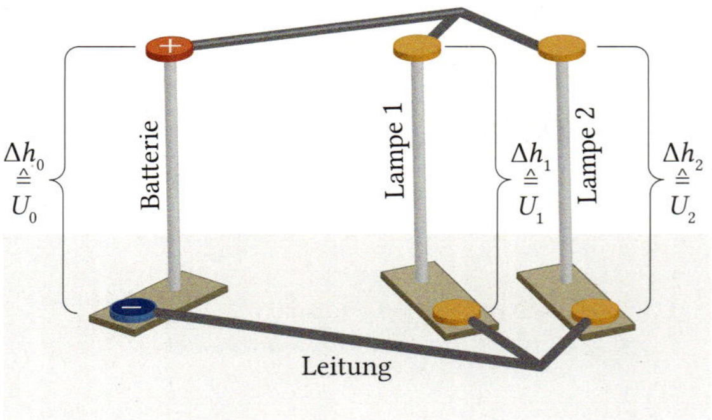

B3 *Höhenmodell für die Spannungen in einer Parallelschaltung*

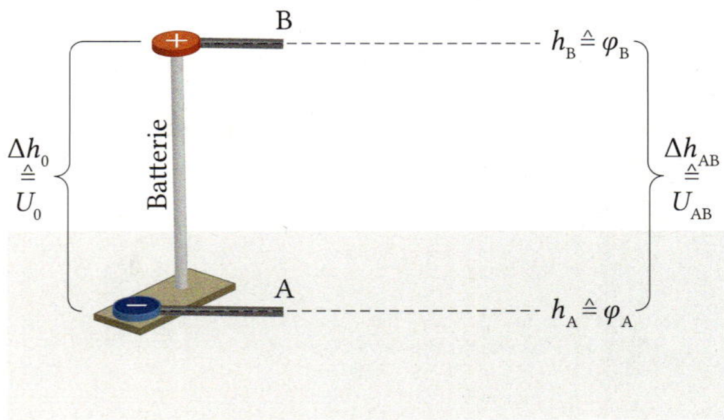

B4 *Spannung und Potenzial im Höhenmodell*

Kurt: Die Zuordnung Spannung-Höhenunterschied scheint ja ganz gut zu funktionieren. Einige Regeln für die Spannungen in Reihen- und Parallelschaltungen werden da ganz gut dargestellt. Aber wie ist das nun mit der Energie?

Resi: Na ja – wenn ich mir das mit der Höhenenergie überlege, spielt da die Masse auch noch eine Rolle: Wenn ich zwei Kilogramm hochhebe, muss ich doppelt so viel Energie aufwenden, wie wenn ich nur ein Kilogramm hebe.
Kurt: Ja, und bei der elektrischen Energie hat die Ladung die Rolle der Masse! Wenn ich nämlich zwei Elektronen nach oben befördere, muss ich auch doppelt so viel Energie zuführen wie bei einem Elektron ...

Mit diesen Überlegungen wird Kurt und Resi der Zusammenhang zwischen der Zu- bzw. Abnahme an elektrischer Energie ΔE bei einer transportierten Ladungsmenge ΔQ und der Spannung U plausibel:

$$\Delta E = \Delta Q \cdot U; \quad \text{für die Einheiten gilt: } [\Delta E] = 1\,\text{J} = 1\,\text{C} \cdot \text{V}.$$

In Batterien wird dabei den Ladungen auf dem Weg vom einen Pol zum anderen Pol Energie zugeführt. An Elektrogeräten wird Energie auf dem Weg von einem Anschluss zum anderen abgegeben.

! Merksatz

Wenn sich eine Ladungsmenge ΔQ zwischen zwei Punkten im Stromkreis bewegt, zwischen denen eine Spannung U besteht, so nimmt sie an Elektrizitätsquellen einen Energiebetrag ΔE auf oder gibt ihn an Elektrogeräten ab. Dabei gilt:

$$\Delta E = \Delta Q \cdot U; \quad [\Delta E] = 1\,\text{J} = 1\,\text{C} \cdot \text{V}.$$

Spannung und Potenzial – Von ihrer Lehrkraft erfahren Resi und Kurt, dass es nicht nur für den Höhenunterschied Δh, sondern auch für die Höhenlage h eine entsprechende elektrische Größe gibt. Diese heißt **elektrisches Potenzial** φ (sprich „phi“). Das Potenzial stellt so etwas wie eine „elektrische Höhenlage“ dar. Man hat hierbei vereinbart, dass bei Batterien und Netzgeräten das Potenzial am Pluspol immer einen größeren Wert hat als am Minuspol.

So wie der Höhenunterschied Δh den Abstand zwischen zwei Punkten A und B mit den Höhenlagen h_A und h_B angibt, ist die elektrische Spannung U_{AB} nun die **Potenzialdifferenz** $\Delta\varphi$ von zwei Punkten im Stromkreis. Zur Berechnung von $\Delta\varphi$ zieht man stets den kleineren Potenzialwert (in Bild **B4**: φ_A) vom größeren ab. Das bedeutet hier:

$$\text{Spannung} = \text{Potenzialunterschied}; \quad U_{AB} = \Delta\varphi = \varphi_B - \varphi_A.$$

Das Zeichen U („Unterschied“) erinnert dich an diesen Zusammenhang.

Oft setzt man das Potenzial für den Minuspol auf $\varphi_\ominus = 0\,\text{V}$ fest (entspricht dem Nullniveau bei der Höhenenergie). Dieser Pol ist häufig auch mit der Erde (Zeichen: ⏚) oder dem Gehäuse (Zeichen: ⊥) verbunden.

! Merksatz

Im Höhenmodell entspricht einer Höhenlage h das elektrische Potenzial φ.
Die Spannung U zwischen zwei Punkten im Stromkreis ist gleich deren Potenzialdifferenz $\Delta\varphi$.

Kurz: $U = \Delta\varphi$.

Die Einheit des Potenzials ist $[\varphi] = 1\,\text{V}$.

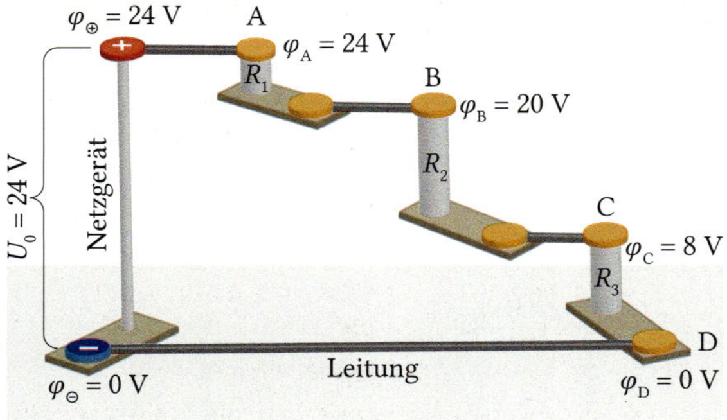

B1 *Stabmodell einer Reihenschaltung von drei Widerständen*

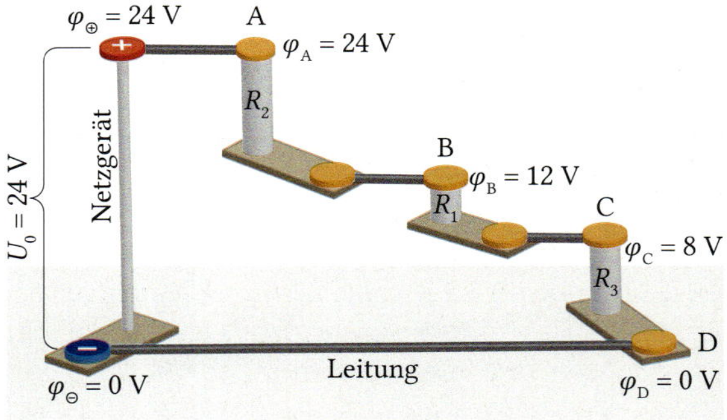

B2 *Die Reihenfolge der Widerstände wurde vertauscht.*

Schaltungen analysieren mit Potenzial und Energie – Bild **B1** zeigt das Höhenmodell für einen Stromkreis mit drei Widerständen. Der Minuspol der Elektrizitätsquelle befindet sich auf dem Potenzial $\varphi_\ominus = 0$ V, der Pluspol auf dem Potenzial $\varphi_\oplus = 24$ V, ihre Spannung beträgt also

$$U_0 = \varphi_\oplus - \varphi_\ominus = 24\text{ V} - 0\text{ V} = 24\text{ V}.$$

Wegen der Widerstände haben sich in dieser Schaltung die Potenziale $\varphi_B = 20$ V und $\varphi_C = 8$ V ergeben. An dem ersten Bauteil nach dem Pluspol „springt" das Potenzial von $\varphi_A = 24$ V auf $\varphi_B = 20$ V, d. h. an R_1 besteht die Spannung

$$U_{AB} = \varphi_A - \varphi_B = 24\text{ V} - 20\text{ V} = 4\text{ V}.$$

An R_2 liegt entsprechend die Spannung $U_{BC} = 12$ V, an an R_3 die Spannung $U_{CD} = 8$ V.

Da bei Reihenschaltungen die Stromstärke an jeder Stelle gleich groß ist, wird durch jeden Widerstand in einer gewissen Zeitspanne Δt jeweils die gleiche Ladungsmenge ΔQ transportiert. Das bedeutet aber, dass an den drei Widerständen in dieser Zeitspanne hier verschieden viel Energie umgewandelt wird:
Am größten Widerstand ist auch die Spannung am größten. Wegen $\Delta E = U \cdot \Delta Q$ wird daher bei R_2 am meisten Energie umgewandelt und bei R_1 am wenigsten. Genauer gesagt: An R_2 wird in dieser Zeitspanne dreimal so viel Energie umgewandelt wie an R_1, an R_3 doppelt so viel wie an R_1.

Vertauscht man hier die Reihenfolge der Widerstände, so bleibt die Spannung am jeweiligen Bauteil gleich (ohne Änderungen am Netzgerät). Allerdings ändern sich u. U. die Potenzialwerte bei B und C (Bild **B2**).

Beispielaufgabe: Parallelschaltung

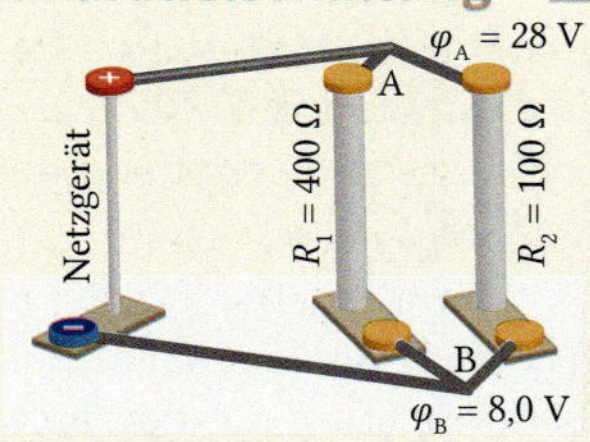

Eine Schaltung wird durch das Höhenmodell im Bild rechts dargestellt.
a) Zeichne ein passendes Schaltbild. Bestimme die Spannung des Netzgeräts. Begründe, dass die Stromstärken in R_1 und R_2 unterschiedlich sind.
b) Berechne für den jeweiligen Widerstand die in 30 Sekunden durchfließende Ladungsmenge und die umgewandelte Energiemenge.

Lösung:

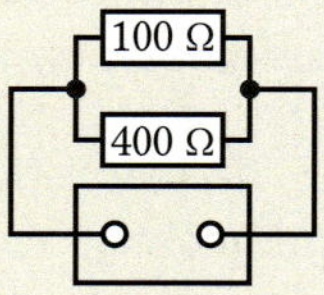

a) Die Spannung des Netzgeräts ist die Potenzialdifferenz

$$U_0 = \Delta\varphi = 28\text{ V} - 8{,}0\text{ V} = 20\text{ V}.$$

An beiden Widerständen ist die Potenzialdifferenz (Spannung) gleich. Wegen der Gleichung $I = \frac{U}{R}$ ist die Stromstärke beim kleineren Widerstand größer ist. Sie beträgt

bei R_1: $\quad I_1 = \frac{U_0}{R_1} = \frac{20\text{ V}}{400\ \Omega} = 0{,}050\text{ A} = 50\text{ mA};$

bei R_2: $\quad I_2 = \frac{U_0}{R_2} = \frac{20\text{ V}}{100\ \Omega} = 0{,}20\text{ A}.$

b) Die Ladungsmengen sind:

$$\Delta Q_1 = I \cdot \Delta t = 0{,}050\text{ A} \cdot 30\text{ s} = 1{,}5\text{ C};$$

$$\Delta Q_2 = I \cdot \Delta t = 0{,}20\text{ A} \cdot 30\text{ s} = 6{,}0\text{ C}.$$

Die umgewandelten Energiemengen sind:

$$\Delta E_1 = U_0 \cdot \Delta Q_1 = 20\text{ V} \cdot 1{,}5\text{ C} = 30\text{ J};$$

$$\Delta E_2 = U_0 \cdot \Delta Q_2 = 20\text{ V} \cdot 6{,}0\text{ C} = 120\text{ J} = 0{,}12\text{ kJ}.$$

Löse selbst

1 Begründe die Aussagen mithilfe des Höhenmodells:
a) Die Spannungen an parallel geschalteten Widerständen sind gleich groß.
b) Die Spannungen an Widerständen, die in Reihe an eine Elektrizitätsquelle angeschlossen sind, ergeben in der Summe die Spannung der Elektrizitätsquelle.
c) Der Nullpunkt des Potenzials kann willkürlich festgelegt werden. Entscheidend für die Elektrogeräte sind die Spannungen.

2 In einem Stromkreis werden nacheinander die Ladungsmengen $\Delta Q_1 = 1{,}2$ C und $\Delta Q_2 = 0{,}55$ C durch das angegebene Bauteil transportiert. Berechne jeweils die umgesetzte Energie und gib an, ob sie zugeführt werden muss oder ob sie abgegeben wird.
a) Batterie, $U_0 = 1{,}5$ V;
b) LED, $U_{LED} = 2{,}7$ V
c) Elektromotor, $U_M = 18$ V
d) Netzgerät, $U_0 = 25$ V

3 Begründe mithilfe deiner Kenntnisse über Reihen- und Parallelschaltungen und dem Höhenmodell:
a) In einer Reihenschaltung wird am größten Widerstand in der gleichen Zeitspanne mehr Energie umgewandelt als an den anderen Widerständen.
b) In einer Parallelschaltung wird am kleinsten Widerstand in der gleichen Zeitspanne mehr Energie umgewandelt als an den anderen Widerständen.

4 Ein Elektromotor ist an 12 V Spannung angeschlossen. Dabei ergibt sich eine Stromstärke von 3,5 A.
a) Berechne die Ladungsmenge, die in einer Zeitspanne von 15 Minuten transportiert wird.
b) Bestimme rechnerisch die Energiemenge, die im Elektromotor in dieser Zeit umgewandelt wird.
c) Der Motor wird weitere 15 Minuten mit größerer Spannung betrieben. Begründe schlüssig, dass in dieser Zeit nun mehr Energie umgewandelt wird.
d) Erläutere, dass die Zeitangabe in Aufgabe c) notwendig ist, um eine Aussage über die umgewandelte Energiemenge treffen zu können.

5 Aus einer Internetseite: „Im Haushalt sorgt der Energieversorger für eine nahezu konstante Potenzialdifferenz. Die genutzte elektrische Energie hängt dann nur vom elektrischen Strom ab.“
a) Präzisiere diese ungenaue Aussage.
b) Begründe, dass in einem Haushalt alle Steckdosen parallel geschaltet sind.

6 In einer elektrischen Schaltung sind zwei Widerstände R_1 und R_2 verbaut. In der Schaltung haben sich folgende Potenzialwerte ergeben: $\varphi_1 = 0$ V, $\varphi_2 = 2{,}5$ V und $\varphi_3 = 7{,}5$ V. Die Stromstärke direkt an der Elektrizitätsquelle beträgt dabei 30 mA.
a) Begründe, ob es sich um eine Reihen- oder eine Parallelschaltung handelt.
b) Berechne die Widerstandswerte R_1 und R_2.
c) Ermittle den Betrag an elektrischer Energie, der in 30 Minuten der Elektrizitätsquelle entnommen wird.

Nun wird ein *zusätzlicher* Widerstand $R_3 = 100\ \Omega$ in Reihe (R) bzw. parallel (P) zu R_1 und R_2 geschaltet.
d) Begründe, ob sich jeweils Änderungen der oben angegebenen Potenzialwerte φ_1 bis φ_3 ergeben. Zeichne dazu auch jeweils passende Schaltskizzen.
e) Berechne jeweils für die Schaltungen P und R, um welchen Betrag sich die in 30 Minuten umgewandelte elektrische Energie ändert.

7 In der Schaltung rechts wurden gemessen:
$I_1 = 40$ mA; $I_{ges} = 100$ mA.

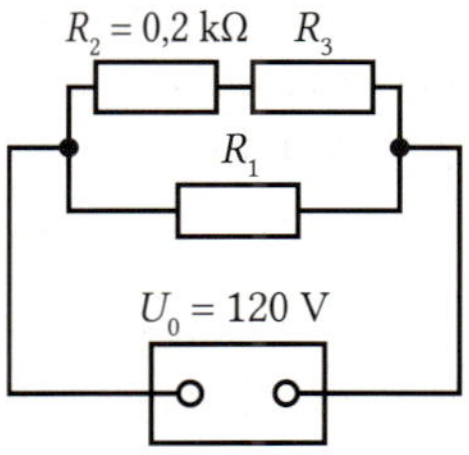

a) Berechne R_1 und R_3.
b) Skizziere ein Höhenmodell dieser Schaltung und gib darin passende Potenzialwerte an.
c) Begründe ohne Rechnung, dass an R_1 vierzig Prozent der gesamten Energie umgewandelt wird.
d) Bestimme für jeden Widerstand die Energiemenge, die dort in 20 s umgewandelt wird.

8 a) Stelle Vorteile und Nachteile des Höhenmodells mit den Stäben von Seite 50 zusammen.
b) Carola meint, dass zur Veranschaulichung der Spannung das Höhenmodell, für die Stromstärke hingegen das Förderbandmodell hilfreicher ist. Nimm zu Carolas Aussage begründet Stellung.

9 L Man kann Batterien auch in Reihe schalten – entweder „Minuspol an Pluspol“ oder „Minuspol an Minuspol.“ Du hast eine 1,5-V- und eine 4,5-V-Batterie. Ermittle anhand des Höhenmodells alle möglichen Spannungswerte. Kennzeichne auch Plus- und Minuspol der jeweiligen Gesamtbatterie.

2.3 Elektrische Leistung

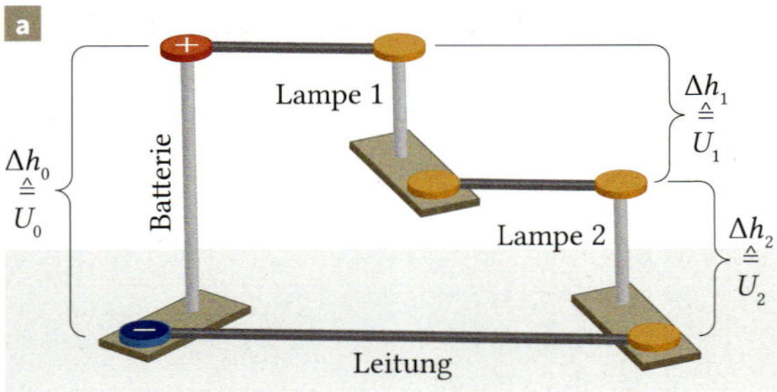

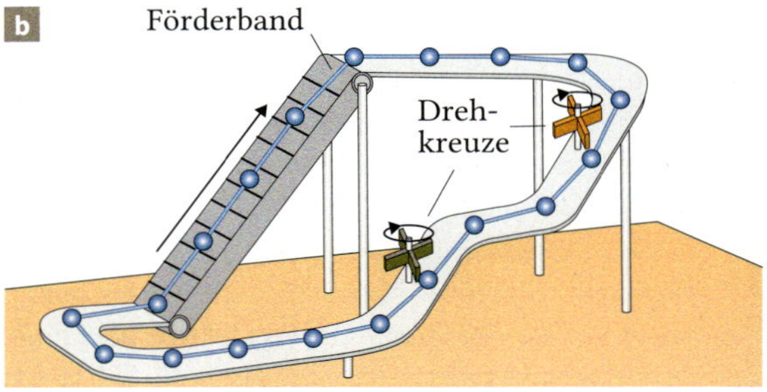

B1 *a) Im Höhenmodell wird der Zusammenhang zwischen elektrischer Spannung und elektrischer Energie veranschaulicht. b) Im Förderbandmodell stellt man die Bewegung der Ladungen dar.*

Nicht nur Ladungen werden transportiert. Mit dem Höhenmodell (Bild **B1a**) für einen Stromkreis fanden wir einen Zusammenhang zwischen elektrischer Spannung U und Energieumsatz ΔE. Damit die Energie von der Elektrizitätsquelle zu den Elektrogeräten gelangt, muss in dem Stromkreis ein Ladungstransport stattfinden, den wir im Förderbandmodell veranschaulicht haben (Bild **B1b**).

So können wir uns vorstellen, dass in Stromkreisen elektrische Energie mithilfe der elektrischen Ladungen zu den verschiedenen Bauteilen „strömt". Im Unterschied zur elektrischen Energie, die an den elektrischen Geräten und Bauteilen dann z. B. als kinetische Energie den Stromkreis verlässt, strömen die elektrischen Ladungen, ohne dass sich ihre Zahl verändert, im Kreis (Bild **B2**).

! Merksatz

Im elektrischen Stromkreis strömt elektrische Energie von der Elektrizitätsquelle zu den elektrischen Geräten und Bauteilen. Dort verlässt sie den Stromkreis.
Dabei bewegen sich gleichzeitig elektrische Ladungen. Ihre Anzahl im Stromkreis bleibt unverändert.

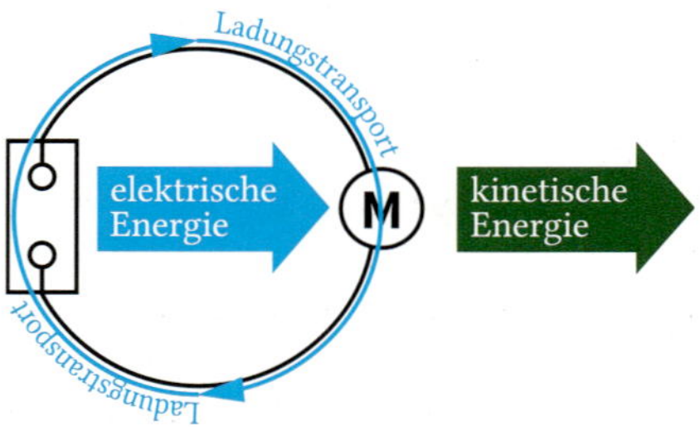

B2 *Die Ladungen bleiben, ohne weniger zu werden, im Stromkreis. Die Energie verlässt den Stromkreis.*

Leistung auf elektrisch – Energie kann mehr oder weniger schnell von der Elektrizitätsquelle zu einem elektrischen Gerät oder Bauteil transportiert werden. Die Kenngröße dafür kennst du schon aus der Mechanik. Es ist die **Leistung *P*** – also der Quotient aus transportierter Energie ΔE und dazu benötigter Zeitspanne Δt:

$$P = \frac{\Delta E}{\Delta t}. \qquad (*)$$

In der Elektrik ist die elektrische Stromstärke I ein Maß dafür, wie schnell Ladungen transportiert werden. Sie wurde als Quotient aus transportierter Ladung ΔQ und dazu benötigter Zeitspanne Δt festgelegt:

$$I = \frac{\Delta Q}{\Delta t}. \qquad (**)$$

Der Zusammenhang zwischen der Energie ΔE, die von der Elektrizitätsquelle zu den Bauteilen transportiert wird, und der dabei transportierten Ladung ΔQ ist zudem:

$$\Delta E = \Delta Q \cdot U. \qquad (***)$$

Nun dividiert man in Gleichung $(***)$ beide Seiten durch Δt und vergleicht mit $(*)$ und $(**)$:

$$P = \frac{\Delta E}{\Delta t} = \frac{\Delta Q \cdot U}{\Delta t} = U \cdot \frac{\Delta Q}{\Delta t} = U \cdot I.$$

Die elektrische Leistung der Elektrizitätsquelle ergibt sich so als das Produkt aus Spannung und Stromstärke:

$$P = U \cdot I$$

mit der Einheit $[P] = 1\ \mathrm{V} \cdot \mathrm{A} = 1\ \mathrm{W}$.

! Merksatz

Die elektrische Leistung ist das Produkt aus Spannung und Stromstärke:

$$P = U \cdot I.$$

Für die Einheit gilt $[P] = 1\ \mathrm{V} \cdot \mathrm{A} = 1\ \mathrm{W}$.

Leistungen bilanzieren in elektrischen Schaltungen – Mithilfe der elektrischen Leistung kannst du nun rasch Abschätzungen bei Stromkreisen durchführen, wie dies die Beispielaufgaben zeigen.

Beispielaufgabe 1: Dynamoleistung

Lisa hat einen alten Fahrraddynamo gefunden (siehe **Bild**). Sie überlegt, wie viele Rücklichtlämpchen (6 V; 0,1 A) sie damit in einer Parallelschaltung richtig zum Leuchten bringen kann. Hilf ihr mit einer Rechnung.

Lösung:

Geg.: $P_{\text{Dyn}} = 3\ \text{W}$; $U_{\text{Dyn}} = 6\ \text{V} = U_{\text{Lampe}}$; $I_{\text{Lampe}} = 0{,}1\ \text{A}$

Ges.: Anzahl der Lampen

Weg 1: Die Leistung aller Lämpchen zusammen darf nicht größer sein als die des Dynamos:

$P_{\text{Lampe}} = U_{\text{Lampe}} \cdot I_{\text{Lampe}} = 6\ \text{V} \cdot 0{,}1\ \text{A} = 0{,}6\ \text{W}$,

$\frac{3\ \text{W}}{0{,}6\ \text{W}} = 5$.

Weg 2: Die Stromstärken der Lämpchen ergeben in der Summe I_{ges} in der Zuleitung. Diese darf den Maximalwert des Dynamos nicht überschreiten:

$P_{\text{Dyn}} = U_{\text{Dyn}} \cdot I_{\text{Dyn}} \Rightarrow I_{\text{Dyn}} = \frac{P_{\text{Dyn}}}{U_{\text{Dyn}}} = \frac{3\ \text{W}}{6\ \text{V}} = 0{,}5\ \text{A}$,

$\frac{0{,}5\ \text{A}}{0{,}1\ \text{A}} = 5$.

Antwort: Lisa kann maximal fünf Lämpchen parallel schalten.

Beispielaufgabe 2: Sicherung

Haushaltsleitungen sind meist mit Sicherungen versehen, die abschalten, wenn die Stromstärke 16 A überschreitet. Bestimme die Anzahl der Wasserkocher ($P_{\text{Wk}} = 1800\ \text{W}$), die mittels Mehrfachsteckdosen gleichzeitig an einer Leitung betrieben werden können.

Lösung:

Geg.: $P_{\text{Wk}} = 1800\ \text{W}$; $U = 230\ \text{V}$; $I_{\text{max}} = 16\ \text{A}$

Ges.: Anzahl der Wasserkocher

$P_{\text{max}} = U \cdot I_{\text{max}} = 230\ \text{V} \cdot 16\ \text{A} = 3680\ \text{W}$,

$\frac{3680\ \text{W}}{1800\ \text{W}} \approx 2$.

Antwort: Man kann zwei Geräte anschließen.

a

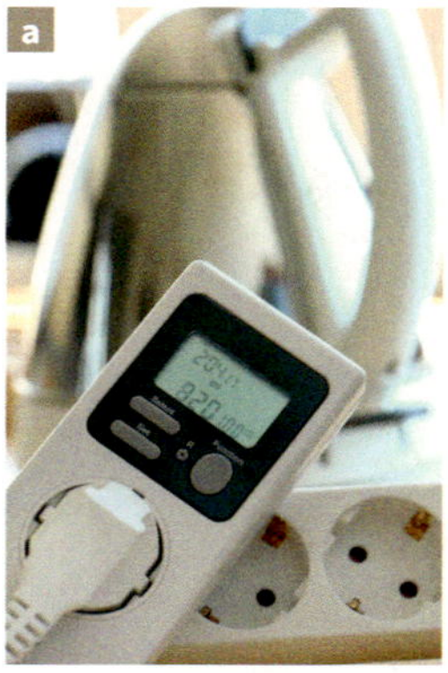

b

Bedienungsanleitung Energiemessgerät

- Leistungsmessgerät in die Steckdose stecken.
- Stecker des Geräts, das untersucht werden soll, in die Steckdose des Leistungsmessgeräts stecken.
- Auf dem Bedienfeld die Messgröße einstellen (Leistung, Energie, Stromstärke, Zeit).

B3 *a) Leistungsmessgerät für das Haushaltsstromnetz, b) Kurzanleitung*

Mithilfe von Leistungsmessgeräten (Bild **B3**), die man zwischen ein Elektrogerät und die Steckdose einbaut, kannst du auch die Leistung, die umgesetzte Energie und die Stromstärke bei Geräten am Haushaltsstromnetz messen. So lässt sich z. B. wie im Versuch **V1** der Zusammenhang zwischen Leistung und Stromstärke bei gleicher Spannung überprüfen.

V1 Stromstärke und Leistung

Ziel: Überprüfe experimentell den Zusammenhang zwischen elektrischer Leistung und Stromstärke.

Durchführung: Mit einem Leistungsmessgerät werden jeweils die aufgenommene elektrische Leistung und die Stromstärke bei folgenden Haushaltsgeräten gemessen:

①: Wasserkocher ②: Tauchsieder
③: Bohrmaschine ④: LED-Birne 11 W
⑤: LED-Birne 4,5 W

Beobachtung:

Gerät	①	②	③	④	⑤
P in W	1000	800	450	11	4,5
I in A	4,4	3,5	2,0	0,05	0,020

Aufträge:

a) Werte die Tabelle hinsichtlich des Versuchsziels aus.

b) Erstelle einen Plan für einen möglichen Versuchsaufbau zur Überprüfung des Zusammenhangs zwischen der elektrischen Leistung und der elektrischen Spannung.

In einfachen Schaltungen wie in den beiden **Schülerversuchen** kannst du selbst mithilfe eines Multimeters die Leistungen an verschiedenen Bauteilen bestimmen.

V1 Schülerversuch: Leistung einer LED

Ziel: Ermittlung des Anteils der Leistung, die an einer bzw. zwei parallel geschalteten LED umgesetzt wird, im Vergleich zur Batterieleistung.

Material: Batterie (9 V oder 4,5 V); Widerstand 1 kΩ; zwei gleiche LED; Multimeter; Leitungen

Information und Durchführung:
Da sich bei einer LED ab einer Spannung von etwa 1,5 V der Widerstand drastisch verringert, benötigt sie einen „Vorwiderstand", der in Reihe geschaltet wird. Baue folgende Schaltungen auf:
1) Reihenschaltung von einer LED und dem Widerstand;
2) Parallelschaltung von zwei LED; diese wird dann in Reihe an den Widerstand angeschlossen.

Auftrag:
a) Plane einen Versuch, mit dem du die umgesetzte Leistung bei LED, Widerstand und Batterie mithilfe von Messungen ermitteln kannst.
b) Führe passende Messreihen durch. Formuliere ein Ergebnis hinsichtlich des Versuchsziels.

V2 Schülerversuch: Leistungen in Schaltungen

Ziel: Bestimmung der in den einzelnen Widerständen umgesetzten Leistungen im Vergleich zur Batterieleistung

Material: Batterie oder Netzgerät; drei verschiedene Widerstände (z. B. 220 Ω, 560 Ω, 1 kΩ); Multimeter; Leitungen

Aufträge:
a) Baue nacheinander die Schaltungen ① bzw. ② auf. Führe an geeigneten Stellen Stromstärke- und Spannungsmessungen durch. Vertausche dabei auch die Positionen der Widerstände.

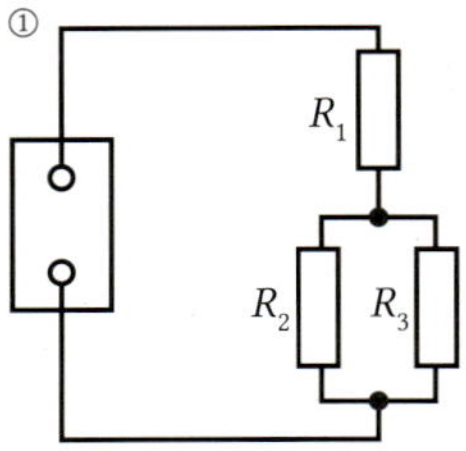

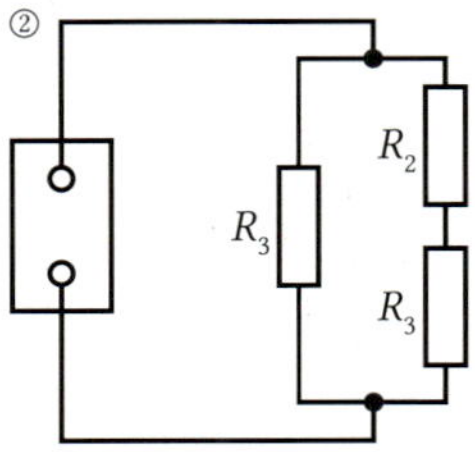

b) Vergleiche anhand der Messwerte die Leistungen an den Widerständen und der Elektrizitätsquelle.
c) Vergleiche die Schaltungen ① bzw. ② hinsichtlich der Leistungen bei der Elektrizitätsquelle und den Widerständen.

Sachtext: Die „Stromrechnung"

Einmal im Jahr bekommt jeder Haushalt eine Abrechnung seines Energieversorgers über die Nutzung von elektrischer Energie, die man umgangssprachlich und missverständlich gern „Stromrechnung" nennt.

Das Missverständnis entsteht sicherlich auch, weil die Messgeräte für elektrische Energie (**Bild rechts**) „Stromzähler" genannt werden.

Es handelt sich aber nicht um Strom, der abgerechnet wird, sondern um die genutzte elektrische Energie – zu erkennen an der Energieeinheit „kWh".

Dabei misst ein Stromzähler (Bild rechts) nicht nur die Stromstärke I, sondern auch die Spannung U und die Zeitdauer Δt.

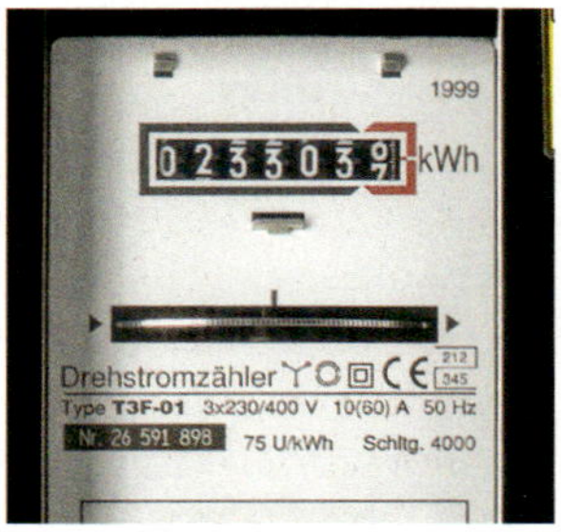

Dass bei der Messung auch die Zeitdauer eine Rolle spielt, erkennt man an dem Rad in der Bildmitte. Sobald Strom fließt, dreht es sich und eine farbige Markierung zeigt an, wenn eine neue Umdrehung beginnt. Hier im Bild zeigt das Zählwerk über dem Rad nach je 75 Umdrehungen 1 kWh mehr an. Je länger also nun das Rad läuft, umso mehr Energie wurde genutzt und umso höher fällt – korrekt benannt – die „Energierechnung" aus.

Löse selbst

Hinweis: 1 Amperestunde = 1Ah = 1 A · 1 h = 1 A · 3600 s = 3,6 kC

1 Umgangssprachlich verwendet man die Ausdrücke „Stromverbrauch“ und „leere Batterie“. Präzisiere diese Ausdrücke mit fachsprachlich korrekten Begriffen.

2 In den Schaltungen sind jeweils die angegebenen Widerstände eingebaut: $R_1 = 10\ \Omega$; $R_2 = 50\ \Omega$; $R_3 = 100\ \Omega$. Die Spannung der Batterie beträgt jeweils $U_0 = 10$ V.

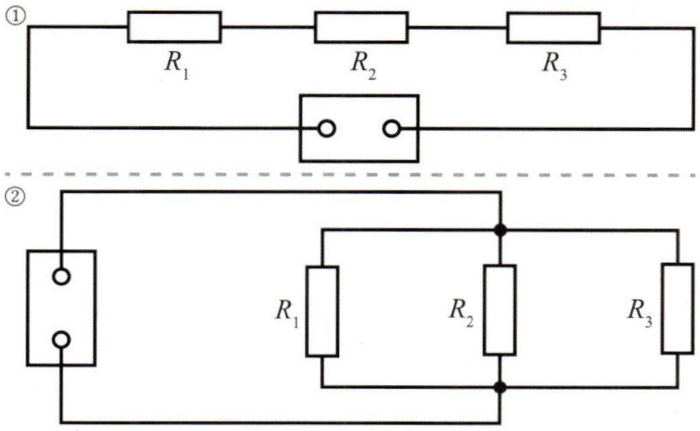

a) Berechne jeweils die Leistungen an den einzelnen Widerständen. Vergleiche sie mit der Batterieleistung.
b) Vergleiche die Batterieleistungen der beiden Schaltungen und erkläre den Unterschied.
c) Die Batterie stellt eine Ladungsmenge von 4,5 Ah zur Verfügung. Schätze die Betriebsdauer für beide Schaltungen ab.

3 Durchschnittlich ist ein Fernseher täglich sechs Stunden in Betrieb, ansonsten wird er meist in den Stand-by-Modus geschaltet. Die Stromstärke eines TV-Geräts mit den Betriebsdaten 230 V/90 W beträgt im Stand-by-Betrieb 2,5 mA.
a) Bestimme die Leistung im Stand-by Betrieb.
b) ↗ Schätze den Geldbetrag ab, den man sparen könnte, würde man den Fernseher nach Betrieb vollständig ausschalten. Dazu musst du dich nach dem aktuellen „Strompreis“ erkundigen.
c) Ein mittelgroßes Kraftwerk erbringt eine Leistung von 300 MW. Schätze die Anzahl der Fernsehgeräte ab, die durch ihren Stand-by-Betrieb ein solches Kraftwerk auslasten.
d) ↗ Ermittle in deinem Haushalt alle Geräte, die ihr normalerweise auf Stand-by-Betrieb geschaltet lasst. Untersuche, ob sie sich auch vollständig abschalten lassen. Schätze die mögliche Energieeinsparung pro Tag, Monat bzw. Jahr ab.

4 Auf einem sogenannten Leistungswiderstand wie im Bild findet man die Angabe 25 W/0,82 Ω.

a) Zeige, dass für die umgesetzte Leistung die Beziehung $P = R \cdot I^2$ gilt.
b) Die Leistung von a) wird oft Verlustleistung genannt. Gib dafür eine mögliche Erklärung an.
c) Berechne U und I für die obigen Angaben.
d) ↗ Recherchiere, wozu solche Leistungswiderstände eingesetzt werden.

5 Autobatterien liefern typischerweise eine Spannung von 12 V. Auf ihnen ist stets die Ladungsmenge in Amperestunden angegeben, die bis zur vollständigen Entladung im Stromkreis transportiert wird.

a) Berechne die gespeicherte elektrische Energie für die im Bild sichtbaren Autobatterien.
b) Bei einem geparkten Pkw wurde vergessen, das Licht auszuschalten. Schätze die maximale Leuchtdauer ab, wenn im Standbetrieb die Leistung einer Vorderleuchte 27 W, die einer Rückleuchte 3 W ist.

6 Bei Photovoltaikanlagen wird die maximale Leistung als kW_{peak} angegeben. Nimm an, dass eine Anlage mit 8 kW_{peak} im Schnitt täglich 12 Stunden mit halber Spitzenleistung arbeitet. Schätze damit die jährliche Menge an „geernteter“ elektrischer Energie ab.

7 Lies den **Sachtext: Die „Stromrechnung“**, Seite 56.
a) Gib mögliche Gründe für die physikalisch nicht korrekte Bezeichnung „Stromrechnung“ an.
b) Erkundige dich nach dem aktuellen „Strompreis“ des Energieversorgers deines Haushalts. Finde anhand einer „Stromrechnung“ heraus, welche Kostenanteile außer dem Energiebedarf noch vorhanden sind. Erstelle mit diesen Daten eine eigene Jahresrechnung. Gehe dabei von einer monatlichen Energienutzung von 300 kWh aus.
c) Kurt meint, dass es für einen Energieversorger günstiger wäre, nur die elektrische Stromstärke zu messen. Erläutere Kurts mögliche Argumentation. Beantworte Kurts Vorschlag aus Sicht eines Kunden.

2.4 Der Wirkungsgrad

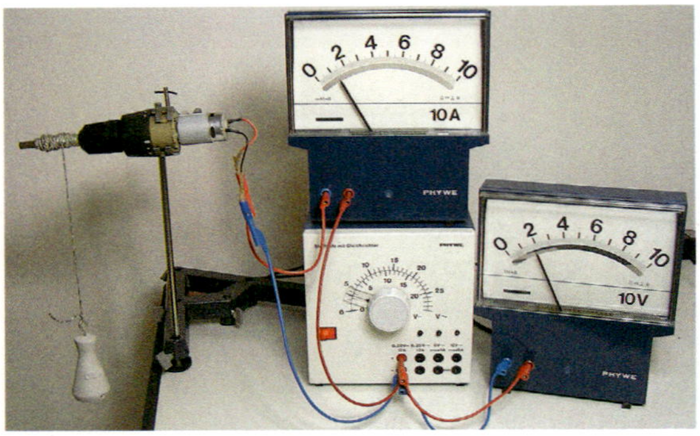

B1 *Der ausgebaute Motor eines Akkuschraubers zieht einen Gegenstand hoch.*

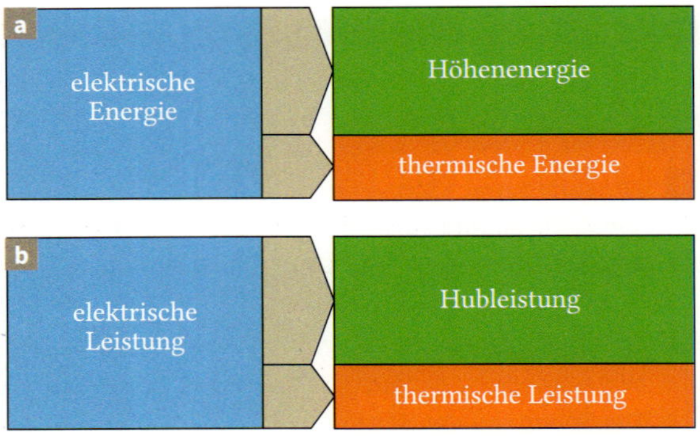

B2 *a) Energieflussdiagramm, b) Leistungsflussdiagramm für den Versuch aus Bild **B1***

Aufgenommene Leistung und abgegebene Leistung – Auf Seite 38 ist dir ein Versuch zur Hubleistung vorgestellt worden. Ein Akkuschrauber hob dabei einen Gegenstand eine bestimmte Strecke hoch.
Johanna und Martin überlegen nun, diese Hubleistung nicht nur aus Hubhöhe, Masse und Zeitspanne zu bestimmen, sondern zusätzlich über die Messung von *Stromstärke* und *Spannung* zu ermitteln (Bild **B1**). Mit einem elektrischen **Leistungsmessgerät** könnten sie die elektrisch aufgenommene Leistung sogar direkt messen. Die Abbildung unten zeigt einen Ausschnitt aus ihrem Versuchsprotokoll.

> Hubleistung Akkuschrauber [...]
>
> Beobachtung (Messung):
> Akkuschrauber: U = 2,0 V; I = 1,3 A
> Heben der Masse: Das Massenstück wurde gleichmäßig hochgezogen. Für 1,5 m brauchte es 4,4 s.
> m = 0,50 kg; Δh = 1,5 m; Δt = 4,4 s
>
> Auswertung:
> Leistung elektrisch:
> $P = U \cdot I = 2{,}0\ \text{V} \cdot 1{,}3\ \text{A} = 2{,}6\ \text{W}$
> Leistung mechanisch:
> $P = (m \cdot g \cdot h) : \Delta t = (0{,}50\ \text{kg} \cdot 9{,}81\ \frac{\text{m}}{\text{s}^2} \cdot 1{,}5\ \text{m}) : 4{,}4\ \text{s}$
> $= 1{,}672\ ...\ \text{W} = 1{,}7\ \text{W}$

Johanna und Martin wundern sich, da die elektrische Leistung etwa eineinhalb Mal so hoch ist wie die Hubleistung ($1{,}7\ \text{W} \cdot 1{,}5 = 2{,}55\ \text{W} \approx 2{,}6\ \text{W}$).
Ihre Lehrkraft gibt ihnen den Tipp, dass es außer Höhenenergie ja noch weitere Energieformen gibt. Die beiden kommen bei ihren anschließenden Überlegungen zu folgenden Ergebnissen:

- Die Geschwindigkeit war beim Hochziehen stets gleich. Es wurde also in dieser Phase keine elektrische Energie in kinetische Energie umgewandelt.
- Der Akkuschrauber hat sich währendessen etwas erwärmt. Ein Teil der elektrischen Energie ist also durch Reibung und die Wärmewirkung des Stroms in thermische Energie umgewandelt worden.

Es wird so nur ein Teil der elektrischen Energie für den Prozess des Hochhebens genutzt. Johanna und Martin entwickeln daraus ein Energieflussdiagramm (Bild **B2a**). Weil alle Energieumwandlungen in der gleichen Zeitspanne Δt stattfinden, können sie wegen $P = \frac{\Delta E}{\Delta t}$ anstelle der Energien auch die entsprechenden Leistungen betrachten und ein **Leistungsflussdiagramm** zeichnen (Bild **B2b**). Ihre Lehrkraft erklärt dazu, dass das Verhältnis der für einen Prozess genutzten Energie bzw. Leistung (hier: Heben des Gegenstands) zur insgesamt dafür aufgewandten Energie bzw. Leistung (hier: Betrieb des Akkuschraubers) als **Wirkungsgrad η** (sprich „eta") bezeichnet wird.

$$\text{Wirkungsgrad} = \frac{\text{genutzte Leistung}}{\text{aufgewandte Leistung}},$$

$$\eta = \frac{P_{\text{nutz}}}{P_{\text{auf}}} = \frac{\Delta E_{\text{nutz}}}{\Delta E_{\text{auf}}}.$$

Der Wirkungsgrad hat keine Einheit. Er wird oft in Prozent angegeben und ist nie größer als 1 (= 100 %). Im Beispiel beträgt er $\eta = \frac{1{,}672\ \text{W}}{2{,}6\ \text{W}} = 0{,}64 = 64\,\%$.

! Merksatz

Der Quotient von genutzter Leistung und insgesamt aufgebrachter Leistung heißt Wirkungsgrad η:

$$\eta = \frac{P_{\text{nutz}}}{P_{\text{gesamt}}}.$$

L Lernaufgabe: Wirkungsgrad

Bearbeite die Teilaufgaben L1 bis L3. Vergleiche dann die Wirkungsgrade der vorgestellten Haushaltsgeräte. Erkläre die Verluste und stelle deine Ergebnisse grafisch dar.

L1: Netzteile

Typenschilder von Netzteilen enthalten folgende Daten: Bei Input stehen die Spannungswerte, an die das Netzteil angeschlossen werden kann (meist Wechselspannungen im Bereich 100–240 V mit einer Frequenz von 50 Hertz). Der angegebene Wert für die Stromstärke auf der Input-Seite wird erreicht, wenn sich die auf der „Output"-Seite angegebene maximale Stromstärke ergibt. Außerdem findet man bei „Output" den Wert der Spannung, die das Netzteil dort für Elektrogeräte bereitstellt.

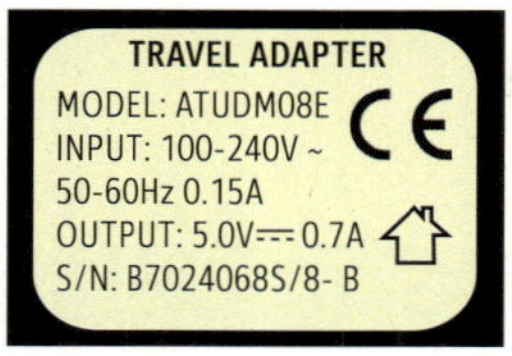

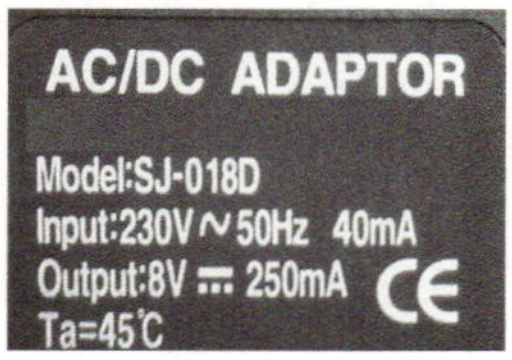

Aufträge:
a) Bestimme aus den Daten links jeweils die maximale Leistung, die aufgenommen (P_{auf}) bzw. abgegeben (P_{Nutz}) wird. Für den „TRAVEL ADAPTER" wird auf der Input-Seite bei 227 V Spannung eine Stromstärke von 51 mA gemessen, wenn auf der Output-Seite die maximale Stromstärke erreicht wird. Vergleiche den Wirkungsgrad beider Geräte.
b) Suche in deinem Haushalt Netzgeräte und ermittle aus den Etikettangaben deren Wirkungsgrade.

L2: Kühlschränke

Bei Kühlschränken findet sich auf dem Energieeffizienzlabel der durchschnittliche jährliche „Energieverbrauch". Die „genutzte Energie" ist hier die innere Energie, die dem Kühlgut beim Abkühlen entzogen wird. Kühlt man beispielsweise 2 kg Lebensmittel (etwa der Tagesbedarf einer vierköpfigen Familie) von 20 °C auf 4 °C ab, so sind das etwa 120 kJ. Dazu komprimiert ein elektrisch betriebener Kompressor (Leistungsaufnahme ca. 100 W) ein Kühlmittel, das dann einen Kreislauf durchläuft. Den mittleren jährlichen Bedarf an elektrischer Energie kann man dem Etikett zur Energieeffizienz (Bild rechts) entnehmen.

Aufträge:
a) Bestimme anhand der Angaben in Text und Grafik den Wirkungsgrad des Kühlschranks.
b) Stelle Vermutungen über die Ursachen des geringen Wirkungsgrads auf. Begründe sie.
c) Ermittle die Zeitspanne, die der Kompressor aufgrund der vorhandenen Daten täglich laufen müsste. Schätze durch geeignete Beobachtungen die tatsächliche Laufzeit ab und vergleiche.

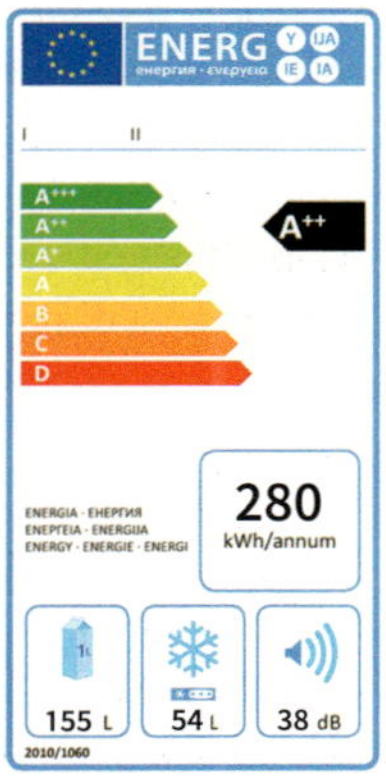

L3: Leuchtmittel

Bei Lampen wird der Wirkungsgrad über die **Lichtausbeute** bestimmt. Das ist der Quotient aus dem Lichtstrom (Einheit: Lumen – lm) und der eingespeisten Leistung. Größerer Lichtstrom bedeutet helleres Leuchtmittel. Theoretisch ist die maximale Lichtausbeute 350 $\frac{\text{lm}}{\text{W}}$; dann ist $\eta = 100\,\%$.

Aufträge:
a) Bestimme für einen Wert des Lichtstroms den Wirkungsgrad der angegebenen Lampen.
b) Nimm mit geeigneten Abschätzungen und Recherchen begründet zu der Aussage Stellung: „Mit LED-Lampen spart man Geld."

Lichtstrom/lm	200	300	400	500	600	700	800	900	1000	1100	1200	1300	1400
Glühlampe	25 W	-----	40 W	-----	-----	60 W	-----	-----	-----	-----	-----	-----	100 W
Halogenlampe	-----	-----	20 W	-----	-----	-----	40 W	-----	-----	-----	60 W	-----	-----
Energiesparlampe	-----	-----	7 W	-----	11 W	-----	-----	15 W	-----	-----	-----	-----	23 W
Leuchtstofflampe	-----	-----	-----	-----	-----	-----	-----	19 W	-----	-----	-----	-----	-----
LED	-----	-----	5 W	-----	-----	-----	-----	-----	10 W	-----	-----	-----	-----

2.5 Umweltverträglichkeit und Nutzwertanalyse

Typ	Frosto A	CoolBest	Kühlschrank No. 1	Ever cool
Preis	349 €	279 €	499 €	669 €
Garantie	3 Jahre	2 Jahre	4 Jahre	5 Jahre
Volumen	170 L	180 L	160 L	165 L
Gefrierfach	30 Liter	25 Liter	40 Liter	20 Liter
Energieeffizienzklasse	C	D	B	A
„Energieverbrauch“	150 kWh/Jahr	181 kWh/Jahr	210 kWh/Jahr	240 kWh/Jahr
Herstellungsland	Europa	Südostasien	Deutschland	Europa/Afrika
Farbe	weiß/metallic	rot	weiß und blau	Edelstahl
Design	x	-	x	-
für Einbauküche geeignet	x	-	x	x

T1 *Kriterien, die für einen Kühlschrankkauf relevant sein könnten*

Kriterien bestimmen das Urteil. Karims Familie möchte einen neuen Kühlschrank kaufen. Dazu informiert sich Karim zu den verschiedenen Modellen und stellt unterschiedliche **Kriterien** zusammen (Tabelle **T1**), die für die Kaufentscheidung wichtig sein könnten. Dabei hat er nur solche Kühlschränke in die engere Wahl aufgenommen, die über ein Gefrierfach verfügen, nicht zu klein und nicht zu groß sind und die das Geschäft, in dem Karims Familie ihre elektrischen Geräte meistens einkauft, zurzeit vorrätig hat.

Karim fasst außerdem die drei gelb markierten Kriterien aus Tabelle **T1** zu einem **Kriterienbereich** zusammen, den er **„Umweltverträglichkeit“** nennt.
Dazu erstellt er eine neue Tabelle **T2**, in der er die ausgewählten Kriterien noch nach seiner Einschätzung gewichtet:
Die „Energieeffizienz“ ist ihm sehr wichtig, sie wird mit dem Faktor 3 gewichtet, die Wichtigkeit des „Energieverbrauchs“ ist mittel (Faktor 2) und das „Herkunftsland“ wird mit dem Faktor 1 niedrig gewichtet.

	Gewichtung	Frosto A	Cool Best	Kühlschrank No. 1	Ever cool
Energieeffizienz	3	1 (· 3)	0 (· 3)	2 (· 3)	3 (· 3)
„Energieverbrauch“	2	3 (· 2)	2 (· 2)	1 (· 2)	0 (· 2)
Herkunft	1	2 (· 1)	0 (· 1)	3 (· 1)	1 (· 1)
Summe		**11**	**4**	**11**	**10**

T2 *Karims Tabelle für den Kriterienbereich „Umweltverträglichkeit“*

Da vier Kühlschrankmodelle vorhanden sind, verteilt Karim für jedes Kriterium jeweils 0, 1, 2 oder 3 Punkte:
- Drei Punkte bekommt das Modell, das das jeweilige Kriterium als bestes erfüllt.
- Null Punkte erhält das Gerät, welches in seinen Augen dabei am schlechtesten abschneidet.

Nach Karims Einschätzung ergeben sich demnach als „umweltverträglichste“ Kühlschränke zwei Modelle: *Frosto A* und *Kühlschrank No. 1*.
Hätte er die Gewichtung bei Effizienz und Energieverbrauch vertauscht, wäre *Frosto A* der eindeutige „Gewinner“ gewesen. Karim hielt aber im Sinne der Umweltverträglichkeit die Effizienz des Kühlschranks für wichtiger als den Energieumsatz.
Hätte er dem Aspekt „Herkunft“ die doppelte Gewichtung gegeben, wäre *Kühlschrank No. 1* der „Sieger“. Karim wollte aber der „Herkunft“ nicht dieselbe Gewichtung geben wie dem „Energieverbrauch“, da dieser für ihn über einen längeren Zeitraum mehr zählt als der einmalige Transport.

Verschiedene Strategien zur Entscheidung – An Karims Familie erkennt man unterschiedliche Möglichkeiten, um zu einer *rationalen Entscheidung* zu kommen:
- Für Karims Mutter gibt es verschiedene Kriterien aus unterschiedlichen Bereichen, die sie berücksichtigen will: Gefrierfach, Preis und die Möglichkeit, ihn als Einbaugerät zu verwenden. Diese Kriterien gewichtet sie aber unterschiedlich stark.
- Karims Schwester scheint mit der „Sozialverträglichkeit“ nur ein Kriterium beachten zu wollen. Dabei gewichtet sie eine mögliche Hilfe für Entwicklungsländer sehr stark. Sie könnte dieses Kriterium aber auch für andere Modelle des Kühlschranks anwenden. Wenn nämlich Arbeitsplätze in Deutschland oder Europa gesichert sind, ist das sicherlich auch sozialverträglich.
- Der Vater richtet sich nur nach zwei Kriterien. Beim Kriterium „Preis“ gibt er einen **Schwellenwert** an: Wenn der Preis diesen Wert überschreitet, wird er sicherlich das entsprechende Modell nicht kaufen wollen.
- Karim selbst benutzt drei Kriterien, die er zum Kriterienbereich Umweltverträglichkeit zusammenfasst. Alle anderen Kriterien berücksichtigt er gar nicht.

Zusammengefasst gibt es also folgende prinzipiellen Möglichkeiten, Kriterien bei einer Entscheidung zu berücksichtigen:
- Es kann mit nur einem Kriterium oder einem Kriterienbereich eine Entscheidung gefällt werden (Karim, Schwester).
- Anhand von Schwellenwerten können bestimmte Möglichkeiten ausgeschlossen werden (Vater).
- Mithilfe von unterschiedlichen Gewichtungen können die Kriterien in ihrer Wichtigkeit unterschieden und die Einzelbewertungen zu einer Gesamtbewertung zusammengefasst werden. Dabei kann sich ein Nachteil bei einem Kriterium mit einem Vorteil bei einem anderen Kriterium ausgleichen (Mutter, Karim in einem Kriterienbereich).

Die letzte Methode wird gerade bei Entscheidungsfindungen im wissenschaftlichen Bereich angewendet und wird **Nutzwertanalyse** genannt.

! Merksatz

Um zu einer rational begründeten Entscheidung zu kommen, kann man eine Nutzwertanalyse durchführen.
Dazu sammelt man Kriterien und gewichtet sie. Dann weist man den untersuchten Gegenständen oder Verfahren eine Rangfolge zu, die mit der Gewichtung zusammen die Bewertung ergibt.

Sachtext: Energieeffizienzklassen

Bei elektrischen Geräten kommt es nicht nur darauf an, wie viel Energie sie beim Betrieb benötigen, sondern auch, wie gut sie diese Energie nutzen. Damit ein Käufer solcher Geräte nicht nur deren Energiebedarf, sondern auch die Qualität der Energienutzung eindeutig miteinander vergleichen kann, braucht es eine Kenngröße, die genau diese Aspekte beschreibt. Diese Kenngröße sollte dann auch für alle elektrischen Geräte in gleicher Weise für jedermann verständlich angegeben werden.

Für *elektrische Netzteile* könnte beispielsweise der Wirkungsgrad eine solche Kenngröße darstellen: Die elektrische Gesamtleistung und die elektrische Nutzleistung sind bei ihnen relativ einfach zu bestimmen. Der Wirkungsgrad würde hier den Energiebedarf und die Qualität der Nutzung entsprechend beschreiben.

Wenn aber die eingespeiste elektrische Energie von einem Gerät in eine andere Energieform umgewandelt werden muss, damit dieses Gerät seinen Zweck erfüllt, dann ist es mitunter nicht mehr so einfach, die genutzte elektrische Leistung und damit den Wirkungsgrad zu bestimmen. Auch können die Wirkungsgrade bei unterschiedlichen Geräten sehr unterschiedliche Werte haben. So hat ein „guter" Kühlschrank einen Wirkungsgrad von nur ca. 5 %, ein Netzteil mit Wirkungsgrad 5 % würde man wohl aber nicht kaufen wollen. Man müsste also bei jedem Gerätetyp wissen, was „gute" und was „schlechte" Wirkungsgrade sind.

Daher hat man ein Verfahren festgelegt, bei dem Energiebedarf und -nutzung eines Gerätes mit dem eines ausgesuchten Standardgeräts („Referenzgerät") verglichen werden. Für jeden Gerätetyp wurden dazu bestimmte Kriterien festgelegt, nach denen der Vergleich erfolgt und das jeweilige Gerät bewertet wird. Das Ergebnis dieser Bewertung heißt **Energieeffizienzindex (EEI)**. Der Wert des EEI bestimmt dann die **Energieeffizienzklasse**, der das Gerät zugeordnet wird:

- Geräte mit der höchsten Effizienz finden sich seit März 2021 in der Klasse **A** (vorher A+++),
- Geräte mit der niedrigsten Effizienz fallen in die Klasse **G** (siehe Tabelle **T1**).

A	B	C	D	E	F	G
EEI ≤ 41	41 < EEI ≤ 51	51 < EEI ≤ 64	64 < EEI ≤ 80	80 < EEI ≤ 100	100 < EEI ≤ 125	EEI > 125

T1 *Energieeffizienzklassen für Kühlschränke in der EU seit 2021*

Der Vorteil dieses Systems ist, dass Käufer bei Geräten schnell erkennen können, ob sie die Energie mehr oder weniger effizient nutzen. Ein Nachteil ist, dass die Verfahren zur Feststellung der Effizienzklasse mitunter recht aufwändig sind. So wird bei Kühlschränken der EEI aus dem Verhältnis der mittleren jährlichen Energieumsätze des betrachteten Geräts und eines Referenzgerätes ermittelt. Hierbei werden Parameter wie Volumen, Gefrierfach usw. berücksichtigt.

Bei vielen Geräten ist es mittlerweile Vorschrift, die Energieeffizienzklassen auf einem standardisierten Aufkleber sichtbar zu machen. Ein gewisser Nachteil besteht hier darin, dass z. B. zwischen zwei recht ähnlichen Kühlgeräten manchmal ein größerer Unterschied vorgegaukelt wird, als er in Wirklichkeit besteht. Ein Kühlgerät z. B. mit EEI = 53 gehört zur Klasse C, eines mit EEI = 50 zur Klasse B. Hier wäre die zusätzliche Angabe des EEI hilfreich.
Bei *Leuchtmitteln* ergibt sich die Zuordnung zur Effizienzklasse v. a. über die Lichtausbeute.

Die Zuordnung zu Klassen A+++ bis G, wie sie bis 2021 gültig war, zeigt die Grafik. Eine Lampe, die bei einer elektrischen Leistung von 40 W einen Lichtstrom von 600 Lumen (lm) erzeugt, hat eine Lichtausbeute von 15 $\frac{\text{lm}}{\text{W}}$ und gehört zur Klasse C; in Klasse A wäre die Lichtausbeute dafür 60 $\frac{\text{lm}}{\text{W}}$.

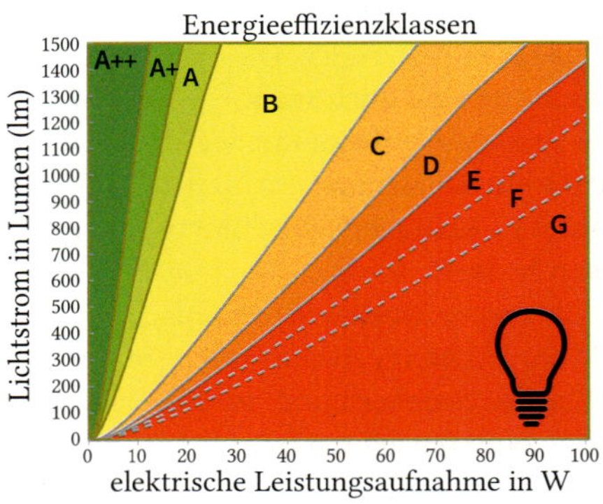

Löse selbst

1 Auf den Kärtchen sind die einzelnen Schritte für eine rationale Entscheidungsfindung notiert.

Kriterienbereiche gewichten

Kriterien in Bereiche einordnen

Entscheidung mit Hilfe der gewichteten Kriterienbereiche finden

Kriterien sammeln

Gewichtungen für die einzelnen Kriterien in den Bereichen festsetzen

a) Bringe sie in eine logische Reihenfolge.
b) Verfasse einen kurzen Text, der beschreibt, wie man vorgeht, um eine Entscheidung mithilfe von Kriterien rational zu treffen.
c) Gib zwei Beispiele an, bei denen dir der Weg einer rationalen Entscheidungsfindung sinnvoll erscheint. Gib bei einem der Beispiele auch Kriterien an, die man bei der Entscheidung in Betracht ziehen könnte.
d) Beschreibe eine Entscheidung, die auf einem Ausschlusskriterium beruht.

2 Formuliere Entscheidungsregeln, die auf nur einem Kriterium beruhen, sodass jeder der Kühlschränke nach Tabelle **T1**, Seite 60, jeweils der „Sieger“ ist.

3 Um sich für einen Kühlschrank zu entscheiden, muss Karims Familie sich auf einen Weg der Entscheidung einigen. Beschreibe ein mögliches Vorgehen und gib das (mögliche) Ergebnis an.

4 Erläutere anhand vom **Sachtext: Energieeffizienzklassen**, dass der Wirkungsgrad als Entscheidungskriterium beim Kauf eines elektrischen Geräts nicht unbedingt geeignet ist. Gib dazu weitere passende Beispiele an.

5 Im Beispiel hat Karim nicht alle Kriterien in der Tabelle **T1**, Seite 60, betrachtet. Diese restlichen Kriterien werden nun zu weiteren Kriterienbereichen zusammengefasst, wie sie die folgende Tabelle zeigt:

Bauliches & Ästhetisches	Farbe, Design, Möglichkeit für eine Einbauküche
Abmessungen	Volumen, Gefrierfach
Preis-Leistungs-Verhältnis	Preis, Garantie

a) Erstelle für diese Kriterienbereiche eine Bewertungstabelle ähnlich wie Tabelle **T2**, Seite 61. Begründe die Wahl deiner Gewichtungen.
b) Addiere für jedes Kühlschrankmodell die Werte der genannten Kriterienbereiche zum Wert für die Umweltverträglichkeit nach Karims Tabelle. Für welchen Kühlschrank wirst du dich dann entscheiden? Gib bei Punktegleichheit eine zusätzliche Begründung an.
c) Vergleiche deine Wahl mit der deiner Sitznachbarin bzw. deines Sitznachbarn. Stellt gegebenenfalls die Unterschiede in den Gewichtungen heraus.
d) Erläutere, ob es sinnvoll ist, verschiedene Kriterienbereiche unterschiedlich zu gewichten.

6 Im Kriterienbereich „Umweltverträglichkeit“ sind Kriterien physikalischer und nicht physikalischer Art enthalten. So beruht z. B. das Kriterium Energieeffizienzklasse auf naturwissenschaftlichen Messungen und ist daher ein Kriterium physikalischer Art.
a) Stelle in einer Tabelle mögliche Kriterien zur Umweltverträglichkeit dar, die beim Kauf eines elektrischen Geräts eine Rolle spielen. Trenne dabei nach „physikalisch“ und „nicht physikalisch“.
b) Erweitere die Tabelle mit Kriterien aus anderen Bereichen.

7 Du hast die Wahl zwischen jeweils drei
① Toastern; ② Mikrowellengeräten;
③ Haartrocknern; ④ Geschirrspülmaschinen.

a) Gib für einen Gerätetyp deine Gewichtung für die Kriterien des Bereichs „Umweltverträglichkeit“ der Tabelle **T2**, Seite 61, an. Begründe jeweils deine Wahl.
b) Gib für jeden Gerätetyp jeweils zwei weitere Kriterien an, die du bei der Kaufentscheidung berücksichtigen würdest.

Zusammenfassung

1. Grundwissen: Stromstärke, Spannung, Widerstand

Spannung U, Stromstärke I und Widerstand R hängen miteinander zusammen. Es gilt:

$$I = \frac{U}{R}, \qquad [I] = 1\text{ A}, \quad [U] = 1\text{ V}, \quad [R] = 1\ \Omega = 1\ \frac{\text{V}}{\text{A}}.$$

- Die Stromstärke I misst man mit einem Amperemeter, das in die entsprechende Leitung eingebaut ist. Die Spannung U misst man mit einem Voltmeter, das parallel zum Bauteil geschaltet ist.
- Bei einer *Reihenschaltung* ist die Stromstärke an jeder Stelle gleich groß. Die Spannungen an den Widerständen addieren sich.

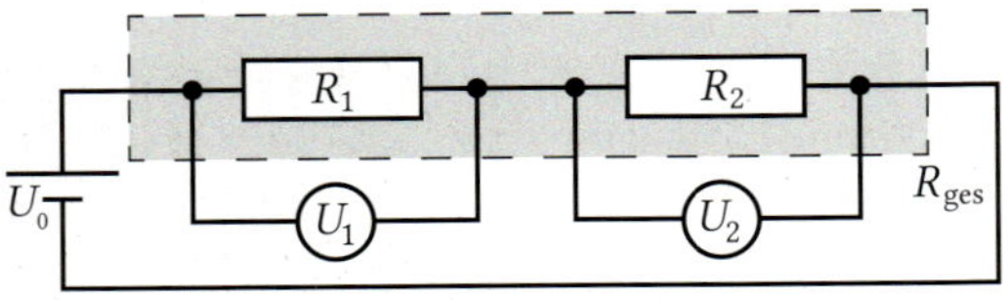

- Bei einer *Parallelschaltung* ist die Spannung zwischen den Enden der jeweiligen Stromzweige gleich groß. Die Stromstärken der einzelnen Zweige ergeben in der Summe die Stromstärke in der Zuleitung.
- Der Gesamtwiderstand wird größer, wenn ein Bauteil in Reihe hinzu geschaltet wird; er wird kleiner, wenn das Bauteil parallel dazu geschaltet wird.

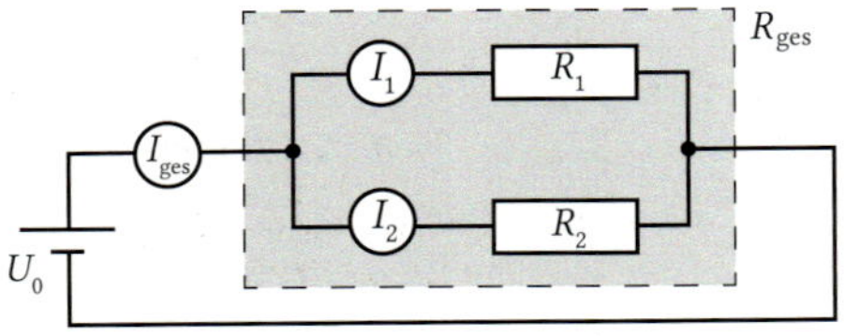

2. Die elektrische Ladung

Das Formelzeichen der elektrischen Ladung ist Q, ihre Einheit ist $[Q]$ = 1 Coulomb = 1 C = 1 As.
Elektrische Ladungsmengen kommen nur als ganzzahlige Vielfache der Elementarladung e vor:

$$Q = N \cdot e \qquad \text{mit} \quad e = 1{,}6022 \cdot 10^{-19}\text{ C}.$$

Protonen und Elektronen tragen genau eine Elementarladung mit unterschiedlichem Vorzeichen.

3. Zusammenhang Stromstärke – Ladung

Die elektrische Stromstärke I an einer Stelle des Stromkreises gibt an, welche Ladungsmenge ΔQ in einer bestimmten Zeit Δt diese Stelle passiert:

$$I = \frac{\Delta Q}{\Delta t}, \qquad [I] = 1\text{ A} = 1\ \frac{\text{C}}{\text{s}}.$$

4. Die elektrische Energie

Durchläuft eine Ladungsmenge ΔQ zwischen zwei Punkten im Stromkreis die Spannung U, so nimmt sie an einer Elektrizitätsquelle die Energie ΔE auf, bei einem elektrischen Bauteil bzw. Gerät gibt sie die Energie ΔE ab. Dabei gilt

$$\Delta E = U \cdot \Delta Q, \qquad [\Delta E] = 1\text{ J} = 1\text{ V} \cdot \text{C} = 1\text{ V} \cdot \text{A} \cdot \text{s}.$$

In elektrischen Stromkreisen strömt elektrische Energie zum elektrischen Bauteil bzw. Gerät, wo sie umgewandelt wird. Die elektrischen Ladungen hingegen werden dem Stromkreis nicht entzogen und strömen im Kreis.

5. Spannung und Potenzial

Im Höhenmodell des elektrischen Stromkreises entspricht der Höhenlage h das Potenzial φ. Die Spannung U zwischen zwei Punkten ist die Differenz zwischen dem höheren und dem niedrigeren Potenzial:

$$U = \Delta\varphi, \qquad [\varphi] = 1\text{ V}.$$

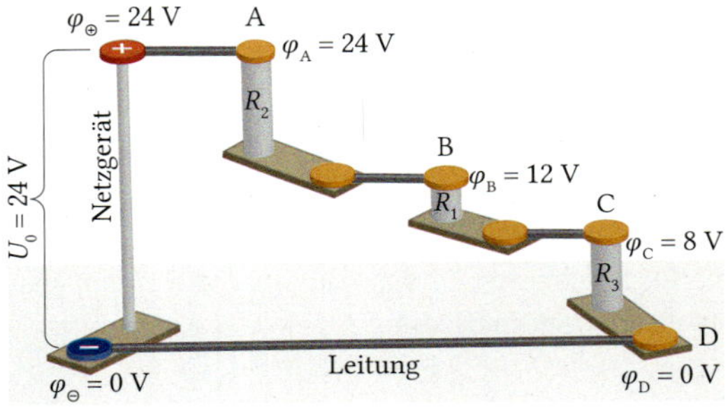

6. Die elektrische Leistung

Die elektrische Leistung P ist das Produkt aus Spannung U und Stromstärke I:

$$P = U \cdot I, \qquad [P] = 1\text{ W} = 1\ \frac{\text{J}}{\text{s}} = 1\text{ V} \cdot \text{A}.$$

7. Der Wirkungsgrad

Der Quotient von Nutzleistung und insgesamt aufgebrachter Leistung heißt Wirkungsgrad η:

$$\eta = \frac{P_{nutz}}{P_{auf}}.$$

Der Wirkungsgrad hat keine Einheit und wird oft in Prozent angegeben. Er ist nie größer als 1 (= 100 %).

8. Die Nutzwertanalyse

Bei der Nutzwertanalyse werden Kriterien gewichtet und gegeneinander abgewogen, um zu einer rational begründeten Entscheidung zu kommen. Dabei können Kriterien auch zu Bereichen zusammengefasst werden, die ebenfalls gewichtet sind.

1 In der Schaltung sind folgende Werte bekannt:
$U_2 = 10\text{ V}$; $I_{ges} = 200\text{ mA}$;
$R_2 = 80\ \Omega$; $R_3 = 40\ \Omega$.

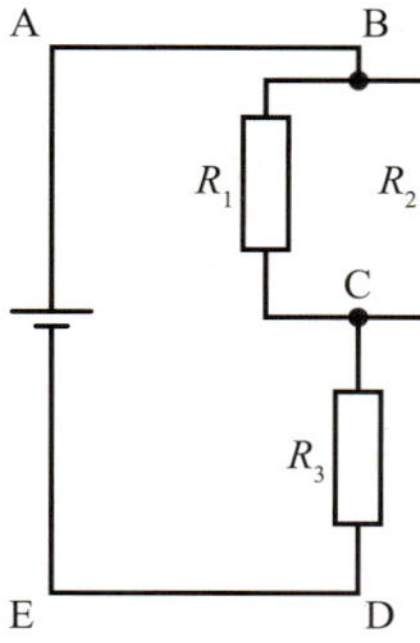

a) Beschreibe dein Vorgehen, um die Spannung U_3 am Widerstand R_3 und die Stromstärke I_1 beim Widerstand R_1 zu messen.
b) Ermittle rechnerisch die Spannung U_0 und begründe, dass die Spannungen an den Widerständen R_1 und R_2 gleich sind.
c) Berechne die Stromstärken I_1 bzw. I_2 an den Widerständen R_1 bzw. R_2. Bestimme die Anzahl der Elektronen, die innerhalb von 30 Minuten den Widerstand R_2 passieren.
d) Erläutere die Veränderungen im Stromkreis, wenn nur R_1 verkleinert wird und U_0 gleich bleibt.
e) Bestimme die Leistungen für die einzelnen Widerstände und vergleiche sie mit der Leistung der Elektrizitätsquelle.

2 In der Schaltung von Aufgabe 1 sind nun folgende Werte bekannt: $\varphi_B = 20\text{ V}$; $\varphi_E = 0\text{ V}$; $R_3 = 400\ \Omega$.
a) Die Stromstärke am Punkt E beträgt 20 mA. Bestimme die restlichen Potenzialwerte.
b) Das Potenzial am Punkt C ist $\varphi_C = 12\text{ V}$. Berechne die Stromstärke in der Zuleitung.
c) Bestimme für die Situation von Aufgabe a) mögliche Werte für R_1 und R_2.
d) Die Spannung der Batterie verringert sich durch Entladevorgänge auf 10 V. Beschreibe die Veränderungen im Stromkreis qualitativ, wenn alle Widerstände zwischen 0 V und 20 V konstante Werte besitzen.

3 Das Haushaltsstromnetz ist so ausgelegt, dass jede Steckdose mit 230 V versorgt wird. In älteren Häusern unterbrechen die Sicherungen in den Zuleitungen den Stromkreis bei Stromstärken größer als 10 A.
Ein Wasserkocher mit Leistung $P_W = 1{,}5\text{ kW}$, ein Rührgerät mit $P_R = 300\text{ W}$ und eine Geschirrspülmaschine mit mittlerer Leistung $P_G = 450\text{ W}$ laufen in der Küche gleichzeitig.
a) Begründe rechnerisch, dass die Sicherung wohl noch nicht anspricht.
b) Beurteile die Lage, wenn du noch das Netzteil eines Laptops ($P_C = 60\text{ W}$) in diese Leitung einklinkst.
c) „Je höher die Leistung, desto kleiner ist der Widerstand." Überprüfe diese Aussage anhand der Daten.

4 Beim Anlassen eines Autos fließt ein Strom der Stärke 100 A. Bei einem Wasserkocher wird eine Stromstärke von 5,5 A gemessen. Trotz der unterschiedlichen Stromstärken ist die Leistung ungefähr gleich groß. Gib eine schlüssige Erklärung für diese Tatsache.

5 Der Wasserkocher aus Aufgabe 3 hat einen Wirkungsgrad $\eta = 75\,\%$.
a) Gib in Worten den Anteil der Leistung an, der genutzt werden kann.
b) Um einen Liter Wasser von 20 °C auf 70 °C zu erwärmen, benötigt man allgemein 252 kJ. Bestimme die Zeitspanne, bis der Wassserkocher 1,5 L erwärmt hat.

6 Bestimme den Wirkungsgrad des Netzadapters mit den abgebildeten Daten. Begründe, dass bei kleiner Leistung und geringer Betriebsdauer ein geringer Wirkungsgrad in Bezug auf die Umweltverträglichkeit vertretbar erscheint.

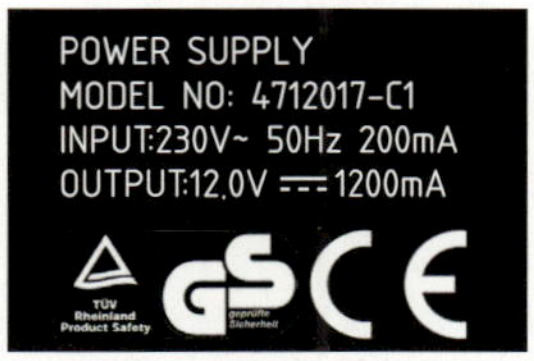

7 Geschirrspülmaschinen:

	Typ A	Typ B	Typ C
Preis	600 €	800 €	1000 €
Hersteller	Übersee	Inland	Europa
Design	nein	machbar	ja
Energieeffizienz	B	A	A
Wirkungsgrad	80 %	85 %	90 %
Wasserverbrauch (im Mittel jährlich)	2400 L	2350 L	2200 L
Geräuschpegel	45 dB	50 dB	44 dB

Führe mithilfe der Daten in der Tabelle eine Nutzwertanalyse durch, die eine Entscheidung für den Kauf eines Modells vorbereitet.

8 a) Beschreibe Kriterien, die dir beim Kauf eines Mobiltelefons wichtig sind.
b) Gib ein mögliches Ausschlusskriterium an: Wenn dieses Kriterium nicht erfüllt ist, dann wählst du dieses Produkt auf keinen Fall.
c) Ordne deine Kriterien nach den Aspekten Umweltverträglichkeit, Sozialverträglichkeit und weiteren Aspekten wie z. B. Preis.

Licht und Atome

Licht ermöglicht uns nicht nur, dass wir unsere Umwelt mit den Augen sehen können und so durch optische Signale Informationen weitergeben können. Licht tritt auch mannigfach mit Materie in Wechselwirkung.

Ob Sonnenbrand, Photosynthese, Photovoltaik oder schlicht die Erwärmung von Luft und Boden — immer trifft dabei Licht auf Materie und löst Veränderungen aus. Dabei ist stets Energie im Spiel.

3

Das kannst du in diesem Kapitel erreichen:

- Du lernst, dass bei Licht sich viele Phänomene mit dem Photonenmodell beschreiben lassen.
- Du erfährst, dass sich die Atomhülle mit einem Energiestufenmodell beschreiben lässt.
- Du erkennst Emissions- und Absorptionsspektren und kannst ihre Entstehung erklären.
- Du kannst ein Diagramm zum Absorptionsverhalten der Erdatmosphäre mithilfe von Absorptionsspektren interpretieren.

3.1 Photonen

Wiederholung Optik

Vorsicht Gefahr! Schaue niemals direkt in eine intensive Lichtquelle wie die Sonne, Laser, helle LED- oder Halogenleuchten. Im Auge kann dies zu massiven Schädigungen führen. Achte auch darauf, dass keine unbeabsichtigten Reflexionen z. B. an Uhren, Schmuck usw. auftreten können!

Lichtausbreitung

- Dinge werden sichtbar, wenn sie Licht selbst aussenden, es streuen oder es reflektieren, sodass es ins Auge trifft.
- Von der Lichtquelle breitet sich Licht geradlinig aus. Man beschreibt das modellhaft mit *Lichtbündeln*, die von *Randstrahlen* begrenzt werden (Bild **a**).

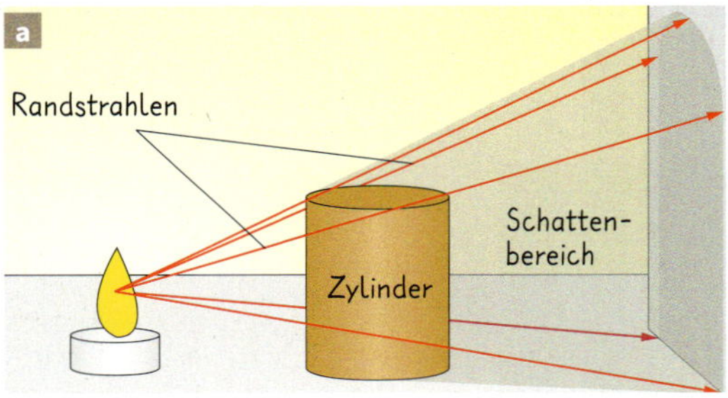

Farben

- Weißes Licht besteht aus vielen Farben, in die es sich beispielsweise mithilfe einer CD zerlegen lässt (Bild **b**).
- *Farbeindrücke* von Körpern, die nicht selbst leuchten, lassen sich damit erklären, dass sie bestimmte Farbanteile *absorbieren* („verschlucken"), andere *reflektieren* bzw. *streuen*. Weiße Gegenstände reflektieren fast das gesamte einfallende Licht. Je dunkler ein Gegenstand ist, desto mehr Licht wird absorbiert (Bilder **c**, **d**, **e**).

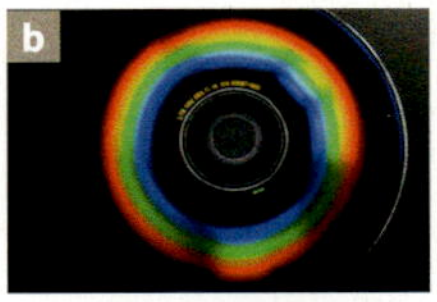

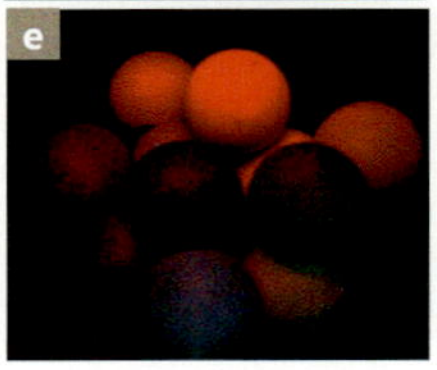

Beleuchtung mit
c) weißem Licht,
d) grünem Licht,
e) rotem Licht

Geometrische Optik

- *Schatten*: Bereiche, in denen weniger Licht als in der Umgebung auftrifft, nennt man Schatten (Bild **a**).
- *Reflexion und Brechung*: Trifft Licht auf eine ebene Grenzfläche aus zwei unterschiedlichen Materialien, so kann es reflektiert werden. Dabei gilt: Einfallswinkel α = Reflexionswinkel α' (Bild **f**). Sind beide Materialien lichtdurchlässig, tritt zudem Brechung auf. Im optisch dichteren Medium ist der Winkel zwischen Lichtstrahl und Einfallslot kleiner als im optisch dünneren Medium (Bild **f**).

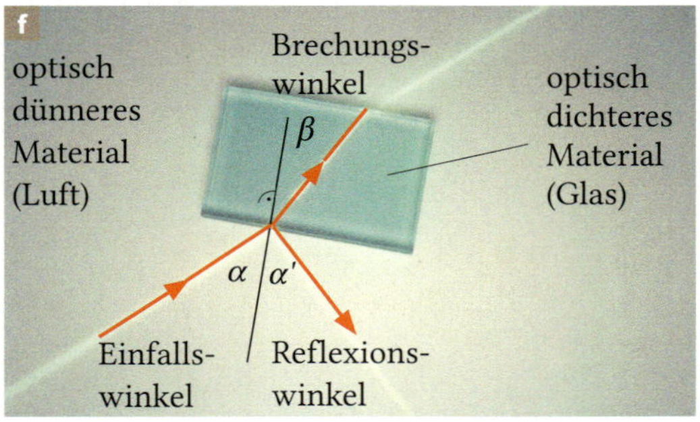

- *Optische Bilder*: *Ebene Spiegel* erzeugen aufrechte und seitenrichtige Bilder, die sich nicht auffangen lassen (*virtuelle Bilder*). Die Spiegelfläche ist Symmetriefläche zwischen Objekt und Bild. *Sammellinsen* erzeugen reelle Bilder, wenn der Abstand von Objekt und Hauptebene der Linse größer ist als die Brennweite. Diese sind kopfstehend und seitenverkehrt (Bild **g**). Ist der Abstand geringer als die Brennweite, so kann man durch die Linse hindurch ein vergrößertes virtuelles Bild des Objekts betrachten (*Lupe*).

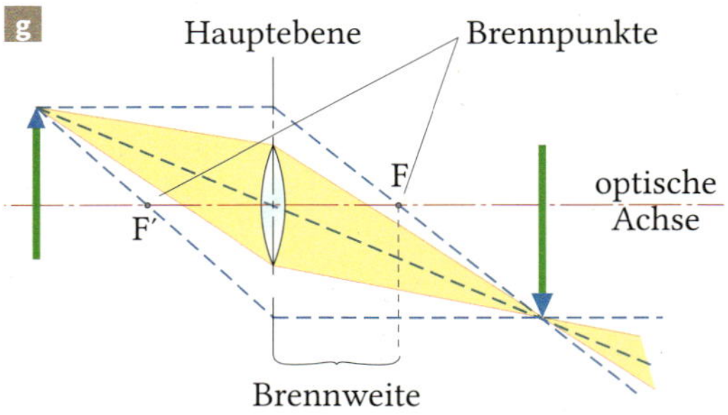

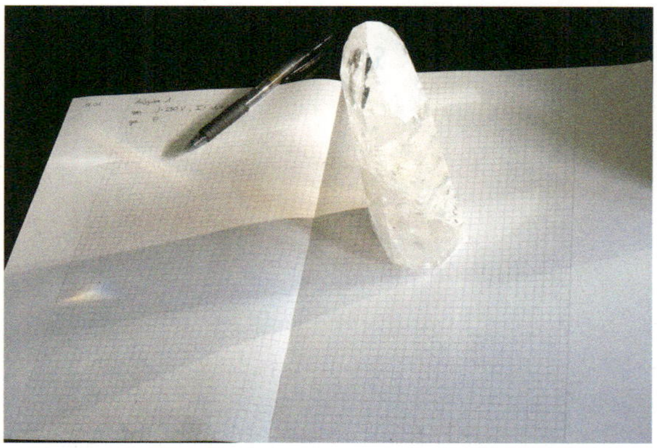

B1 *Der Kristall zerlegt das Sonnenlicht in seine Farben.*

Weißes Licht und kontinuierliches Spektrum –

Wenn die Sonne zum Fenster hereinscheint, beobachtet Jakob beim Hausaufgaben machen manchmal das faszinierende Farbenspiel hinter dem Bergkristall auf seinem Schreibtisch (Bild **B1**). Das weiße Sonnenlicht wird durch den Kristall in viele Farben zerlegt.

Den gleichen Effekt kannst du erzielen, wenn du ein schmales Lichtbündel wie in Versuch **V1** auf ein Prisma fallen lässt. Auf dem weißen Schirm erkennst du dann eine durchgängige Abfolge von ineinander übergehenden Farben. Man nennt dies ein **kontinuierliches Spektrum**. Der Versuch zeigt, dass Licht je nach Farbe unterschiedlich stark gebrochen wird. Dabei ist die Farbenabfolge immer gleich: Rotes Licht wird am wenigsten stark gebrochen, violettes am stärksten.

Historisch unterteilt man das kontinuierliche Spektrum in sechs Farbbereiche: rot, orange, gelb, grün, blau und violett. Im Versuch **V2** wird untersucht, ob sich Licht aus einem Bereich noch weiter zerlegen lässt. Durch einen Spalt werden dazu alle Farben bis auf eine ausgeblendet. Schickst du dieses einfarbige Licht durch ein weiteres Prisma, so stellst du fest, dass dieses Licht nicht weiter aufgespalten wird und die Farbe erhalten bleibt. Man spricht dann von einer **Spektralfarbe**.

! Merksatz

Zerlegt man weißes Licht z. B. mit einem Prisma, entsteht ein kontinuierliches Spektrum aus Spektralfarben. Das Licht einer Spektralfarbe ist nicht weiter zerlegbar. Die Reihenfolge der Spektralfarben ist zwischen dem roten und dem violetten Ende des kontinuierlichen Spektrums stets gleich.

V1 Weißes Licht zerlegen

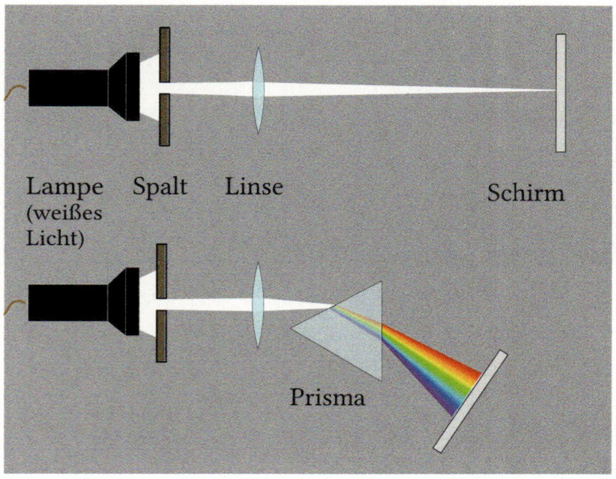

Material: Helle Lampe mit weißem Licht, Spalt, Sammellinse, Prisma, weißer Schirm

Vorbereitung: Der Spalt wird mithilfe der Linse scharf auf dem Schirm abgebildet (Bild **a**). Damit erhält man ein schmales Lichtbündel.

Durchführung: Man stellt das Prisma wie in Bild **b** in den Strahlengang. Dann wird der Schirm verschoben, bis das ganze Spektrum darauf scharf zu beobachten ist.

V2 Unzerlegbarkeit von Spektralfarben

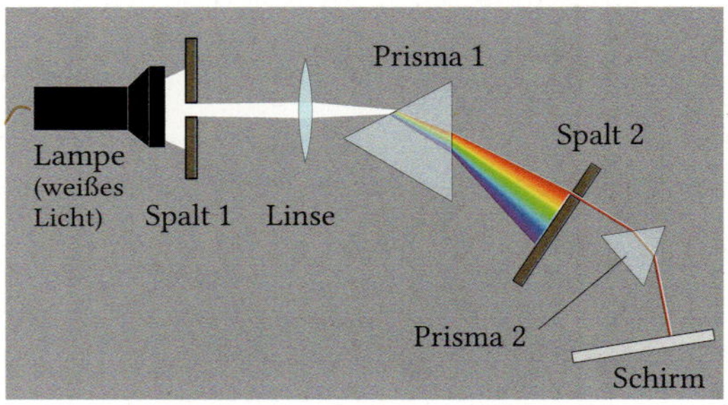

Material: wie Versuch **V1**, zweiter Spalt, zweites Prisma

Durchführung: Aus dem kontinuierlichen Spektrum blendet man einen schmalen Farbbereich aus. Das zweite Prisma wird so platziert, dass dieses Lichtbündel nochmals aufgespalten werden könnte. Man untersucht so nacheinander verschiedene Bereiche des Spektrums.

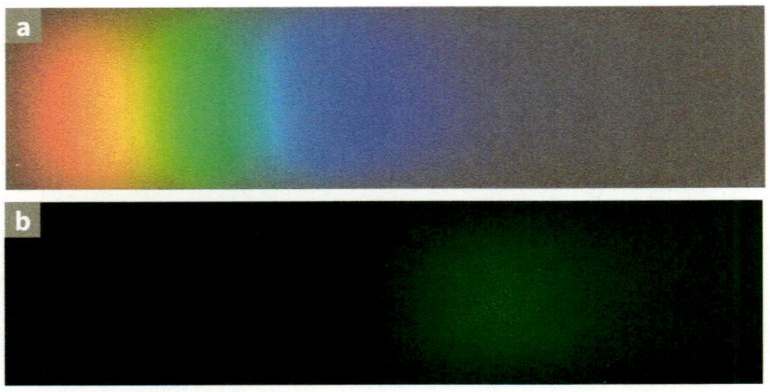

B1 *a) Eine Leuchtfolie wird mit einem kontinuierlichen Spektrum beleuchtet. b) Die Folie leuchtet nicht an allen Bereichen des Spektrums nach, dafür dort, wo kein sichtbares Licht auftraf.*

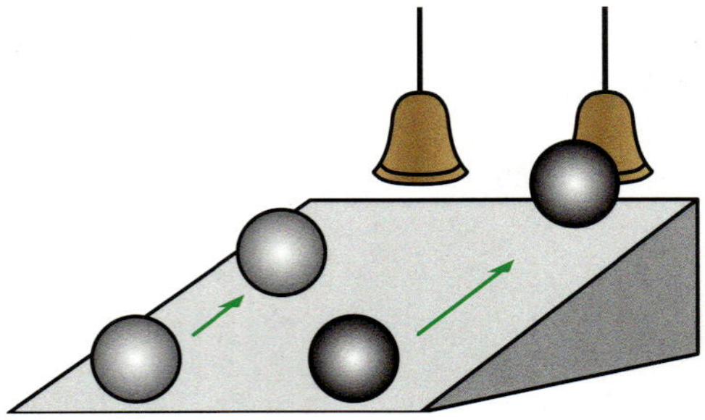

B2 *Zwei Kugeln rollen mit unterschiedlichen Anfangsgeschwindigkeiten eine Rampe hinauf. Am oberen Ende der Rampe hängen zwei Glocken.*

Licht besteht aus Photonen – In Versuch **V1** erzeugt man ein kontinuierliches Spektrum und beleuchtet damit eine Leuchtfolie (Bild **B1a**). Nach Abschalten des Lichts kann man beobachten, dass nicht die ganze beschienene Fläche nachleuchtet. Dort, wo vorher rotes, orangefarbenes und gelbes Licht aufgetroffen war, bleibt die Folie dunkel. Selbst wenn man die Folie sehr lange Zeit bestrahlt, ändert sich daran nichts.
Erst vom blauen bis zum violetten Bereich beobachtet man ein Nachleuchten. Die Folie leuchtet aber im Anschluss an das violette Ende des kontinuierlichen Spektrums sogar in einem Bereich, an dem kein sichtbares Licht mehr angekommen war (Bild **B1b**).

V1 Farben auf Leuchtfolie

Material: abdunkelbarer Raum, Stift, Blatt Papier, helles weißes Licht, Spalt, Prisma, Sammellinse, Leuchtfolie in lichtdichter Verpackung

Vorbereitung: Erzeuge aus weißem Licht mithilfe eines Prismas ein kontinuierliches Spektrum auf einem Schirm (siehe Versuch **V1**, Seite 69). Bringe darunter das Blatt Papier an. Verdunkle nun den Raum und platziere die Leuchtfolie so, dass das Spektrum vollständig darauf sichtbar wird und daneben je noch ca. 3 cm Platz bleibt.

Durchführung:
a) Beleuchte die Folie ca. drei Minuten lang. Schalte das Licht aus und markiere auf dem Papier die Stellen, an denen die Folie nachleuchtet.
b) Schalte das Licht wieder ein und überprüfe, in welchen Bereichen des kontinuierlichen Spektrums die Folie nachleuchtet.

Dieses Versuchsergebnis lässt sich mit dem Modell von Lichtbündeln und -strahlen nicht erklären, da sich mit ihm nur die geometrischen Veränderungen des Lichtwegs beschreiben lassen. Anfang des 20. Jahrhunderts wurde aber eine Modellvorstellung entwickelt, in der das Versuchsergebnis passend beschrieben werden kann und bei der die Energie eine große Rolle spielt. Die wesentlichen Annahmen dieses Modells zeigt der **Merkzettel**:

Das Photonen-Modell

- Licht ist ein Strom von Teilchen, die man Photonen nennt.
- Photonen sind unteilbare Energiepakete, die keine Masse haben.
- Die Energie der einzelnen Photonen hängt mit den Spektralfarben zusammen. Sie nimmt vom roten zum violetten Ende des kontinuierlichen Spektrums stetig zu.
- Photonen werden von Atomen jeweils nur als Ganzes absorbiert oder emittiert.
- Alle Photonen bewegen sich in Vakuum gleich schnell mit der Lichtgeschwindigkeit c. Diese beträgt $c = 3{,}00 \cdot 10^8\ \frac{\text{m}}{\text{s}}$.

Mithilfe dieses **Photonen-Modells** lässt sich das Ergebnis von Versuch **V1** zunächst so beschreiben:
Nur Photonen (griech: φως – Licht), die eine ausreichend große Energie besitzen, werden von der Leuchtfolie vollständig absorbiert. Nach kurzer Zeit sendet die Leuchtfolie dann Photonen aus, deren Energie jeweils höchstens so groß ist wie bei einem der absorbierten Photonen.

Diesen Vorgang kann man sich auch mit einer *mechanischen Analogie* veranschaulichen: Die Kugeln in Bild **B2** rollen mit verschiedenen Anfangsgeschwindigkeiten, also unterschiedlichen kinetischen Energien, eine Rampe hinauf. Nur die Kugel, die hinreichend schnell ist, kann die Glocke am Ende der Rampe erreichen und einen Ton auslösen. Die Energie der anderen reicht hingegen nicht aus.
Die schnelle Kugel entspricht hier einem Photon aus dem blauen Bereich, der Ton der Glocke dem Nachleuchten der Folie. Die langsame Kugel symbolisiert ein Photon aus dem roten bis grünen Bereich des Spektrums, dessen Energie zu niedrig ist, um die Folie zum Leuchten zu bringen.

! Merksatz

Licht kann man sich als Strom von Energiepaketen (Photonen) vorstellen. Die Energie eines Photons hängt mit der Farbe des Lichtes zusammen, sie nimmt im sichtbaren Bereich des kontinuierlichen Spektrums von rot nach violett zu.

Energie der Photonen – Die Energiewerte E_{Ph} der Photonen sind sehr klein. Sie liegen z. B. im blauen Spektalbereich zwischen $4{,}05 \cdot 10^{-19}$ J und $4{,}61 \cdot 10^{-19}$ J. Statt der Einheit Joule wählt man deshalb üblicherweise die Einheit **1 Elektronenvolt = 1 eV**. Dabei gilt:

$$1\ \text{eV} = 1{,}6022 \cdot 10^{-19}\ \text{J}.$$

Für grünes Licht betragen die Photonenenergien etwa 2,2 eV bis 2,45 eV. Der sichtbare Bereich des kontinuierlichen Spektrums umfasst Photonen mit Energiewerten von 1,6 eV (rot) bis 3,3 eV (violett).

! Merksatz

Für die Energie von Photonen verwendet man die Einheit

$$[E_{ph}] = 1\ \text{Elektronenvolt} = 1\ \text{eV} = 1{,}6022 \cdot 10^{-19}\ \text{J}.$$

Photonen des sichtbaren Lichtes besitzen eine Energie zwischen 1,6 eV (rot) und 3,3 eV (violett).

Infrarot und Ultraviolett – Die Folie in Versuch **V1** leuchtet auch außerhalb des sichtbaren Farbspektrums nach. Das bedeutet, dass hier ebenfalls Photonen ankommen, die wir aber mit den Augen nicht wahrnehmen. Diese Strahlung, die neben dem violetten Bereich des Spektrums auftritt, nennt man **Ultraviolettstrahlung** oder **UV-Strahlung** (lat. *ultra* – jenseits). Photonen aus dem UV-Bereich haben größere Energien als jene aus dem violetten Spektralbereich.

Schon im Jahr 1800 wies der Astronom Friedrich Wilhelm HERSCHEL (1738–1822) ähnlich wie im Versuch **V2** nach, dass es einen weiteren nicht sichtbaren Bereich im Spektrum des weißen Lichts gibt.

V2 Infrarot entdecken

Material: abdunkelbarer Raum, drei Flüssigkeitsthermometer mit geschwärztem Vorratsgefäß, helles weißes Licht, Spalt, Prisma, Sammellinse.

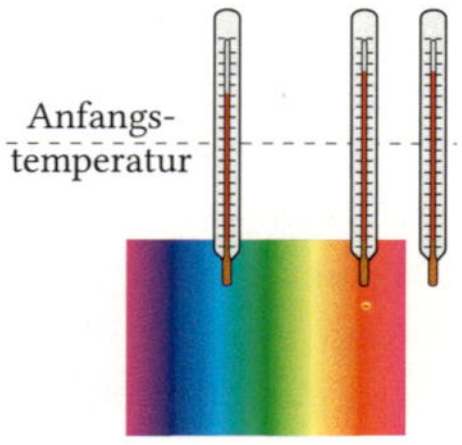

Durchführung: Zu Beginn sollten alle Thermometer die gleiche Temperatur anzeigen. Erzeuge ein kontinuierliches Spektrum. Verdunkle den Raum. Platziere nun je ein Thermometer so, dass sich das Vorratsgefäß im blauen, im roten sowie knapp außerhalb des sichtbaren Bereichs am roten Ende befindet. Bestrahle die Thermometer etwa zwei Minuten und lies danach die jeweilige Temperatur ab.

In Versuch **V2** stellt man fest, dass auch das Thermometer knapp neben dem roten Bereich einen Temperaturanstieg verzeichnet. Auch hier trifft offensichtlich eine unsichtbare Strahlung auf, die man **Infrarotstrahlung** oder **IR-Strahlung** nennt (lat. *infra* – unter). Der sichtbare Teil des Spektrums wird heute oft mit **VIS** (engl. *visible* – sichtbar) bezeichnet. Die drei ineinander übergehenden Bereiche IR, VIS und UV nennt man zusammen den **optischen Spektralbereich** (Bild **B3**).

B3 *Photonenenergie im optischen Spektrum; der sichtbare Bereich (VIS) umfasst Photonen mit Energien von 1,6 eV bis 3,3 eV.*

Kompetenz: Risiken optischer Strahlung einschätzen

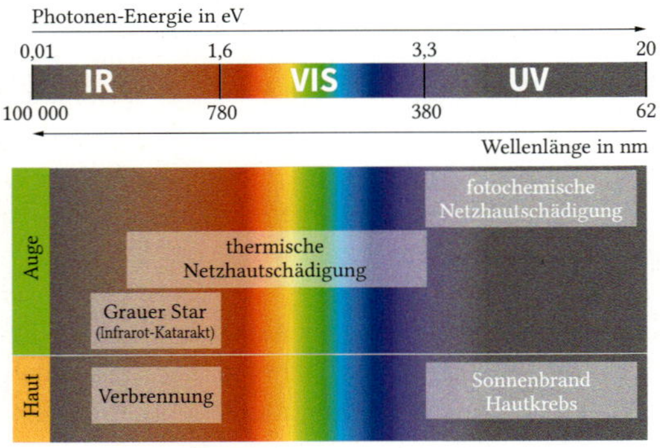

B1 *Gefährdungen für Haut und Augen nach Spektralbereichen*

B2 *Laserlicht schädigt die Netzhaut schon nach kurzer Zeit.*

Um die Gefährdung durch eine Strahlungsquelle zu beurteilen, muss man zwei Aspekte beachten:

1. Für die **Intensität** der Lichtquelle spielen folgende Faktoren eine Rolle:
   a) die *Leistung* der Lichtquelle: Je größer die Leistung ist, umso mehr Energie trifft in einer Zeitspanne auf eine Stelle des Körpers auf. Damit steigt auch die Gefährdung.
   b) die *bestrahlte Fläche*: Hier ist es gefährlicher, wenn die Energie in der gleichen Zeit auf einer kleineren Fläche auftrifft. Strahlt Licht mit hoher Leistung auf eine kleine Fläche, so führt dies meist dazu, dass sich diese stark erhitzt („Brennglas").

2. Einen zweiten wichtigen Aspekt bei der Beurteilung der Gefährdung stellt der **Spektralbereich** dar, aus dem die Strahlung stammt. Er sagt etwas über die Energie der Photonen und die dadurch ausgelösten Prozesse aus. Daneben spielt es auch eine Rolle, inwieweit wir jeweils Sensoren dafür besitzen.
   a) *UV-Bereich*: Photonen aus diesem Bereich transportieren so hohe Energien, dass sie Moleküle durch **fotochemische Reaktionen** verändern können. Oft führt das zum **Sonnenbrand**. Es kann aber auch durch Mutationen von Hautzellen zu **Hautkrebs** kommen (siehe **Sachtext: Riskante UV-Strahlung**). Da wir UV-Strahlung nicht direkt wahrnehmen können, ist die Netzhaut u. a. durch Reflexionen von Sonnenlicht an Schnee oder Wasser („Schneeblindheit") und durch andere unerkannte Quellen von UV-Strahlung gefährdet.

   b) *Sichtbarer Bereich*: Sichtbares Licht schädigt zwar nicht die Haut, ist bei hoher Intensität aber für das Auge gefährlich. Dies liegt daran, dass das Auge als Sensor für diese Strahlung optimiert ist und Photonen dieses Bereichs stark absorbiert. Laser der Laserklasse 2 (Bild **B2**) führen bereits nach 0,25 s zu **thermischen Schäden** am Auge. Laserstrahlen haben einen kleinen Durchmesser, sodass die Energie auf einer kleinen Fläche auftrifft, die so in kurzer Zeit stark erhitzt werden kann. Dadurch kommt es in der Folge zur Zerstörung von Zellen in der Netzhaut.

   c) *IR-Bereich*: Die Gefährdung durch Photonen mit niedrigen Energien besteht in thermischen Schäden. Die Haut ist ein IR-Sensor und absorbiert Photonen dieser oft als angenehm empfundenen Wärmestrahlung besonders gut. Dabei dringen sie in tiefere Hautschichten ein als Photonen der anderen Spektralbereiche. Die Körperoberfläche erwärmt sich. Ist die Intensität der auftreffenden Strahlung hoch, kommt es schnell zu einem starken Temperaturanstieg. Die Eiweiße der Hautzellen beginnen zu gerinnen, es kommt zu **Verbrennungen**. Durch den „Hitzeschmerz" spürt man diese Gefahr auf der Haut früh und kann sich schützen. Wie auch beim UV- und VIS-Bereich ist das Auge hier empfindlicher: Bei Glaskörper, Linse und Netzhaut kann zu intensives IR-Licht zu akuten Verbrennungen mit entsprechendem Sehverlust führen. Setzt man sich starker IR-Strahlung zu häufig aus, so kann es auch nach und nach zu einer Linsentrübung, dem sogenannten **grauen Star,** kommen.

Sachtext: Riskante UV-Strahlung

Gefährliche Körperkunst: Instagram-Nutzer prahlen mit Sonnenbrand-Tattoos

Schablone auf die Haut kleben und ab in die pralle Sonne – so einfach entsteht „sunburn art". Dermatologen sind entsetzt [...], seit Jahren warnen sie davor, dass jeder Sonnenbrand das Hautkrebsrisiko erhöht. Allein in Deutschland erkranken etwa 15 000 Menschen pro Jahr an einem Melanom, dem gefürchteten Schwarzen Hautkrebs. [...]

Quelle: Süddeutsche Zeitung online, 3. Juli 2015, 18:55 Uhr – *Gefährliche Körperkunst*

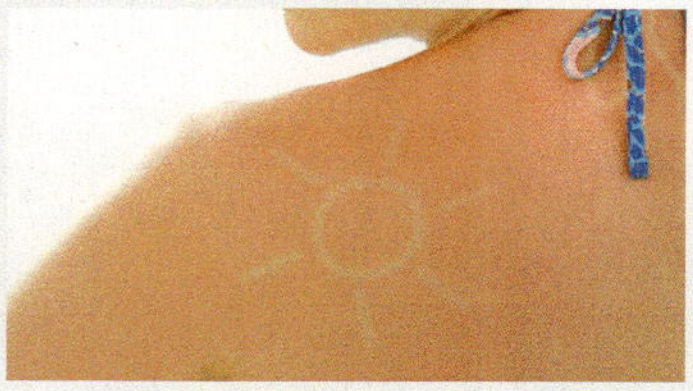

Was sich als Modetrend namens „Sunburn Art" bzw. „Sonnenbrand-Tattoos" verbreitet, ist in Wahrheit ein gefährliches Spiel mit der Gesundheit. Ein Sonnenbad ohne schützende Creme endet oft nicht nur schmerzhaft, sondern kann auch zu *Hautkrebs* führen (Bild rechts unten), der häufigsten Krebserkrankung in Deutschland.

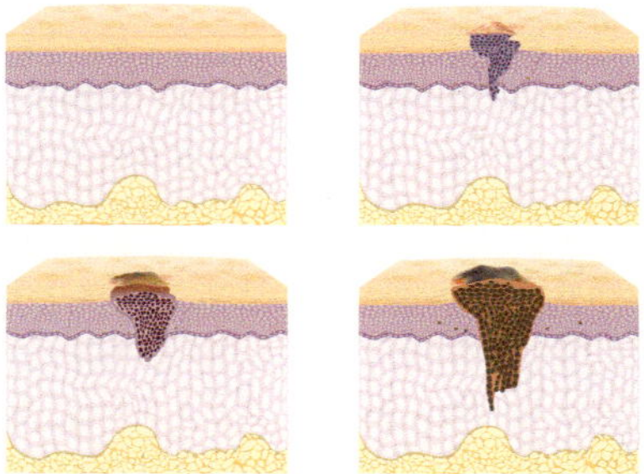

Diese bösartigen Wucherungen bilden sich, wenn UV-Strahlung Reaktionen in der Haut hervorruft, die deren Zellen zerstören. Dabei entzündet sich die Haut zunächst, wird rot und schmerzt als Sonnenbrand. Schlimmer ist jedoch, dass auch das Erbgut der Zellen verändert werden kann. Die Zellen mutieren, und durch Zufall können auch solche entstehen, die sich wegen fehlerhafter Erbinformation ungezügelt vermehren – Krebszellen. Theoretisch reicht es bereits aus, sich ein einziges Mal der schädlichen Strahlung auszusetzen. Je öfter man es aber tut, umso größer wird das Risiko.

Löse selbst

1 Gib begründet eine Vermutung zum Versuchsergebnis an, wenn eine Leuchtfolie damit beleuchtet wird:
a) Rotlicht-Lampe b) Sonnenlicht
c) Schwarzlicht-Lampe d) IR-Fernbedienung
e) grüner Laserpointer f) roter Laserpointer

2 Gib mithilfe von Bild **B3**, Seite 71, den Farbbereich an, zu dem Photonen mit diesen Energiewerten gehören:
a) $3{,}77 \cdot 10^{-19}$ J b) $8{,}33 \cdot 10^{-19}$ J c) $269 \cdot 10^{-21}$ J
d) $0{,}048 \cdot 10^{-17}$ J e) $1{,}25 \cdot 10^{-19}$ J f) $0{,}062 \cdot 10^{-17}$ J

3 Rechne den größten und kleinsten Energiewert des angegebenen Spektralbereichs in Joule um:
a) orange: 2,02–2,10 eV b) blau: 2,55–2,75 eV
c) sichtbares Licht d) Infrarotstrahlung

4 Gib für die drei Bereiche IR, VIS bzw. UV je ein Haushaltsgerät oder eine technische Anwendung an, die die jeweilige Strahlung erzeugt oder nutzt. Beschreibe gegebenenfalls, welche Sicherheitsmaßnahmen bei Betrieb oder Nutzung getroffen werden müssen.

5 Erläutere jeweils den Grund der Vorsichtsmaßnahme:
a) Sonnenhut b) Abstand zur Rotlicht-Lampe
c) Sonnenbrille mit UV-Schutz beim Skifahren
d) Schutzbrille beim Schweißen

6 Ein roter Laserpointer mit einer Leistung von 0,75 mW sendet Photonen der Energie 1,95 eV aus. Berechne
a) die Energie der Photonen in Joule,
b) die Anzahl der je Sekunde abgestrahlten Photonen.

7 a) Begründe mithilfe des **Sachtexts: Riskante UV-Strahlung**, dass die Benutzung eines Solariums in Deutschland für Minderjährige verboten ist.
b) L Das Bild wurde mit einer Kamera aufgenommen, die nur UV-Strahlung registriert. Recherchiere, welche Arten von Sonnencremes es gibt. Präsentiere deine Ergebnisse in übersichtlicher Form. Interpretiere das Foto in diesem Zusammenhang.

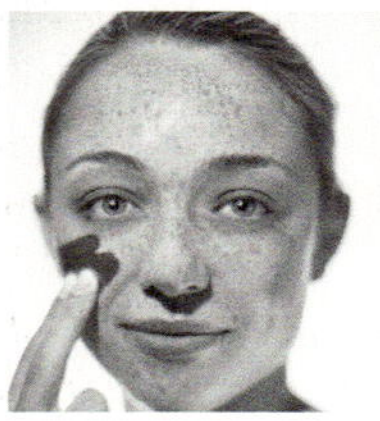

3.2 Licht wechselwirkt mit Atomen

B1 *An der Flammenfärbung erkennt der Kommissar das Gift.*

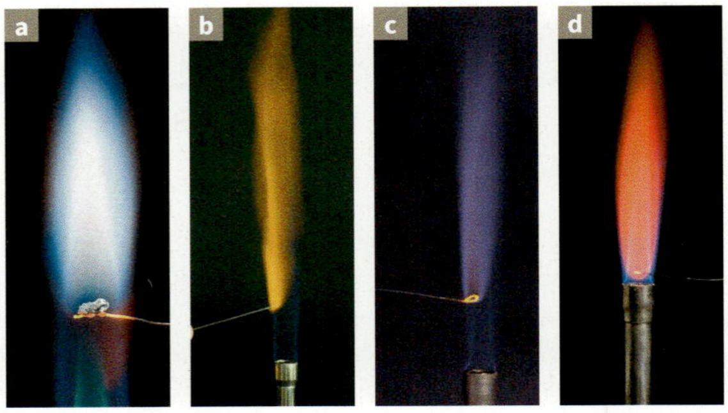

B2 *Flammenfärbung a) Arsen, b) Natrium, c) Kalium, d) Calcium*

Emissionsspektren – *Platsch, Hubert fiel mit dem Kopf in die Suppe und rührte sich nicht mehr. Alle schrien entsetzt auf, alle außer Kommissar Talmann. „Stopp", rief der laut, „keiner rührt etwas an!" Unter den verwunderten Blicken der Dinnergäste nahm er einen Zahnstocher, tauchte ihn in die Suppe und hielt das Stäbchen in eine Kerzenflamme. Die Flamme verfärbte sich fahlblau. Die Anwesenden staunten und der Kommissar sagte befriedigt, „Wusst ich´s doch, Arsen".*

Was zu Beginn dieses Krimis und in den Bildern **B1** und **B2a** dargestellt wird, lässt sich im Versuch **V1a** mit einfachen Mitteln nachstellen. Anstelle des giftigen Elements Arsen werden ungiftige Stoffe verwendet wie z. B. **Kochsalz** (Natriumchlorid).

V1 Flammenfärbung

Sicherheitshinweise: Schutzbrille und -handschuhe verwenden. Achtung: Verbrennungsgefahren auch bei loser Kleidung und langen Haaren. Hinweise zu den chemischen Stoffen beachten (Umgang und Entsorgung).

Material: Bunsenbrenner, Magnesia- oder Edelstahlstäbchen, destilliertes Wasser, verschiedene Salze (z. B. Natrium-, Calcium- und Kaliumchlorid), Handspektroskop oder digitales Spektroskop

Durchführung:
a) Man feuchtet ein Stäbchen mit destilliertem Wasser leicht an und tupft damit in das Gefäß mit dem jeweiligen Salz. Anschließend hält man dieses Stäbchenende in die Bunsenbrennerflamme.
b) Das Licht der Flamme wird mit einem (digitalen) Spektroskop untersucht.

Bei Natriumchlorid färbt sich die Flamme orange-gelb (Bild **B2b**), bei Kaliumchlorid wird sie violett (Bild **B2c**) und bei Calciumchlorid ziegelrot (Bild **B2d**). Da alle Salze Chlor enthalten, scheinen die charakteristische Farben von den Elementen Natrium, Kalium bzw. Calcium zu stammen. Man kann sie so identifizieren.

Zerlegen wir das jeweilige Licht in Versuch **V1b** mithilfe eines **Spektroskops**, ist das Ergebnis etwas überraschend: Bei Kalium beispielsweise besteht das Spektrum nicht aus einem Ausschnitt des blau-violetten Bereichs des kontinuierlichen Spektrums, sondern aus scharf abgegrenzten Linien im violetten und roten Bereich (Bild **B3c**). Diese **Spektrallinien** überlagern sich in der Flamme zur beobachteten Mischfarbe. Auch bei den anderen chemischen Elementen findet man solche **Linienspektren (diskrete optische Spektren)**, die für das jeweilige Element typisch sind. Sie stellen einen „Fingerabdruck" des jeweiligen Elements dar. Da das Licht hier von den Atomen des Elements emittiert (ausgesendet) wird, nennt man diese Spektren Emissionsspektren.

Die Spektren von Bild **B3** erhält man auch, wenn man in Versuch **V1b** anstelle der Flammenfärbung sogenannte **Gasentladungsröhren** benutzt, in denen das jeweilige Element verdampft und elektrisch zum Leuchten angeregt wird. Verwendet man ein digitales Spektroskop, so wird das Spektrum in Form eines Graphen angezeigt, der bei den entsprechenden Energiewerten eine Spitze aufweist.

! Merksatz

Regt man chemische Elemente in Gasform zum Leuchten an, besteht das Spektrum des emittierten Lichts aus einzelnen farbigen Linien, die für das Element typisch sind (Linienspektrum).

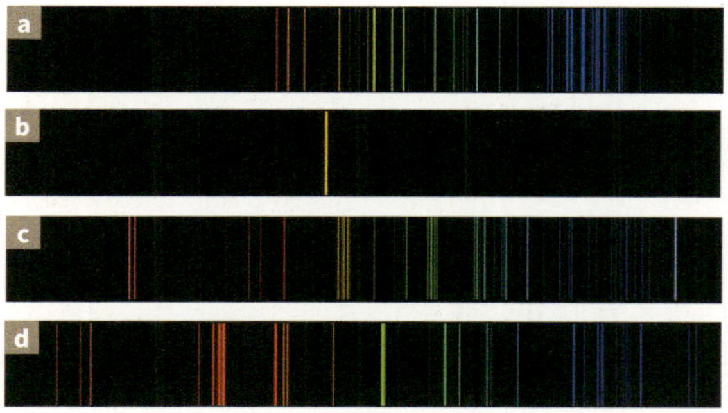

B3 *Emissionsspektren: a) Arsen, b) Natrium, c) Kalium, d) Calcium*

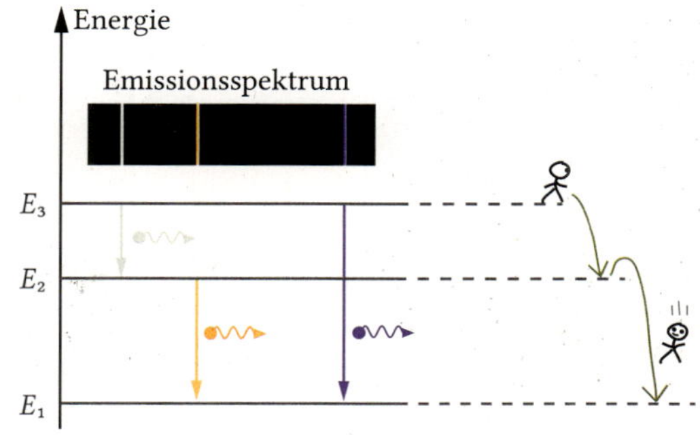

B4 *Zwischen den Energiestufen der Atomhülle gibt es wie bei einer Treppe nur ganz bestimmte Übergänge.*

Photonen und Atomhülle – Betrachtet man die Linienspektren aus Sicht des Photonenmodells, so kommt man unweigerlich zu dem Schluss, dass die Atome eines Elements offensichtlich nur Photonen mit ganz bestimmten Energien emittieren. Sie geben also Energie nur in ganz bestimmten Portionen ab.

Es bedurfte einiger Jahrzehnte physikalischer Forschung, bis man dafür eine passende Erklärung gefunden hatte. In vereinfachter Form sieht diese **Modellvorstellung** von der *Wechselwirkung zwischen Licht und Atomen* so aus:

- Wird einem Atom z.B. durch eine Bunsenbrennerflamme Energie zugeführt, so ändert sich die Form seiner Atomhülle. Man sagt: Das Atom wird angeregt.
- Die Atomhülle bleibt im **angeregten Zustand**, in dem ihre Gesamtenergie höher ist als im **Grundzustand**. In diesen geht sie schließlich zu einem zufälligen Zeitpunkt spontan zurück.
- Die Energiedifferenz zwischen angeregtem und Grundzustand wird vom Atom in Form eines Photons abgegeben, das die entsprechende Energie besitzt.

Das ist in etwa vergleichbar mit dem „Hüpf-Smiley“ im **Bild rechts**. Im „Grundzustand“ ist die Feder entspannt. Durch Zusammendrücken der Feder wird Energie zugeführt, wobei der Saugnapf die Figur dann eine Weile in diesem „angeregten Zustand“ hält. Irgendwann löst er sich spontan und der „Hüpf-Smiley“ springt in die Luft. Die Spannenergie wandelt sich in kinetische Energie (≙ Photon) um, die Feder nimmt wieder ihre ursprüngliche Form ein.

Das Energiestufen-Diagramm – Wie die Spektrallinien zeigen, geben Atome Energie nur in bestimmten Portionen ab. Daraus kann man schließen, dass die Atomhülle nur bestimmte **Energiezustände** einnimmt, wie es im **Energiestufen-Diagramm** (Bild **B4**) veranschaulicht wird. Dieses zeigt ein Beispiel eines fiktiven Atoms, für dessen Atomhülle drei Energiestufen E_1, E_2 und E_3 existieren. E_1 bezeichnet dabei den Grundzustand (oft mit $E_1 = 0$ eV festgelegt). E_2 und E_3 stellen zwei Zustände dar, in denen das Atom unterschiedlich stark angeregt ist. Zwischen den drei Energiestufen gibt es drei mögliche **Übergänge**, bei denen jeweils ein Photon ausgesendet wird, dessen Energie E_{Ph} der Differenz zwischen den jeweiligen Energiestufen entspricht, z.B.

$$E_{\text{Ph, orange}} = E_2 - E_1.$$

Merksatz

Die Hülle eines Atoms kann nur bestimmte Energiezustände einnehmen. Wechselt sie von einem höheren Zustand E_y in einen tieferen Zustand E_x, so gibt sie ein Photon ab mit der Differenzenergie

$$E_{Ph} = E_y - E_x.$$

Beispielaufgabe: Energiesprünge

Die Energiestufen in Bild **B4** haben folgende Werte: $E_1 = 2{,}40$ eV, $E_2 = 4{,}36$ eV. Die violette Spektrallinie ensteht durch Photonen mit 3,27 eV Energie. Berechne die Energie des Photons, das beim Übergang von E_3 nach E_2 frei wird.

Lösung: Das Photon der violetten Spektrallinie wird beim Übergang von E_3 nach E_1 frei, daher ist:

$E_3 = E_{\text{Ph, violett}} + E_1 = 3{,}27 \text{ eV} + 2{,}40 \text{ eV} = 5{,}67 \text{ eV}.$

$E_{\text{Ph, IR}} = E_3 - E_2 = 5{,}67 \text{ eV} - 4{,}36 \text{ eV} = 1{,}31 \text{ eV (IR)}.$

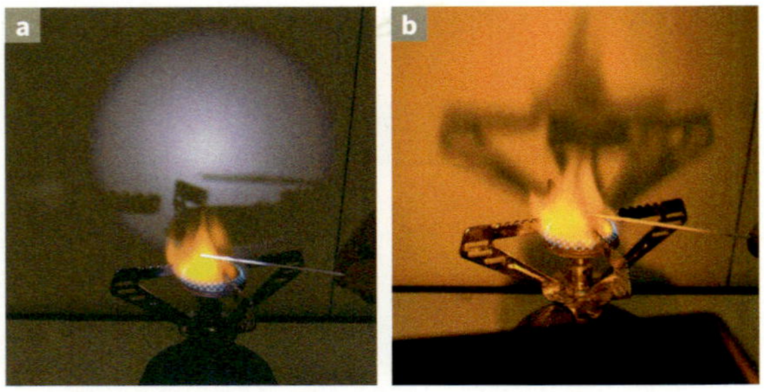

B1 *Die Flamme wird durch Natrium gelb gefärbt und mit a) weißem Licht, b) Licht einer Natriumdampflampe beleuchtet.*

V1 Eine Flamme wirft Schatten

Sicherheitshinweise: siehe Versuch **V1**, Seite 74

Material: Bunsenbrenner, Magnesia- oder Edelstahlstäbchen, destilliertes Wasser, Kochsalz, weiße Lichtquelle, Natriumdampflampe, optischer Schirm

Durchführung:
Man färbt die Flamme mittels Kochsalz wie in Versuch **V1**, Seite 74, und durchleuchtet sie dann a) mit weißem Licht, b) mit dem Licht der Natriumdampf-Lampe.
c) Die ungefärbte Flamme wird mit dem Licht einer Natriumdampflampe durchleuchtet.

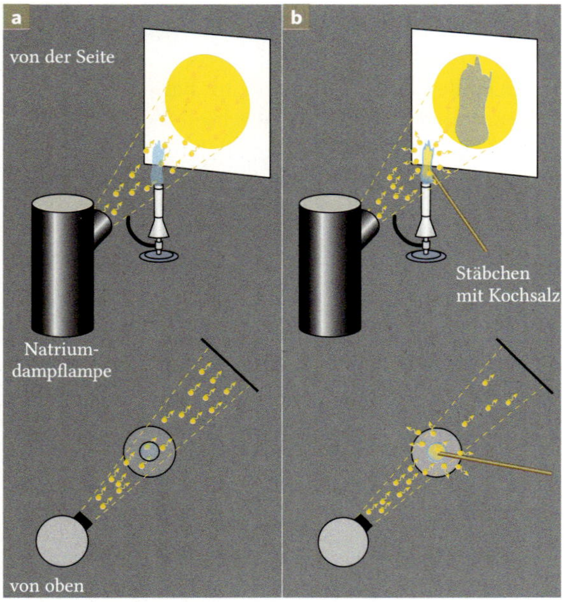

B2 *a) Die Photonen passieren die Flamme ungehindert. b) Natriumatome in der Flamme absorbieren und emittieren Photonen.*

Eine Flamme wirft Schatten. Das Energiestufenmodell legt die Vermutung nahe: Atome müssten Photonen, die sie emittieren, auch absorbieren können, da diese genau die passende Energie für einen Übergang zwischen zwei Energiestufen besitzen. Dies wird in Versuch **V1** untersucht:
Im weißem Licht erscheint die gefärbte Flamme durchsichtig (Bild **B1a**). Im Licht der Natriumdampflampe zeigt sich auf dem Schirm erstaunlicherweise ein Schatten der Flamme (Bild **B1b**), der wieder verschwindet, wenn man die Flamme nicht färbt (Versuch **V1c**).

Das Energiestufenmodell bietet hier eine Erklärungsmöglichkeit: Die Lampe emittiert nur Photonen bestimmter Energiewerte, wie ihr Linienspektrum zeigt (Bild **B3b**, Seite 75). Ohne Natriumatome in der Flamme werden diese Photonen nicht absorbiert und passieren ungehindert. Sie besitzen nicht die passende Energie, um die Hüllen anderer Atome anzuregen (Bild **B2a**). Befinden sich Natriumatome in der Flamme, passt die Energie der Photonen; die Atome absorbieren die Photonen und werden angeregt (vgl. Bild **B3**). Nach kurzer Zeit strahlen sie spontan wieder Photonen ab, wobei die Atomhülle in eine niedrigere Energiestufe übergeht. Dies geschieht aber in alle Raumrichtungen, sodass nun auf dem Schirm weniger Photonen ankommen; man erkennt einen Schatten (Bild **B2b**).

! Merksatz

Ein Atom absorbiert nur Photonen, deren Energie genau der Differenz zwischen zwei Energiestufen der Atomhülle entspricht.

Absorptionsspektren – Auch wenn die gefärbte Flamme bei weißem Licht keinen Schatten wirft (Bild **B1a**), lassen die vorherigen Ergebnisse die Vermutung zu: Photonen mit den passenden Energiewerten werden absorbiert. Im Versuch **V2** wird dies dadurch überprüft, dass das Licht hinter der Flamme mit einem Spektroskop analysiert wird.

Im Versuch **V2** sieht man, dass im kontinuierlichen Spektrum des weißen Lichts, mit dem die Flamme durchleuchtet wird, einzelne Linien fehlen (Bild **B4b**) – und zwar genau an den Stellen, an denen sich die entsprechenden Linien im Emissionsspektrum von Natrium befinden (Bild **B4a**). Man erhält das **Absorptionsspektrum** von Natrium (Bild **B4b**)

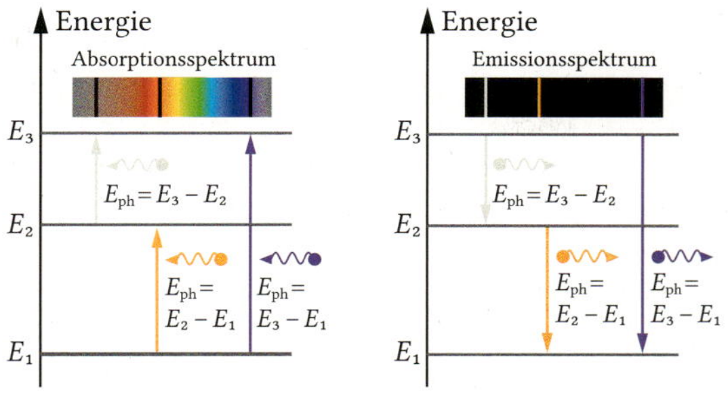

B3 *Beispielhafte Energiestufendiagramme mit entsprechendem Absorptions- bzw. Emissionsspektrum*

B4 *a) Emissionsspektrum von Natrium, b) Absorptionsspektrum von Natrium*

Das kontinuierliche Farbspektrum ist dabei von charakteristischen schwarzen **Absorptionslinien** durchzogen, deren Lage – wie bei allen anderen Elementen und Molekülen – mit entsprechenden Linien des zugehörigen Emissionsspektrums übereinstimmt. Die Erklärung, wie Absorptionslinien entstehen, ist analog zu Versuch **V1c**: Die Hüllen der Natriumatome gehen durch Absorption von Photonen passender Energie von einer niedrigeren in eine höhere Energiestufe über. Im Beispielatom von Bild **B3** sind das Photonen mit den Energien

$$E_{\text{Ph,IR}} = E_2 - E_1;\ E_{\text{Ph,orange}} = E_3 - E_2;\ E_{\text{Ph,violett}} = E_3 - E_1.$$

Es werden zwar nach einiger Zeit wieder entsprechend Photonen emittiert, aber wie in Versuch **V1a** und Bild **B2b** in alle Richtungen, sodass die entsprechende Stelle im Spektrum nun dunkel erscheint.

! Merksatz

Beim Durchleuchten eines Gases mit weißem Licht erhält man ein Absorptionsspektrum. Dabei werden diejenigen Photonen absorbiert, deren Energie zu Übergängen zwischen Energiestufen in der Atomhülle der Gasatome passt.
Im kontinuierlichen Spektrum zeigen sich dann schwarze Linien (Absorptionslinien).

V2 Absorptionsspektrum

Sicherheitshinweise: siehe Versuch **V1a**

Material: wie Versuch **V1a**, zusätzlich Handspektroskop oder digitales Spektrometer

Durchführung: wie Versuch **V1a**, nur dass das Licht, das durch die Flamme fällt, mit dem Spektroskop bzw. Spektrometer betrachtet wird.

Graphische Darstellung von Spektren – Digitale Spektrometer stellen die Spektren nicht wie in Bild **B4** dar, sondern als *Graphen*. Das Spektrometer misst dazu die Intensität des auftreffenden Lichtes für jeden Energiewert der Photonen. Ein Programm übersetzt die Messwerte in ein Diagramm wie in Bild **B5**. Dabei wird die Intensität gegen die Energie der Photonen aufgetragen. Man erkennt im Absorptionsspektrum von Natrium (Bild **B5** oben) eine deutliche Intensitätsverringerung im gelben Bereich gegenüber dem Spektrum der weißen Lichtquelle (Bild **B5** unten).

Oft wird statt der Energie der Photonen die sogenannte *Wellenlänge* λ angegeben, meist in der Einheit

$$[\lambda] = 1\ \text{Nanometer} = 1\ \text{nm} = 1 \cdot 10^{-9}\ \text{m}.$$

Sie lässt sich wie folgt in Energiewerte umrechnen:

$$E_{\text{Ph}} = \frac{1240\ \text{nm}}{\lambda} \cdot 1\ \text{eV}.$$

Beispiel: Eine Wellenlänge von 500 nm bedeutet eine Photonenenergie von $E_{\text{Ph}} = \frac{1240\ \text{nm}}{500\ \text{nm}} \cdot 1\ \text{eV} = 2{,}48\ \text{eV}$.
In Bild **B5** sind die Farben nach aufsteigender Wellenlänge, d. h. absteigender Energie angeordnet.

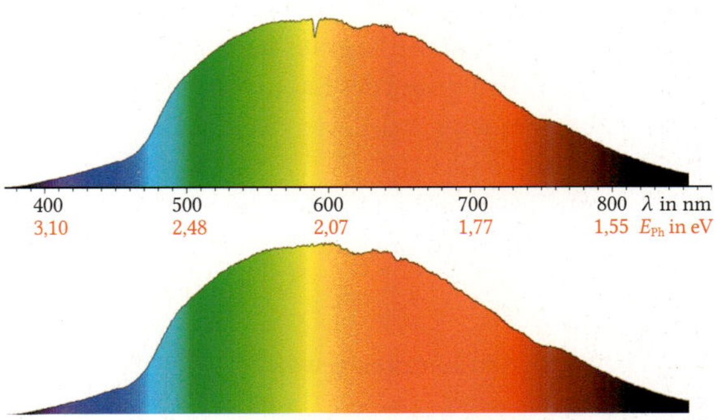

B5 *Das digitale Absorptionsspektrum von Natrium (oben) zeigt eine deutliche Verringerung der Intensität im gelben Bereich gegenüber dem Spektrum der weißen Lichtquelle.*

Beispielaufgabe 1: Wasserstoff

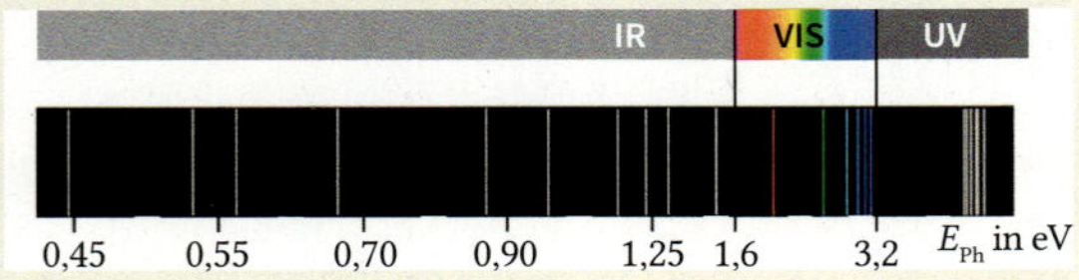

Die Grafik oben zeigt das Emissionsspektrum von Wasserstoff. Da die Hülle des Wasserstoffatoms nur aus einem Elektron besteht, ist das Energiestufen-Diagramm recht einfach. Die Grafik **rechts** zeigt davon einen Ausschnitt.

Aufgaben:
a) Die drei Serien A, B, C von Übergängen im Energiestufen-Diagramm gehören zu je einem der Bereiche UV, VIS bzw. IR. Ordne mit Begründung passend zu.
b) Begründe ohne Rechnung, welcher Übergang im sichtbaren Bereich zu welcher Spektrallinie gehört.
c) Begründe, dass die meisten Linien im oben gezeigten Spektrum weiß dargestellt sind.

Lösung:
a) In Serie A hat man die geringsten Energiedifferenzen, daher gehört sie zum IR-Bereich.

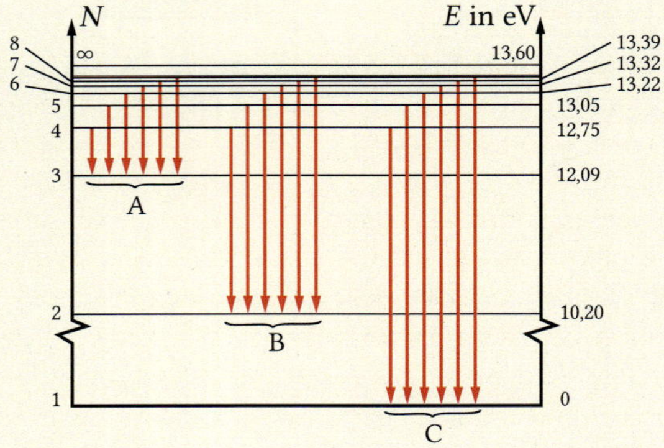

Entsprechend findet man bei Serie C die größten Energiedifferenzen; sie wird dem UV-Bereich zugeordnet. Serie B gehört zum sichtbaren Bereich (VIS).
b) Die Übergänge der Serie B erfolgen auf die Stufe $N = 2$. Beim Übergang von $N = 3$ hat das Photon am wenigsten Energie. Es muss sich daher um die rote Linie handeln. Entsprechend ordnet man weiter zu: $N = 4$: grün; $N = 5$: hellblau; $N = 6$: mittelblau, $N = 7$: dunkelblau; $N = 8$: violett.
c) Die weißen Linien liegen im UV- bzw. IR-Bereich und sind für uns unsichtbar, daher auch ohne Farbe.

Beispielaufgabe 2: Energiestufen

Die Grafik zeigt ein (fiktives) Spektrum:

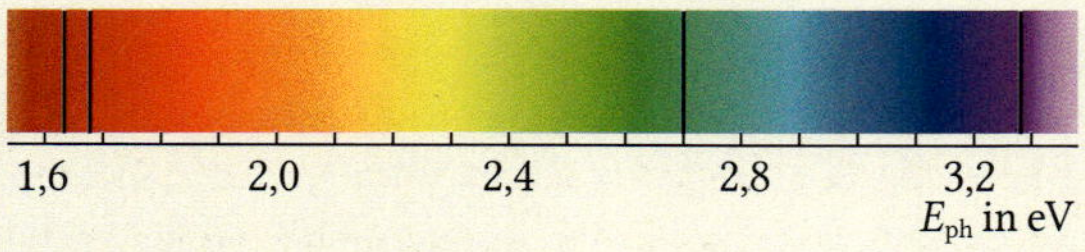

Aufgaben:
a) Zeichne mithilfe der angegebenen Werte ein passendes Energiestufen-Diagramm mit fünf Zuständen.
b) Prüfe, ob es aufgrund des Energiestufen-Diagramms von a) weitere schwarze Linien im sichtbaren Bereich geben müsste.
c) Überprüfe, ob es möglich ist, ein Energiestufen-Diagramm mit vier Zuständen zu erstellen.

Lösung:
a) Die Photonen könnten jeweils aus Übergängen in den Grundzustand $E_1 = 0$ eV stammen. Damit ergeben sich folgende Energiezustände:
$E_2 = 1{,}62$ eV, $E_3 = 1{,}66$ eV, $E_4 = 2{,}69$ eV, $E_5 = 3{,}28$ eV

b) Für die anderen Übergänge erhält man:
$\Delta E_{32} = E_3 - E_2 = 0{,}04$ eV
$\Delta E_{43} = E_4 - E_3 = 1{,}03$ eV
$\Delta E_{42} = E_4 - E_2 = 1{,}07$ eV
$\Delta E_{54} = E_5 - E_4 = 0{,}59$ eV
(jeweils IR)
$\Delta E_{53} = E_5 - E_3 = 1{,}62$ eV
$\Delta E_{52} = E_5 - E_2 = 1{,}66$ eV
(jeweils rot)
Es gibt keine weiteren Linien im sichtbaren Bereich.

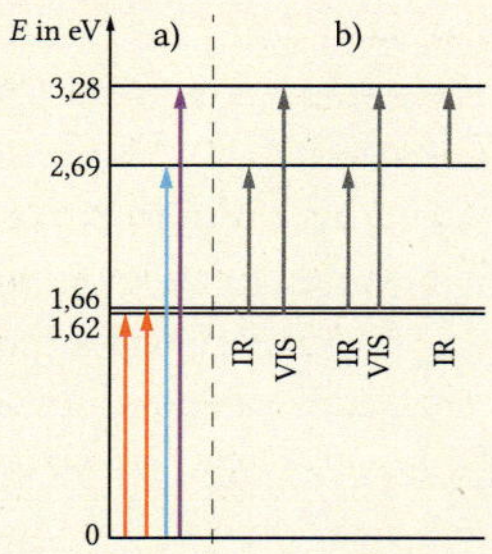

c) Da 1,62 eV + 1,66 eV = 3,28 eV, kann ein Photon mit $E_{Ph} = 1{,}66$ eV z. B. beim Übergang von E_2 nach E_5 absorbiert werden. Damit wäre E_3 (oder E_2) überflüssig. Vier Zustände würden somit reichen.

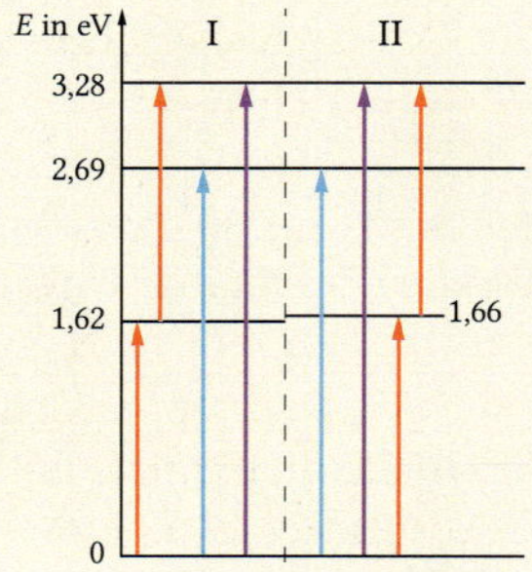

Lernaufgabe: Spektren übersetzen

Information: **Funktionsweisen von Spektrometern**

Prismenspektrometer (Bild **a**) beruhen ähnlich wie in Versuch **V1**, Seite 69, auf der Zerlegung des Lichts durch ein Prisma. Durch den Kollimator (Rohr mit verstellbarem Spalt und Linse) fällt ein paralleles Lichtbündel auf ein Prisma und wird in ein Spektrum aufgefächert. Mit einem drehbar gelagerten Fernrohr betrachtet man nun einzelne schmale Bereiche des Spektrums. An einer Skala liest man den Drehwinkel ab. Mit ihm lassen sich die Energiewerte (bzw. Wellenlängen) der jeweiligen Emissions- bzw. Absorptionslinien genau bestimmen.

a
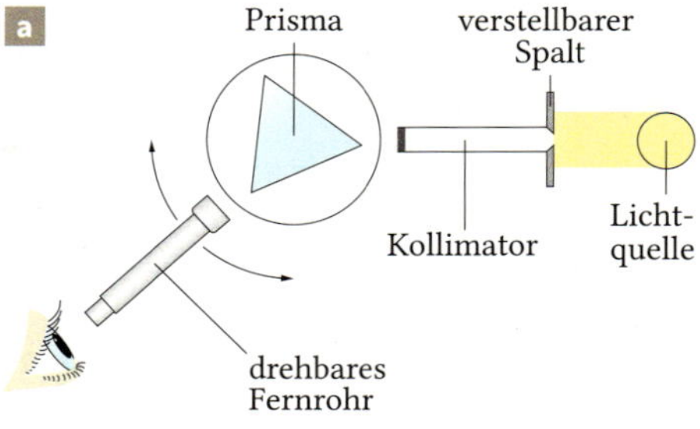

Gitterspektrometer (Bild **b**) verwenden statt eines Prismas ein optisches Gitter (Folie oder Glasplatte mit Hunderten von Linien pro Millimeter, wie bei einer DVD). Beim Durchgang oder der Reflexion am Gitter wird das Licht ebenfalls in seine Spektralfarben aufgespalten. Gitter werden häufig in digitalen Spektroskopen verwendet, die neben der Energie bzw. Wellenlänge zugleich auch die jeweilige Lichtintensität registrieren. Diese stellen das Spektrum nicht als farbige Linien, sondern als Intensitätsdiagramm dar.

b
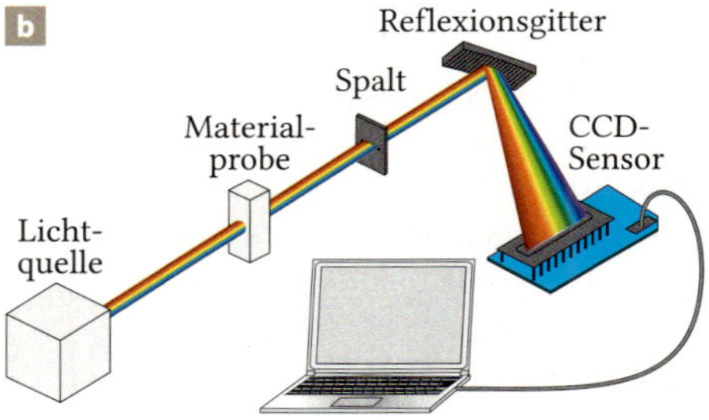

Monochromatoren (Bild **c**) werden für sehr genaue Messungen bei der Absorptionsspektroskopie verwendet. Dabei werden jeweils immer nur kleine Bereiche des optischen Spektrums durch die Probe geschickt. Auch im UV- und IR-Bereich kommen Monochromatoren zum Einsatz.

c
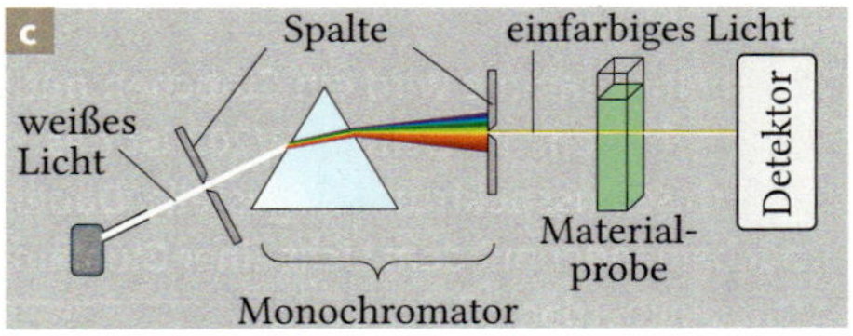

Aufgaben:

a) Lies den Text **Funktionsweise von Spektrometern**. Erläutere Unterschiede und Gemeinsamkeiten der verschiedenen Spektrometertypen.
b) Das Absorptionsspektrum von Bild **B5**, Seite 77, wurde mit einem Digitalspektrometer erstellt. Skizziere das zugehörige Spektrum, wie man es in einem Prismenspektrometer beobachten würde.
c) Skizziere das zu b) passende Emissionspektrum, wie es beim Prismenspektrometer bzw. beim Digitalspektrometer zu sehen wäre.
d) Die Grafik **d** zeigt das Emissionsspektrum des Elements Quecksilber. Skizziere möglichst genau, was durch ein Prismenspektrometer zu beobachten wäre.
e) Skizziere, wie das Absorptionsspektrum von Quecksilber bei einem Digitalspektrometer aussehen könnte, wenn die Lichtquelle ein Spektrum besitzt:
I) wie in Bild **B5** unten, Seite 77;
II) wie in Grafik **e**.

d
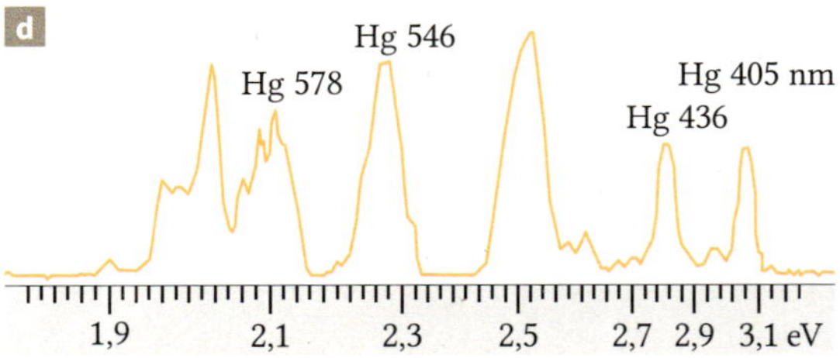

e
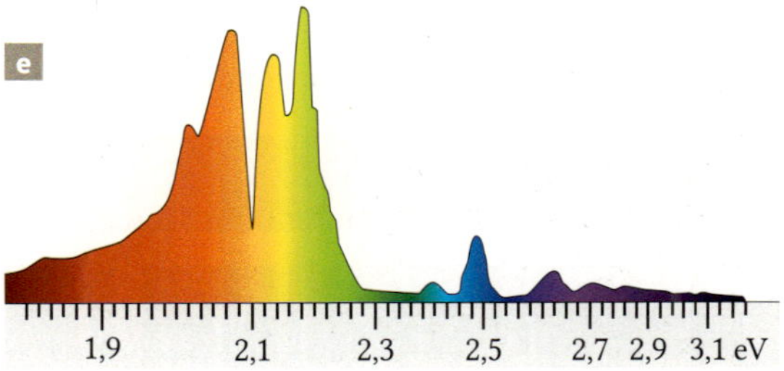

Löse selbst

1 **H** Untersuche die angegebenen Lichtquellen mithilfe eines Handspektroskops oder indem du das Licht auf die glänzende Seite einer CD bzw. DVD fallen lässt.

1) Leuchtstoffröhren	2) LED-Lampen
3) Kerzenflamme	4) Computerbildschirm
5) Straßenlaternen	6) eigenes Beispiel

a) Beschreibe deine Beobachtungen. Gib jeweils die Art des Spektrums an.

b) Vergleiche deine Ergebnisse mit den Spektren aus dem Internet bzw. auf Seite 75.

2 Max verschüttet versehentlich Kochsalz über einer Kerze. Dabei macht er eine Beobachtung.

a) Beschreibe die Beobachtung von Max und erkläre sie.

b) Suche auf Seite 75 das dazu passende Linienspektrum und erläutere den Entstehungsvorgang.

3 In sogenannten *Spektralröhren* werden Atome eines Elements oder Moleküle eines Stoffs zum Leuchten gebracht.

a) In eine Flamme wird ein Stäbchen mit Lithiumsalz gehalten, auf Seite 202/203 ist das zugehörige Emissionsspektrum dargestellt. Dabei wird sie nacheinander mit dem Licht einer Glühlampe, einer Quecksilberdampflampe und einer Lithium-Spektralröhre durchleuchtet. Beschreibe die Beobachtungen, die du dabei erwartest. Begründe dies.

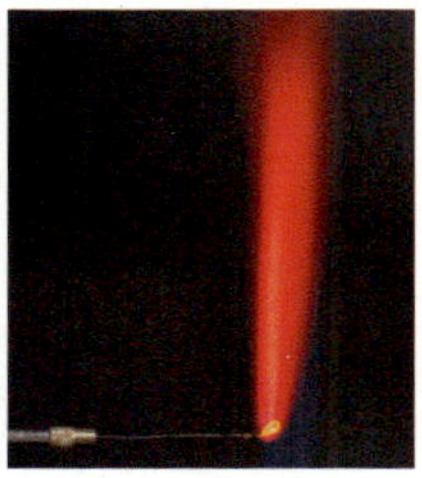

b) **L** Die Flamme erscheint wie in der Abbildung. Stelle anhand des Spektrums eine Vermutung an, wie dieser Farbeindruck zustande kommt.

Tipp: Recherchiere zum Thema „Farbmischung“.

c) Die Abbildungen zeigen die Emissionsspektren von Stickstoff (oben) und Sauerstoff (unten). Stelle eine Vermutung an, in welcher Farbe die entsprechende Spektralröhre leuchtet, und begründe sie.

4 **H** *Analogieversuch* „Photonenabsorption“

Material: Marmelade- oder Joghurtglas mit einem sogenannten Button (kreisförmige Erhöhung, die beim ersten Öffnen ein Knacken verursacht), Faden, Holz- oder Glaskugel

Vorsicht! Achte beim Versuch darauf, dass das Glas nicht bricht.

Baue den Versuch wie in der Grafik gezeigt auf.

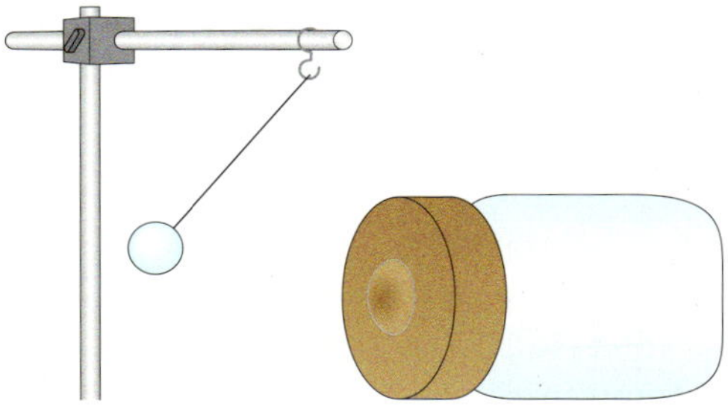

Führe den Versuch wie im Bild dargestellt mit unterschiedlichen Auslenkungen der Kugel durch.

a) Beschreibe deine Beobachtungen.

b) Erläutere, inwieweit es sich dabei um eine Analogie zur Energieaufnahme durch Atome handelt.

5 Bearbeite für die beiden Energiediagramme jeweils folgende Aufträge:

a) Bestimme die Energien aller Übergänge.

b) Skizziere jeweils ein passendes Spektrum. Wähle einen sinnvollen Maßstab.

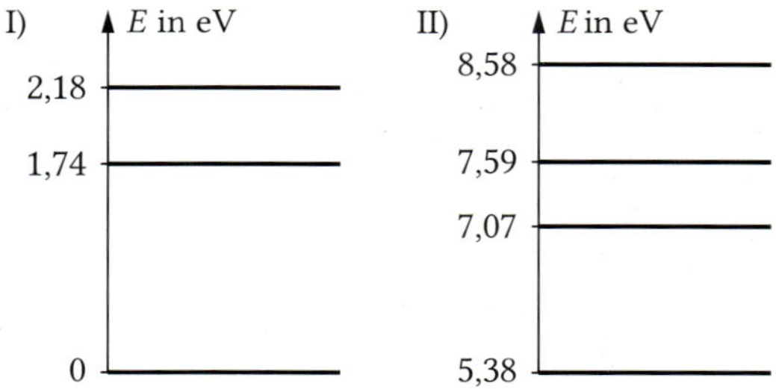

6 Ein Atom sendet Photonen mit folgenden Energiewerten aus: 1,36 eV; 1,97 eV; 2,48 eV; 4,45 eV. Zeichne jeweils ein passendes Energiestufen-Diagramm für a) fünf Energieniveaus; b) vier Energieniveaus; c) fünf Energieniveaus, aber anders als bei a). Bestimme aus dem jeweiligen Diagramm die Energiewerte für alle weiteren möglichen Photonen. Ordne diese Energiewerte jeweils einem Spektralbereich zu.

Löse selbst

7 Das Energiestufendiagramm von Wasserstoff ist in der **Beispielaufgabe 1** auf Seite 78 dargestellt. Berechne jeweils die Energie der Photonen für Übergänge von $N = 4$ bis $N = 6$ auf das Energieniveau
a) $N = 2$, b) $N = 3$, c) $N = 1$.

8 Martin hat bei **Beispielaufgabe 2**, Seite 78, ein Diagramm mit den Energiezuständen $E_1 = 0$ eV, $E_2 = 1{,}62$ eV, $E_3 = 1{,}66$ eV, $E_4 = 4{,}94$ eV gezeichnet. Begründe, ob es zum dargestellten Spektrum passt.

9 Die Grafik zeigt die Aufnahme eines Absorptionsspektrums.

a) Erkläre die Entstehung des Absorptionsspektrums anhand von Skizzen.
b) Zeichne das zugehörige Emissionsspektrum. Ermittle anhand der Spektren auf Seite 75 bzw. 202/203, um welches Element es sich handeln könnte.
c) Zeichne ein Energieniveauschema, das die hier sichtbaren Linien erklären würde.
d) Berechne die Energien von weiteren möglichen Photonen. Überprüfe damit, ob deine Lösung von b) tatsächlich zu dem Spektrum passt. Begründe dein Ergebnis ausführlich.

10 Ein fiktives Atom hat nur eine sichtbare Spektrallinie bei einer Photonenenergie von 2,7 eV. Im Energiestufen-Diagramm werden ihr aber drei verschiedene Übergänge zugeordnet.
a) Gib den Spektralbereich an, zu dem diese Photonen gehören. Begründe.
b) Zeichne ein passendes Energiestufendiagramm.
c) Berechne die Energien aller möglichen Übergänge und ordne sie den Spektralbereichen zu.

11 a) Stella beobachtet mit einem Handspektroskop eine Kerzenflamme durch eine Wasserdampfwolke. Erläutere ihre Beobachtungen und erkläre deren Zustandekommen.
b) Erläutere den Zusammenhang zwischen einem Absorptionsspektrum und dem dazugehörigen Emissionsspektrum.

12 Die Abbildung zeigt ein Absorptionsspektrum, das mit einem digitalen Spektroskop aufgenommen wurde. Die orangefarbene Linie gibt den Verlauf des Spektrums der Lichtquelle wieder.

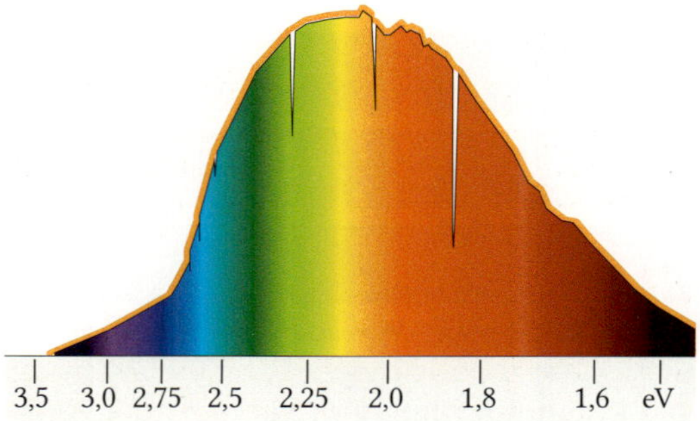

a) Ermittle anhand der Spektren auf Seite 75, um welches Element es sich handeln könnte.
b) Gib einen Grund dafür an, dass die Werte bei den „Einbrüchen“ nicht auf null zurück gehen.
c) Zeichne ein Emissionsspektrum, das ebenfalls mit einem digitalen Spektroskop aufgenommen wurde und zu dieser Messung passt.

13 Zahlenspielerei: Ein Energiestufendiagramm mit zwei Energieniveaus hat einen möglichen Übergang. Bestimme die Anzahl der möglichen Übergänge bei
a) drei, b) vier, c) fünf,
d) sechs, e) allgemein n Stufen.

14 L In einem Feuerwerkskörper befinden sich verschiedene Kammern mit Chemikalien, die nacheinander gezündet werden:
1. Barium, 2. Strontium, 3. Kupfer, 4. Natrium, 5. Lithium.

a) Recherchiere im Internet zum Thema „Farbmischung“. Stelle deine Ergebnisse übersichtlich dar.
b) Stelle anhand der Emissionsspektren auf Seite 202/203 eine begründete Vermutung zur Farbreihenfolge nach dem Zünden des Feuerwerkskörpers auf.
c) Recherchiere weitere Stoffe, die bei Feuerwerken für Farbe sorgen. Vergleiche den Farbeindruck mit dem Spektrum des jeweiligen Stoffs.

3.3 Licht in der Atmosphäre

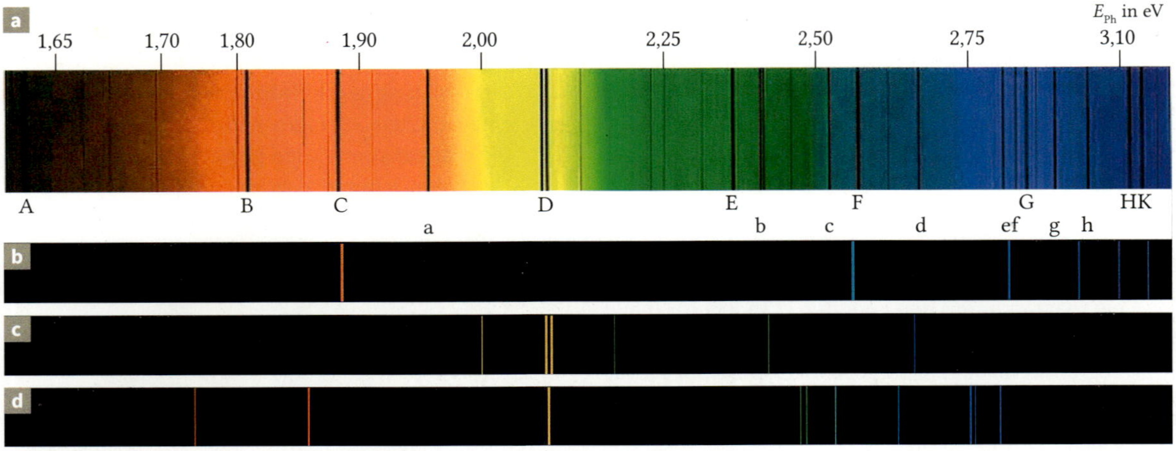

B1 *a) Spektrum des Sonnenlichts mit Fraunhoferlinien und Emissionsspektren von b) Wasserstoff, c) Natrium und d) Helium*

Die Fraunhoferlinien im Sonnenspektrum – Betrachtet man das Sonnenspektrum durch ein Handspektroskop mit einem feinen Spalt, stellt man überraschenderweise fest, dass das kontinuierliche Spektrum wie bei einem Absorptionsspektrum von vielen schwarzen Linien durchzogen ist (Bild **B1a**).

Der erste, dem dieses Phänomen auffiel, war der englische Arzt, Physiker und Chemiker William Hyde WOLLASTON (1766–1828), der 1802 sieben schwarze Linien im Sonnenspektrum entdeckte. Zwölf Jahre später machte unabhängig davon der deutsche Optiker und Physiker Joseph von FRAUNHOFER (1787–1826, Bild **rechts**) die gleiche Entdeckung. Mit seinem verbesserten Spektroskop war er aber in der Lage, eine Vielzahl dieser Linien im Sonnenspektrum zu entdecken. Er vermaß fast sechshundert Linien systematisch, sodass sie ihm zu Ehren heute **Fraunhoferlinien** genannt werden.

FRAUNHOFERS Originalbezeichnungen durch Buchstaben werden auch heute noch verwendet (Bild **B1a**). Allerdings konnte er ihre Entstehung noch nicht erklären. Er nutzte sie aber zur Verbesserung optischer Geräte, da diese Linien immer an den selben Stellen des Spektrums auftreten mussten.

Es dauerte noch bis 1860, bis Robert BUNSEN (1811–1899) und Robert KIRCHHOFF (1824–1887) die **Spektralanalyse** chemischer Elemente weiterentwickelt hatten und dabei auch das Sonnenspektrum untersuchten. Sie verglichen dieses *Absorptionsspektrum* mit den damals bekannten Spektren. Dabei stellten sie fest, dass sich die Absorptionsspektren verschiedener Stoffe zum Sonnenspektrum überlagern. Sie schlossen daraus, dass diese Stoffe Teile des Lichts auf dem Weg von der Sonne zur Erde absorbieren. So konnten sie Erkenntnisse über die Zusammensetzung der Sonnenumgebung und der Erdatmosphäre gewinnen.

! Merksatz

Das Sonnenspektrum weist Absorptionslinien auf, die man Fraunhoferlinien nennt. Sie entstehen durch Überlagerung der Absorptionsspektren aller Stoffe, auf die das Licht auf seinem Weg von der Sonne zur Erde trifft.

Die Atmosphäre ändert das Spektrum. Wir wissen heute durch Beobachtungen mithilfe von Satelliten, wie sich die Spektren des Sonnenlichts innerhalb und außerhalb der Erdatmosphäre voneinander unterscheiden. Diese Spektren werden mit Digitalspektrometern in Form von Diagrammen wie auf Seite 77 bzw. 79 aufgenommen.
Bild **B2** zeigt u. a. das Spektrum außerhalb und innerhalb der Erdatmosphäre. In den Sprechblasen findest du dazu Erklärungen. Mit der **Lernaufgabe** kannst du dir erarbeiten, wodurch sich die Veränderungen des Sonnenspektrums ergeben.

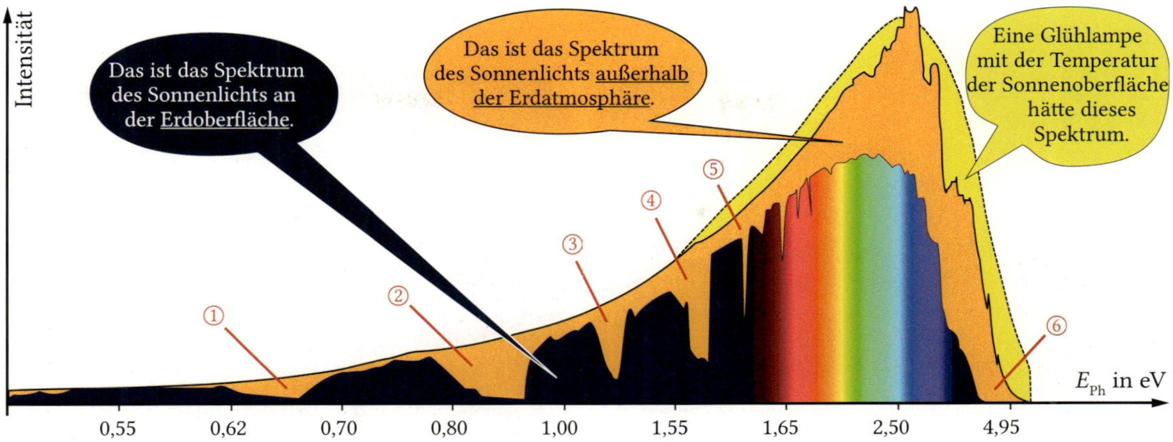

B2 *Die Spektren des Sonnenlichts inner- und außerhalb der Erdatmosphäre unterscheiden sich durch Absorptionsvorgänge.*

L Lernaufgabe: Absorption in der Atmosphäre

Informationen:
Die außerhalb der Atmosphäre und die an der Erdoberfläche ermittelten Spektren unterscheiden sich, da verschiedene Stoffe in der Atmosphäre Teile des Lichts mehr oder weniger stark absorbieren. Die Diagramme unten zeigen, wie viel Prozent des Lichts bei einer bestimmten Photonenenergie jeweils durchgelassen werden. 100 % bedeutet, dass das Licht ungehindert die Atmosphäre durchdringt, bei 0 % wird dieser Lichtanteil vollständig von ihr absorbiert. In Bild **B2** sind sechs Bereiche (① bis ⑥) markiert, bei denen die Absorption durch Gase in der Atmosphäre besonders markant ist.

Aufgaben:
1) Ordne jedem der markierten Bereiche zu, welches der Gase für die Absorption dort verantwortlich ist. Es können auch mehrere Gase für denselben Bereich angegeben werden.
2) Begründe deine Zuordnungen detailliert.

Tipps:
a) Achte genau auf die Zahlenwerte in Bild **B2** und in den Diagrammen unten.
b) Gehe systematisch vor: Vergleiche ein Spektrum eines Gases nach dem anderen mit dem Bild **B2**. Lies beide Diagramme jeweils von links nach rechts.

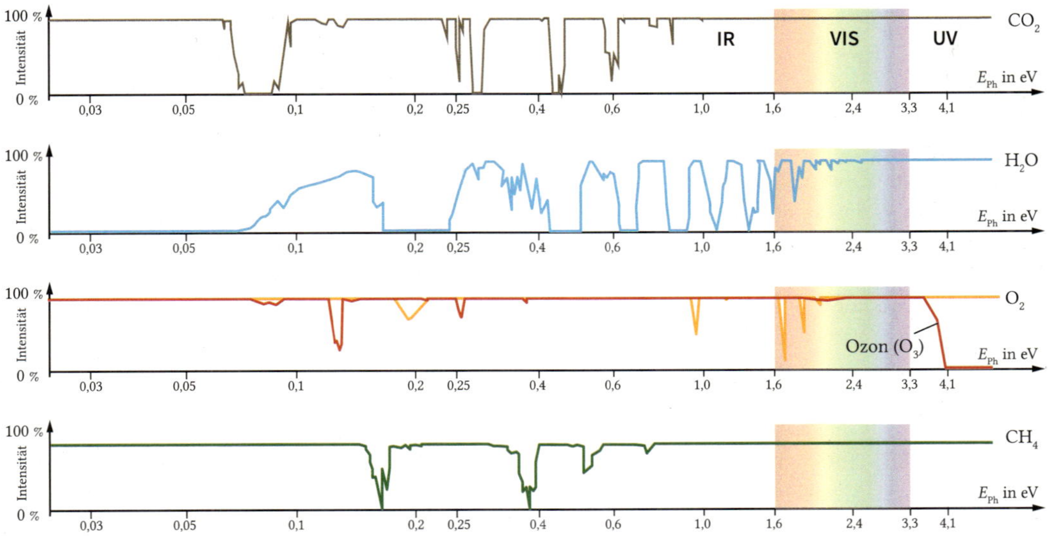

Sachtext: Ozonloch – Von der Angst zur gelungenen Umweltpolitik

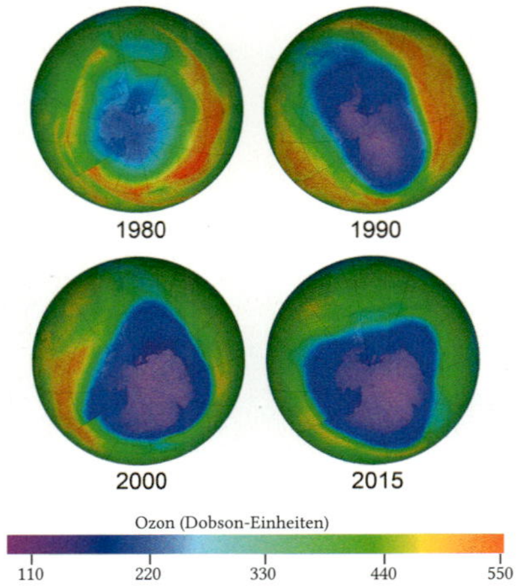

Die Ozonschicht in der Erdatmosphäre hat die Erdoberfläche schon immer vor der UV-Strahlung geschützt. 1985 entdeckten Forscher, dass sie sich über der Antarktis ausgedünnt hatte. Die Wissenschaft war alarmiert, die Angst vor dem „Ozonloch" ging schnell durch alle Medien.

In den Folgejahren wurde der Effekt jährlich deutlich größer, weshalb eine gewisse Dramatik in der Berichterstattung naheliegend und vermutlich auch angemessen war. Dass es sich dabei um ein menschengemachtes Problem handelte, stand außer Frage, denn als Ursache waren recht bald vor allem Fluorchlorkohlenwasserstoffe (FCKW bzw. CFC) ausgemacht. Diese wurden beispielsweise als Kühlmittel in Kühlschränken oder als Treibgas in Sprühdosen eingesetzt. Aufgrund ihrer hohen Flüchtigkeit gelangten diese Stoffe nach ihrer Freisetzung in den unteren Atmosphärenschichten schnell in die obere Atmosphäre, wo sie sich zersetzten.

Dabei reagierten sie auch mit den dort vorhandenen Ozonmolekülen O_3, wodurch sich deren Konzentration ständig verringerte. Die Ozonschicht wurde immer dünner (siehe Grafik rechts oben).

Nach und nach wurde Politikern auf der ganzen Welt die Brisanz der Situation bewusst gemacht. Im Jahr 1987 unterzeichneten daher 197 Staaten das *Montrealer Protokoll* – ein internationales Umweltabkommen über das schrittweise weltweite Verbot von FCKW. Die Umsetzung des Abkommens verlief vor allem deswegen erfolgreich, da sich FCKW an vielen Stellen recht leicht durch weniger schädliche Substanzen ersetzen ließen. Zudem vereinbarte man im Abkommen auch finanzielle Hilfen.

Seit 2012 beobachtet man nun eine Erholung der Ozonschicht. Eine vollständige Wiederherstellung wird vermutlich erst in der zweiten Hälfte des 21. Jahrhunderts erfolgen.

Sachtext: Absorptionsspektroskopie in der Kriminaltechnik

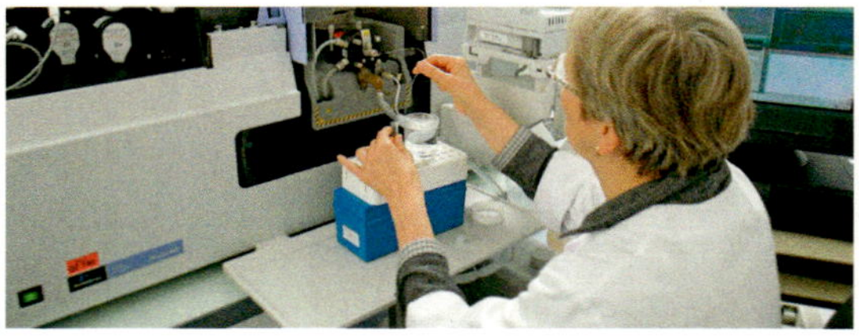

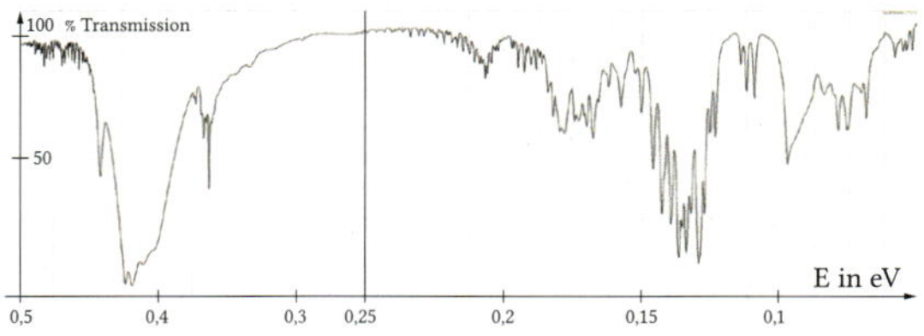

Bei Kriminalfällen muss häufig eine unbekannte Substanz analysiert werden. Kriminaltechnische Labore nutzen hierfür das Verfahren der Absorptionsspektroskopie.

Die Materialprobe wird so präpariert, dass sie von einer Referenzlichtquelle mit bekanntem Spektrum durchstrahlt werden kann. Das Licht, das den Behälter mit der Probe passiert, wird mithilfe eines digitalen Spektrometers analysiert.

Dazu wird nacheinander Licht aus verschiedenen schmalen Bereichen des optischen Spektrums („monochromatisches Licht") durch die Probe geschickt und anschließend mit einem Detektor aufgenommen. Er registriert nicht nur den jeweiligen Spektralbereich, sondern auch die Intensität des ankommenden Lichts. Die gewonnenen Absorptionsspektren kann man mit den Diagrammen bekannter Stoffe vergleichen. Da es sich meist nicht um reine Elemente handelt, überlagern sich die Spektren der Stoffe, die in der Probe enthalten sind. Aus den Intensitäten kann man sogar auf das Mischungsverhältnis verschiedener Stoffe schließen.

Löse selbst

1 a) Beschreibe und interpretiere das Spektrum von Bild **B1a**, Seite 82.
b) Erläutere den Zusammenhang zwischen Bild **B1a** und den Spektren in den Bildern **B1b–B1d**.
c) Erläutere, dass sich daraus Rückschlüsse über die Stoffe in der Erdatmosphäre, dem Weltall und der Sonnenoberfläche ziehen lassen.

2 a) Beschreibe das Diagramm in Bild **B2** auf Seite 83. Gehe dabei insbesondere auf die Unterschiede zwischen dem Sonnenspektrum außerhalb der Erdatmosphäre und an der Erdoberfläche ein.
b) ↗ In der **Lernaufgabe**, Seite 83, finden sich die Absorptionsspektren von vier Gasen. Recherchiere deren prozentuale Anteile in der Atmosphäre. Stelle damit eine Vermutung über die Größe des Anteils auf, mit dem das jeweilige Gas zum Unterschied zwischen den beiden Sonnenspektren von Bild **B2** beiträgt. Begründe deine Vermutung.
c) Begründe, dass die Darstellung von Bild **B2** nur einen Mittelwert darstellt. Tipp: Überlege, bei welchen Gasen sich der Anteil in der Atmosphäre in kurzen Zeitspannen relativ stark ändert.
d) ↗ Recherchiere weitere Gase, deren Absorptionsverhalten in der Atmosphäre eine nennenswerte Rolle spielt. Stelle zusammen, woher diese Gase stammen könnten.

3 Lies den **Sachtext: Das Ozonloch – Von der Angst zur gelungenen Umweltpolitik**.
a) Begründe anhand des zugehörigen Spektrums in der **Lernaufgabe**, Seite 83, dass die Ozonschicht in der Atmosphäre für uns eine wichtige Bedeutung hat. Ziehe dabei die Gefahren von Licht aus verschiedenen Spektralbereichen in Betracht.
b) Beschreibe die Informationen, die sich über die Ozonschicht aus der Grafik im **Sachtext** ergeben. Beurteile, ob sich daraus schon eine positive Entwicklung der Ozonschicht ablesen lässt.
c) ↗ Stelle Vermutungen über die Umstände an, die dazu führten, dass das Montrealer Protokoll innerhalb kurzer Zeit weltweit umgesetzt wurde. Begründe deine Vermutungen.
d) ⬆ Recherchiere über die Prozesse, durch die FCKW die Ozonschicht vermindert. Suche auch nach Informationen über die Zeitdauer solcher Prozesse. Stelle deine Ergebnisse übersichtlich zusammen.

4 a) Vergleiche die unten dargestellten Spektren mit denen in der **Lernaufgabe**, Seite 83. Beschreibe Unterschiede und Gemeinsamkeiten.

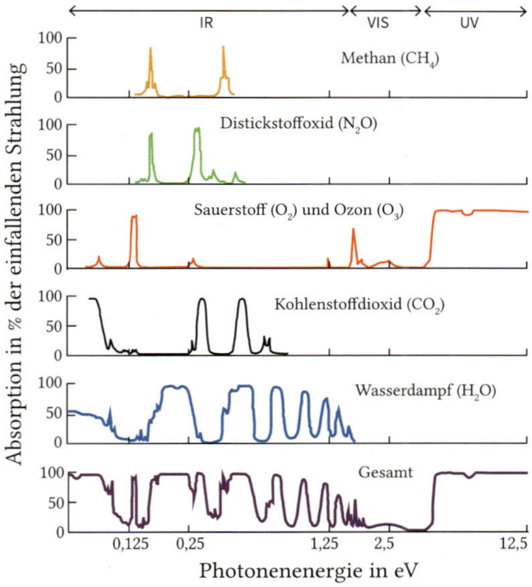

b) Skizziere das Überlagerungsspektrum, das sich ergeben würde, wenn nur CO_2 und CH_4 (Methan) in der Atmosphäre wären.
c) Erläutere die Aussage: „Bei bedecktem Himmel wird der absorbierte Anteil an IR-Strahlung größer."
d) ↗ Recherchiere zur Herkunft der Gase Methan und Distickstoffoxid. Stelle Maßnahmen zusammen, wie sich der Anteil an diesen Gasen in der Atmosphäre jeweils verringern ließe.

5 a) Auf Seite 74 findet Kommissar Talmann das Arsen in der Suppe angeblich mittels Flammenfärbung. Suppen enthalten aus geschmacklichen Gründen immer etwas Kochsalz. Begründe damit, dass die Flammenfärbung hier wohl nicht zum Nachweis von Arsen ausgereicht hätte.
b) Lies den **Sachtext: Absorptionsspektroskopie in der Kriminalistik**. Beschreibe, wie man wohl bei einer Suppenprobe von Kommissar Talmann vorgegangen wäre, um das Arsen nachzuweisen. Skizziere dazu mithilfe der Spektren von Seite 75 ein mögliches Absorptionsspektrum, wenn die Suppe nur Arsen und Kochsalz enthalten hätte.

Zusammenfassung

1. Modelle für Licht

Licht kann man sich als Lichtbündel bzw. -strahlen (Strahlenmodell) oder als Strom von Lichtteilchen vorstellen, die man Photonen nennt (Photonenmodell). Photonen

- haben je nach Farbe des Lichts unterschiedlich viel Energie E_{Ph}. Diese nimmt vom roten zum violetten Ende des kontinuierlichen Spektrums stetig zu;
- werden nur als Ganzes absorbiert oder emittiert;
- bewegen sich im Vakuum mit $c = 3 \cdot 10^8\ \frac{m}{s}$.

Für die Energie von Photonen verwendet man die Einheit

$$[E_{Ph}] = 1\ \text{Elektronenvolt} = 1\ \text{eV} = 1{,}6022 \cdot 10^{-19}\ \text{J}.$$

2. Spektren

Man unterscheidet

- das kontinuierliche Spektrum;

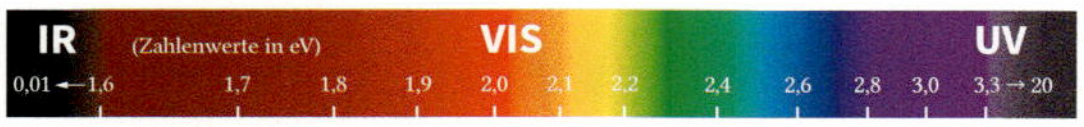

- Emissionsspektren mit farbigen Linien (diskretes Spektrum);

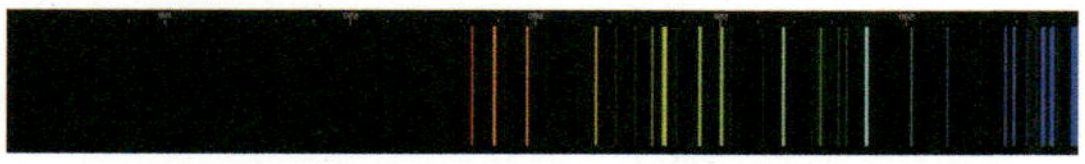

- Absorptionsspektren mit schwarzen Linien.

Das optische Spektrum umfasst die drei Bereiche:

- Infrarot (IR): $0{,}05\ \text{eV} < E_{Ph} < 1{,}6\ \text{eV}$;
- sichtbares Licht (VIS): $1{,}6\ \text{eV} \leq E_{Ph} < 3{,}3\ \text{eV}$;
- Ultraviolett (UV): $3{,}3\ \text{eV} \leq E_{Ph} < 20\ \text{eV}$.

3. Das Energiestufenmodell der Atomhülle

Atomhüllen können nur bestimmte Energiewerte annehmen. Diese Energiewerte veranschaulicht man in einem Energiestufen-Diagramm. Die Stufe mit der geringsten Energie heißt Grundzustand.

Photonen können von der Atomhülle nur absorbiert werden, wenn ihre Energie genau der Differenz zwischen zwei Energiestufen entspricht (linkes Diagramm). Geht die Atomhülle in einen niedrigeren Zustand über, wird diese Energie in Form eines Photons frei (rechtes Diagramm). Die Atomhüllen eines Elements oder Moleküls besitzen spezifische Energiestufen, die zu charakteristischen Linien- und Absorptionsspektren führen.

4. Risiken von optischer Strahlung bewerten

Da bei Einwirkung von optischer Strahlung Energie übertragen wird, kann es z. B. bei der Haut oder der Netzhaut zu Schädigungen kommen. Um Risiken abschätzen zu können, muss man folgende Faktoren beurteilen: *Intensität*, *Spektralbereich* und *Auftreffort*.

- Grundsätzlich ist Strahlung aus dem gleichen Spektralbereich bei hoher Intensität gefährlicher als bei geringer Intensität.

Unabhängig von der Intensität hat die Strahlung je nach Spektralbereich andere Auswirkungen:

- Photonen von UV-Licht haben so viel Energie, dass sie fotochemische Reaktionen auslösen, die zu Veränderungen der Zellen führen (Sonnenbrand, Hautkrebs). Sie sind für Haut und Netzhaut schädlich.
- Sichtbares Licht ist bei hoher Intensität schädlich für die Netzhaut.
- IR-Strahlung erwärmt den Auftreffort. Ist die Erwärmung zu stark, gerinnen Eiweißstoffe und Zellen werden zerstört. Dies trifft bei hoher Intensität meist die Haut, kann aber auch Langzeitschäden an den Augen hervorrufen.

5. Absorptionsverhalten der Erdatmosphäre

Das Sonnenlicht, das die Erdatmosphäre durchlaufen hat, besitzt ein Absorptionsspektrum. Es ergibt sich u. a. aus der Überlagerung der Absorptionsspektren von denjenigen Stoffen, die in der Atmosphäre enthalten sind. Dies kann man aus Absorptionsspektren ablesen, die als Energie-Intensitäts-Diagramme vorliegen.

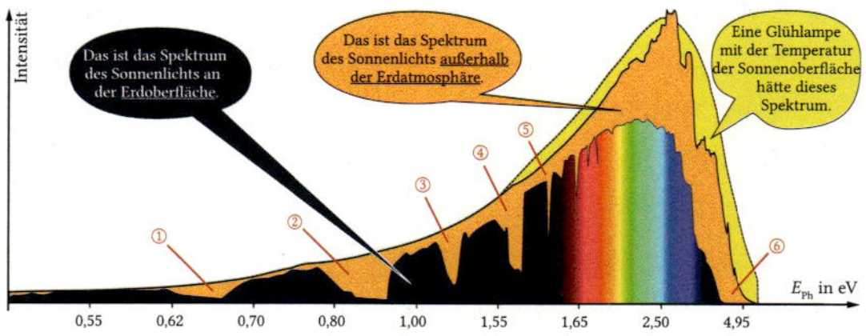

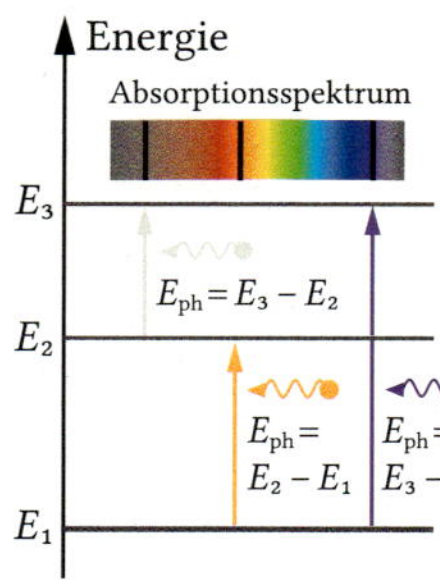

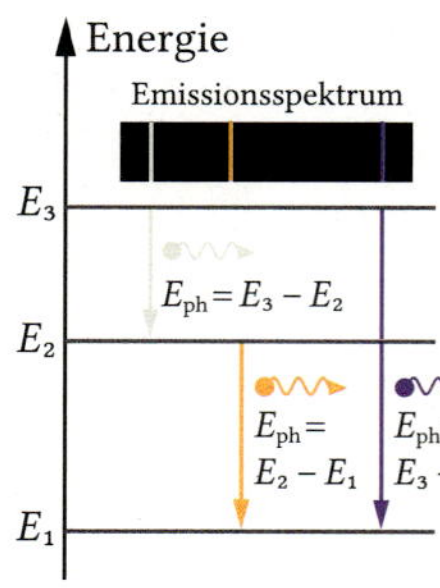

Aufgaben mit Lösungen

1 Gib mithilfe von Bild **B3**, Seite 71, den Farbbereich an, zu dem Photonen mit diesen Energiewerten gehören:
a) 2,45 eV   b) 3,8 eV   c) 0,652 eV
d) $1{,}29 \cdot 10^{-19}$ J   e) $416 \cdot 10^{-21}$ J   f) $312 \cdot 10^{-17}$ mJ

2 a) Oft liest man von „hochenergetischer UV-Strahlung" oder „IR-Strahlung mit geringer Energie". Begründe, dass diese Sprechweise doppeldeutig ist. Formuliere jeweils die beiden möglichen Bedeutungen in eindeutiger Weise.
b) Erläutere in Stichpunkten die Bedingungen, bei denen Strahlung aus den Bereichen UV, VIS und IR jeweils gefährlich wird.
c) Erläutere die Aussage: „UV-Licht ist besonders gefährlich, weil man es nicht sieht".

3 Ein fiktives Element emittiert nach Anregung Photonen mit Energien von 1,54 eV; 2,46 eV; 2,93 eV.
a) Zeichne ein passendes Energiestufen-Diagramm.
b) Berechne alle möglichen Werte für Photonenenergien, die sonst noch möglich sind.
c) Zeichne maßstabsgetreu ein Linienspektrum, das auch die unsichtbaren Bereiche darstellt.

4 Eine Flamme wird mit einem Cäsiumsalz gefärbt.
a) Erläutere den physikalischen Vorgang, der zur Färbung der Flamme führt.
b) Die gefärbte bzw. die ungefärbte Flamme wird mit dem Licht einer Cäsium-Spektralröhre beleuchtet. Beschreibe und erkläre jeweils das Versuchsergebnis.
c) Ändere den Versuch so ab, dass das Absorptionsspektrum von Cäsium sichtbar wird. Beschreibe den Versuchsaufbau und die Beobachtung.
Erkläre das Versuchsergebnis.

5 Beschreibe und interpretiere das Diagramm.

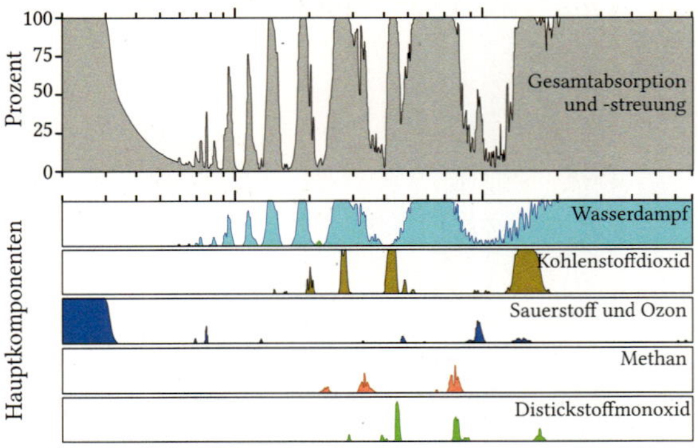

6 Ein fiktives Atom hat nur die Energiestufen $E_1 = 2{,}2$ eV, $E_2 = 4{,}5$ eV und $E_3 = 4{,}8$ eV.
Begründe, ob folgende Aussagen (ohne weitere Zusatzbedingungen) wahr oder falsch sind:
a) Eine Spektrallinie ist rot.
b) Photonen aus dem blauen Spektralbereich können von diesem Element absorbiert werden.
c) Es gibt Photonen mit der Energie 2,2 eV.
d) Es gibt eine Linie im UV-Bereich.
e) Es gibt genau eine Linie im IR-Bereich.

7 Erläutere die Unterschiede zwischen einem kontinuierlichen Spektrum, einem Linienspektrum und einem Absorptionsspektrum. Beschreibe für das Linien- und das Absorptionsspektrum jeweils die zugrunde liegenden physikalischen Vorgänge.

8 Ein grüner Laserpointer ($E_{Ph} = 2{,}33$ eV) hat eine Strahlungsleistung von 0,7 mW. Damit wird er in die Laser-Klasse 2 eingeordnet. Sein Licht kann zu Schädigungen der Netzhaut führen, wenn diese länger als 0,25 s davon getroffen wird.
a) Berechne die Anzahl der Photonen, die der Laser pro Sekunde aussendet.
b) Berechne die Energie, die ausreicht, um die Netzhaut zu schädigen.
c) Entscheide, ob bei gleicher Leistung ein grüner Laser gefährlicher ist als ein roter. Begründe.

9 Mit dem Laser aus Aufgabe 8 werden Farbstoffmoleküle bestrahlt, die folgende Energieniveaus besitzen:
0 eV; 3,85 eV; 5,50 eV; 6,18 eV; 7,82 eV
a) Zeichne ein Energiestufen-Diagramm des Moleküls und prüfe, ob der Laser das Molekül anregen kann. Gib gegebenenfalls die Energiestufen an, zwischen denen der Übergang erfolgt.
b) Berechne für alle Übergänge die Energie der Photonen und ordne sie einem Spektralbereich zu.
c) Skizziere ein mögliches Emissionsspektrum.
d) Das Diagramm zeigt, wie viel Prozent des Lichts einer Referenzquelle von einer Lösung jeweils durchgelassen wurden. Begründe, ob der Farbstoff in der Lösung enthalten war. Entscheide gegebenenfalls auch, ob er die einzige Substanz in der Lösung ist.

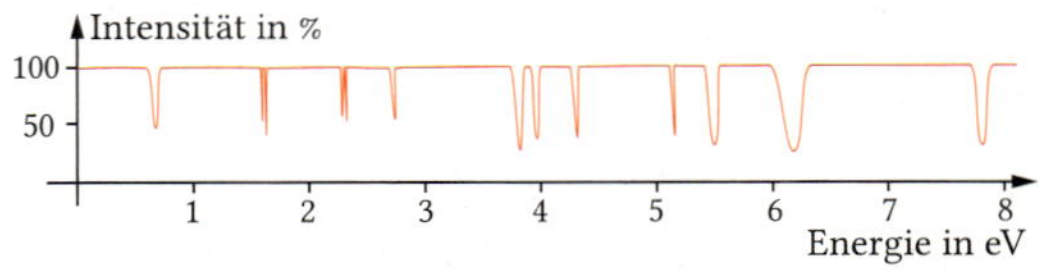

Temperatur und Druck

Bereits in der Antike beschäftigten sich die Philosophen ARISTOTELES und DEMOKRIT mit dem Aufbau der Materie und diskutierten die Existenz kleinster Teilchen. Erst 2000 Jahre später, im 19. Jahrhundert, entwickelte der Chemiker John DALTON die Grundzüge der modernen Vorstellungen vom Aufbau der Materie aus Atomen der chemischen Elemente.

Das Teilchenmodell ist die einfachste Vorstellung zum Aufbau der Materie. Mit ihm lassen sich Temperatur, Aggregatzustände und Druck erklären.

4

Das kannst du in diesem Kapitel erreichen:

- Du verwendest das Teilchenmodell, um die Temperatur zu erklären und den absoluten Temperaturnullpunkt zu begründen.
- Du nutzt deine Kenntnisse über mechanische Energieformen beim Teilchenmodell. Dabei verwendest du ein Computerprogramm zur Veranschaulichung und deutest damit die innere Energie.
- Du erfährst Erklärungen zur Änderung des Aggregatzustands und unterscheidest zwischen Modell und Realität.
- Du lernst den Druck eines Gases als Messgröße kennen und benutzt das Teilchenmodell, um ihn zu erklären.
- Du beschreibst den Zustand eines Gases mithilfe der Größen Druck, Temperatur und Volumen.
- Du erklärst die Druckänderungen eines Gases und erkennst, dass Druckunterschiede die Ursache für Teilchenströme sind.

4.1 Temperatur im Teilchenmodell

B1 *Kalte Dusche im Freibad*

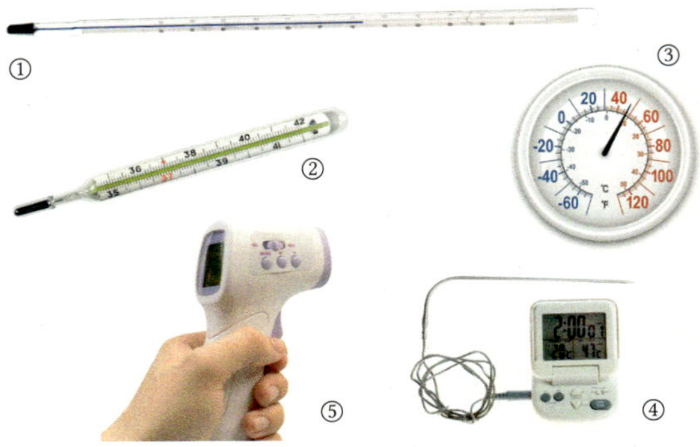

B2 *Verschiedene Thermometer*

Temperaturen messen – Die meisten Schwimmbäder bieten im Außenbereich die Möglichkeit, vor dem Eintauchen ins Becken eine kalte Dusche zu nehmen (Bild **B1**). Nach dem Kontakt mit dem kühlen Duschwasser empfindet man das wärmere Wasser im Außenbecken für eine kurze Zeit als sehr warm. Im Versuch **V1** wird diese Situation nachgestellt.

Der Mensch kann also mithilfe der Haut nur relative Vergleiche bezüglich warm und kalt anstellen. Genauer betrachtet reagieren die entsprechenden Sinneszellen in der Haut darauf, ob Energie zuströmt oder abströmt und wie schnell der jeweilige Vorgang abläuft.

Dabei beschreiben wir diese Empfindungen in Kategorien wie eiskalt, kalt, lauwarm, heiß, sehr heiß. Diese Empfindungen sind aber nicht eindeutig. Wie Versuch **V1** zeigt, spielt das vorherige Geschehen, aber auch die Art des Materials für diese Sinnesempfindung eine Rolle: Holz und Metall fühlen sich für uns bei gleicher Temperatur oftmals „unterschiedlich warm" an. Auch die tatsächliche Temperatur z.B. bei Fieber oder bei Badewasser kannst du nicht mit der Hand messen, sondern du musst dafür ein **Thermometer** (siehe Bild **B2**) verwenden. Damit lässt sich objektiv – d.h. unabhängig vom vorherigen Geschehen – die Temperatur von Körpern bestimmen.

V1 Temperaturempfinden

Material: drei gleiche Gefäße, zwei Thermometer

Aufbau: Fülle in das rechte Gefäß kaltes, ins mittlere lauwarmes und ins linke warmes Wasser (maximal 40° C).

Durchführung:
1) Halte zuerst die rechte Hand ins kalte Wasser und die linke Hand ins warme Wasser. Tauche dann anschließend beide Hände ins mittlere Gefäß. Beschreibe deine Empfindungen.
2) Wiederhole den Versuch unter Verwendung der Thermometer. Halte dazu je ein Thermometer in das rechte bzw. linke Gefäß und lies die Temperaturen ab. Miss anschließend mit beiden Thermometern die Wassertemperatur im mittleren Gefäß.

Arbeitsauftrag: Erstelle ein strukturiertes Versuchsprotokoll.

B3 *Infrarotthermometer messen berührungslos.*

B4 *Der Schmelzpunkt von Eis ist ein Fixpunkt der Celsius-Skala.*

Verschiedene Thermometer – Zur Temperaturmessung nutzt man bei **Thermometern** verschiedene Effekte: Das Laborthermometer (Bild **B2**, ①) und das Quecksilber-Fieberthermometer (②) sind **Flüssigkeitsthermometer**. Sie nutzen aus, dass sich bei den meisten Flüssigkeiten das Volumen bei Erwärmung vergrößert und bei Abkühlung wieder verringert. Das große Thermometergefäß am unteren Ende und das sehr dünne Steigröhrchen sorgen zusammen dafür, dass schon bei geringen Temperaturerhöhungen die Flüssigkeitssäule erheblich steigt. Der Flüssigkeitsspiegel wird dann als Maß für die **Temperatur** genommen. So können Temperaturen genau abgelesen werden. Quecksilber ist sehr gesundheitsschädlich, daher ist es seit 2009 in Fieberthermometern verboten. Stattdessen verwendet man heute meist Alkohol.
Auch Metalle dehnen sich bei Erwärmung aus und ziehen sich bei Abkühlung zusammen. Das nutzt man beim **Alltagsthermometer** (③), in dem sich eine Metallspirale beim Erwärmen ausdehnt und beim Abkühlen zusammenzieht.

Beim **Widerstandsthermometer** (④) verwendet man den Effekt, dass sich der elektrische Widerstand vieler Leiter mit der Temperatur verändert.

Infrarotthermometer messen Temperaturen mithilfe der Infrarotstrahlung eines Körpers. Man nutzt sie z. B. als Fieberthermometer (⑤) oder um heiße elektrische Bauelemente (Bild **B3**) zu suchen. Die Messung erfolgt hierbei berührungslos.

Die Celsius-Skala – Um Zahlenwerte für Temperaturen angeben zu können, wird eine Skala benötigt. Im Alltag verwenden wir dazu die **Celsius-Skala**. Sie beruht auf zwei Fixpunkten:

- Die Temperatur, bei der Eis bei normalem Luftdruck schmilzt, wird als *0 Grad Celsius = 0 °C* festgelegt (vgl. Bild **B4**).
- Die Temperatur, bei der Wasser bei normalem Luftdruck siedet, bezeichnet man mit *100 Grad Celsius = 100 °C*.

Den Abstand zwischen den zugehörigen Flüssigkeitsständen teilt man in einhundert gleiche Abschnitte. Damit lässt sich diese Skala an allen Orten der Erde reproduzieren. Die Bezeichnung „Grad Celsius“ wurde zu Ehren des schwedischen Forschers Anders CELSIUS gewählt, der im 18. Jahrhundert die Idee mit den beiden Fixpunkten hatte. Die an der Celsius-Skala gemessene Temperatur wird meist mit dem griechischen Buchstaben ϑ (sprich: „theta“) bezeichnet.

Im angelsächsischen Bereich verwendet man im Alltag auch heute meist noch die **Fahrenheit-Skala** (siehe **Exkurs**, Seite 96), im wissenschaftlichen Bereich werden die Celsius-Skala und die **Kelvin-Skala** verwendet.

Wasser eignet sich zwischen 0 °C und ca. 6 °C schlecht als Thermometerflüssigkeit, weil es sich zwischen 0 °C und 4 °C beim Erwärmen zusammenzieht und sich erst über 4 °C wieder ausdehnt. Somit gibt es die gleiche Steighöhe bei zwei unterschiedlichen Temperaturen.

! Merksatz

Im Alltag gibt man Temperaturen auf der Celsius-Skala an:
0 °C ist die Temperatur, bei der Eis schmilzt, 100 °C ist die Temperatur, bei der Wasser siedet (jeweils bei Normaldruck).
Das Formelzeichen für Temperaturen auf der Celsius-Skala ist ϑ.

B1 *Teefärbung nach dem Aufgießen mit Wasser*

Ein Modell für Flüssigkeiten – Maja gießt sich einen heißen Früchtetee auf. Während sie die Rotfärbung des Wassers beobachtet (Bild **B1**), stellt sie sich die Frage, warum sich der rote Tee auch ohne Umrühren in der gesamten Tasse verteilt - zumindest, wenn sie lange genug wartet.

Maja will dieser Frage auf den Grund gehen und weiß, dass Materie aus kleinsten Teilchen aufgebaut ist: Atome, die wir den chemischen Elementen zuordnen, und Moleküle, die aus Atomen zusammengesetzt sind. Daher stellt sie sich den Inhalt ihrer Teetasse wie ein großes Bällebad vor (Bild **B2**). Das Wasser sind die blauen Bälle, die Teepartikel sind weitere rote Bälle.

Damit sich die Bälle durchmischen, müssen sie bewegt werden. Maja kann dazu im Bällebad mit ihrer Hand umrühren. Sie überlegt, dass das aber wohl eher wie das Umrühren mit einem Teelöffel ist.

Im Tee vermischen sich die Teilchen aber auch ohne ihr Zutun. Sie schließt daraus, dass sie ihr Modell noch erweitern muss: Die Bälle müssen ständig in Bewegung sein. So können sich die verschiedenfarbigen Bälle durch gegenseitige Stöße nach und nach durchmischen.

Stellt man sich die Bälle entsprechend als die kleinsten Teilchen vor, erhält man ein (vorläufiges) **Teilchenmodell**:
Flüssigkeiten bestehen aus vielen kleinsten Teilchen, die ständig in unregelmäßiger Bewegung sind und sich durch Stöße untereinander vermischen können.

! Merksatz

Teilchen in einer Flüssigkeit sind in ständiger und unregelmäßiger Bewegung.

B2 *Blaue und rote Kugeln als Modell für Wasser- und Teeteilchen*

Höhere Temperatur – schnellere Teilchen – Im Sommer versucht Maja sich mit kaltem Wasser einen Früchtetee aufzugießen. Das Wasser färbt sich zwar in der Nähe des Teebeutels rot, verteilt sich aber nicht wie bei heißem Wasser in kurzer Zeit in der gesamten Tasse (Bild **B3**). Da sie immer dieselbe Teesorte verwendet, scheidet der Tee als Ursache für diesen Unterschied aus. Grund kann daher nur das unterschiedlich temperierte Wasser sein.

Mit dem Teilchenmodell für Flüssigkeiten lässt sich dies sofort erklären. Die Wasserteilchen bewegen sich immer, egal ob im warmen oder kalten Wasser. Nimmt man nun an, dass sich die Teilchen umso schneller bewegen, je höher die Temperatur der Flüssigkeit ist, dann erfolgen im warmen Wasser die Zusammenstöße der Wasser- und Teeteilchen öfter und auch heftiger. Als Folge davon verteilen sich die Teeteilchen viel schneller.

! Merksatz

Im Teilchenmodell bedeutet die höhere Temperatur, dass sich die Teilchen schneller bewegen.

B3 *Tee mit warmem bzw. kaltem Wasser aufgegossen verteilt sich in 30 Sekunden unterschiedlich stark.*

Ein Maß für die Temperatur – Genauso stellt man sich im Teilchenmodell auch für Gase den Zusammenhang mit der Temperatur vor: Je höher die Temperatur ist, umso schneller bewegen sich die Gasteilchen. Allerdings liegen die Gasteilchen anders als in der Bällebadvorstellung nicht dicht an dicht, sondern schwirren frei umher.

Simulationsprogramme wie in Versuch **V1** können das Teilchenmodell für Gase auch visualisieren.
In Versuch **V1a** zeigt das Diagramm zur **Geschwindigkeitsverteilung** zunächst, dass sich bei gleichbleibender Temperatur *nicht alle Teilchen* gleich schnell bewegen (Bild **B3a**) – es gibt wenige sehr schnelle und wenige ganz langsame. Mit zunehmender Temperatur finden sich immer häufiger schnelle Teilchen (Bild **B3b**). Da man im Gas aber eine *einheitliche Temperatur* misst, benötigen wir einen Geschwindigkeitswert, der als Maß für die Temperatur genommen werden kann. Es erscheint zunächst sinnvoll, den mittleren Geschwindigkeitsbetrag der Teilchen dafür zu benutzen.

Versuch **V1b** ergibt aber, dass dieser Wert bei verschieden schweren Teilchen auch bei gleicher Temperatur unterschiedlich ist. Die Geschwindigkeitsverteilung in Bild **B3c** zeigt, dass von den leichteren Teilchen (rot) viel mehr einen höheren Geschwindigkeitsbetrag aufweisen als bei den schwereren Teilchen (blau). Die mittlere Geschwindigkeit der Teilchen kann daher noch kein sinnvolles Maß für die Temperatur des Gases sein.

V1 Dynamische Visualisierung

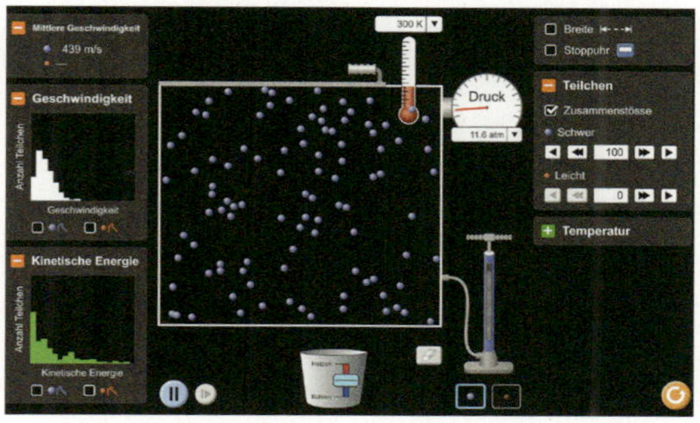

Material: Rechner oder Smartphone mit geeigneter Simulation

Vorbereitung: Mache dich mit dem Simulationsprogramm vertraut.

Aufträge:
a) „Pumpe“ zunächst Teilchen einer Sorte in die Kammer. Schalte die Anzeige der Geschwindigkeitsverteilung ein. Beobachte das Diagramm, während du durch Heizen das Gas auf eine höhere Temperatur bringst.
b) Verwende nun gleich viele unterschiedlich schwere Teilchen. Öffne nun das Diagramm der Geschwindigkeitsverteilung und der Verteilung der kinetischen Energie der Teilchen. Analysiere beide Diagramme.

B3 *Bei höherer Temperatur zeigt das Diagramm der Geschwindigkeitsverteilung mehr schnelle Teilchen als bei geringerer Temperatur: a) bei 20 °C, b) bei 2100 °C. c) Teilchen höherer Masse besitzen bei gleicher Temperatur geringere Geschwindigkeiten.*

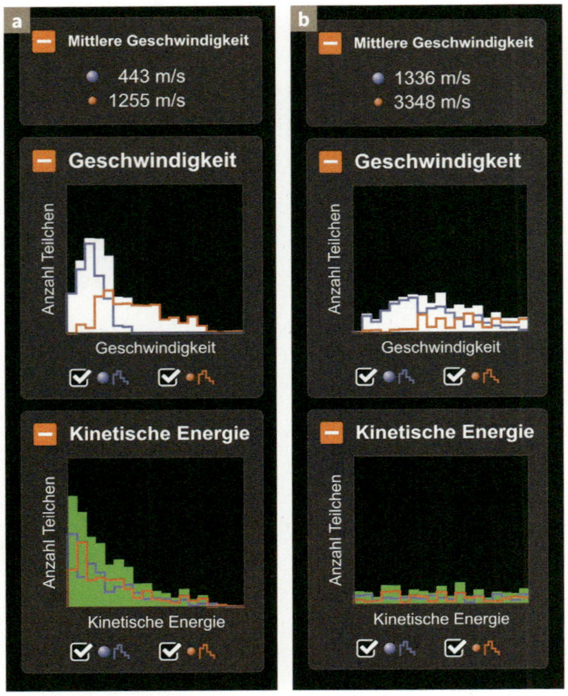

B1 *Für leichte (rot) und schwere (blau) Teilchen ist die Verteilung der Geschwindigkeit (oben) unterschiedlich, die Verteilung der kinetischen Energie (unten) hingegen ähnlich. Das gilt bei a) niedriger und b) hoher Temperatur.*

L Lernaufgabe: Simulation

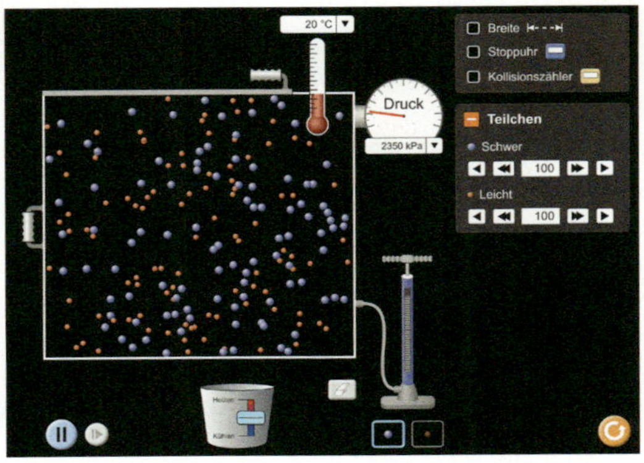

Vorbereitung: Fülle in der Simulation die Kammer mit gleich viel schweren und leichten Teilchen.

Durchführung:
a) Kühle die Kammer deutlich ab und verkleinere durch Zusammenschieben der Wand die Kammer.
b) Öffne den Kammerdeckel.

Auftrag: Beobachte bei a) und b) jeweils die Temperatur und notiere sie. Erkläre die Beobachtungen anschließend mit dem Teilchenmodell.

Sieht man sich aber die Verteilung der *kinetischen Energien* für die beiden Teilchensorten an (Bild **B1**), erkennt man, dass sie nahezu identisch sind. Daher erhält man für den *Mittelwert der kinetischen Energien* für beide Teilchensorten den gleichen Wert. Damit haben wir im Teilchenmodell ein geeignetes Maß für die Temperatur gefunden. Die Überlegungen gelten dabei analog auch für Flüssigkeiten.

Die weiß bzw. grün hinterlegte Fläche in Bild **B1** zeigt die Verteilung der Geschwindigkeit (oben) bzw. der kinetischen Energie (unten) für beide Teilchensorten zusammen (unabhängig von der Masse). Sie ergibt sich jeweils als Summe der Anteile für schwere (blau) und leichte (rot) Teilchen. Man erkennt: Bei höherer Temperatur gibt es mehr Teilchen mit größerer kinetischer Energie.

! Merksatz

Die Temperatur eines Gases bzw. einer Flüssigkeit ist ein Maß für die mittlere kinetische Energie der ungeordneten Bewegung der Teilchen.

Die Temperatur eines Gases (oder einer Flüssigkeit) hängt also mit der mittleren kinetischen Energie der ungeordneten Bewegung der Teilchen zusammen: Sie ist ein Maß für diese mittlere kinetische Energie (Bild **B1**). Diese Modellvorstellung passt auch zu bekannten Vorgängen:

Ein Anstieg der Temperatur in der Kammer (System) erfolgt, wenn Energie zugeführt wird, sodass die kinetische Energie der ungeordneten Teilchenbewegung im Mittel zunimmt. Dazu kann dem System thermische Energie (innere kinetische Energie eines anderen Systems) zugeführt werden – entweder durch Erhitzen oder auch als mechanische Energie in Form von Arbeit. Im Alltag bemerkt man Letzteres, wenn man z. B. das Ventil einer Luftpumpe zuhält und den Kolben dann schnell hineindrückt. Durch das schnelle Hineindrücken erhalten die Gasteilchen, die auf den Kolben treffen, einen „Kick". Dadurch vergrößert sich ihre Geschwindigkeit. Durch Stöße mit anderen Teilchen verteilt sich dann diese Energie in der eingeschlossenen Luft (vergleiche **Lernaufgabe**).

B2 *Am absoluten Temperaturnullpunkt bewegt sich nichts.*

Die Kelvin-Skala – Der Zusammenhang zwischen Temperatur und Teilchenbewegung bzw. kinetischer Energie wirft einen interessanten Gedanken auf. Theoretisch kann man etwas immer weiter erhitzen. Man führt immer mehr Energie zu und erhöht damit die mittlere kinetische Energie der Teilchen. Die Temperatur steigt. Nach oben gibt es quasi keine Grenze.

Aber wie sieht es in der anderen Richtung aus? Beim Abkühlen entziehen wir Energie. Die mittlere kinetische Energie wird kleiner, die Teilchen im Mittel langsamer. Dies können wir so lange machen, bis die mittlere kinetische Energie null ist. Alle Teilchen ruhen nun, weniger kinetische Energie können die Teilchen nicht besitzen. Es gibt also offensichtlich eine tiefste Temperatur. Man nennt sie **absoluter Nullpunkt**.

Auf der Ceslsiusskala hat dieser absolute Nullpunkt den Wert −273 °C (genauer −273,15 °C), siehe Bild **B3**. Nachdem man das erkannt hatte, führte man in der Physik eine neue Temperaturskala ein, die beim absoluten Nullpunkt beginnt (siehe Bild **B3**). Zu Ehren von William THOMSON, später Lord KELVIN, der dazu entscheidende Experimente machte, nennt man diese Skala **Kelvin-Skala**. Anders als die Celsius-Skala hat die Kelvin-Skala keine negativen Werte.

Temperaturen auf der Kelvin-Skala werden mit T bezeichnet. Man verwendet dabei die Einheit

$$[T] = 1\ \text{Kelvin} = 1\ \text{K}.$$

Achtung – hier wird kein Grad-Zeichen (°) verwendet!

Die Abstände auf der Kelvin-Skala wählte man genau so groß wie auf der Celsius-Skala. Temperaturangaben in Grad Celsius und Kelvin lassen sich daher leicht umrechnen (Bild **B3**):

$$\vartheta = x\ °\text{C} \quad \Leftrightarrow \quad T = (x + 273)\ \text{K bzw.}$$

$$T = y\ \text{K} \quad \Leftrightarrow \quad \vartheta = (y - 273)\ °\text{C}.$$

Wasser gefriert daher bei 273 K und siedet bei 373 K.

! Merksatz

Es gibt eine tiefste Temperatur, die bei −273 °C liegt. Sie heißt absoluter Temperaturnullpunkt.
Dort beginnt die absolute Temperaturskala (Kelvin-Skala) mit dem Wert 0 Kelvin = 0 K.
Temperaturwerte auf der Kelvinskala werden mit T bezeichnet, ihre Einheit ist $[T] = 1$ K.
Die Abstände auf der Kelvin-Skala sind genauso groß wie auf der Celsius-Skala.

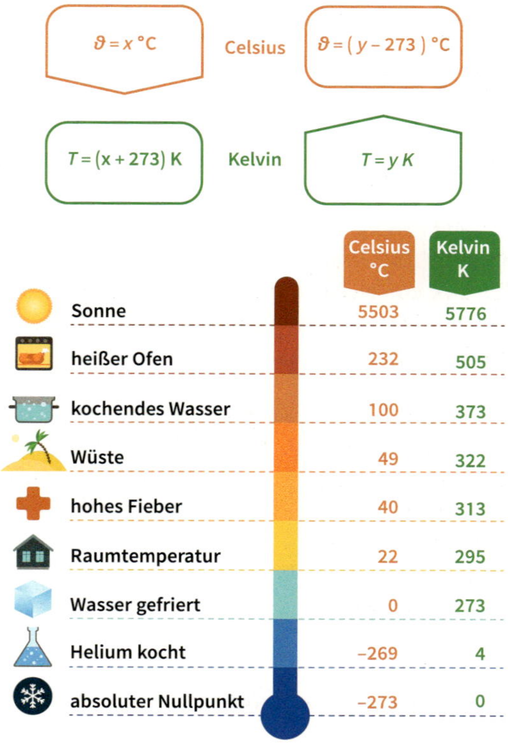

B3 *Celsius-Skala und Kelvin-Skala im Vergleich*

Temperaturunterschiede angeben – Da Celsius-Skala und Kelvin-Skala die gleichen Abstände benutzen, haben Temperaturunterschiede, z. B. zwischen $\vartheta_1 = 20\ ^\circ\text{C}$ ($T_1 = 293\ \text{K}$) und $\vartheta_2 = 22\ ^\circ\text{C}$ ($T_2 = 295\ \text{K}$), zahlenmäßig den gleichen Wert. Daher können die entsprechenden Temperaturdifferenzen wahlweise in °C oder in K angegeben werden, bei Celsius-Temperaturen also:

$$\Delta\vartheta = \vartheta_2 - \vartheta_1 = 22\ ^\circ\text{C} - 20\ ^\circ\text{C} = 2\ ^\circ\text{C} \text{ oder}$$

$$\Delta\vartheta = \vartheta_2 - \vartheta_1 = 22\ ^\circ\text{C} - 20\ ^\circ\text{C} = 2\ \text{K}\,.$$

Entsprechend bei Kelvin-Temperaturen:

$$\Delta T = T_2 - T_1 = 295\ \text{K} - 293\ \text{K} = 2\ \text{K} \text{ oder}$$

$$\Delta T = T_2 - T_1 = 295\ \text{K} - 293\ \text{K} = 2\ ^\circ\text{C}.$$

Im wissenschaftlichen oder technischen Bereich werden Temperaturdifferenzen allerdings fast ausschließlich in Kelvin angegeben.

Achtung! Hier musst du gut aufpassen! Dass 2 °C so viel wie 2 K sind, gilt nur für Temperatur<u>differenzen!</u> Wenn es sich bei den Angaben 2 °C bzw. 2 K um tatsächliche Temperaturen handeln würde, würde gelten:

$$\vartheta_3 = 2\ ^\circ\text{C} \;\rightarrow\; T_3 = 275\ \text{K} \quad \text{bzw.}$$

$$T_4 = 2\ \text{K} \;\rightarrow\; \vartheta_4 = -271\ ^\circ\text{C}.$$

Beispielaufgabe: Celsius und Kelvin

a) Gib die Außentemperatur an diesem warmen Sommertag in Celsius und in Kelvin an.

b) Im Winter kann die Temperatur auf –20 °C sinken. Gib die Temperaturdifferenz zur Temperaturanzeige im Bild in Grad Celsius und in Kelvin an.

Lösung:

a) Gegeben: $\vartheta_1 = 31\ ^\circ\text{C}$, gesucht: T

$T_1 = (273 + 31)\ \text{K} = 304\ \text{K}$

b) Gegeben: $\vartheta_2 = -20\ ^\circ\text{C}$, gesucht: $\Delta\vartheta$

$\Delta\vartheta = \vartheta_2 - \vartheta_1 = -20\ ^\circ\text{C} - 31\ ^\circ\text{C} = -51\ ^\circ\text{C}$ bzw.

$\Delta\vartheta = -51\ \text{K}$

Exkurs: Woher kommt Fahrenheit?

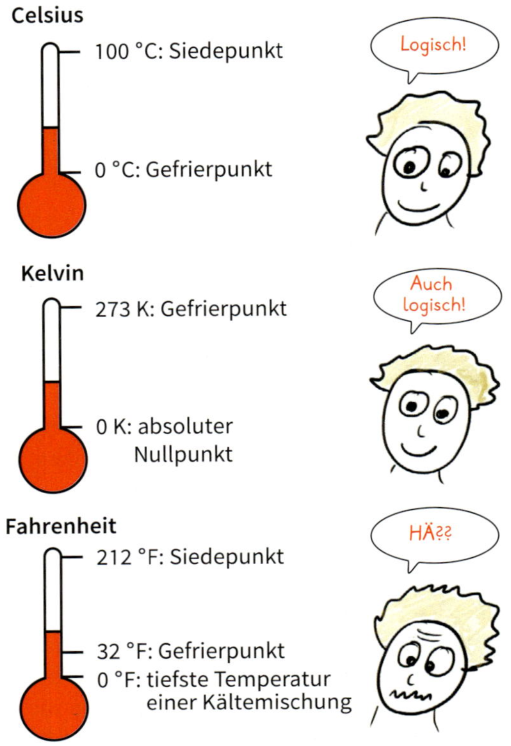

Ganz so wie im Cartoon dargestellt ist es nur aus heutiger Sicht. Daniel Gabriel FAHRENHEIT entwickelte seine Skala 1714. FAHRENHEITS Absicht war, auf negative Werte verzichten zu können. Daher wählte er als Nullpunkt seiner Skala (also 0 Grad Fahrenheit = 0 °F) die tiefste Temperatur, die er mit Wasser, Eis und Salmiak herstellen konnte. Diese liegt auf der Celsius-Skala bei −17,8 °C.
Als weitere Fixpunkte nahm er den Gefrierpunkt von Wasser mit 32 °F und die „Körpertemperatur unter der Achsel eines gesunden Menschen“ mit 96 °F, umgerechnet 35,6 °C. So kommt es, dass in den USA im Sommer manchmal Temperaturen über 100 Grad erreicht werden und die Menschen dort schon bei 30 Grad frieren.

Bis ins frühe 19. Jahrhundert wurde die Fahrenheit-Skala auch in ganz Europa verwendet, bis sie dann von der Celsius- und Kelvin-Skala abgelöst wurde. Lediglich in den USA und einigen englischsprachigen Ländern wird die Fahrenheit-Skala heute noch offiziell verwendet.

Löse selbst

1 Stell dir vor, du bist ein Hersteller von Flüssigkeitsthermometern und hast ein neues Modell entwickelt. Beschreibe ein Verfahren, um eine Skala für dieses Thermometer zu erstellen, wenn du
a) ein anderes Thermometer mit Skala;
b) kein Vergleichsthermometer zur Verfügung hast.

2 Recherchiere nach einer weiteren Temperaturskala außer der Fahrenheit-, Celsius- und der Kelvin-Skala. Erstelle ein Kurzreferat, in dem du folgende Fragen beantwortest:
- Wer hat die Skala eingeführt?
- Auf welchen Grundlagen beruht die Skala?
- Wann und wo wurde bzw. wird sie benutzt?

3 Du gibst einen Tropfen Milch in ein Glas heißes bzw. kaltes Wasser.

a) Erkläre mit dem Teilchenmodell die Unterschiede, die bei der Ausbreitung des Milchtropfens zu erwarten sind.
b) Überprüfe deine Vorhersage im Experiment. Dokumentiere den Versuch (evtl. mit Video).

4 Begründe folgende Aussage: „Die Temperatur ist ein Maß für die mittlere kinetische Energie und nicht für den mittleren Geschwindigkeitsbetrag der ungeordneten Teilchenbewegung."

5 In einem Gefäß sind zwei Flüssigkeiten gemischt, die aus unterschiedlich schweren Teilchen bestehen. Die Mischung der beiden Flüssigkeiten hat eine einheitliche Temperatur.

Begründe, ob die Aussagen jeweils wahr oder falsch sind. Berichtige falsche Aussagen:
Bei beiden Teilchensorten sind
a) die mittleren Geschwindigkeiten gleich;
b) die mittleren kinetischen Energien der ungeordneten Teilchenbewegung gleich.
c) Kühlt man das Gefäß ab, so kann sich auch nur bei einer Flüssigkeit die Temperatur verringern.

6 Zu Beginn einer Messung betrug die Temperatur $\vartheta_A = 27\ °C$, die Temperaturdifferenz zur Endtemperatur ϑ_E betrug
a) 23 °C b) –14 K c) –125 °C d) 88 K.
Bestimme jeweils die Endtemperatur.

7 a) Hans sagt: „Die Oberflächentemperatur der Sonne beträgt ca. 5000 K." Josefa behauptet, dass es ca. 5000 °C seien. Begründe, ob sie einander jeweils Ungenauigkeit vorwerfen können.

b) Valentina meint, dass ein Glas Wasser im Bord-Restaurant eines ICE während der Fahrt eine höhere Temperatur habe als beim Halt im Bahnhof. Schließlich sei ja die kinetische Energie der Wasserteilchen während der Fahrt größer als beim Halt. Hat Valentina Recht? Begründe deine Meinung ausführlich.

8 Robert Brown entdeckte im Jahr 1827 unter dem Mikroskop die Bewegung von Pollen in einer Flüssigkeit. Die Abbildung zeigt die Simulation einer solchen Bewegung auf dem Computer.

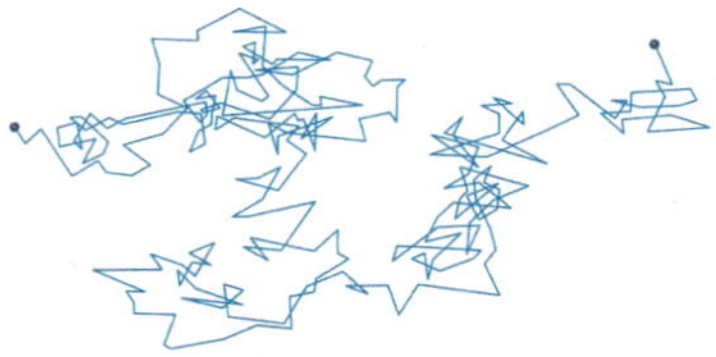

a) ↗ Recherchiere zum Begriff „Brown'sche Molekularbewegung". Hinterfrage dabei den Begriff „Molekularbewegung" kritisch. Präsentiere deine Ergebnisse in geeigneter Form.
b) Die Aussagen zu Gasen mit verschieden schweren Teilchen auf Seite 93 können mit Browns Beobachtungen bestätigt werden. Begründe dies.

9 ↗ Recherchiere zum Druckluftfeuerzeug und verfasse eine kurze Erklärung seiner Funktionsweise.

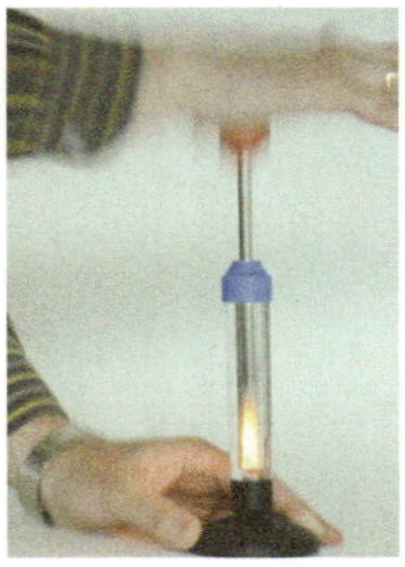

4.2 Innere Energie

B1 *Kleine Eisberge kühlen Getränke.*

B2 *Erst heiß duschen, dann nichts sehen.*

Änderungen des Aggregatzustands – Willst du im Sommer deine Getränke kühlen, wirfst du Eiswürfel hinein (Bild **B1**). Physikalisch gesprochen: Du mischst Wasser im **Aggregatzustand** *fest* mit Wasser im Aggregatzustand *flüssig*. Dabei vollzieht das Eis nach und nach eine Änderung des Aggregatzustands vom **Festkörper** zur **Flüssigkeit** – es **schmilzt**.

Wenn du heiß duschst, ist anschließend der Badezimmerspiegel beschlagen (Bild **B2**). Unsichtbarer Wasserdampf ändert an der kühlen Spiegelfläche seinen Aggregatzustand von *gasförmig* zu *flüssig* – er **kondensiert**. Aus einem Gas wird eine Flüssigkeit.

Im Alltag begegnen wir Wasser nicht nur in allen drei Aggregatzuständen. Wir kennen auch die Tatsache, dass sich diese ändern können. Bei den meisten Stoffen erfolgen diese Änderungen in der Reihenfolge fest-flüssig-gasförmig oder umgekehrt. Die Vorgänge, die dabei stattfinden, nennen wir **Schmelzen** bzw. **Erstarren** und **Verdampfen** bzw. **Kondensieren**.
Daneben gibt es auch direkte Übergänge zwischen fest und gasförmig. Diese Vorgänge heißen **Sublimation** bzw. **Resublimation**. Beispielsweise ist Trockeneis (festes CO_2), ein Festkörper, der bei Zimmertemperatur direkt in den gasförmigen Zustand übergeht (Bild **B3**).

! Merksatz

Materie kommt in den drei Aggregatzuständen fest, flüssig bzw. gasförmig vor. Sie kann von einem Aggregatzustand in einen anderen wechseln.
Die Vorgänge dabei nennt man:
fest ⇆ flüssig: schmelzen (→)/erstarren (←);
flüssig ⇆ gasförmig: verdampfen (→)/ kondensieren (←);
fest ⇆ gasförmig: sublimieren (→)/resublimieren (←).

Aggregatzustände und Teilchenmodell – Maja überlegt, ob sie sich die Unterschiede bei den Aggregatzuständen auch im Teilchenmodell erklären kann: „Wasser besteht nach dem Teilchenmodell in jedem der drei Aggregatzustände aus Teilchen, die sich ständig unregelmäßig und je nach Temperatur im Mittel schnell oder langsam bewegen.
Wasser als Flüssigkeit könnte ich mir dabei noch wie das Bällebad von Bild **B2**, Seite 92, vorstellen. Man kann die Bälle umschütten, aber sie bleiben trotzdem irgendwie zusammen, passen sich der Form des Gefäßes an und bilden eine glatte Oberfläche. Aber als Eisklotz ist Wasser ein Festkörper, der seine Form behält. Da muss ich das Modell noch anpassen ...“

Hier stößt das einfache Teilchenmodell „Bällebad“ tatsächlich an seine Grenzen. Wir müssen hier noch einen weiteren Punkt mit einbeziehen: Die Teilchen halten sowohl beim Festkörper als auch bei der Flüssigkeit zusammen – sie wechselwirken miteinander. Es bestehen mehr oder weniger starke **Bindungen** zwischen ihnen.

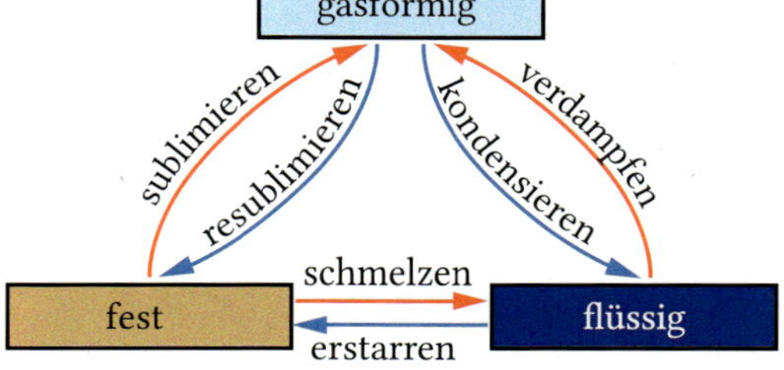

B3 *Jeder Übergang von einem Aggregatzustand in einen anderen hat eine eigene Bezeichnung.*

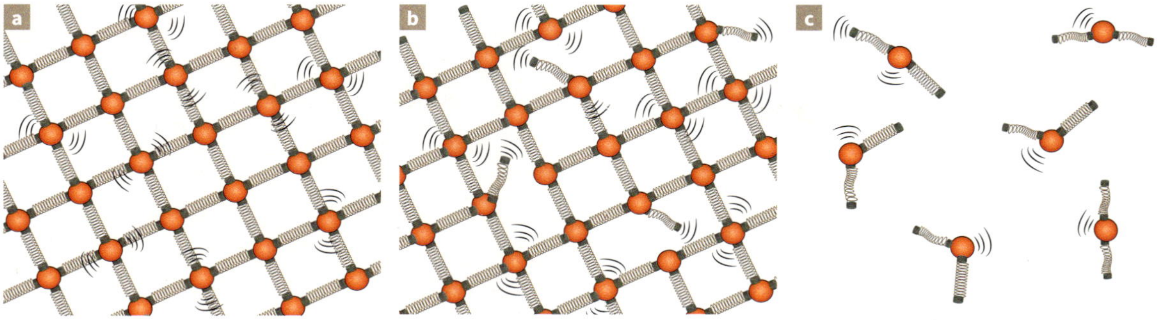

B4 *Die Aggregatzustände a) fest, b) flüssig und c) gasförmig lassen sich mit einem Teilchen-Federn-Modell veranschaulichen.*

Teilchen-Federn-Modell – Wir variieren und erweitern daher das bisherige Teilchenmodell. Dazu veranschaulichen wir die Bindungen, indem wir die Teilchen durch Eisenkugeln darstellen, die über Federn mit Magneten untereinander verbunden sind (Bild **B4**).

Beim *Festkörper* sind in diesem Modell alle Teilchen über Federn miteinander verbunden. Die Verbindungen sind fest und halten die Teilchen jeweils an einem Platz, um den sie ein wenig hin und her schwingen können (Bild **B4a**, Tabelle **T1**). Damit lässt sich z.B. erklären, dass Festkörper ihre Form beibehalten, solange nur kleine Kräfte auf sie wirken.

Bei *Flüssigkeiten* sind in diesem Modell schon einige Federn gelöst (Bild **B4b**, Tabelle **T1**), einige Bindungen wurden aufgebrochen. Dazu war Energie nötig. Die Teilchen sind nun im Mittel nicht mehr so stark miteinander verbunden und können auch ihre Plätze tauschen. Deshalb reichen schon kleine Kräfte, um Teile der Flüssigkeit gegeneinander zu verschieben. Daher passt sich eine Flüssigkeit immer der Gefäßform an.

Beim *Gas* werden alle Bindungen zwischen den Teilchen gelöst (Bild **B4c**, Tabelle **T1**). Auch hierzu ist Energie nötig. Die Teilchen im Modell haben nun keine Verbindungen mehr untereinander. Sie schwirren durcheinander, wobei sie immer wieder zusammenstoßen und ihre Bewegungen dadurch unregelmäßig werden. Gase nehmen daher den gesamten Raum ein, der ihnen zur Verfügung steht.
Dies lässt sich im Versuch **V1** demonstrieren. Nach einiger Zeit ist der Duft des Parfüms an jeder Stelle des Zimmers angelangt, ohne dass eine nennenswerte Luftströmung dazu beigetragen hat.

V1 Parfümriechen

Material: etwas Parfüm, Papiertaschentuch
Durchführung: Ein Schüler oder eine Schülerin übernimmt die Beobachterrolle. Der Rest der Klasse sitzt mit geschlossenen Augen am Platz, während die Lehrkraft vorne am Tisch etwas Parfüm auf ein Papiertaschentuch gibt. Sobald jemand das Parfüm riecht, hebt sie/er die Hand. Der Beobachter notiert die Reihenfolge der Meldungen.

	Festkörper	Flüssigkeit	Gas
Bewegung	Die Teilchen bewegen sich um ihren Platz hin und her.	Die Teilchen bewegen sich um ihren Platz hin und her und können Plätze tauschen.	Die Teilchen bewegen sich frei im Raum und stoßen immer wieder aneinander.
Bindungen	Sie üben starke Kräfte aufeinander aus.	Zwischen den Teilchen wirken schwache Kräfte.	Die Abstände sind so groß, dass Kräfte keine Rolle spielen.
Form	Die Teilchen haben einen festen Platz; der Gegenstand hat eine feste Form.	Die Teilchen lassen sich gegeneinander verschieben. Die Flüssigkeit nimmt meist die Form des Gefäßes an.	Die Teilchen bewegen sich frei. Das Gas nimmt den zur Verfügung stehenden Raum ein.

T1 *Zusammenfassung der Eigenschaften der Aggregatzustände im Teilchenmodell*

B1 *Aus dem Teilchenmodell ergibt sich eine Frage.*

t in min	ϑ in °C	Zustand
0	0	Eis-Wasser gemischt
2	0	wenig Eis geschmolzen
4	0	mehr Eis geschmolzen
6	0	fast alles Eis geschmolzen
8	1	nur noch Wasser
10	4	...
...	...	

B2 *Majas Beobachtungen beim Versuch* ***V1***

Zustandsänderungen und Energie – Maja hat sich das Teilchen-Federn-Modell angesehen. Sie hat sich überlegt, dass beim Erwärmen von Eis von z. B. −10 °C auf −2 °C die zugeführte Energie dazu dient, die mittlere kinetische Energie der schwingenden Teilchen zu vergrößern. Auch dass beim Schmelzen Energie benötigt wird, um Bindungen zu lösen, erscheint ihr plausibel.

Doch daraus ergeben sich für sie einige Fragen (Bild **B1**): Was passiert mit der Temperatur beim Schmelzen? Steigt sie einfach weiter an, während das Eis schmilzt? Maja beschließt, das mit einem Experiment zu untersuchen (Versuch **V1**).

V1 Eis schmelzen

Material:
Glasgefäß, zerstoßenes Eis, Wasser, Thermometer, Rührstab, evtl. Wärmequelle

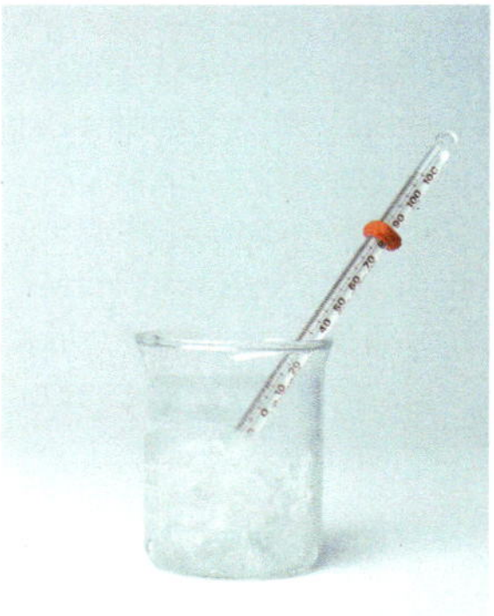

Durchführung: Man füllt zerstoßenes Eis in das Gefäß und gibt etwas Wasser hinzu. Dann steckt man das Thermometer in das Wasser-Eis-Gemisch. Nun wartet man entweder ab, bis das Eis bei Raumtemperatur langsam schmilzt, oder erhitzt es mit einer Wärmequelle. Dabei liest man kontinuierlich die Temperatur ab.

Maja stellt bei dem Versuch fest, dass das Thermometer die ganze Zeit über die gleiche Temperatur anzeigt – nämlich 0 °C (Bild **B2**). Erst nachdem alles Eis geschmolzen ist, beginnt die Temperatur zu steigen.

Während das Eis schmilzt, ändert sich also die mittlere kinetische Energie der Teilchen nicht. Die zugeführte Energie wird nur dazu verwendet, Bindungen zwischen den Teilchen zu lösen. Sie steckt nun als **potenzielle Energie** in den gelösten Bindungen und heißt daher auch **Bindungsenergie**. In einem Körper steckt also Energie, die man **innere Energie** nennt und die aus zwei Anteilen besteht: aus **innerer kinetischer Energie** (thermische Energie) und **innerer potenzieller Energie** (Bindungsenergie).

Ähnlich ist die Situation beim Verdampfen: Wird das Wasser weiter erhitzt, so beginnt es bei 100 °C zu sieden und verdampft nach und nach. Während des Verdampfens wird die zugeführte Energie wieder nur dafür genutzt, die Verbindungen zu lösen. Die Temperatur ändert sich dabei nicht.
Damit die Wassermenge wieder kondensiert bzw. erstarrt, muss man ihr jeweils die entsprechenden Energiemengen wieder entziehen. Gleiches gilt bei Stoffen, die sublimieren bzw. resublimieren.

! Merksatz

Beim Schmelzen, Verdampfen bzw. Sublimieren verringert die zugeführte Energie die Anzahl der Bindungen zwischen den Teilchen. Die Temperatur und damit die mittlere kinetische Energie der Teilchen bleiben konstant.
Beim Erstarren, Kondensieren bzw. Resublimieren der gleichen Materiemenge müssen entsprechend gleiche Energiemengen abgeführt werden.

Genaueres zur inneren Energie – Im vorigen Abschnitt haben wir aus Versuchen erschlossen, dass innere Energie aus zwei Anteilen besteht:

- Der *kinetische Anteil* (thermische Energie) besteht aus den kinetischen Energien für die ungeordnete Bewegung der Teilchen. Wenn er sich ändert, dann ändert sich auch die Temperatur des Gegenstands.
- Der *potenzielle Anteil* (Bindungsenergie) steckt in den gelösten Bindungen zwischen den Teilchen. Wenn er sich ändert, dann ändert sich der Aggregatzustand des Stoffes. Die Energiemengen, die man beim Schmelzen zuführt bzw. beim Erstarren abführen muss, nennt man **Schmelzwärme**. Entsprechend heißen die Energiemengen, die beim Verdampfen aufgenommen bzw. beim Kondensieren abgegeben werden, **Verdampfungswärme**. Die **Beispielaufgabe** zeigt, welche Rolle die Schmelzwärme bei der Obstblüte spielt.

! Merksatz

Wird einem Körper Energie zugeführt und ändert sich seine Temperatur (kinetischer Anteil) oder sein Aggregatzustand (potenzieller Anteil), so ändert sich seine innere Energie.

Beispielaufgabe: Obstschutz

Um die Blüten ihrer Bäume im Frühjahr vor Nachtfrost zu schützen, besprühen Obstbauern diese mit Wasser. Begründe dieses Vorgehen.

Lösung: Bei Nachtfrost bestehen Lufttemperaturen unter 0 °C. Die Blüten würden dann auch unter 0 °C abkühlen. Sobald das Wasser aber diese Temperatur erreicht hat, beginnt es zu erstarren und gibt dabei viel Energie an die umgebende Luft und die Blüten ab. Der Abkühlvorgang an den Blüten wird dadurch genügend verlangsamt, sodass die Blüten heil die eiskalte Nacht überstehen.

Löse selbst

1 Beschreibe jeweils die Eigenschaften und Vorgänge, die mit dem Teilchen-Federn-Modell passend beschrieben werden können
a) bei einem Festkörper; b) bei einer Flüssigkeit; c) bei einem Gas.

2 a) Wenn du Nudelwasser aufsetzt, solltest du den Topf mit einem Deckel verschließen. Begründe, dass du damit Energie sparen kannst.
b) Es ist empfehlenswert, nachdem das Wasser zu sieden begonnen hat („es kocht"), die Herdplatte runter zu regeln. Begründe.

3 Lässt man Wasser in einem Glas offen stehen, so geht es mit der Zeit, ohne zu sieden, in den gasförmigen Zustand über – es verdunstet.
H a) Nimm ein Thermometer und wickle einmal ein trockenes, einmal ein feuchtes Papiertaschentuch um das Vorratsgefäß/den Temperaturfühler. Lass dann das Thermometer etwa 5–10 Minuten liegen. Notiere jeweils Anfangs- und Endtemperatur. Beschreibe deine Beobachtungen und finde eine Erklärung mithilfe des Teilchenmodells.
b) Begründe mithilfe des Ergebnisses von a), dass sich eine nasse Badehose bzw. ein nasser Bikini auf der Haut immer kalt anfühlen.

4 Damit ein Stoff flüssig wird, reicht es, etwa 10 % der Bindungen zu lösen.
a) Stelle anhand dieser Information eine Vermutung auf, ob bei gleichmäßiger Energiezufuhr das Schmelzen von 100 g Eis bei 0 °C länger dauert als das Verdampfen von 100 g Wasser bei 100 °C. Begründe deine Vermutung.
b) Schätze den Zeitunterschied zwischen den beiden Vorgängen ab. Begründe deine Antwort.

5 **L** „Verbrennungen mit Wasserdampf von 100 °C sind wesentlich gefährlicher als Verbrühungen mit der entsprechenden Menge Wasser bei 100 °C."
a) Beurteile, ob sich diese Aussage mit dem Teilchenmodell begründen lässt.
b) Recherchiere entsprechende Zahlenwerte. Bestimme die Energiemengen, die von 1 g Wasserdampf mit 100 °C bzw. 1 g flüssigem Wasser mit 100 °C an die Haut (Temperatur: 35 °C) abgegeben werden. Vergleiche mit der Aussage am Anfang.

4.3 Druck

B1 *In allen Bildern spielen Druck, Druckunterschiede oder Druckänderungen eine wichtige Rolle.*

Druck, Druck, Druck – In Bild **B1** siehst du einige Beispiele, bei denen **Druck**, **Druckunterschiede** und **Druckänderungen** eine Rolle spielen. Der Mann in Bild **B1a** pustet den Ballon auf, indem er mit seinen Bauchmuskeln Luft in der Lunge zusammenpresst und so in den Ballon drückt.

Den Volleyball (Bild **B1b**) bläst man lieber nicht mit dem Mund auf. Aber auch in der Luftpumpe wird die Luft wie in der Lunge zuerst zusammengepresst, bevor sich das Ventil öffnet und sie in den Ball gedrückt wird.

Das Loch im Gartenschlauch bringt eine nasse Überraschung (Bild **B1c**), denn das Wasser steht unter Druck. Je größer dieser Druck ist, umso schneller schießt es zur Öffnung heraus. Zum Bewässern von Beeten und Feldern wird dieses Prinzip sogar bewusst genutzt.

Hai und Sardinen in Bild **B1d** spüren mit ihrem Seitenlinienorgan Druckänderungen im Wasser, die durch die Bewegungen anderer Lebewesen verursacht werden. So findet der Hai seine Beute und die Sardinen finden zu einem Schwarm zusammen.

Bei all diesen Vorgängen wird Luft (also ein Gas) oder Wasser (eine Flüssigkeit) mal mehr, mal weniger zusammengepresst. Man sagt dann, dass der Druck höher oder niedriger ist.

Man kann auf zweierlei Arten erreichen, dass Luft stärker zusammengepresst wird:
In Bild **B1a** presst der Mann immer mehr Luft in den Ballon hinein, der sich am Ende trotzdem kaum mehr weiter ausdehnt. Weil im gleichen Volumen nun mehr Luftteilchen Platz finden müssen, müssen sie dichter zusammenrücken.

Bei der Luftpumpe in Bild **B1b** kann man sehr schön erkennen, wie der Raum für die Luft im Kolben verringert wird. Auch hier müssen die Luftteilchen enger zusammenrücken.

! Merksatz

Druck beschreibt den Zustand, wie stark ein Gas (oder eine Flüssigkeit) zusammengepresst ist. Je stärker ein Gas zusammengepresst ist, umso größer ist der Druck.

B2 *Wenn man auf einer Seite auf das Luftpolster drückt, spürt man es auch an der anderen Hand.*

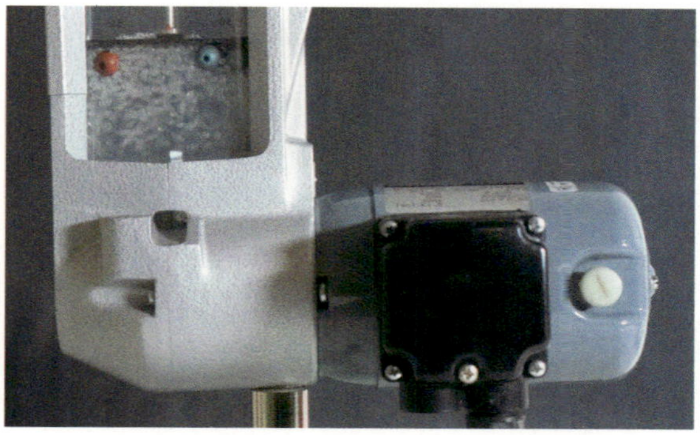

B3 *Der Modellversuch zum Druck stützt sich auf das Teilchenmodell von Gasen.*

Druck und Teilchen – Drückt Kim auf eine Seite des Luftpolsters (Bild **B2**), das empfindliche Gegenstände in Paketen schützen soll, so spürt sie dies an der zweiten Hand auf der anderen Seite.

Kim: Ich wundere mich wirklich, warum die Luftpolster so einen Widerstand haben und sogar die Finger an der anderen Hand auseinander drücken können. Luft ist doch nichts Festes.
Yuna: Und in einem Fahrradschlauch ist auch nur Luft – der Reifen bleibt auch dann stabil, wenn sich ein Erwachsener aufs Fahrrad setzt.
Kim: Vielleicht lässt sich das mit dem Teilchenmodell erklären. Da war doch die Vorstellung, dass die Luftteilchen wirr durcheinander fliegen. Dann prallen sie manchmal gegeneinander, aber sie stoßen auch immer wieder überall und in allen Richtungen an die Wand.
Yuna: Im Polster oder im Fahrradschlauch sind auch wirklich viele Teilchen. Dann kommt es zu sehr vielen Stößen mit der Wand. Ich habe da mal einen Modellversuch dazu gesehen. Der hilft uns bestimmt weiter.

Im Modellversuch von Bild **B3** rüttelt unten eine Platte schnell hin und her. Dadurch werden kleine Kugeln in die Luft gewirbelt und bewegen sich nun in der gesamten Kammer durcheinander – sie stellen die Gasteilchen dar. Die Kugeln stoßen immer wieder gegen die obere Platte und drücken sie nach oben. Diese „schwebt" nun auf den Teilchen. Mit dem Finger kann man die Platte nach unten drücken, wobei man einen Widerstand spürt. Lässt man wieder los, wird die Platte durch die Teilchenstöße wieder nach oben gedrückt. Die Kugeln prallen aber nicht nur gegen die obere Platte, sondern gegen alle Flächen der Gefäßwand. Daher spürt man den Druck und die Druckänderungen an jeder Stelle.

! Merksatz

Der Druck in Gasen lässt sich im Teilchenmodell dadurch erklären, dass die Gasteilchen immer wieder auf die Gefäßwände treffen und dort abprallen.

Der Luftdruck – Bei dem Luftpolster hat Kim den Druck deutlich mit der Hand an der Folie gespürt. Kim stellt sich aber noch eine weitere Frage zu Bild **B4**.

Kim: Freunde haben mir ein Foto aus einem Erlebnispark geschickt. Meinst du, dass man in dem Ball auch den Druck spürt, wenn man von außen drauf drückt?
Yuna: Ich denke schon. Denn die Teilchen stoßen ja auch mit den Menschen im Ball zusammen, also spüren die auch einen Druck. Und wenn wir an dem was ändern, dann merken die das auch.

Tatsächlich macht sich der Druck eines Gases auch bei jedem Gegenstand bemerkbar, der sich in dem Gas befindet.

B4 *Auch die Jugendlichen in den Bällen spüren den Druck der Luft um sie herum.*

Auch die Gasteilchen der Luft, die die Atmosphäre um uns herum bilden, prallen so auf unseren Körper. Wir sind also in der gleichen Situation wie die Personen im Bild **B4** auf Seite 103, nur dass die Luft um uns herum nicht von einer Kunststoffhülle umgeben ist.

Den **Luftdruck** in der Atmosphäre bemerken wir vor allem, wenn er sich ändert. Wenn du in einem Auto einen Berg hinab gefahren bist, dann spürst du einen „Druck in den Ohren". Dieses Signal kommt von unserem Trommelfell, das das **Innenohr** vom **Außenohr** abtrennt (Bild **B1**). Auf dem Berg herrscht ein geringerer Luftdruck als im Tal. Die Ohren haben sich darauf eingestellt. Durch den Rachen und die **eustachische Röhre** ist Luft aus dem Innenohr nach außen entwichen, sodass hier der gleiche Druck herrscht wie außen. Im Tal herrscht ein höherer Luftdruck, der sich zunächst nur im Außenohr bemerkbar macht. Daher wird das Trommelfell nach innen gedrückt. Dies schmerzt.

Mit dem Teilchenmodell kannst du das so beschreiben: Bei der Talfahrt trommeln von außen zunehmend mehr Teilchen gegen das Trommelfell als von innen. Das Trommelfell wirkt quasi wie ein Druckmessgerät, ein Manometer. Es zeigt Druckunterschiede zwischen innen und außen an. Durch entsprechende Schluckbewegungen kannst du aber leicht wieder für einen Druckausgleich zwischen innen und außen sorgen und so den Schmerz beseitigen.

Woher aber kommt es, dass der Luftdruck auf im Tal im Allgemeinen höher ist als auf einem Berg? Der Grund dafür ist die **Erdanziehungskraft**. Sie zieht die Gasteilchen tendenziell in Richtung Erdmittelpunkt.

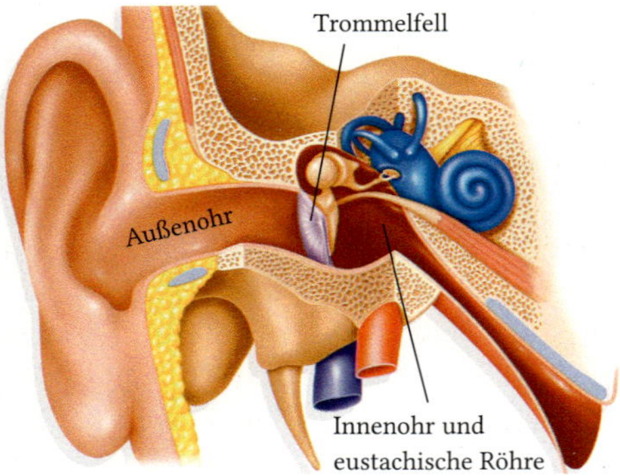

B1 *Das Trommelfell trennt das Außenohr vom Mittelohr und der eustachischen Röhre.*

Daher befinden sich nahe der Erdoberfläche mehr Teilchen in einem Volumen von einem Liter als in größeren Höhen. Diese sorgen dann für den höheren Druck (Bild **B3** und **Beispielaufgabe**). Vereinfacht gesprochen: Die oberen Luftschichten pressen mit ihrer Gewichtskraft die unteren zusammen. In einem Luftballon spielt das keine Rolle, der Druck ist dort überall gleich.
Die Erdanziehungskraft sorgt im Übrigen auch dafür, dass die Luft nicht in den Weltraum entweicht, sie ersetzt sozusagen die Ballonhülle.

Merksatz

Der Luftdruck in der Atmosphäre entsteht dadurch, dass die Gasteilchen der Luft durch die Erdanziehungskraft in Richtung Erdoberfläche gezogen werden.
Der Luftdruck nimmt mit zunehmender Höhe über der Erdoberfläche ab.

Beispielaufgabe: Verformte Flasche

Kim hat auf dem Berg noch einen kräftigen Schluck Wasser aus einer dünnwandigen Kunststoffflasche genommen. Danach dreht sie die Flasche gut zu und steckt sie in den Rucksack. Begründe, dass die Flasche zusammengedrückt sein wird, wenn Kim sie unten im Tal wieder aus dem Rucksack nimmt.

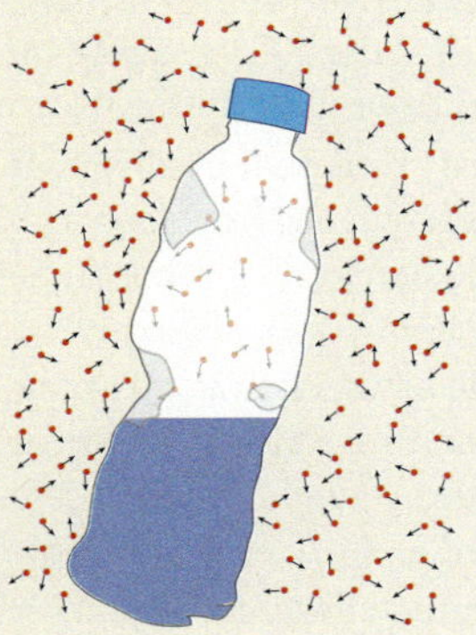

Lösung:
Der Luftdruck auf dem Berg ist geringer als im Tal. Kim hatte dort die Flasche geöffnet, sodass die Luft in der Flasche damals den gleichen Druck besaß wie die Luft außerhalb der Flasche.

Im Tal ist der Luftdruck in der Umgebung höher. Dort prallen in der gleichen Zeit von außen mehr Teilchen gegen die Wand als von innen. Daher drückt es die Flasche zusammen.

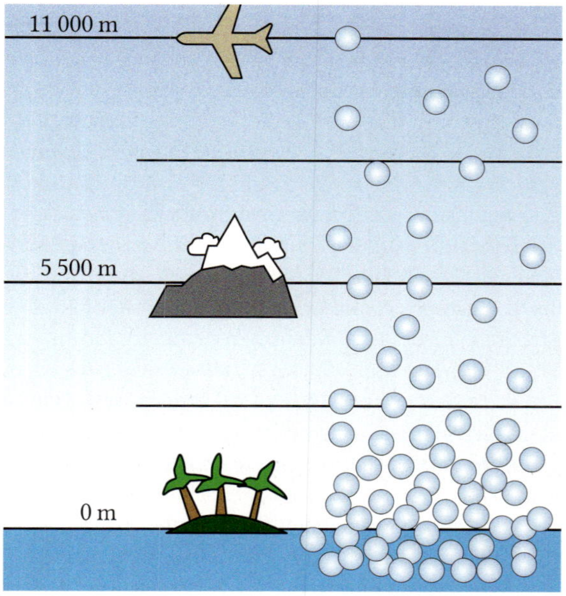

B2 *Wegen der Erdanziehungskraft zieht es die Gasteilchen in der Atmosphäre in Richtung Erdoberfläche.*

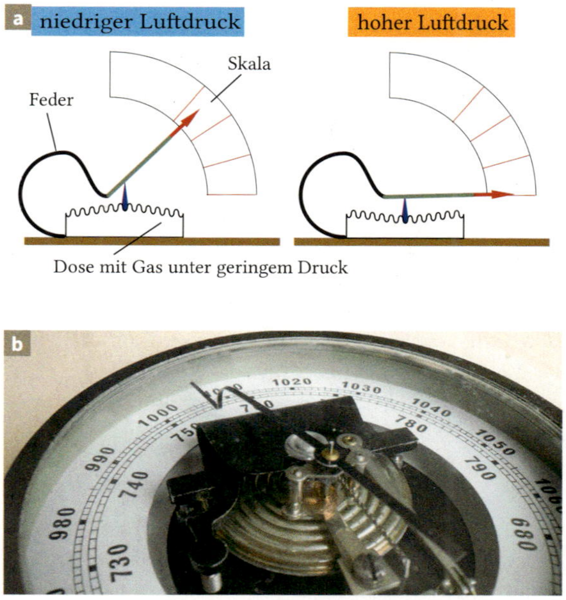

B3 *Dosenbarometer: a) Funktionsprinzip b) mit verschiedenen Druckskalen (außen: Hektopascal; innen: Torr)*

Druck messen – Druck misst man mit **Manometern**. Oft messen diese nur einen **Über-** oder **Unterdruck**, d. h. die Druckdifferenz gegenüber dem äußeren Luftdruck.

Als Formelzeichen für den Druck verwendet man p (engl. *pressure* – Druck), seine Einheit ist

$[p]$ = **1 Pascal** = 1 Pa.

Da 1 Pascal eine recht kleine Einheit ist, verwendet man häufig auch die Einheit

1 Hektopascal = 1 hPa = 100 Pa.

Im technischen Bereich, vor allem beim Luftdruck in Reifen, aber z. B. auch beim Druck in Wasserleitungen, wird die Einheit **1 bar** bzw. **1 mbar** (Millibar) verwendet:

1 bar = 1000 hPa = 100 000 Pa bzw. 1 mbar = 1 hPa.

In Meereshöhe gemessen beträgt der Luftdruck etwa 1 bar = 1000 hPa. Sein Mittelwert ist der sogenannte **Normaldruck** p_0 = 1013 hPa = 1013 mbar.

! Merksatz

Der Druck p wird gemessen in der Einheit
$[p]$ = 1 Pascal = 1 Pa.
Im technischen Bereich verwendet man auch
$[p]$ = 1 bar = 1000 hPa = 100 000 Pa = 10^5 Pa.

Barometer – Druckmessgeräte für den Luftdruck der Atmosphäre nennt man **Barometer**. Neben **Flüssigkeitsbarometern** (siehe auch **Kapitel 6.3**, Seite 158), die in ihrem Aufbau einem Thermometer ähneln, verwendet man vor allem **Dosenbarometer** (Bild **B3b**). Diese nutzen den Effekt, dass sich ein Dosendeckel verformt, wenn in der Dose ein anderer Druck herrscht als außen. Dazu wird eine Dose, die Gas unter sehr geringem Druck enthält, auf einem Untergrund befestigt. Eine Feder mit Zeiger wird so mit dem Dosendeckel verbunden, dass sich bei Druckänderungen der Zeiger bewegt. Erhöht sich der Luftdruck, so wird der Deckel weiter eingedrückt. Die veränderte Zeigerstellung gibt dann Auskunft über den aktuellen Wert (Bild **B3a**).

Am häufigsten werden Barometer in der Meteorologie verwendet. Sie gehören zu jeder Wetterstation. Oft geht ein steigender Luftdruck mit gutem und ein sinkender Luftdruck mit schlechtem Wetter einher. Bei besonderen Wetterlagen wie z. B. dem Föhn im Voralpenland zeigt allerdings ein sinkender Luftdruck schönes Wetter an. Da der Luftdruck mit der Hohe abnimmt, werden Barometer aber auch als Höhenmesser z. B. beim Bergsteigen eingesetzt. Hat man auf einer Berghütte übernachtet, muss man den Höhenmesser wieder neu einstellen, denn es könnte sich der Luftdruck geändert haben. Der Höhenmesser zeigt dann die falsche Höhe an.

Zustandsgrößen eines Gases – Die Größen **Druck**, **Temperatur**, **Volumen** und **Teilchenzahl** beschreiben den Zustand eines Gases. Man nennt sie daher auch **Zustandsgrößen**. Wird eine dieser Größen verändert, beeinflusst das mindestens eine weitere Größe. Wollen wir Zusammenhänge zwischen je zwei der Zustandsgrößen bestimmen, müssen wir die anderen konstant halten.

Mit einem **Simulationsprogramm** (Bild **B1**), das mit dem **Teilchenmodell** arbeitet, können Vorhersagen gewonnen werden, wie sich die Veränderung einer Größe auf eine andere Größe auswirkt. Um zu überprüfen, inwieweit das Simulationsprogramm richtige Vorhersagen liefert, bedarf es dann eines entsprechenden realen Experiments.

Beispielsweise kann das Simulationsprogramm einen Zusammnehang darstellen, der uns aus dem Alltag geläufig ist: Wenn man in ein Gefäß mit festem Volumen (z. B. eine Pressluftflasche) bei gleichbleibender Temperatur immer mehr Gasteilchen hineinpumpt, so steigt darin der Druck. Umgekehrt nimmt er ab, wenn man Gasteilchen aus dem Gefäß herauspumpt, wie es z. B. sogenannte Vakuumpumpen tun.

Im Folgenden werden mit der Simulation die Zusammenhänge zwischen folgenden Größen untersucht:

- Druck und Volumen – bei konstanter Temperatur;
- Druck und Temperatur – bei konstantem Volumen.

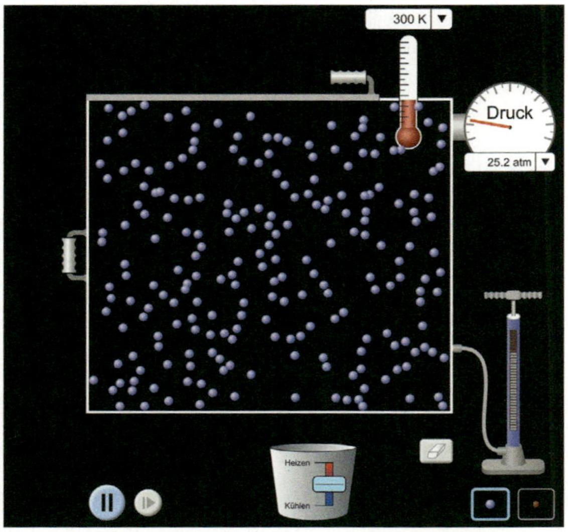

B1 *Simulation auf Grundlage des Teilchenmodells zur Erkundung der Zusammenhänge von Druck, Volumen und Temperatur.*

Dazu werden wir stets die Teilchenzahl unverändert lassen, d. h., wir sorgen dafür, dass weder Gasteilchen entweichen noch Gasteilchen dazukommen.

Druck und Volumen – Vergrößern wir die Kammer bei *konstanter Temperatur*, sinkt der Druck. Es kommt also in gleicher Zeit zu weniger Stößen mit der Wand, obwohl mittlere Geschwindigkeit und Anzahl der Teilchen gleich bleiben. Dies liegt daran, dass sich die Teilchen in der Kammer mehr verteilen können. Die Strecken, bis es zu Stößen untereinander oder mit der Wand kommt, sind nun im Mittel größer geworden. Daher finden solche Stöße nun seltener statt. Umgekehrt lässt sich so auch vorhersagen, dass der Druck bei gleichbleibender Temperatur steigt, wenn das Volumen des Gases verkleinert wird (siehe Bild **B2**).
Im Versuch **V1** lassen sich diese Vorhersagen bestätigen: Durch das Zusammendrücken der Luftpumpe wird das Volumen der eingeschlossenen Luft kleiner. Dabei zeigt das Manometer an, dass der Druck steigt. Beim Loslassen vergrößert sich das Volumen und der Druck sinkt wieder.

! Merksatz

Verkleinert man das Volumen eines Gases, wobei man dessen Temperatur konstant hält, so vergrößert sich der Druck. Umgekehrt verringert sich der Druck bei Volumenvergrößerung.

V1 Druck und Volumen

Material: Luftpumpe mit eingebautem Manometer
Durchführung: Halte die Öffnung der Luftpumpe zu und drücke den Hebel bzw. den Kolben nach unten. Lass anschließend den Hebel wieder los.
Auftrag: Notiere die Veränderungen an der Manometeranzeige und den maximal erreichten Druck.

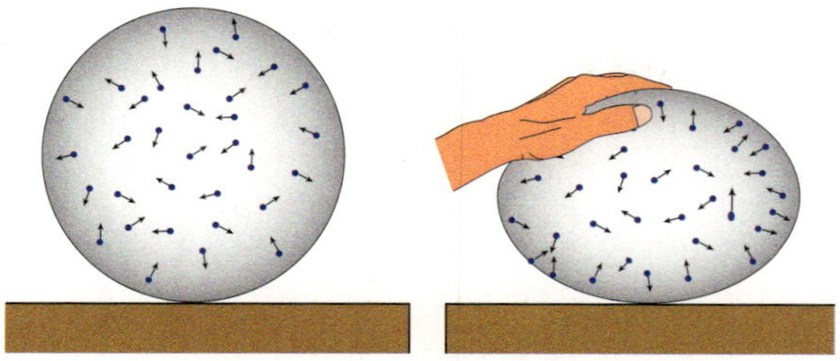

B2 *Die Gasteilchen stoßen gegen die Wand der Folie. Bei kleinerem Volumen treffen sie häufiger auf die Wand.*

Druck und Temperatur – Im Simulationsprogramm lässt sich auch das *Volumen konstant* halten, während man die Kammer erhitzt. Dabei steigt der Druck des eingeschlossenen Gases. Die Teilchen in der Kammer werden beim Erhitzen im Mittel immer schneller und benötigen daher weniger Zeit, um die Strecken zwischen den Teilchen bzw. den Wänden zurückzulegen. Es kommt daher pro Zeiteinheit zu mehr Stößen. Umgekehrt sinkt der Druck bei Abkühlung des Gases (siehe **Beispielaufgabe**).

Diese Vorhersage überprüfen wir im Versuch **V2**. Dabei ergibt sich sogar die Möglichkeit, den absoluten Temperaturnullpunkt zu bestimmen (siehe **Lernaufgabe**, Seite 108).

! Merksatz

Erhöht man die Temperatur eines Gases, wobei man das Volumen konstant hält, so vergrößert sich auch der Druck des Gases. Umgekehrt verringert sich der Druck bei Abkühlung des Gases.

V2 Druck und Temperatur

Material: dichtes Einmachglas, Barometer, Thermometer (evtl. Kombigerät), Topf, Wasser
Vorbereitung: Bringe das Thermometer so im Einmachglas an, dass es die Lufttemperatur misst. Stelle auch das Barometer ins Glas und verschließe dieses dann fest.
Durchführung: Erwärme das Glas im Wasserbad, bis das Thermometer ca. 60 °C anzeigt. Notiere dann Temperatur und Druck. Miss nun während des Abkühlens immer wieder den Druck und die Temperatur.
Tipp: Klopfe ab und zu mit dem Finger auf das Glas, da der Zeiger des Barometers manchmal etwas hängen bleiben kann.
Aufträge: a) Erstelle ein Messprotokoll.
b) Trage die Messwerte in einem Temperatur-Druck-Diagramm (ϑ-p-Diagramm) auf. Verwende dabei zusätzlich auch die Kelvin-Skala.
c) Formuliere einen Zusammenhang zwischen Druck und Temperatur einer eingeschlossenen Gasmenge.

Beispielaufgabe: Luftmatratze

Begründe folgenden Effekt mit dem Teilchenmodell: „Die Luftmatratze, die an Land prall aufgepumpt wurde, wird im kühleren Wasser schlapp."

Lösung:
Im kalten Wasser kühlt auch die Luft in der Luftmatratze ab. Daher verringert sich die mittlere Teilchengeschwindigkeit. Da die Teilchen deshalb seltener gegen die Wand stoßen, sinkt der Druck und der Widerstand der Luftmatratze gegen eine Formveränderung wird geringer. Die Luftmatratze erscheint daher schlapp.

Lernaufgabe: Absoluter Nullpunkt

Du benötigst den Aufbau von Versuch **V2**, Seite 107.

- Finde heraus, ob dein Barometer den Luftdruck orts- bzw. höhenkorrigiert anzeigt. Falls das der Fall ist, musst du die angezeigten Werte noch umrechnen. Informiere dich, wie das geht.
- Ermittle, welche Temperaturen maximal und minimal sinnvoll sind. Tipp: Man kann leicht selbst mit Haushaltsmitteln eine Kältemischung herstellen und Temperaturen deutlich unter 0 °C erzeugen. Recherchiere, wie das geht.
- Führe den Versuch wie angegeben so durch, dass du in einem möglichst großen Temperaturbereich möglichst viele Messwerte erhältst.
  Achte dabei auf Verbrennungs- und Erfrierungsgefahren!
  Erstelle aus den Messwerten ein ϑ-p-Diagramm.
- Ermittle mithilfe des Diagramms den Wert des absoluten Temperatur-Nullpunkts auf der Celsius-Skala. Überlege dazu, welche Bedeutung der Druckwert $p = 0$ Pa im Teilchenmodell hat. Beschreibe das Verfahren anschließend genau.
- Erläutere, welche experimentellen Schwierigkeiten bei der Fortführung des realen Experiments in Richtung tiefere Temperaturen auftreten könnten.

Sachtext 1: Saugheber

Saugheber werden z. B. verwendet, um Glasscheiben zu tragen oder um Beulen am Auto zu reparieren, ohne dabei den Lack zu beschädigen. Saugheber sitzen dabei fest an der Oberfläche, ohne dass sie mit ihr verklebt oder verschraubt sind. So funktionieren sie: Eine dicht abschließende Gummimembran wird auf die Oberfläche gesetzt. Anschließend wird das Volumen der eingeschlossenen Luft vergrößert, indem die Membran in der Mitte hochgezogen wird. Der Druck außerhalb ist nun deutlich größer als innen. Dadurch wird die Gummimembran gegen die jeweilige Oberfläche gedrückt. Von selbst verrutscht der Heber nicht mehr, solange die Membran am Rand dicht mit der Oberfläche abschließt.

Auch Handtuchhalter, die nur mit einem Saugnapf befestigt werden, um die Fliesen nicht zu beschädigen, funktionieren nach diesem Prinzip.

Sachtext 2: Vakuum

Je höher wir in unserer Atmosphäre kommen, desto weniger Teilchen schwirren umher. Der Luftdruck wird immer kleiner. Im Weltraum findet sich schließlich durchschnittlich nur ein Teilchen in einem Liter Raumvolumen. Das hat zur Folge, dass das Licht weit entfernter Sterne nahezu ungehindert zu uns auf die Erde gelangt.

Solch einen „luftleeren" Raum nennt man auch Vakuum (lat.: *vacuus* – leer). Er lässt sich auf der Erde mit entsprechenden Pumpen herstellen (**Bild**). Die Pumpen befördern dabei möglichst viele der Gasteilchen aus dem Behälter. Sinkt der Druck im Behälter unter 300 mbar, so erhält man ein Grobvakuum. Werden noch weitere Teilchen entfernt, so erhält man nacheinander:

Zum Vergleich: Bei Normaldruck befinden sich in einem Liter Luft ca. 10^{22} Gasteilchen, ausgeschrieben 10 000 000 000 000 000 000 000 Teilchen!

Feinvakuum (1 bis 0,001 mbar),
Hochvakuum ($1 \cdot 10^{-3}$ bis $1 \cdot 10^{-8}$ mbar) bzw.
Ultrahochvakuum ($1 \cdot 10^{-8}$ bis $1 \cdot 10^{-11}$ mbar).

Löse selbst

1 Erkläre folgende Effekte mit dem Teilchenmodell.
a) Ein Fahrradreifen droht in der Sonne zu platzen.
b) Nach einer schnellen Autobahnfahrt ist der Luftdruck im Reifen bis zu 0,2 bar höher als vorher.
c) Der Deckel auf einem Marmeladeglas sitzt sehr fest, wenn man die frisch gekochte Marmelade heiß ins Glas füllt und dann sofort verschließt.
d) Ein im Sommer hart aufgepumpter Fußball fühlt sich im Winter weicher an.

2 Beschreibe je zwei Vorgänge, bei denen sich der Druck eines Gases durch Volumenänderung
a) verringert; b) vergrößert.

3 Bei Behältern, die Gase enthalten, muss man darauf achten, dass der Druck in ihnen nicht zu groß wird.
a) Auf Spraydosen finden sich häufig Warnhinweise wie auf dem Bild. Gib für diese Warnungen eine ausführliche physikalische Begründung an. Recherchiere zudem die Bedeutung des Gefahrstoffsymbols. Leite daraus Regeln zum Umgang mit der Spraydose ab.

b) Propangasflaschen, wie sie z. B. in Wohnwagen oder für Gasgrills benutzt werden, haben ein Sicherheitsventil. Recherchiere dessen Funktion und stelle Regeln zum Umgang mit diesen Gasflaschen zusammen.

4 ↗ *„Schnellkochtopf explodiert: Junge Frau erleidet schwere Verbrennungen"* – Leider finden sich manchmal solche Meldungen in der Zeitung. Recherchiere über Funktionsweise und richtige Handhabung von Schnellkochtöpfen sowie die Gefahren bei Nichtbeachtung. Präsentiere deine Ergebnisse übersichtlich.

5 Die beiden Bilder rechts oben zeigen zwei Varianten von Handtuchhaltern mit Saugnapf. Im **Sachtext 1: Saugheber** findest du Informationen zum allgemeinen Funktionsprinzip.

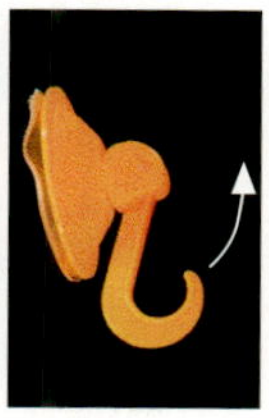

Erstelle ein Kurzreferat, in dem du die Funktionsweise der beiden Handtuchhalter detailliert erklärst. Begründe, dass die Variante mit Spritze deutlich besser an der Wand hält als die mit Hebel.

6 **H** **Schokokuss im Marmeladenglas**
Material: Marmeladenglas mit genügend großer Öffnung und Schraubdeckel, Luftballon, Schokokuss
Auftrag: Fertige jeweils ein Versuchsprotokoll an. Beschreibe und erkläre die Ergebnisse ausführlich. Der **Sachtext: Vakuum** kann dir dabei eine Hilfe sein.
a) Wärme das Glas mit heißem Wasser an. Stelle anschließend den Schokokuss ins Glas und verschließe es sofort. Kühle es anschließend möglichst weit ab. Beobachte den Schokokuss. Öffne dann den Deckel.
b) Verschließe das Glas mit dem Schokokuss, indem du einen Luftballon straff über die Öffnung spannst. Ziehe dann diese Ballonmembran nach oben, sodass sich das Luftvolumen vergrößert. Beobachte dabei den Schokokuss. Entferne dann die Membran.

c) Bohre ein Loch in den Glasdeckel und befestige darin luftdicht ein Stück Kunststoffschlauch. Stelle einen Schokokuss ins Glas und schließe es mit dem Deckel. Sauge durch den Schlauch nach und nach immer mehr Luft aus dem Glas. Drücke dazu den Schlauch zusammen, wenn du Luft holst.

7 **L** Untersuche mithilfe eines Simulationsprogramms zuerst folgende Situationen:
- Änderung des Drucks, wenn gleichzeitig Volumen und absolute Temperatur verdoppelt werden.
- Änderung der Temperatur, wenn gleichzeitig Volumen und Druck verdoppelt werden.
- Änderung des Volumens, wenn gleichzeitig Druck und absolute Temperatur verdoppelt werden.

Ermittle anschließend durch planvolles Vorgehen die quantitativen Zusammenhänge zwischen p und T bei konstantem Volumen bzw. zwischen V und p bei konstanter Temperatur.

4.4 Teilchenströme durch Druckunterschiede

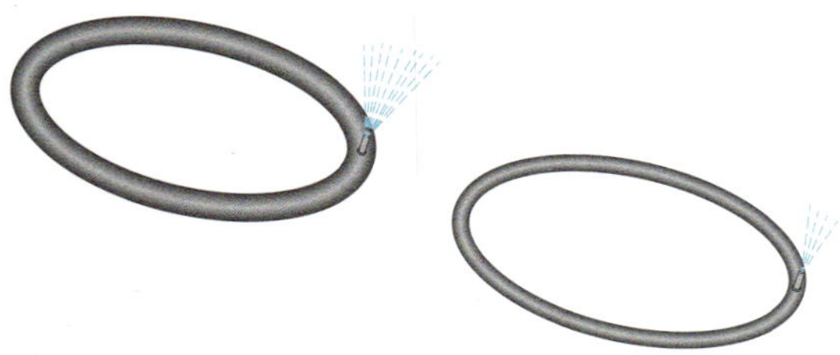

B1 *Öffnest du das Ventil beim aufgepumpten Schlauch, so strömt Luft heraus. Bei geringerem Druck im Schlauch strömt die Luft langsamer heraus.*

B2 *Der höhere Druck in der Wasserpistole sorgt dafür, dass das Wasser aus ihr herausspritzt. Wird der Druck geringer, ist auch die Austrittsgeschwindigkeit kleiner.*

Druckunterschiede sorgen für Antrieb. Wenn du bei einem aufgepumpten Fahrradschlauch das Ventil öffnest (Bild **B1**), strömt die Luft unter Zischen heraus. Du kannst hören und spüren, wie zunächst die Luft schnell und dann immer langsamer herausströmt. Nach einiger Zeit hört die Luftströmung dann auf. Der Druck im Schlauch ist dann genauso groß wie der äußere Luftdruck.

Bei den Spritzpistolen in Bild **B2** wird durch einen Pumpmechanismus zuerst Luft in einer Kammer zusammengepresst. Betätigt man den Abzug, so drückt diese dann auf der einen Seite des Vorratsbehälters auf das Wasser. Solange der Druck in der Druckluftkammer höher ist als der äußere Luftdruck, strömt dann Wasser aus der Pistolenöffnung (Bild **B3**).

Beiden Beispielen ist gemeinsam, dass die Luft bzw. das Wasser von einem Bereich, in dem höherer Druck herrscht, in einen Bereich hineinströmt, in dem ein geringerer Druck herrscht.

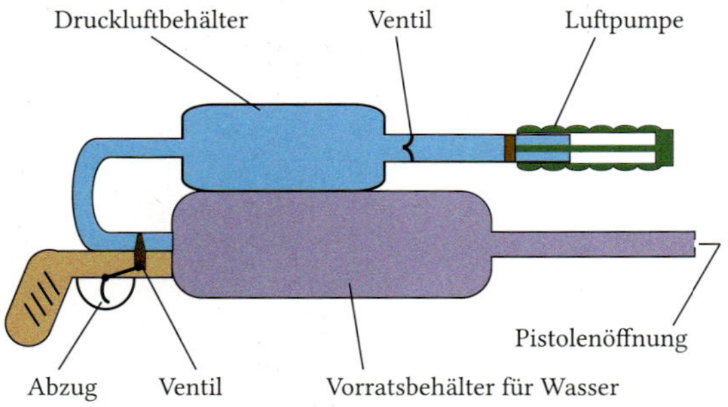

B3 *Querschnitt durch eine Wasserpistole, die mit Druckluft betrieben wird.*

Die Strömung der Gas- bzw. Flüssigkeitsteilchen findet so lange statt, wie ein Druckunterschied zwischen den beiden Bereichen besteht. Außerdem ist die Strömung umso schneller, je größer der Druckunterschied zwischen den beiden Bereichen ist. Dies gilt bei allen Flüssigkeiten und Gasen, wenn nicht die Bereiche hohen und niedrigen Drucks durch feste Barrieren wie z. B. Ventile voneinander getrennt sind.

! Merksatz

Gase und Flüssigkeiten strömen von einem Bereich hohen Drucks in einen Bereich niedrigen Drucks, wenn sich zwischen diesen Bereichen keine Barriere befindet. Je größer der Druckunterschied ist, desto schneller ist die Strömung.

Beispielaufgabe: Luftströme

Fatbike-Reifen (oben) haben ein großes Volumen und werden auf 0,4–0,8 bar Überdruck aufgepumpt. In dünnen Rennradreifen (unten) ist der Überdruck 5–10 bar. Du verbindest beide Reifen mit einem Schlauch. Begründe, von wo nach wo die Luft strömt.

Lösung: Zwar ist das Volumen des Fatbike-Reifens viel größer, aber entscheidend ist der jeweilige Druck. Daher strömt die Luft vom Rennradreifen (hoher Druck) fast vollständig in den Fatbike-Reifen (niedriger Druck).

Hoch und Tief macht Wind. In Nachrichtensendungen, Zeitungen oder im Internet finden sich **Wetterkarten**, auf denen **Hochdruck**- und **Tiefdruckgebiete** wie hier im Bild eingezeichnet sind. Die eingetragenen Zahlen geben den Luftdruck in Bodennähe an, wobei dieser Wert immer auf eine bestimmte Höhenlage (meist 0 m über Normalhöhennull – NHN) bezogen ist. Entlang der jeweiligen Linie hat der Luftdruck jeweils den gleichen Wert (Isobare); zwischen benachbarten Linien besteht jeweils ein Druckunterschied.

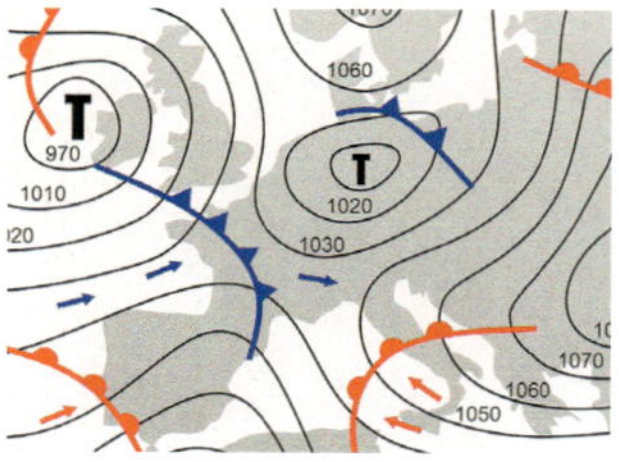

Diese Hochdruck- und Tiefdruckgebiete sind mit verantwortlich für unser aktuelles Wettergeschehen. Durch die Druckunterschiede zwischen den Gebieten kommt es zu entsprechenden Luftströmungen, mit denen z.B. Wasserdampf in großen Mengen transportiert wird. Die bodennahen Luftströmungen bemerken wir dann als mehr oder weniger heftigen Wind.

Je größer dabei der Druckunterschied über eine bestimmte Strecke (z.B. 100 km) ist, umso größer ist die Windstärke. Liegen die Linien daher nahe zusammen, sind größere Windstärken zu erwarten, als wenn die Linien weiter auseinanderliegen.

Die Luftmassen strömen prinzipiell von Hoch nach Tief. Infolgedessen wird im Tiefdruckgebiet Luft nach oben gedrückt und im Hochdruckgebiet sinkt Luft von oben nach (siehe Bild unten). Auf diese Weise kommt es zu einer ständigen Umwälzung der Luftschichten in der Atmosphäre. Die Rotation der Erde bewirkt dabei, dass diese Strömungen großräumige Wirbel ausbilden.

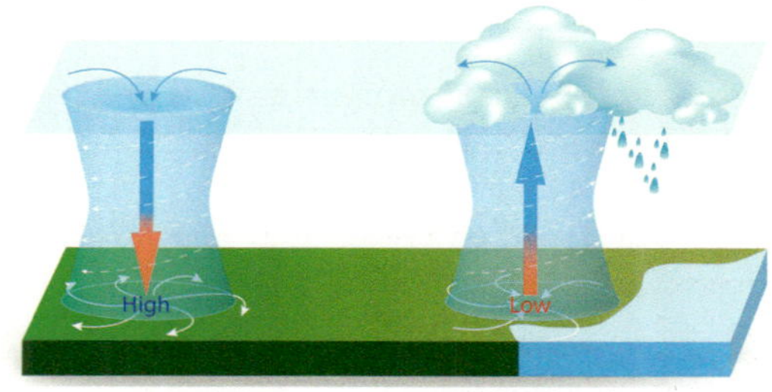

Hochdruckgebiet Tiefdruckgebiet

Löse selbst

1 H Verschließe eine leere, harte PET-Flasche.
a) Erwärme sie, indem du sie in warmes Wasser hältst. Öffne anschließend sofort den Deckel.
b) Kühle sie mit kaltem Wasser oder im Kühlschrank ab. Öffne anschließend sofort den Deckel.
Beschreibe und erkläre deine Beobachtungen.

2 Mit Luftpumpen füllt man Fahrradschläuche mit Luft.
a) Recherchiere den Aufbau einer Fahrradluftpumpe und fertige eine beschriftete Zeichnung dazu an.
b) Beschreibe detailliert die Druckverhältnisse während des Aufpumpvorgangs.
c) Öffnest du das Ventil eines Fahrradschlauchs, so strömt Luft aus. Das hört nach einiger Zeit auf. Der Schlauch ist trotzdem nicht luftleer. Begründe.
d) Du kannst durch Falten des Schlauches dafür sorgen, dass noch Restluft herausströmt. Erkläre das mithilfe der Druckverhältnisse detailliert.

3 Vergleiche den Zusammenhang zwischen Teilchenströmen und Druckunterschieden mit elektrischen Strömen. Stelle Gemeinsamkeiten und Unterschiede übersichtlich dar.

4 Ein Lkw-Reifen soll mithilfe eines Kompressors auf 7,5 bar (Überdruck) aufgepumpt werden.
a) Erläutere, dass der Kompressor dazu einen Mindestdruck erzeugen muss, und gib dessen Wert an.
b) Du hast zwei Reifen zur Verfügung, in denen jeweils ein Druck von 4,0 bar besteht. Du verbindest beide gleichzeitig über Schläuche mit einem Reifen, in dem der Druck 7,0 bar beträgt. Erläutere, in welche Richtung die Luft durch die Schläuche strömt.

5 Du atmest ständig ein und aus. Beschreibe mithilfe von Druckverhältnissen den Atemvorgang. Gehe insbesondere darauf ein, wie der Körper es schafft, die entsprechenden Druckverhältnisse zu erzeugen.

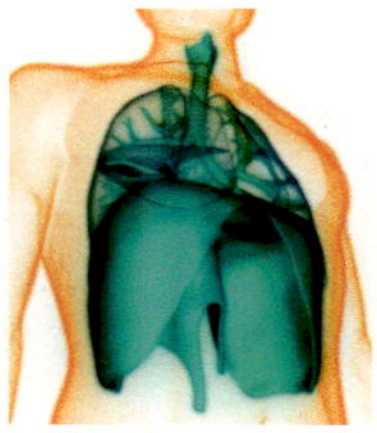

6 Aufgrund der Druckunterschiede und der Erdrotation bilden sich in der Erdatmosphäre bestimmte Strömungsmuster aus, die das Wetter großräumig bestimmen. Stellt dazu Recherchen an und präsentiert eure Ergebnisse in geeigneter Form.

Zusammenfassung

1. Temperaturskalen

Temperaturen werden auf der Celsius-Skala oder auf der Kelvin-Skala angegeben:

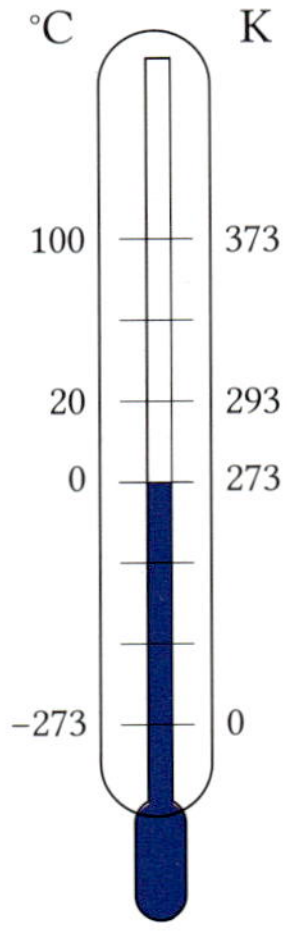

- *Celsius-Skala:* Temperaturen werden mit ϑ bezeichnet, die Einheit ist

  $$[\vartheta] = 1 \text{ Grad Celsius} = 1\ °\text{C}.$$

  0 °C ist die Temperatur, bei der Eis schmilzt, 100 °C ist die Temperatur, bei der Wasser siedet (bei Normaldruck).
- *Kelvin-Skala*: Temperaturen werden mit T bezeichnet, ihre Einheit ist

  $$[T] = 1 \text{ Kelvin} = 1\ \text{K}.$$

  Die Kelvin-Skala beginnt am absoluten Temperaturnullpunkt mit $T = 0\ \text{K} \Leftrightarrow \vartheta = -273(,15)\ °\text{C}$.
- Die Abstände auf der Kelvin-Skala sind genauso groß wie auf der Celsius-Skala: $\Delta T = 1\ \text{K} \Leftrightarrow \Delta\vartheta = 1\ °\text{C}$.

2. Innere Energie

Wird einem Körper Energie zugeführt und ändert sich seine Temperatur (kinetischer Anteil) bzw. sein Aggregatzustand (potenzieller Anteil), so ändert sich seine innere Energie.

3. Teilchenmodell, Temperatur, Aggregatzustände

Im *Teilchenmodell* stellt man sich Materie so vor:

- Alle Materie besteht aus kleinsten Teilchen.
- Sie sind in ständiger, unregelmäßiger Bewegung.
- Zwischen den Teilchen bestehen je nach Aggregatzustand verschieden viele Bindungen.

Die Temperatur eines Gases bzw. einer Flüssigkeit ist ein Maß für die mittlere kinetische Energie der ungeordneten Teilchenbewegung. Je höher die Temperatur ist, umso größer ist die mittlere kinetische Energie der Teilchen.

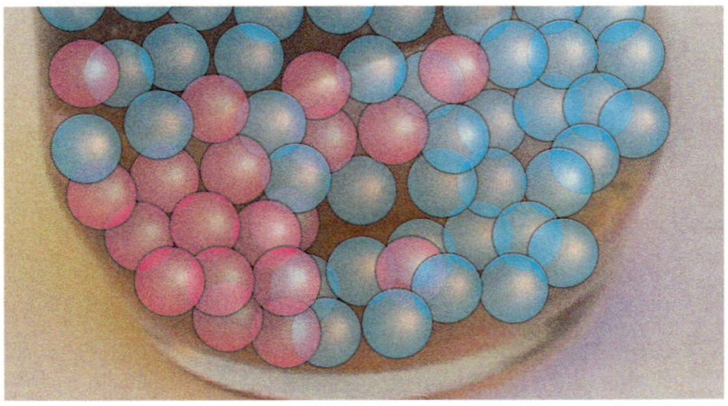

In *Festkörpern* sitzen die Teilchen aufgrund ihrer Bindungen auf festen Plätzen und schwingen unregelmäßig. In *Flüssigkeiten* sind einige Bindungen gelöst, sodass die Teilchen ihre Plätze wechseln können. In *Gasen* bestehen keine Bindungen zwischen den Teilchen.

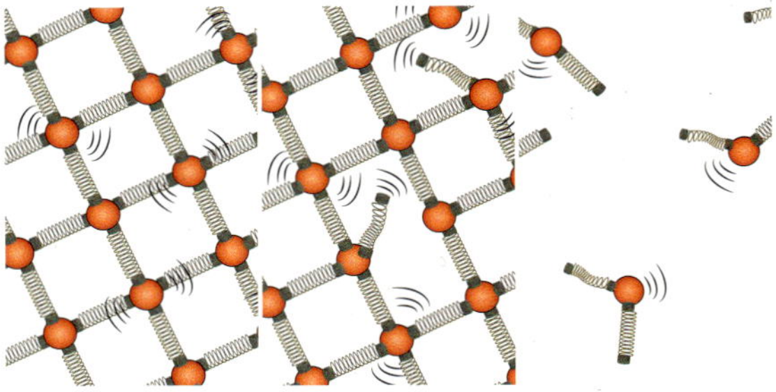

Bei Änderung des *Aggregatzustands* muss Energie zugeführt bzw. entzogen werden, um die Anzahl der Bindungen zwischen den Teilchen zu verringern bzw. zu vergrößern. Diese Energie vergrößert bzw. verringert den potenziellen Anteil der inneren Energie. Die Temperatur und damit der kinetische Anteil der inneren Energie bleiben dabei konstant.

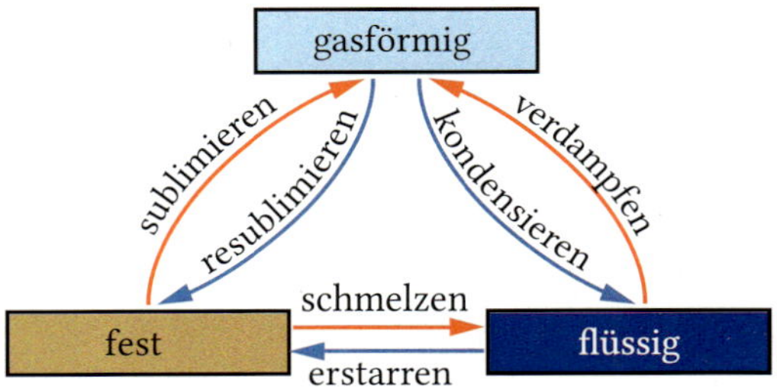

4. Druck

Der Druck p beschreibt, wie stark ein Gas bzw. eine Flüssigkeit zusammengepresst ist. Er wird gemessen in den Einheiten

$[p] = 1 \text{ Pascal} = 1 \text{ Pa}$ (internationale Einheit) bzw.
$[p] = 1 \text{ bar} = 1000 \text{ hPa} = 100\,000 \text{ Pa}$ (techn. Bereich).

- Verkleinert man das Volumen eines Gases bei gleichbleibender Temperatur, so vergrößert sich der Druck. Umgekehrt verringert sich der Druck bei Volumenvergrößerung.
- Erhöht man die Temperatur eines Gases bei gleichbleibendem Volumen, so vergrößert sich der Druck. Umgekehrt verringert sich der Druck bei Abkühlung.

Der mittlere Luftdruck in der Atmosphäre beträgt auf Meereshöhe 1013 hPa = 1,013 bar. Er nimmt mit zunehmender Höhe über der Erdoberfläche ab.

Aufgaben mit Lösungen

1 Gib jeweils in der Einheit Celsius und Kelvin an:
a) absoluter Temperaturnullpunkt
b) Gefrierpunkt von Wasser (bei Normaldruck)
c) Siedepunkt von Wasser (bei Normaldruck)
d) normale Zimmertemperatur
e) mittlere Körpertemperatur
f) lebensgefährliches Fieber
g) Temperatur in der Sauna
h) Temperatur an der Sonnenoberfläche

2 Beschreibe im Teilchenmodell die Veränderungen, wenn ein Gas
a) von 70 °C auf 20 °C abgekühlt wird;
b) von 253 K auf 350 K erhitzt wird;
c) kondensiert.

3 Rechne in die angegebenen Einheiten um:
a) 230 hPa (Pa, bar, mbar)
b) 980 mbar (Pa, hPa)
c) 4,5 bar (hPa, Pa)
d) 70 mPa (Pa, bar)

4 Klara hat sich ihr Nackenkissen für die Fahrt aufgeblasen und macht es sich gerade bequem, da hat sie den Eindruck, dass weniger Luft im Kissen ist. Kurze Zeit später ist das Kissen wieder prall, ohne dass sie es neu aufgeblasen hat. Ihr Bruder erklärt ihr, dass das ganz normal sei, sie würden ja auf einer gebirgigen Strecke fahren. Formuliere ausführlich Erklärungen für die beiden Beobachtungen.

5 Auf manchen Verpackungen von Lebensmitteln steht „vakuumverpackt“.

a) Gib einen Grund an, dass diese Art der Verpackung verwendet wird.
b) Stellt man ein Paket vakuumverpackten Kaffees unter eine Glasglocke und pumpt die Luft ab, so ändert sich die Form der Packung. Erkläre diese Veränderung mithilfe der Zustandsgrößen.
c) Lässt man wieder Luft in die Vakuumglocke, so ändert sich die Form der Packung wieder. Formuliere eine Vermutung und begründe sie.

6 Für Propangasflaschen gilt u. a. folgender Sicherheitshinweis: „Der Abstand von Druckgasflaschen zu Heizkörpern muss mindestens 0,5 Meter betragen.“ Begründe diesen Sicherheitshinweis physikalisch.

7 Beim Öffnen eines Kühlschranks erwärmt sich die Luft im Inneren ein wenig. Nach dem Schließen wird sie wieder abgekühlt. Diana glaubt, bemerkt zu haben, dass die Tür recht leicht aufgeht, wenn sie diese kurz danach wieder öffnet. Sie ist aber schwerer zu öffnen, wenn sie länger wartet.

a) Begründe, ob die Beobachtung von Diana zutreffend sein kann.
b) Überprüfe die Beobachtung von Diana in einem Experiment und dokumentiere es.

8 Tim behauptet: „In einem Raum mit warmer Luft müssen weniger Luftteilchen sein als in einem Raum mit kälterer Luft. Beim Erwärmen muss also Luft aus dem Raum strömen.“
a) Tims Aussage ist korrekt, wenn man für eine Zustandsgröße der Luft im Raum eine Annahme macht. Gib diese Zustandsgröße an und begründe, dass sich daraus Tims Aussage ergibt.
b) Nimm an, dass beim Erwärmen der Luft keine Teilchen nach außen strömen können. Gib eine Folgerung an, die sich für die Zustandsgrößen der Luft im Raum ergibt, und begründe sie.
c) Überprüfe experimentell, ob die Annahme von a) bzw. b) eher zutrifft.

9 Beschreibe folgende Vorgänge detailliert mithilfe der physikalischen Größe Druck.
a) Du bläst einen Luftballon auf.
b) Aus einer Campinggaskartusche strömt Gas aus.
c) Aus der Ritze zwischen Topfrand und Deckel strömt Wasserdampf heraus.
d) Beim Öffnen einer Vakuumverpackung kann man ein Zischen hören.
e) Eine Limonadenflasche zischt beim Öffnen.

Energie und Klima

Die Sonne liefert uns seit Jahrmilliarden Energie und bestimmt unser Wetter und Klima mit. Sie sorgt für eine bewohnbare Erde und über die Photosynthese der Pflanzen für unsere Nahrung.

In Kohle, Erdöl und Erdgas wurde über viele Millionen Jahre Sonnenenergie gespeichert, die der Mensch seit etwa zweihundert Jahren intensiv nutzt und damit das Klima der Erde in zunehmendem Maße beeinflusst.
Ein sorgsamer Umgang mit Umwelt und Ressourcen wird damit zu einer wichtigen Aufgabe der Gesellschaft und eines jeden Einzelnen.

5

Das kannst du in diesem Kapitel erreichen:

- Du untersuchst verschiedene Größen, von denen die Temperaturerhöhung eines Gegenstands abhängt.
- Du lernst den Begriff Wärme kennen und unterscheidest ihn von den Begriffen Temperatur und Arbeit.
- Du erkennst, dass Temperaturunterschiede zu einem Energietransport führen.
- Du führst ein Experiment zum Treibhauseffekt selbstständig durch.
- Du untersuchst die Energieflüsse in der Erdatmosphäre und beschreibst den Einfluss von Treibhausgasen auf die Temperatur der Erdatmosphäre.
- Du stellst Maßnahmen zur Einhaltung von Klimaschutzzielen zusammen.

5.1 Spezifische Wärmekapazität als Kenngröße

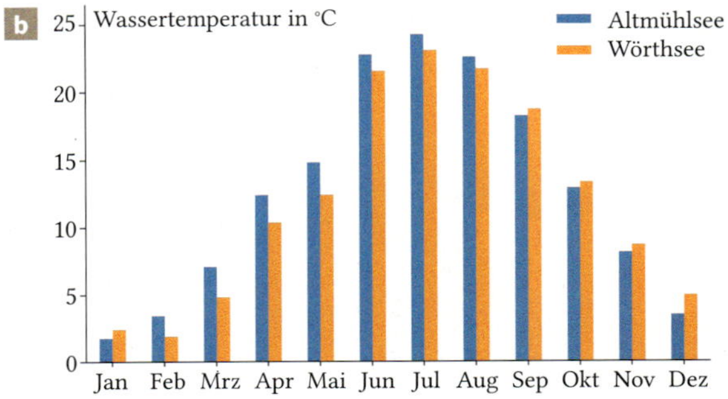

B1 *a) Die Strahlungsenergie der Sonne erwärmt den See.* *b) Jahresverlauf der Wassertemperatur in Altmühlsee und Wörthsee*

Seen erwärmen sich unterschiedlich. Jakob und Karla versuchen das Diagramm in Bild **B1b** zu interpretieren.

Jakob: Der Altmühlsee erreicht im Sommer eine höhere Temperatur als der Wörthsee.

Karla: Und er wird schneller warm. Außerdem kühlt er im Winter auf eine tiefere Temperatur ab. Am Altmühlsee war ich mal. Der ist recht klein.

Jakob: Hab gerade nachgeschaut: Im Wörthsee ist mehr als viermal soviel Wasser wie im Altmühlsee.

Karla: Dann muss der Wörthsee bis zum Sommer mehr Energie aufnehmen, damit er die gleiche Temperatur erreicht – oder?

Jakob: Und im Winter hat er noch mehr davon gespeichert. Aber bei beiden ist es die Sonnenstrahlung, die ihnen Energie zuführt, sodass die Wassertemperatur steigt.

Karla: Die Energie und die erreichte Temperatur müssen irgendwie zusammenhängen. Die Wassermasse spielt hier bestimmt auch eine wichtige Rolle.

Jakob: Ich vermute mal: Je mehr Wasser, umso mehr Energie muss zugeführt werden, um z. B. 21 °C zu erreichen. Lass uns das im Experiment überprüfen.

Karla: Aber überleg mal: Bei den beiden Seen kommen noch ganz viele Einflüsse von außen dazu. Strömung, unterschiedliche Sonneneinstrahlung, Oberfläche. Und dann hab ich mal gelesen, dass in der Tiefe das Wasser ganzjährig die gleiche Temperatur hat. Wenn wir unsere Vermutungen bestätigen wollen, brauchen wir ein Experiment, in dem das alles nicht vorkommt. Etwas Vereinfachtes. Statt der Sonne könnten wir z. B. mit einer Herdplatte Energie zuführen. Die liefert ja immerhin schon mal gleichmäßig Energie.

Jakob und Karla beginnen daraufhin einen Versuch zu planen. Hinweise zur Vorgehensweise findest du im Kasten **Kompetenz: Versuche planen, durchführen und auswerten.**

Kompetenz: Versuche planen, durchführen und auswerten

Physikalische Versuche dienen häufig dazu, eine Vermutung oder Hypothese zu überprüfen. Bei der Planung eines Versuchs solltest du so vorgehen:

Planung und Durchführung

① Formuliere zuerst eine Vermutung (Hypothese) möglichst exakt und physikalisch. Meistens wird es sich um einen Zusammenhang zwischen zwei Größen handeln (z. B. zugeführte Energie und Temperatur).

② Überlege, welche physikalischen Größen du im Experiment messen musst, um die Hypothese überprüfen zu können. Manche Größen (z. B. Energie) werden nicht direkt gemessen, sondern aus den Messwerten berechnet. Davon hängt auch ab, welche Messgeräte und Materialien benötigt werden.

③ Entwirf einen sinnvollen Aufbau und skizziere ihn. Achte dabei darauf, dass du bei der Durchführung möglichst nur eine Größe veränderst (z. B. die Heizdauer) und andere Einflussfaktoren unverändert lässt (z. B. Masse, Oberfläche). Überlege dabei auch, welche Sicherheitsregeln du bei der Durchführung beachten musst!

④ Notiere die Messwerte übersichtlich (Tabelle).

Auswertung:

Hilfreich bei der Auswertung sind passende Diagramme. An ihnen erkennst du schnell Zusammenhänge zwischen den Größen, die du oft als „Je-desto-Aussagen" formulieren kannst.

Eventuell erkennst du aber auch mathematische Zusammenhänge, z. B. in Form einer direkten oder indirekten Proportionalität.

Energiezufuhr und Temperaturänderung im Experiment – Hier siehst du, wie Karla und Jakob ihr Experiment planen.

In ihrer Hypothese (①) formulieren sie für das Erwärmen von Wasser eine Vermutung über den Zusammenhang zwischen Masse und zugeführter Energie.

Als benötigte Messgrößen (②) legen sie fest:

- die Masse *m* des Wassers;
- die zugeführte Energie ΔE; diese messen sie indirekt über die Leistung *P* der Heizplatte und die Heizdauer Δt;
- die Temperatur ϑ des Wassers.

Entsprechend stellen sie ihr Material zusammen.

Beim Aufbau (③) berücksichtigen sie, dass der Zusammenhang zwischen Masse und Energie nur dann erkennbar wird, wenn das Wasser jedes Mal von der gleichen Anfangstemperatur ϑ_A auf die gleiche Endtemperatur ϑ_E erhitzt wird.
Zudem beachten sie die Sicherheitsregeln (heißes Wasser kann ab 60 °C schon zu erheblichen Verbrühungen führen) und wollen das Wasser nur bis maximal 50 °C erwärmen.

Bei den Messwerten (④) notieren sie auch diejenigen Daten, die sich nicht ändern (Anfangstemperatur ϑ_A, Endtemperatur ϑ_E, Heizleistung *P*). So können sie unter Umständen diese Versuchsreihe mit anderen vergleichen, bei denen diese Werte geändert wurden.

Die anderen Werte erfassen sie übersichtlich in einer Tabelle, bei der sie auch nicht vergessen, die entprechenden Einheiten anzugeben.

V1 Schülerversuch: Temperaturerhöhung von Wasser

Planung des Experiments „Temperaturerhöhung von Wasser"

① Ziel:
Wir überprüfen die Hypothese: „Je größer die Masse einer Flüssigkeit ist, desto mehr Energie muss man ihr zuführen, um sie auf eine bestimmte Temperatur zu erwärmen."

② Messgrößen:
Masse m des Wassers, Temperatur ϑ, Zeitdauer Δt;
elektrische Leistung P
Mithilfe der Zeitdauer ermitteln wir indirekt die zugeführte Energie ΔE; sie ergibt sich aus „Leistung mal Zeitdauer".

Wir verändern jeweils die Masse m des Wassers.

Material: Wasser, Heizplatte, Waage, Stoppuhr, Thermometer

③ Aufbau:

Sicherheitsmaßnahmen: Das Wasser wird maximal bis zur Temperatur 50 °C erhitzt. Es wird regelmäßig umgerührt.

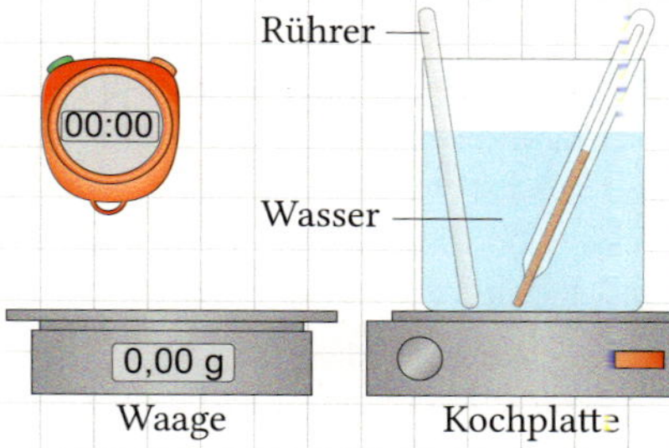

Die Anfangstemperatur ϑ_A und die Endtemperatur ϑ_E sollen jedes Mal gleich sein. Wir benutzen auch immer das gleiche Gefäß. Wir messen die Zeitspanne, die die Heizplatte benötigt, um das Wasser von ϑ_A auf ϑ_E zu erhitzen.

④ Messung: Wir beginnen bei ϑ_A = 20 °C (Raumtemperatur) und erhitzen jeweils bis ϑ_E = 50 °C. Die Leistung der Heizplatte beträgt P = 300 W.

Wir tragen die Messwerte in eine Tabelle ein:

Wassermenge m in kg	benötigte Zeit Δt in s	Energiezufuhr ΔE in kJ
XXXXXXXXXXX	XXXXXXXXXXX	XXXXXXXXXXX
XXXXXXXXXXX	XXXXXXXXXXX	XXXXXXXXXXX
XXXXXXXXXXX	XXXXXXXXXXX	XXXXXXXXXXX
XXXXXXXXXXX	XXXXXXXXXXX	XXXXXXXXXXX

Wassermenge m in kg	Zeitdauer Δt in s	Energiezufuhr ΔE in kJ	$\frac{\Delta E}{m}$ in $\frac{kJ}{kg}$
0,300	125	37,5	125
0,600	245	73,5	123
0,900	378	113	126
1,200	502	151	126

T1 *Verschiedene Wassermengen werden von 20 °C auf 50 °C mit einer Heizleistung von 300 W erwärmt.*

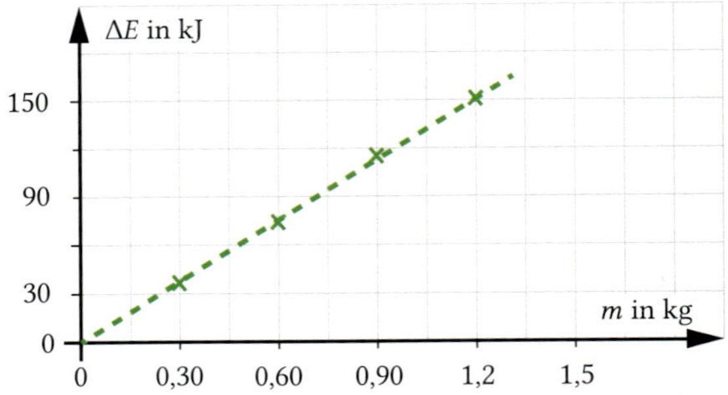

B2 *Diagramm zu den Messwerten aus der Tabelle **T1***

Proportionalitäten erkennen – Tabelle **T1** zeigt Messwerte aus Versuch **V1** auf Seite 117 für die Wassermassen m und die Zeitspannen Δt. Aus letzterem wurde mithilfe der Heizleistung die zugeführte Energiemenge ΔE berechnet (3. Spalte von links in Tabelle **T1**).

Zur Auswertung werden die Werte für m und ΔE in einem Diagramm dargestellt (Bild **B2**). Diesem kann man entnehmen, dass die Messpunkte auf einer Halbgeraden durch den Ursprung liegen. Die beiden Größen ΔE und m sind also direkt proportional zueinander:

$$\Delta E \sim m.$$

Die direkte Proportionalität können wir nicht nur graphisch nachweisen, sondern auch rechnerisch. In der letzten Spalte der Tabelle **T1** findet sich dazu der Quotient aus ΔE und m. Er hat im Rahmen der Messgenauigkeit stets den gleichen Wert (Abweichung kleiner als 3 %). Damit gilt also:

$$\frac{\Delta E}{m} = k \qquad \text{bzw.} \qquad \Delta E = k \cdot m,$$

k: Proportionalitätskonstante.

Dieser Zusammenhang gilt genauso bei anderen Stoffen und beim Abkühlen von Gegenständen.

Die Vermutung von Jakob und Karla hat sich also bestätigt: Je größer die Masse ist, umso mehr Energie muss man zuführen, um eine Erwärmung mit der gleichen Temperaturdifferenz herbeizuführen.

Wir können diesen Zusammenhang noch erweitern: Wird die Energie wie bei der Heizplatte gleichmäßig zugeführt, so ist ΔE direkt proportional zur Erwärmungsdauer Δt: $\Delta E \sim \Delta t$.

Damit können Jakob und Karla sich erklären, warum der Altmühlsee mit seiner geringeren Wassermasse schon im April 13 °C erreicht, der größere Wörthsee aber erst im Mai.

Merksatz

Bei gleicher Temperaturdifferenz ist die Energiemenge ΔE, die man beim Erwärmen zuführen bzw. beim Abkühlen abführen muss, direkt proportional zur Masse des Gegenstands:

$$\Delta E \sim m.$$

Hypothesen prüfen und erweitern – Der Aufbau des Experiments kann – bei geeigneter Versuchsdurchführung – ebenfalls dazu verwendet werden, weitere Hypothesen zu überprüfen. Diese können z. B. folgendermaßen lauten:

- *Hypothese 2:* „Führt man einer bestimmten Wassermenge mit konstanter Leistung Energie zu, so ist die Temperaturänderung direkt proportional zur Zeitdauer und damit zur zugeführten Energie."
- *Hypothese 3:* „Die Temperaturänderung ist (bei gleicher Masse und gleicher zugeführter Energiemenge) abhängig davon, welche Flüssigkeit erwärmt wird."

In der Tabelle **T2** finden sich Messergebnisse aus beispielhaft durchgeführten Experimenten, mit denen *Hypothese 2* und *Hypothese 3* überprüft werden sollten.

300 g Wasser	Heizleistung 300 W				
Δt in s	0	30	60	90	120
$\Delta\vartheta$ in K	0	7,0	15	21	29
300 g Speiseöl	Heizleistung 300 W				
Δt in s	0	30	60	90	XXXX
$\Delta\vartheta$ in K	0	14	30	41	XXXX

T2 *Messwerte zur Überprüfung der Hypothesen 2 und 3*

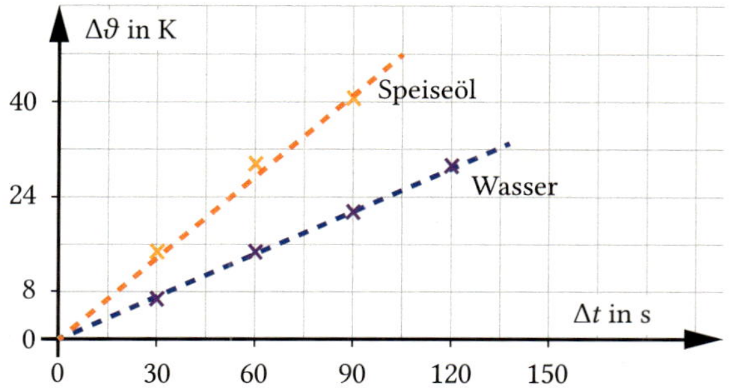

B3 *Diagramm zu den Messwerten von Tabelle **T2***

Stoff	c in $\frac{kJ}{kg \cdot K}$	Stoff	c in $\frac{kJ}{kg \cdot K}$
Wasser	4,2	Sand	0,83
Mineralöl	2,1	Eis (bei 0 °C)	2,1
Glycerin	2,4	Eisen, Stahl	0,45
Kupfer	0,38	Aluminium	0,90
Für Gase: bei konstantem Druck (1013 hPa)			
Luft	1,01	CO_2	0,85
Wasserdampf	1,86	Stickstoff	1,04

T3 *Spezifische Wärmekapazitäten einiger Stoffe*

Die Graphen in Bild **B3** bestätigen zunächst einmal die *Hypothese 2*: Sowohl bei Wasser als auch bei Speiseöl ist die Temperaturänderung $\Delta\vartheta$ direkt proportional zur Zeitdauer Δt der gleichmäßigen Energiezufuhr. Somit ist also – wegen $\Delta E = P \cdot \Delta t$ – die Temperaturänderung direkt proportional zur zugeführten Energiemenge (bei gleicher Masse):

$$\Delta E \sim \Delta\vartheta.$$

Wie auch bei der ersten Hypothese gilt dieser Zusammenhang auch beim Abkühlen.

Außerdem ist deutlich zu erkennen, dass sich Speiseöl bei gleicher Energiezufuhr schneller erhitzt als Wasser. Auch *Hypothese 3* hat sich somit bestätigt.

! Merksatz

Beim Erwärmen bzw. Abkühlen eines Körpers (mit gleichbleibender Masse) ist die erzielte Temperaturänderung $\Delta\vartheta$ direkt proportional zur zu- bzw. abgeführten Energiemenge ΔE:

$$\Delta E \sim \Delta\vartheta.$$

Eine Kenngröße für Stoffe – Aus der Überprüfung der ersten Hypothese und der *Hypothese 2* haben sich zwei Proportionalitäten ergeben, die sich zusammenfassen lassen: Die zu- bzw. abgeführte Energiemenge ΔE ist direkt proportional zum Produkt von m und $\Delta\vartheta$:

$$\Delta E \sim m \cdot \Delta\vartheta \quad \text{bzw.} \quad \Delta E = c \cdot m \cdot \Delta\vartheta,$$

c: Proportionalitätskonstante.

Die Proportionalitätskonstante c benutzen wir nun, um den Unterschied zwischen verschiedenen Stoffen mit Zahlenwerten zu charakterisieren. Sie heißt **spezifische Wärmekapazität**.

Die spezifische Wärmekapazität berechnen – Um diese spezifische Wärmekapazität c zu ermitteln, ist es nötig, außer den Werten für m und $\Delta\vartheta$ auch die Menge der zugeführten Energie zu kennen. Die hier verwendete 300-W-Heizplatte liefert in jeweils 30 s die Energiemenge

$$\Delta E = P \cdot \Delta t = 300\ \text{W} \cdot 30\ \text{s} = 9{,}0\ \text{kJ}.$$

Damit lässt sich c jeweils mit den Werten aus Tabelle **T2** berechnen. Man erhält

- für Wasser:

  $$c_{\text{Wasser}} = \frac{\Delta E}{m_{\text{Wasser}} \cdot \Delta\vartheta_{\text{Wasser}}} = \frac{9{,}0\ \text{kJ}}{0{,}300\ \text{kg} \cdot 7{,}0\ \text{K}} = 4{,}3\ \frac{\text{kJ}}{\text{kg} \cdot \text{K}}.$$

  Als Literaturwert wird für Wasser angegeben:

  $$c_{\text{Wasser}} = 4{,}19\ \frac{\text{kJ}}{\text{kg} \cdot \text{K}}.$$

  Das bedeutet: Will man 1 kg Wasser um 1 K erwärmen (z. B. von 20 °C auf 21 °C), benötigt man ca. 4,2 kJ Energie, für 1 g Wasser entsprechend nur 4,2 J.
- für Speiseöl:

  $$c_{\text{Öl}} = \frac{\Delta E}{m_{\text{Öl}} \cdot \Delta\vartheta_{\text{Öl}}} = \frac{9{,}0\ \text{kJ}}{0{,}300\ \text{kg} \cdot 14{,}0\ \text{K}} = 2{,}2\ \frac{\text{kJ}}{\text{kg} \cdot \text{K}}.$$

  In der Tabelle **T3** und im Anhang findest du Werte der spezifischen Wärmekapazität für weitere Stoffe.

! Merksatz

Erhöht oder verringert sich die Temperatur eines Körpers der Masse m ohne Änderung des Aggregatzustands um $\Delta\vartheta$, so muss Energie zu- oder abgeführt werden. Dabei gilt:

$$\Delta E = c \cdot m \cdot \Delta\vartheta.$$

Der Faktor c heißt spezifische Wärmekapazität, seine Einheit ist:

$$[c] = 1\ \frac{\text{J}}{\text{g} \cdot \text{K}} = 1\ \frac{\text{kJ}}{\text{kg} \cdot \text{K}}.$$

Beispielaufgabe: Wasser erwärmen

Das Diagramm zeigt den Temperaturverlauf, der beim Erwärmen von einem Liter Wasser mit einem Wasserkocher aufgenommen wurde, dessen Leistung 1,75 kW betrug.

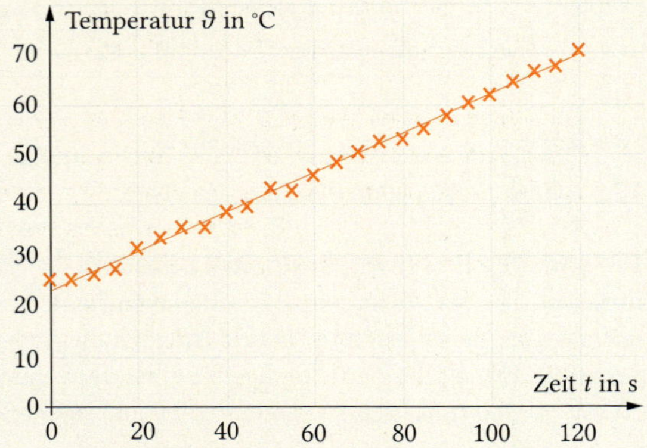

a) Formuliere eine Hypothese, die mit diesem Experiment überprüft werden kann.
b) Berechne auf zwei Arten die Energiemenge, die innerhalb der ersten 50 s dem Wasser zugeführt wurde. Erkläre den Unterschied zwischen den Ergebnissen.
c) Ermittle die voraussichtliche Zeitdauer, nach der das Wasser 95 °C erreicht.

Lösung:
a) Es kann z. B. die Hypothese „Die Dauer der Erwärmung und die Temperaturänderung sind zueinander direkt proportional" überprüft werden.
b) Die Energiemenge lässt sich anhand der elektrischen Leistung des Wasserkochers berechnen:

$$\Delta E = P \cdot \Delta t = 1{,}75\ \text{kW} \cdot 50\ \text{s} = 88\ \text{kJ}.$$

Sie kann auch aus der Temperaturzunahme ermittelt werden. Aus dem Diagramm liest man ab:

$$\Delta\vartheta = 43\ {}^\circ\text{C} - 25\ {}^\circ\text{C} = 18\ {}^\circ\text{C} \quad \text{bzw.} \quad \Delta\vartheta = 18\ \text{K}.$$

Also gilt:

$$\Delta E = c \cdot m \cdot \Delta\vartheta = 4{,}2\ \frac{\text{kJ}}{\text{kg} \cdot \text{K}} \cdot 1{,}0\ \text{kg} \cdot 18\ \text{K} = 76\ \text{kJ}.$$

Eine Ursache für die Abweichung liegt darin, dass die Energie des Wasserkochers nicht vollständig auf das Wasser übertragen wird. Auch die Umgebung und das Kochergehäuse werden erwärmt.
c) Erwärmung von 25 °C auf 95 °C:

$$\Delta E = 4{,}2\ \frac{\text{kJ}}{\text{kg} \cdot \text{K}} \cdot 1{,}0\ \text{kg} \cdot 70\ \text{K} = 294\ \text{kJ}.$$

Dafür benötigt der Wasserkocher die Zeitspanne

$$\Delta t = \frac{\Delta E}{P} = \frac{294\ \text{kJ}}{1{,}75\ \text{kW}} = 2{,}8\ \text{min}.$$

Exkurs: Temperaturschichtung in Seen

In Gewässern sind nur die oberen Wasserschichten der Sonneneinstrahlung ausgesetzt. Der jahreszeitliche Temperaturverlauf von Bild **B1** auf Seite 116 gilt daher nur für diese Wasserschicht.

In tiefen Seen liegen im Sommer und im Winter Wasserbereiche verschiedener Temperaturen übereinander, ohne sich zu vermischen (**Temperaturschichtung**). Im Sommer nimmt die Temperatur von oben her in den ersten Metern Wassertiefe nur wenig ab. In größerer Tiefe findet sich dann ein Temperatursprung zu einer darunterliegenden Wasserschicht, bis am Grund die Temperatur schließlich ganzjährig über 4 °C beträgt (Bild **a**).

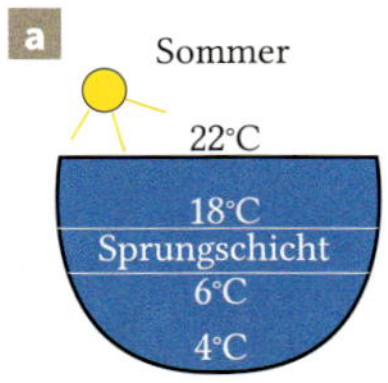

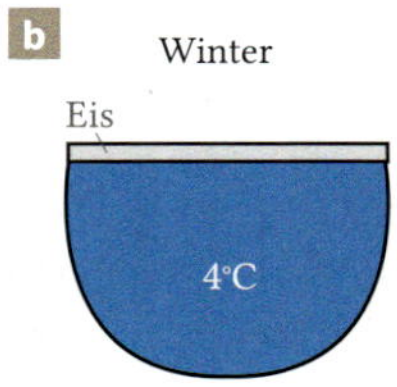

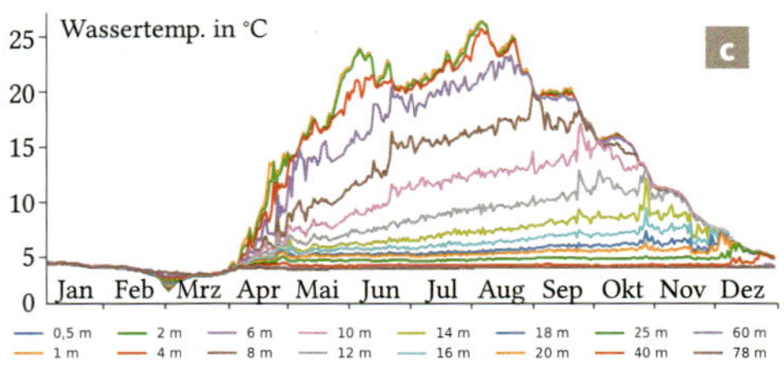

Ursache ist die **Dichteanomalie** des Wassers: Es besitzt bei 4 °C seine größte Dichte und sinkt daher zu Boden.
Auch im Winter bestimmt dieser Effekt die Temperaturschichtung im See: Unterhalb einer Eisschicht nimmt die Temperatur von 0 °C bis 4 °C zu (Bild **b**).

Mit Messungen in verschiedenen Tiefen wird der jahreszeitliche Verlauf der Wassertemperatur (z. B. im Ammersee bis in 80 m Tiefe) erfasst, um festzustellen, ob die alljährlichen Umwälzungen des Seewassers im Frühjahr und Herbst stattfinden. Diagramm **c** zeigt Ergebnisse aus dem Jahr 2018.

Löse selbst

1 Jakob formuliert als weitere Hypothese zur Erwärmung von Wasser: „Bei gleichmäßiger Energiezufuhr müsste gelten, dass nach gleicher Erwärmungsdauer die Temperaturzunahme um so geringer ausfällt, je größer die Masse des Wassers ist."
Plane ein zur Überprüfung der Hypothese geeignetes Experiment.

2 Identifiziere in der unten stehenden Auswahl diejenigen Hypothesen, die sich mit dem Experiment von Seite 117 überprüfen lassen. Begründe jeweils deine Entscheidung.
a) „Die Temperaturerhöhung des Wassers ist abhängig von der Umgebungstemperatur."
b) „Je größer das Volumen des Wassers ist, desto länger dauert die Erwärmung auf eine festgelegte Temperatur."
c) „Die Temperaturerhöhung des Wassers ist direkt proportional zur Zeitdauer der Energiezufuhr."
d) „Die Temperaturerhöhung ist abhängig von der Oberfläche des Gefäßes."

3 In einem weiteren Experiment zur Erwärmung von Wasser wurden folgende Messwerte nach jeweils 60 s Heizzeit mit gleichbleibender Leistung ermittelt:

m in kg	0,2	0,4	0,6	0,8	1,0
ϑ_{Anf} in °C	16,2	16,4	15,9	17,3	17,0
ϑ_{End} in °C	31,2	24,8	21,6	21,3	20,3

a) Erstelle anhand der Tabelle ein m-$\Delta\vartheta$-Diagramm.
b) Formuliere den Zusammenhang, der durch dieses Diagramm beschrieben wird, als „Je-desto-Aussage".
c) ↗ Bestimme die Heizleistung rechnerisch.

4 Eine mit Wasser gefüllte 1-L-Flasche und eine ansonsten gleiche, aber leere Flasche werden gleichzeitig in die Sonne gestellt. Man misst die Temperatur des Flascheninhalts.
a) Erläutere den Unterschied im Temperaturverlauf der Flascheninhalte.
b) ↗ Begründe, dass es zwei Ursachen für den unterschiedlichen Temperaturverlauf gibt.
c) ↑ Nimm an, dass die Sonnenstrahlung mit einer Leistung von 40 W den Flascheninhalt erwärmt. Bestimme die Temperaturänderung, die sich so jeweils bei den Flaschen nach 10 Minuten ergeben würde.

5 ↗ Die vom menschlichen Körper abgegebene Wärmeleistung kann mit 100 W abgeschätzt werden. Berechne, um wie viel °C die Raumluft in deinem Klassenzimmer innerhalb einer Physikstunde ansteigen wird. Ermittle alle benötigten Daten selbst.

6 500 g Wasser werden von 20 °C auf 50 °C erhitzt.
a) Berechne die dazu erforderliche Energiemenge.
b) Lukas behauptet: „Die Energie für die Erwärmung von 20 °C auf 80 °C kann ich ohne Mühe ausrechnen."
Beschreibe, wie er dazu vorgehen würde.

7 In einer Waschmaschine werden 10 L Wasser durch einen Heizstab von 15 °C auf 60 °C bzw. 90 °C aufgeheizt.

a) Berechne jeweils die hierfür benötigte Energie in kWh.
b) Der Heizstab hat eine Leistung von 2000 W. Bestimme die Zeitspanne, bis das Wasser jeweils die Endtemperatur erreicht.
c) ↑ L Der Motor für die Waschtrommel hat meist eine Leistung von ca. 600 W. Mithilfe eines elektrischen Leistungsmessgeräts kannst du die Zeiten ermitteln, zu denen der Heizstab (vgl. b) bzw. der Motor in Betrieb ist. Dokumentiere diese Zeiten und fertige ein passendes Diagramm an.

8 Eine Glasflasche ($m_{Glas} = 400$ g; $c_{Glas} = 0{,}80\ \frac{kJ}{kg\,K}$) mit 0,7 L Wasser wird im Kühlschrank von 20 °C auf 8 °C gekühlt. Berechne die Energiemenge, die Glas und Wasser dabei insgesamt entzogen werden muss.

9 ↑ Die spezifische Wärmekapazität eines festen Körpers kann man im Experiment untersuchen, indem man ihn in siedendem Wasser erhitzt und anschließend in ein Becherglas mit kaltem Wasser stellt. In diesem misst man eine Temperaturerhöhung. Plane ein zu dieser Beschreibung passendes Experiment und führe es durch. Beachte die Hinweise für sicheres Experimentieren.

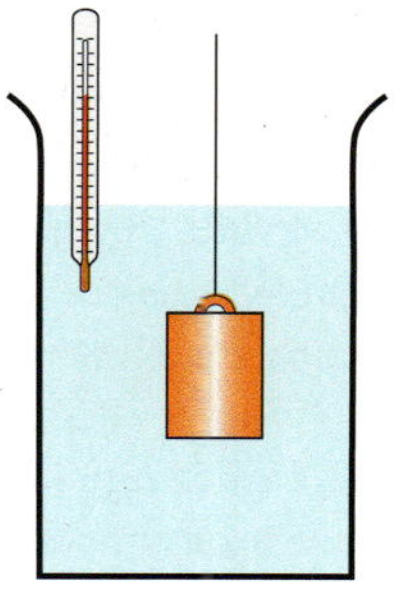

5.2 Energieströme durch Temperaturunterschiede

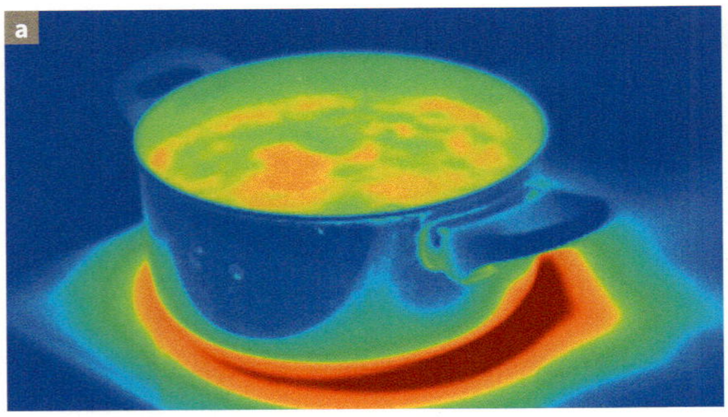

B1 *Beispiele für Energieübertragung durch Wärme: a) Eine Kochplatte erwärmt Topf und Wasser. b) Das Getränk kühlt im Bach ab.*

Innere Energie unterwegs: als Wärme – Bild **B1** zeigt Situationen, bei denen Energie zwischen Körpern übertragen wird, die miteinander in Kontakt stehen. So führt die Kochplatte (kein Induktionsherd!) dem Topf und vor allem dem Wasser darin Energie zu, sodass sich beide erwärmen – ihre innere Energie nimmt zu (Bild **B1a**). Würde nicht weiter geheizt, würde sich dadurch die Temperatur der Kochplatte verringern.
Auch in anderer Richtung kann der Vorgang ausgenutzt werden: Das lauwarme Getränk in der Flasche kühlt im kalten Bachwasser ab. Hier muss also innere Energie vom Getränk auf das Wasser des Baches übertragen werden – das sich dabei unmerklich erwärmt (Bild **B1b**).

In beiden Situationen ändert sich für jeden beteiligten Körper (jedes System) die innere Energie, indem Energie vom System mit der höheren Temperatur zum System mit der niedrigeren Temperatur übertragen wird. Daraus entsteht die Vermutung, dass der Energietransport endet, wenn die Temperaturen ausgeglichen sind. Diese Vermutung wird im Versuch **V1** untersucht.

V1 Getränkekühlung

Frage: Endet der Energietransport, wenn die Temperaturen von zwei Körpern sich angeglichen haben?

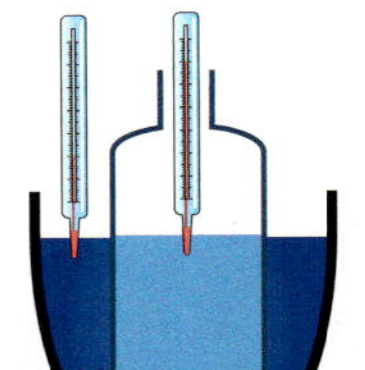

Material: großes Gefäß (Topf); kleines Gefäß (Flasche); zwei Thermometer

Durchführung: Fülle den Topf mit kaltem Wasser, die Flasche mit Wasser von 50 °C. Stelle die Flasche in den Topf. Miss in jedem Gefäß die Temperatur, bis sich keine Änderungen mehr ergeben.

Bild **B2** stellt qualitativ das Ergebnis des Versuchs **V1** dar: Der Energietransport findet solange statt, bis die Temperaturdifferenz $\Delta T = 0$ K erreicht ist, sich die Temperaturen der beiden Systeme also angeglichen haben. Dann ändert sich daran nichts mehr.

Der Energietransport findet bei diesem Prozess <u>ausschließlich</u> vom Konto der inneren Energie des einen Systems $E_{i,1}$ zum Konto der inneren Energie des anderen Systems $E_{i,2}$ statt. Die beiden Kontostände verändern sich entsprechend und sind im Gegensatz zur Temperatur fast immer unterschiedlich.

System 1 gewinnt auf seinem Konto den Energiebetrag ΔE_i hinzu; entsprechend gibt System 2 diese Energiemenge ab. ΔE_i ist also vom einen System zum anderen unterwegs und wird als **Wärme *Q*** bezeichnet. In Bild **B2** ist das mit Pfeilen symbolisiert. Da es sich bei Q um eine Energiemenge handelt, ist ihre Einheit

$$[Q] = 1 \text{ Joule} = 1 \text{ J}.$$

! Merksatz

Die Menge an innerer Energie ΔE_i, die von einem Gegenstand mit höherer Temperatur zu einem Gegenstand mit niedrigerer Temperatur übertragen wird bezeichnet man als Wärme Q.
Durch Zu- oder Abfuhr von Wärme verändert sich die innere Energie eines Körpers: $Q = \Delta E_i$.
Die Einheit der Wärme ist $[Q] = 1$ Joule.

Im **Exkurs: Kühlschrank und Wärmepumpe**, Seite 128, erfährst du, wie sich Wärme von einem Gegenstand mit geringerer Temperatur zu einem Gegenstand mit höherer Temperatur übertragen lässt. Hierzu muss man allerdings zusätzliche Energie aufwenden.

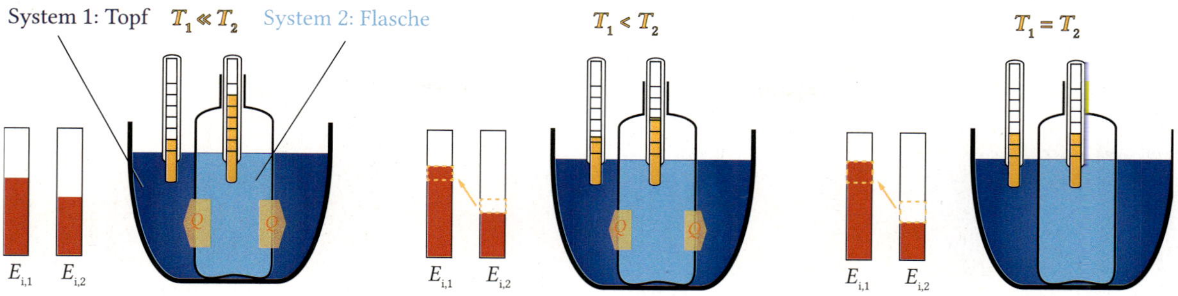

B2 *Zwischen Körpern unterschiedlicher Temperatur wird Wärme übertragen, bis die Temperaturen sich angeglichen haben.*

Innere Energie ändern: durch Arbeit – Die Thermografie in Bild **B3a** zeigt, dass sich beim Bremsen des Fahrrads die Bremsscheibe stark erwärmt. Beim Fräsen von Metallen wie in Bild **B3b** muss der Fräser gekühlt werden, damit er sich nicht zu stark erhitzt.

In beiden Situationen führt *Arbeit* zur Erwärmung: Die Bremsbeläge üben eine Reibungskraft auf die Bremsscheibe aus, wobei sie aufgrund der Drehung an dieser „entlang rutschen". Die Kraft wirkt also entlang eines Weges, sodass durch die Bremsbeläge Arbeit verrichtet wird. Diese Arbeit W verändert die Gesamtenergie der Bremsscheibe, sie landet allerdings nur auf dem Konto von deren innerer Energie:

$$W = \Delta E_i.$$

Ähnlich gleitet auch das Metall in Bild **B3b** am rotierenden Fräskopf entlang und verrichtet so Arbeit an ihm.

Merksatz

Durch Reibungsarbeit kann die innere Energie eines Körpers verändert werden. Dabei gilt:

$$W = \Delta E_i.$$

Wärme: ein besonderer Fachbegriff – Wärme ist (wie Arbeit) nicht nur ein physikalischer Fachbegriff, sondern auch ein Begriff der Alltagssprache.

Sagt Jakob den Satz *„Das Wasser des Sees ist warm"*, so meint er damit, dass es eine angenehme Temperatur hat und beschreibt damit einen Zustand des Wassers.

Spricht dagegen Karla davon, dass *„wir das Wasser mit der Herdplatte erwärmt haben"*, so drückt sie aus, dass die innere Energie des Wassers erhöht wurde. Sie beschreibt damit den Prozess der Energieübertragung.

Sitzen beide in der Sonne und sagen *„Mir ist warm"*, beschreiben sie eine Sinneswahrnehmung, die sich nicht allein auf eine physikalische Größe zurückführen lässt. Bemerkt Jakob abends, dass es *„vom Fenster kalt hereinkommt"*, meint er einen Wärmetransport – allerdings in umgekehrter Richtung. Physikalisch betrachtet strömt Wärme, also Energie, vom Zimmer mit seiner höheren Temperatur nach außen in die kühlere Umgebung.

Achte daher bei Alltagssituationen genau darauf, ob der Begriff „Wärme" im Sinn von „Temperatur", „Energieänderung" oder einer Sinneswahrnehmung genutzt wird.

B3 *Arbeit ändert innere Energie: a) Die Thermografie macht die Erwärmung der Bremsscheibe sichtbar. b) Ein Fräser wird gekühlt.*

B1 *Drei Mechanismen des thermischen Energietransports: a) Wärmeleitung, b) Konvektion, c) Wärmestrahlung*

Wärmetransport – Karla und Jakob unterhalten sich vor dem Unterricht über die Bilder **B1a**, **B1b** und **B1c**.

Karla: Wärme ist Energie, die unterwegs ist.
Jakob: Hier bei der Suppe berühren sich Löffel und Suppe. Aber wo ist da etwas unterwegs? Alles bleibt doch, wo es ist.
Karla: Bei der Wärmelampe für die Tiere soll sich Wärme durch den Raum bewegen. Aber wie geht das?
Jakob: Aber beim Gleitschirmflieger, der in die Höhe getragen wird, bewegt sich etwas – es gibt einen Aufwind, also ist die Luft in Bewegung.
Karla: Ja – und da nimmt sie ihre innere Energie mit, also ist das Wärme.
Jakob: Hmm – wenn da Wärme strömt, dann weil die Luft unten warm ist und nach oben steigt, also ins Kalte. Der Temperaturunterschied ist doch hier der ‚Antrieb.‘
Karla: Dann suchen wir doch bei den anderen Bildern auch nach Temperaturunterschieden – oder?

Tatsächlich findet auch in den beiden anderen Bildern der Energietransport jeweils von einem Bereich mit höherer Temperatur zu einem Bereich geringerer Temperatur statt – in Bild **B1a** von der heißen Suppe zum kalten Löffel, in Bild **B1c** von der heißen Lampe zu den kühleren Lämmern.

Es handelt sich dabei aber um drei verschiedene Möglichkeiten, wie Wärme von „warm“ nach „kalt“ transportiert wird:
- Bei der **Wärmeleitung** stehen zwei Körper unterschiedlicher Temperatur in Kontakt miteinander.
- Bei der **Konvektion** bewegt sich Materie und transportiert Energie mit sich.
- Bei der **Wärmestrahlung** wird Energie mittels Licht aus dem Infrarotbereich des optischen Spektrums übertragen (vgl. **Kapitel 3.1**).

Wärmeleitung – Durch den Kontakt mit der heißen Suppe geht Wärme auf das untere Ende des Löffels in Bild **B1a** über. Dieser wird schließlich auch am oberen Ende heiß. Es muss also Wärme durch das Metall hindurch auch zum oberen Ende *geleitet* worden sein, ohne dass dabei Materie transportiert wurde. Man spricht dabei von *Wärmeleitung*.

Bild **B2** stellt dar, wie man sich diesen Vorgang im Teilchenmodell erklären kann. Der Einfachheit halber stellen wir uns alle beteiligten Teilchen mit gleicher Masse vor. Dann können wir nämlich die Stärke der unregelmäßigen Zitterbewegung der Teilchen als Maß für die Temperatur benutzen:

In der heißen Suppe ist die mittlere kinetische Energie der Teilchen höher und daher ihre Zitterbewegung stärker. Im kalten Löffel ist die Teilchenbewegung aufgrund der geringeren Temperatur zunächst entsprechend schwächer. An den Stellen, an denen Suppe und Löffel in Kontakt stehen, übertragen die Teilchen der Suppe durch Stöße Energie auf die benachbarten Teilchen des Löffels und versetzen sie so in stärkere Bewegung. Die Suppe verliert auf diese Weise Energie, der Löffel gewinnt an Energie.

Innerhalb des Löffels setzt sich dieser Vorgang in Richtung des oberen Endes auf gleiche Weise Stück für Stück immer weiter fort, sodass sich der Löffel nach und nach vollständig erwärmt.

Zum Schluss ist sowohl in der Suppe als auch an jeder Stelle des Löffels die Zitterbewegung der Teilchen im Mittel gleich stark. Der Temperaturunterschied zwischen Suppe und Löffel ist dann ausgeglichen und es findet weder ein Wärmetransport von der Suppe zum Löffel noch umgekehrt statt (rechts in Bild **B2**).

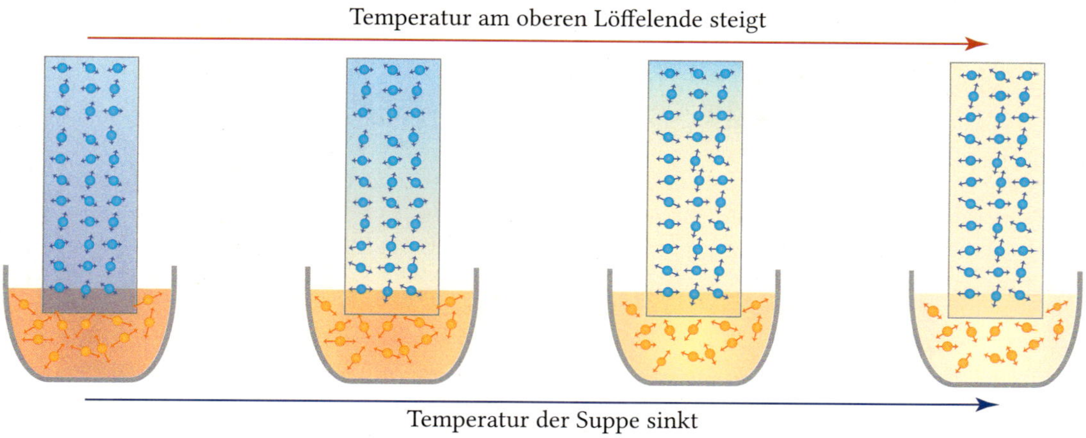

B2 *Durch Stöße mit benachbarten Teilchen wird bei der Wärmeleitung thermische Energie transportiert.*

Wärmeleitung vergrößern, Wärmeleitung verringern – Wärmeleitung kann erwünscht sein, wenn es darum geht, mehr oder weniger schnell innere Energie von einem Körper auf einen anderen zu übertragen. Sie ist aber unerwünscht, wenn es darum geht, dass ein Körper seinen Aggregatzustand oder seine Temperatur beibehalten soll. Dabei gibt es im Wesentlichen zwei Faktoren, die die Wärmeleitung beeinflussen:

- Versuch **V1** zeigt, dass bei verschiedenen Materialien die Wärmeleitung auch mit unterschiedlich großer Geschwindigkeit erfolgt. Dabei spielt u. a. die Dichte eine Rolle: Materialien mit größerer Dichte leiten Wärme im Allgemeinen schneller weiter. Auch Metalle sind gute Wärmeleiter.

V1 Geschwindigkeit der Wärmeleitung

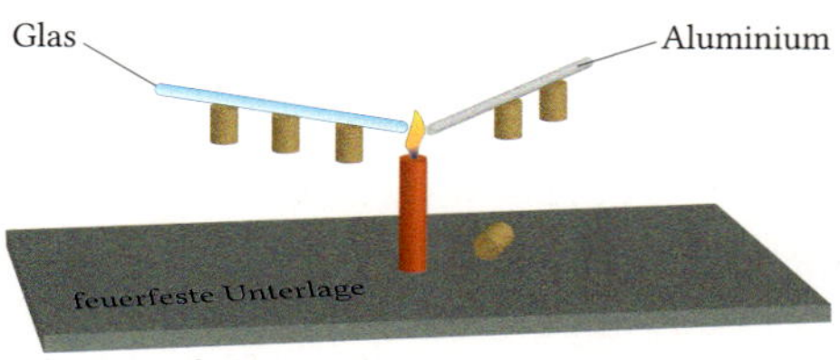

Material: Kerze; Stäbe mit gleichem Durchmesser aus Eisen, Aluminium, Kupfer, Glas; Wachskügelchen; Korken; Stoppuhr; feuerfeste Unterlage

Durchführung: Klebe auf jedem Stab im Abstand von je zwei Zentimetern mithilfe von Wachskügelchen einen Korken fest. Erhitze den Stab an einem Ende über der Kerzenflamme. Miss die Zeit, bis der erste, zweite usw. Korken herunterfällt.

- Der andere Einflussfaktor ist die Größe der Kontaktfläche. Je größer diese ist, umso mehr Stöße können gleichzeitig erfolgen und umso schneller kann Energie übertragen werden. Dieser Effekt spielt eine große Rolle, wenn Wärme zwischen zwei Gegenständen mit fester Oberfläche übertragen werden soll.

Selbst glatte Oberflächen wie z. B. ein Pfannenboden erscheinen unter dem Mikroskop wie eine raue Gebirgslandschaft. Das hat zur Folge, dass zwei ebene harte Oberflächen nur mit einem Bruchteil ihrer Gesamtfläche in Kontakt stehen (siehe Bild **B3a**). Hier kommen nun Flüssigkeiten und **Wärmeleitpasten** zum Einsatz. Sie füllen die Lücken und vergrößern so die Fläche, mit der die beiden Materialien in Kontakt kommen (Bild **B3b**).

Das Öl beim Braten in der Pfanne hat also eine Doppelrolle: Es dient nicht nur dem Geschmack sondern auch der Verbesserung der Wärmeleitung.

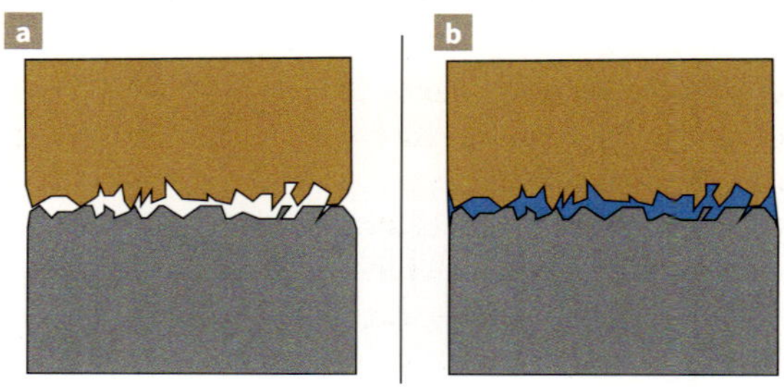

B3 *a) Festkörper berühren sich oft nur an wenigen Stellen.*
b) Wärmeleitpaste vergrößert die Kontaktfläche.

Konvektion – Die Warmluft, die den Gleitschirmflieger in Bild **B1b**, Seite 124, als Aufwind nach oben trägt, wird durch Temperaturunterschiede angetrieben. In Bodennähe erwärmt sich die Luft durch Wärmeleitung und Wärmestrahlung. Dabei vergrößert sich ihr Volumen und ihre Dichte verringert sich. Darüber liegende kältere Luftschichten mit höherer Dichte sinken ab und drücken die warme Luft nach oben.

Warme Luft führt bei gleicher Masse entsprechend mehr innere Energie mit als kalte. Auf diese Weise wird Energie in höhere Luftschichten transportiert. Die nachströmende kalte Luft kann dann an der warmen Erdoberfläche wieder entsprechend Wärme aufnehmen, wodurch sich ihre Temperatur erhöht usw. An einem offenen Fenster kannst du mithilfe einer Kerze diesen Effekt nachvollziehen (Versuch **V1**).

V1 Luftströmung am Fenster

Material: Kerze; Raum mit Fenster oder Außentür
Durchführung: Vorsicht! Achte auf Absturz- und Brandgefahren! Halte eine brennende Kerze in einem offenen Fenster zuerst in die Nähe des unteren Fensterrandes, dann möglichst weit oben in die Fensteröffnung.

Ist die Luft außen deutlich kühler als im Raum, so neigt sich die Kerzenflamme am unteren Rand des Fensters nach innen, im oberen Bereich hingegen nach außen. Unten strömt also kühle Luft mit höherer Dichte zu, während oben Luft mit höherer Temperatur nach außen strömt. Ähnlich funktioniert auch eine Raumheizung mit Heizkörpern (siehe **Lernaufgabe**).

Auch beim Erhitzen von Wasser oder Öl in einem Topf tritt **Konvektion** auf. In Versuch **V2** wird sie direkt sichtbar: Im Öl entstehen sogenannte **Konvektionszellen**, an deren Grenzen auf- bzw. absteigendes Öl erkennbar wird. Bei der Konvektion bewirkt ein Temperaturunterschied einen Energietransport, indem Materie strömt und ihre innere Energie mitnimmt. Ähnliches findet auch in der Erdatmosphäre statt, wie du im **Exkurs** auf Seite 128 erfährst.

V2 Konvektion im Becherglas

Material: großes feuerfestes Becherglas, Kochplatte, Speiseöl

Durchführung:
Achtung! Heißes Öl kann zu Verbrennungen führen!

Fülle das Becherglas ca. 4 cm hoch mit Speiseöl. Schalte die Kochplatte ein und beobachte das Öl, während es sich erwärmt.

Konvektion beeinflussen – Für Konvektion müssen außer Auf- bzw. Abwärtsbewegungen auch Querbewegungen möglich sein. Um daher Konvektionseffekte zu verringern oder zu unterbinden, unterteilt man den Raum in Querrichtung in kurzen Abständen. Bei Gasen wird der Konvektionseffekt auch reduziert, wenn man im betroffenen Bereich die Teilchenzahl verringert, d. h. den Druck senkt. Bei Isolierglasfenstern beispielsweise nutzt man diese beiden Möglichkeiten.

L Lernaufgabe: Raumheizung

Die Abbildung illustriert, wie eine Raumheizung prinzipiell funktioniert.

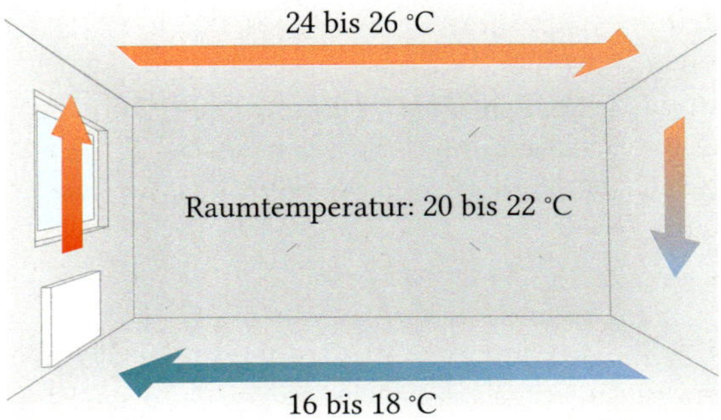

Aufträge:
1) Überprüfe die Darstellung anhand eigener Messungen. Stelle die Versuchsergebnisse übersichtlich dar.
2) Erkläre anhand der Abbildung das Funktionsprinzip einer Raumheizung mit Heizkörpern. Gehe auf die Rolle der Heizkörperpositionen im Raum ein.
3) Neben Heizungen mit Heizkörpern gibt es auch Fußbodenheizungen. Recherchiere und stelle Gemeinsamkeiten und Unterschiede zusammen.

B1 *Das Wasser in einer Solardusche wird durch Sonneneinstrahlung erwärmt.*

B2 *Eine Rettungsdecke reflektiert die Wärmestrahlung des Körpers.*

Wärmestrahlung – So wie die Wärmelampe die Tiere in Bild **B1c**, Seite 124, warm hält, erwärmt die Sonne das Wasser im Beutel der Solardusche in Bild **B1**. Der Wärmetransport findet hier durch **Wärmestrahlung** statt.

Das Photonenmodell vom Licht liefert hierzu eine Erklärung: Wenn Photonen von dem Duschbeutel absorbiert werden, wird auch ihre gesamte Energie auf ihn übertragen. Dadurch erhöht sich dessen Kontostand bei der inneren Energie – er erwärmt sich. In Versuch **V3** kannst du erspüren, dass dafür der Temperaturunterschied entscheidend ist.

V3 Wärmestrahlung fühlen

Material: Marmeladeglas, Thermometer, Wasser

Durchführung: Erwärme Wasser auf ca. 60 °C und fülle ca. 200 mL in das Marmeladeglas. Achtung! Benutze einen Wärmeschutz (z. B. Topflappen), wenn du das Glas berührst. Halte deinen Handrücken als Sensor für die Wärmestrahlung seitlich in ca. 1 cm Entfernung von dem Glas. Registriere die Veränderungen bei deinem „Wärmeempfinden“, wenn sich die Wassertemperatur ändert.

Bei 60° C Wassertemperatur spürst du deutlich die Wärmestrahlung als Wärmeempfindung. Ab ca. 35° C verschwindet diese Wahrnehmung – Haut und Wasser haben dann die gleiche Temperatur.

Wärmestrahlung beeinflussen – Unter Wärmestrahlung versteht man meist den infraroten Bereich des optischen Spektrums (siehe **Kapitel 3**). Sie verhält sich in vielen Bereichen genauso wie sichtbares Licht, d. h., sie breitet sich geradlinig aus und es gibt Brechung und Reflexion.

Will man also verhindern, dass Energie über Wärmestrahlung abtransportiert wird und sich dadurch die Temperatur eines Körpers ändert, so sorgt man dafür, dass sie wie in Bild **B2** reflektiert wird. Die dünne Rettungsdecke behindert die Wärmeleitung nach außen kaum, dafür aber sehr effektiv die Wärmestrahlung. So kann sich der Körper des Unfallopfers durch seine eigene Wärmestrahlung warmhalten.

Möchte man vermeiden, dass etwas durch Wärmestrahlung aufgeheizt wird, so sorgt man dafür, dass sich der Gegenstand im Schattenbereich der Wärmestrahlung befindet. Als „Schattenspender“ eignen sich alle Materialien, die die Wärmestrahlung absorbieren oder reflektieren. Bei Gebäuden und Kraftfahrzeugen benutzt man oft auch Wärmeschutzverglasungen, die im Sommer durch Reflexion der Infrarotstrahlung dafür sorgen, dass sie sich weniger stark aufheizen.

Merksatz

Wärme wird aufgrund von Temperaturunterschieden übertragen
- ohne Transport von Materie durch Wärmeleitung;
- gemeinsam mit Materie durch Konvektion;
- durch Photonen (d. h. ohne Beteiligung von Materie) als Wärmestrahlung.

Exkurs: Konvektionsprozesse in der Erdatmosphäre

Konvektionsprozesse sind in der Erdatmosphäre allgegenwärtig. Sie bestimmen Wetter und Klima mit. In den äquatornahen Gebieten der Erde ist die Sonneneinstrahlung im Mittel deutlich intensiver als in polnahen Gebieten. Daraus ergeben sich entlang eines Längengrades (also einer Linie vom Nord- zum Südpol der Erde) unterschiedliche Oberflächentemperaturen.

In der Nähe des Äquators erwärmt sich der Boden stark und Luftmassen steigen auf. Ähnlich wie am Heizkörper einer Raumheizung tritt hier Konvektion auf. Allerdings ist diese aufsteigende Bewegung mit einer Querbewegung verbunden – auf der Nordhalbkugel nach Norden und auf der Südhalbkugel nach Süden. Diese Querbewegung hat ihre Ursache im Druckunterschied, der mit der vertikalen Luftbewegung einhergeht.

Aufgrund der aufsteigenden Luftmassen herrscht am Äquator ein geringerer Luftdruck an der Erdoberfläche als in den polaren Regionen. Daher strömt in Bodennähe Luft von den Polen in Richtung Äquator. In der Höhe ist die Situation dann genau umgekehrt, sodass dort Luft vom Äquator zu den Polen strömt.

In der Polarregion kühlen die Luftmassen ab und sinken wieder zu Boden. So kommt – angetrieben durch Temperaturunterschiede – eine globale Zirkulation von riesigen Luft- und Energiemengen in Konvektionszellen zustande. Die Rotation der Erde bewirkt zudem, dass sich die Atmosphäre in ein System aus mehreren solchen Zellen unterteilt (Grafik). Diese Gliederung der Atmosphäre in Zirkulationssysteme stimmt mit der Einteilung der Erde in Klimazonen überein (mehr dazu in **Kapitel 6.2** auf Seite 147).

Exkurs: Kühlschrank und Wärmepumpe

Berührst du an einem Kühlschrank die Kühlrippen an der Rückseite, stellt du fest, dass diese warm sind. Daraus lässt sich schließen, dass hier ein Wärmetransport vom Inneren des Kühlschranks nach außen stattfindet – also von einem Bereich niedrigerer Temperatur zu einem Bereich höherer Temperatur. Im Gegensatz zur umgekehrten Richtung läuft der Wärmetransport hier nicht von selbst ab. Er ist nur möglich, weil im Kühlschrank eine **Wärmepumpe** arbeitet.

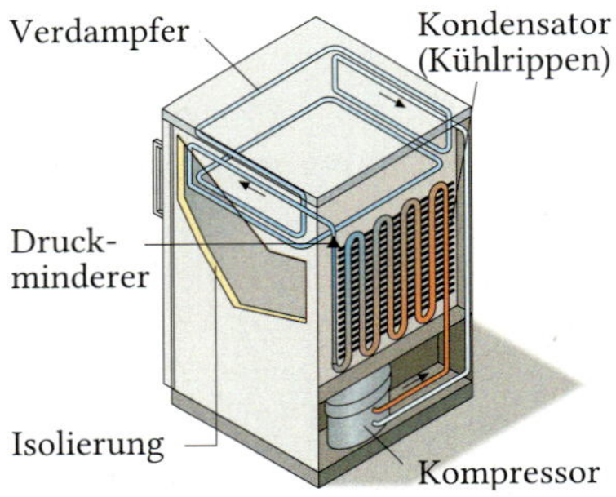

Diese Wärmepumpe entzieht mithilfe eines Kältemittels dem Innenraum des Kühlschranks Energie. Das Kältemittel ist ein Stoff mit einer Siedetemperatur, die unterhalb der Kühlschranktemperatur liegt. Es wird im flüssigen Zustand in Rohren zur Innenwand geleitet, nimmt dort Energie auf und verdampft. Der Innenraum des Kühlschranks kühlt so ab.

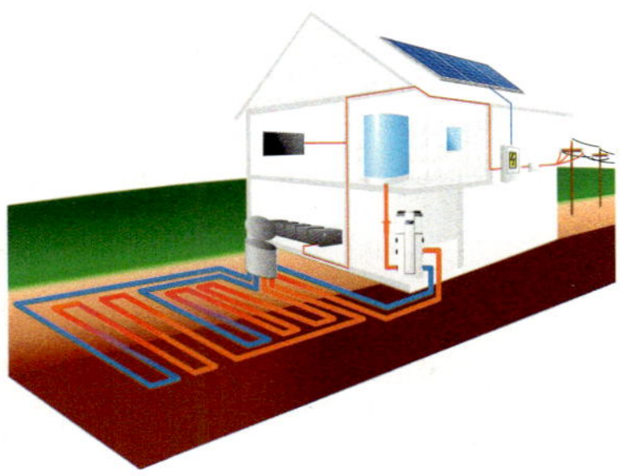

Ein elektrisch betriebener Kompressor verdichtet das nun gasförmige Kältemittel schnell, wodurch dessen Temperatur über die Außentemperatur steigt, und presst es in die Kühlrippen. Dort gibt es Wärme an die Umgebung ab und kondensiert dabei. Nach einer Druckverringerung steht es als Flüssigkeit wieder für den Kreislauf zur Verfügung.

Durch mechanische Arbeit des Kompressors wird hier Wärme „gepumpt". Dieses Prinzip wird auch zur Gebäudeheizung genutzt: Wärmepumpen entziehen der kühleren Umgebung des Hauses innere Energie und pumpen sie in den Innenraum. Als „Wärmevorrat" können Luft, Erdboden oder Grundwasser dienen, solange die Temperatur nicht zu gering ist. Ein Vorteil hierbei ist, dass die Heizenergie schon als innere Energie vorliegt und nicht erst durch Umwandlung „erzeugt" werden muss.

Löse selbst

1 Beschreibe eine Situation aus dem Alltag, in der die innere Energie eines Körpers
a) durch Wärme vergrößert wird;
b) durch Wärme verringert wird;
c) durch mechanische Arbeit vergrößert wird;
d) **L** durch mechanische Arbeit verringert wird.

2 Beschreibe die Vorgänge in folgenden alltagssprachlichen Formulierungen möglichst genau aus physikalischer Sicht. Gehe dabei besonders darauf ein, ob von Wärme, Temperatur oder innerer Energie die Rede ist.

a) „Ein Schal hält warm."
b) „Durch das offene Fenster kommt es kalt herein."
c) „Heute ist es ganz schön warm draußen."
d) „Abends wärmt mich die Steinmauer – da hat den ganzen Tag die Sonne drauf geschienen."
e) „Letzte Nacht war eine ganz schöne Wärme."
f) „Vom Ofen geht's ganz schön warm her."

3 In den Bildern ändert sich jeweils die innere Energie bei einem der dargestellten Gegenstände. Gib diesen Gegenstand an und begründe, ob die Energieänderung durch Wärme oder durch Arbeit erfolgt.

4 Beschreibe für jede der drei Möglichkeiten, Wärme zu transportieren, jeweils ein Beispiel aus dem Alltag, bei dem der Mechanismus
a) vorkommt;
b) verstärkt wird, um möglichst schnell Wärme zu transportieren;
c) be- bzw. verhindert wird, um möglichst langsam Wärme zu transportieren.

5 Begründe unter Angabe der jeweiligen Art des Wärmetransports, dass man „Energie spart", wenn man
a) beim Erhitzen von Wasser den Topf mit einem Deckel versieht;
b) im Winter abends die Vorhänge zuzieht.

6 Beschreibe jeweils die Rolle des Energietransports
a) für das „Fiebermessen mit der Hand" mithilfe des Teilchenmodells;
b) beim Baden von Babys: „Die Wassertemperatur sollte zwischen 35 und 37 Grad liegen. Testen Sie die Temperatur mit einem Thermometer oder auch mit der Innenseite Ihres Handgelenks."

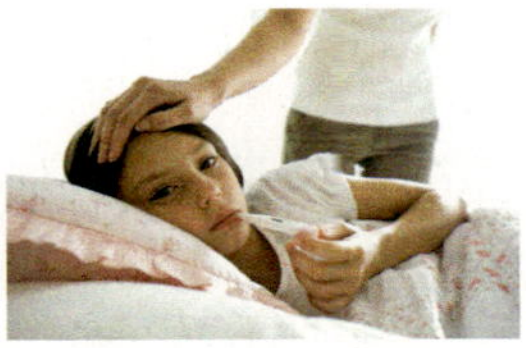

7 a) Begründe, dass eine Isolierkanne nicht nur „warm hält", sondern auch „kalt hält".
b) **L** Recherchiere den Aufbau und die Wirkungsweise einer Isolierkanne. Beschreibe anhand von Skizzen, wie die einzelnen Wärmeleitmechanismen behindert werden.

8 **L** Metall und Stein leiten Wärme schneller weiter als Holz. Eine Bank aus Metall steht direkt neben einer Holzbank, sodass beide die gleiche Temperatur besitzen. Trotzdem fühlt sich die Metallbank für uns immer kälter an als die Holzbank. Erläutere Folgerungen, die sich daraus für unser „Wärmeempfinden" ergeben.

9 **L** Legt man einen erhitzten Stein in kaltes Wasser, so wird zwischen den beiden Systemen Wärme übertragen. Plane ein Experiment, mit dem du diese Wärmemenge genau ermitteln kannst. Führe es durch und werte es aus.

5.3 Die Erde im Strahlungsgleichgewicht

B1 *Die Sonne sendet tagein, tagaus Energie in Form von Strahlung aus.*

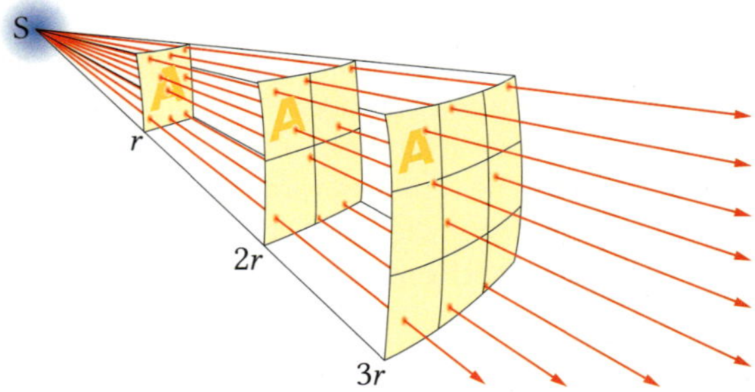

B2 *Je größer der Abstand von der Sonne, desto geringer ist die Strahlungsleistung pro Fläche.*

Die Sonne als Strahlungsquelle – Lukas und Linus diskutieren an einem heißen Sommertag.
Lukas: Puh, ganz schön heiß in der Sonne. Lass uns lieber in den Schatten gehen.
Linus: Ich frage mich, weshalb die Erde nicht immer heißer und heißer wird.
Lukas: Was meinst du?
Linus: Na, wenn doch Tag und Nacht die eine Seite der Erde von der Sonne aufgeheizt wird? So wird unser Planet doch regelrecht gekocht!
Lukas: Also wie in einem Kochtopf fühlt es sich hier aber nicht an.

An einem heißen Sommertag spürst du es ganz deutlich: Die Sonne ist eine Energiequelle. Angetrieben durch Prozesse, bei denen Protonen sich zusammenklumpen (*Fusionsprozesse*), setzt sie pro Sekunde eine Strahlungsenergie von $4 \cdot 10^{26}$ Joule frei. Diese Energie verteilt sich gleichmäßig in alle Richtungen und „verdünnt" sich so mit wachsendem Abstand zur Sonne (Bild **B2**). Beim Abstand der Erde von 150 Mio. Kilometern kommen so auf einem Quadratmeter Erdoberfläche noch $1368\,\frac{J}{s}$ an, sofern die Strahlen senkrecht auftreffen.
Absorbiert ein Körper Strahlung, so erhöht sich seine innere Energie und damit seine Temperatur. Wie kann es also sein, dass sich die Temperatur der Erde seit Milliarden von Jahren nur sehr wenig – das heißt, im Bereich weniger Grad Celsius – geändert hat?

Lukas: Aber vielleicht ist ja unser Kochtopf besonders massiv und braucht einfach lange, um heiß zu werden?
Linus: Weißt du was? Ich glaube, das können wir selber ausrechnen. Such du mal auf dem Handy nach der Wärmekapazität von Stein, ich schaue so lange die richtige Formel nach.

Linus rechnet nach:

Querschnittsfläche der Erde: $1{,}28 \cdot 10^{14}\ m^2$
Strahlungsleistung pro Quadratmeter: 1368 W
Gesamtenergie nach 4 Milliarden Jahren:
$1{,}28 \cdot 10^{14}\ m^2 \cdot 1368\ \frac{W}{m^2} \cdot 4 \cdot 10^9 \cdot 365 \cdot 24 \cdot 3600\ s$
$= 2{,}2 \cdot 10^{34}\ J = 2{,}2 \cdot 10^{31}\ kJ$

Masse der Erde: $5{,}97 \cdot 10^{24}\ kg$

Wärmekapazität der Erde: ca. $0{,}7\ \frac{kJ}{kg \cdot K}$

Energie für 1 Grad Temperaturänderung:

$\Delta E = 5{,}97 \cdot 10^{24}\ kg \cdot 0{,}7\ \frac{kJ}{kg \cdot K} \cdot 1\ K = 4{,}18 \cdot 10^{24}\ kJ$

Temperaturänderung:
$2{,}2 \cdot 10^{31}\ kJ : 4{,}18 \cdot 10^{24}\ kJ \approx 5 \cdot 10^6$
Die Temperatur würde ca. 5 Millionen Grad Celsius betragen.

Linus: Da, schau! Das kann so gar nicht stimmen. Wir hätten jetzt 5 Millionen Grad! Da wären wir verdampft!
Lukas: Mir ist trotzdem voll warm. Und dabei ist die Sonne schon untergegangen!
Linus: Ja, die Straße ist noch richtig heiß. Die Wärme strahlt jetzt von unten.
Lukas: Lass uns lieber auf der Wiese laufen, da ist es kühler!

Schon diese Alltagserfahrung zeigt: Warme Gegenstände geben Energie in Form von Strahlung ab. Der Vergleich der heißen Straße mit der kühleren Wiese zeigt zudem, dass umso mehr Strahlung abgegeben wird, je höher die Temperatur eines Gegenstandes ist.

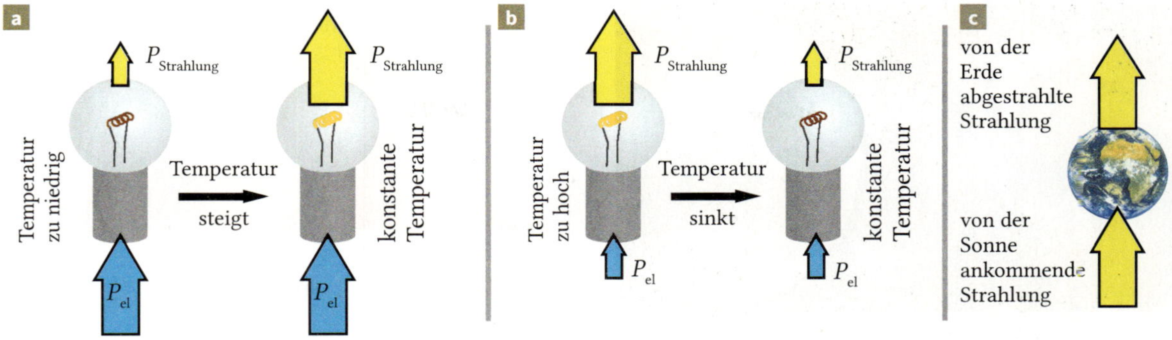

B3 *a) Ist die abgestrahlte Leistung geringer als die zugeführte, so steigt die Temperatur. b) Wird die zugeführte Leistung verringert, so sinkt die Temperatur. c) Befindet sich die Erde im Strahlungsgleichgewicht, dann bleibt die Temperatur konstant.*

Den Zusammenhang zwischen Temperatur und Strahlungsleistung kann man an einer Glühbirne untersuchen, wenn man sich vorher die Energieübertragungsprozesse klar macht: Der Glühlampe wird elektrische Energie zugeführt, die sie in innere Energie und Strahlungsenergie umwandelt. Dabei steigt die Temperatur der Glühbirne so lange, bis nach kurzer Zeit eine **Gleichgewichtstemperatur** erreicht wird, bei der die zugeführte elektrische Leistung und die Leistung der abgegebenen Strahlung gleich sind (siehe Bild **B3a**).

Verändert man nun die zugeführte elektrische Leistung, so lässt sich eine entsprechende Veränderung der Temperatur feststellen. Wird z. B. die elektrische Leistung verringert, so fällt innerhalb kurzer Zeit die Temperatur ab. Die Strahlung der Lampe verringert sich dadurch so weit, bis Strahlungsleistung und elektrische Leistung wieder gleich sind und sich eine neue, niedrigere Gleichgewichtstemperatur einstellt (Bild **B3b**).

V1 Strahlungsleistung und Temperatur

Frage: Wie hängen Strahlungsleistung und Temperatur eines Körpers zusammen?

Material: Messgerät für elektrische Leistung, Netzgerät, Glühlampe, Infrarotthermometer

Durchführung: Miss bei verschiedenen Helligkeitsstufen der Glühlampe nach kurzer Wartezeit jeweils die Temperatur und protokolliere dazu die jeweilige elektrische Leistung.

Auftrag: Beschreibe deine Beobachtung. Zeichne ein Temperatur-Leistung-Diagramm.

In Versuch **V1** misst man daher die elektrische Leistung als Maß für die Strahlungsleistung und ermittelt so den Zusammenhang mit der Temperatur. Dabei stellt man fest: Die Strahlungsleistung nimmt mit zunehmender Temperatur überproportional zu.
Der Zusammenhang zwischen Strahlungsleistung und Temperatur ist schon 1879 durch Josef Stefan und Ludwig Boltzmann für sogenannte **schwarze Körper** genau beschrieben worden und wird als **Stefan-Boltzmann-Gesetz** bezeichnet. Die Strahlungsleistung nimmt bei diesen Körpern mit der vierten Potenz der absoluten Temperatur zu ($P_{Strahlung} \sim T^4$).

Merksatz

Die Leistung der von einem Körper abgegebenen Strahlung ist umso größer, je höher die Temperatur des Körpers ist.

Nun kannst du nachvollziehen, wie die Temperatur der Erde stabil bleiben kann. Die Erde hat genau die Temperatur, bei der sie Strahlung mit der gleichen Leistung in den Weltraum aussendet, wie ihr Energie von der Sonne zugeführt wird (Bild **B3c**) – sie befindet sich im **Strahlungsgleichgewicht**. Würde mehr Energie von außen zugeführt, müsste die Temperatur für eine schnellere Energieabgabe steigen. Kommt weniger Energie von außen, sinkt die Temperatur, bis das Strahlungsgleichgewicht wieder erreicht wird.

Merksatz

Im Strahlungsgleichgewicht hat ein Körper genau die Temperatur, bei der mit gleicher Leistung Strahlung abgegeben wie aufgenommen wird.

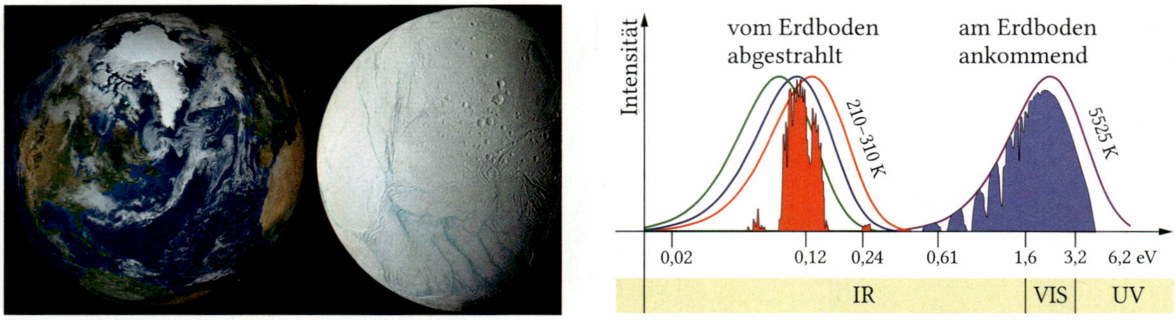

B1 *a) Ohne Atmosphäre wäre die Erde ein Eisplanet. b) Spektren der durch die Atmosphäre einfallenden Strahlung (blau), der vom Erdboden ausgesendeten Strahlung (rot) und eines schwarzen Strahlers mit den angegebenen Temperaturen (durchgezogene Linien)*

Erwärmung der Atmosphäre – Anhand der Vorstellung, dass die Erde sich im Strahlungsgleichgewicht befindet, lässt sich der Einfluss der Atmosphäre illustrieren. Dazu schätzen wir einen Mittelwert für die ankommende Strahlungsleistung über längere Zeiträume ab: Es wird stets nur die Hälfte der Erdkugel beleuchtet, die Energie aber auf die ganze Erdoberfläche verteilt. So verringert sich die Strahlungsleistung von 1368 $\frac{W}{m^2}$ (siehe vorherige Seite) auf ca. 684 $\frac{W}{m^2}$.

Zudem trifft die Strahlung nur auf der gedachten Querschnittsfläche der Erde senkrecht auf. Diese ist aber genau halb so groß wie die Fläche der beleuchteten Halbkugel, sodass im Mittel also nur 342 $\frac{W}{m^2}$ eintreffen.

Hätte die Erde keine Atmosphäre, würde bei dieser Strahlungsleistung die Gleichgewichtstemperatur −18 °C betragen (Bild **B1a**). Tatsächlich beträgt die mittlere Temperatur der Erdoberfläche aber 15 °C. Offensichtlich bewirkt die Atmosphäre eine Verlagerung der Gleichgewichtstemperatur um 33 °C nach oben.

Lukas: Ich habe mal gelesen, die Atmosphäre ist die Bettdecke der Erde. Deshalb ist es hier meistens schön warm.
Linus: Also, wenn ich mich unter einer Bettdecke verkrieche, ist es dunkel. Hier ist es aber noch ziemlich hell! Das ist irgendwie eine komische Decke.
Lukas: Vielleicht lässt sie Licht herein, aber Wärme nicht heraus?

Tatsächlich spielt die Art der Strahlung eine entscheidende Rolle: Von der Sonne gelangen Photonen verschiedener Energien zur Erde. Davon kann aber vor allem sichtbare Strahlung (VIS) und ein Teil der UV-Strahlung die Atmosphäre durchdringen und der Erdoberfläche Energie zuführen (blau markiert in Bild **B1b**).

Deutlich davon verschieden ist jedoch die von der Erdoberfläche abgegebene Strahlung: Sie besteht zum Großteil aus infraroten Anteilen (siehe roter Teil von Bild **B1b**), da die Erdoberfläche eine deutlich niedrigere Temperatur als die Sonnenoberfläche hat. Diese infrarote Strahlung kann von der Atmosphäre sehr effektiv absorbiert werden – sie erwärmt sich.

Für diese Erwärmung spielen **klimawirksame Gase** eine bedeutende Rolle: Wasserdampf (H_2O), Kohlenstoffdioxid (CO_2), Methan (CH_4), Distickstoffoxid (Lachgas, N_2O) und Ozon (O_3) haben alle eine hohe Absorptionsfähigkeit im infraroten Teil des Spektrums (siehe **Lernaufgabe**, Seite 83). Sie bewirken, dass die Atmosphäre die Mehrzahl der Photonen mit niedriger Energie zunächst absorbiert und sich dadurch erwärmt. Sie strahlt nun entsprechend ihrer höheren Temperatur mit größerer Leistung gleichmäßig in alle Richtungen. Etwa die Hälfte dieser Strahlung trifft wieder auf die Erdoberfläche. Insgesamt kommt dann mit 398 $\frac{W}{m^2}$ eine um 16 % höhere Strahlungsleistung an als ohne Atmosphäre (Bild **B2**).

Im Strahlungsgleichgewicht führt dies zu einer mittleren Oberflächentemperatur von 15 °C. Man nennt dies auch den **Treibhauseffekt**. Diesen Effekt kannst du am Beispiel von CO_2 im Modellversuch **V1** oder auch mit **Simulationsprogrammen** (siehe Aufgabe 4) untersuchen.

! Merksatz

Die Oberflächentemperatur der Erde liegt höher als im Strahlungsgleichgewicht mit der Sonne allein, da ein Teil der von der Erde abgestrahlten Energie von der Atmosphäre zurückgestrahlt wird.

V1 Schülerversuch: Modell zum Treibhauseffekt

Frage: Welche Parameter beeinflussen die Temperatur in der Dose?

Material: Dose mit seitlicher Bohrung, Frischhaltefolie; Digitalthermometer; Stopfen, Wärmestrahler; Erlenmeyerkolben mit Stopfen und Schlauch; Natronpulver; Essig.

aus: Scorza et al, *Der Klimawandel: Verstehen und Handeln*, 2019, Fakultät für Physik LMU München

Durchführung:

1) Verschließe die Dose beidseits mit Frischhaltefolie. Bestrahle sie wie im Bild mit dem Wärmestrahler (Achtung, sehr heiß!). Miss die Temperatur in der Dose. Wenn sie sich nicht mehr ändert, notiere den Wert.

2) Erzeuge im Erlenmeyerkolben durch Mischen von Natronpulver und Essig CO_2. Fülle es mithilfe des Schlauchs durch die Thermometeröffnung von oben in die Dose. Gehe sonst wie bei 1) vor.

3) Verringere die Leistung des Strahlers (durch Dimmen oder Vergrößerung des Abstands).

4) Probiere weitere Variationen aus. Vergleiche die jeweiligen Gleichgewichtstemperaturen. Interpretiere den Versuch hinsichtlich des Erdklimas.

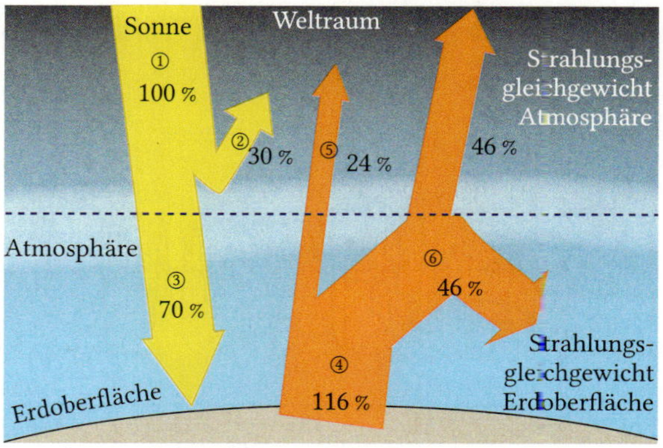

B2 *Strahlungsbilanz der Erde in einem einfachen Modell*

Strahlungsbilanz der Atmosphäre – Bild **B2** zeigt vereinfacht die Strahlungsbilanz unter Berücksichtigung des Treibhauseffekts:
Von der Sonne gelangen im Mittel 342 $\frac{W}{m^2}$ an die Oberseite der Atmosphäre. Das stellt den Grundwert dar, d. h. 100 % (①). Etwa 30 % davon werden durch Reflexion direkt in den Weltraum zurückgegeben (②), die übrigen 70 % werden von der Erdoberfläche absorbiert und erwärmen diese (③). Die Erdoberfläche sendet nun Infrarotstrahlung aus, die zum kleineren Teil direkt in den Weltraum verschwindet (⑤), zum größeren Teil aber von den klimarelevanten Gasen in der Atmosphäre zuerst absorbiert wird. Jene strahlt die absorbierte Energie je zur Hälfte in Richtung Weltraum bzw. Erdoberfläche (⑥). Die (Gleichgewichts-)Temperatur an der Erdoberfläche wird dadurch so hoch, dass diese mit 116 % der ankommenden Sonnenleistung abstrahlt (④).

Löse selbst

1 Helle Oberflächen reflektieren einen größeren Anteil der eintreffenden Strahlung als dunkle Oberflächen. Begründe mithilfe dieser Information, dass dunkle Oberflächen daher eine höhere Gleichgewichtstemperatur erreichen.

2 Der Erdboden absorbiert eine größere Strahlungsleistung als von der Sonne eingestrahlt wird. Erkläre diesen scheinbaren Widerspruch.

3 Am 9. April 1815 explodierte der Vulkan Tambora in Indonesien und schleudert riesige Mengen von Asche in die obere Atmosphäre. Es folgte das „Jahr ohne Sommer". Recherchiere dazu und erkläre den Vorgang mithilfe des Strahlungsgleichgewichts.

4 Mit einem Simulationsprogramm wie im Bild lässt sich das Strahlungsgleichgewicht mit Photonenbewegungen veranschaulichen.

a) Gib zwei Gründe an, dass im Strahlungsgleichgewicht pro Sekunde weniger Photonen von der Sonne ankommen, als von der Erde abgestrahlt werden.
b) Simuliere eine Konzentrationserhöhung bzw. -verringerung von Treibhausgasen. Beschreibe und erkläre die Veränderung der Oberflächentemperatur.
c) Simuliere den Effekt von Wolken. Beschreibe die Veränderungen und erkläre sie.

5.4 Der Einfluss des Menschen auf das Klima

Sachtext 1: Anthropogener Treibhauseffekt

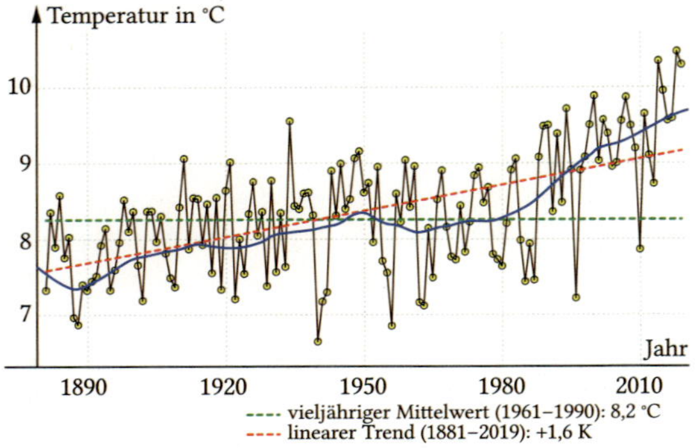

B1 *Abweichung der mittleren Jahrestemperaturen in Deutschland vom Mittelwert der Jahre 1961–1990 (8,2 °C)*

Klima vs. Wetter: Mal sind die Sommerferien besonders verregnet, mal gab es keinen Schnee zu Weihnachten: Besondere und bemerkenswerte Wetterlagen gibt es immer wieder. Und doch sollte man daraus keine vorschnellen Schlüsse ziehen. Meteorologische Größen wie Niederschlag, Temperatur oder Sonnenscheindauer können im Laufe der Jahre am selben Ort zur gleichen Jahreszeit erheblich variieren.

Bild **B1** zeigt das Jahresmittel der Temperaturen in Deutschland seit 1881. Diese Mittelwerte sagen nun nichts mehr über das aktuelle Wettergeschehen aus. Man kann aber daraus ablesen, ob es sich um ein eher kaltes (z. B. 1940 und 1956) oder eher heißes Jahr (z. B. 2014 und 2018) handelte. Um Aussagen über das Klima zu gewinnen, betrachtet man langjährige Mittelwerte von Wetterdaten. Dazu fasst man die entsprechenden Werte jeweils über einen Zeitraum von z. B. 30 Jahren zusammen und bildet **gleitende Mittelwerte**: Hierzu wird der Mittelwert der Daten von 15 Jahren vor und nach einem Zeitpunkt berechnet (blaue Linie in Bild **B1**). Mithilfe weiterer statistischer Verfahren lässt sich daraus ein allgemeiner Trend (rote gestrichelte Linie) errechnen. Dieser zeigt hier eine zunehmende Erwärmung der Atmosphäre in Deutschland in den letzten 100 Jahren.

Klimaforschung: Die Klimatologie erforscht systematisch solche langfristigen Veränderungen. Dazu werden u. a. Mittel- und Extremwerte über viele Jahre hinweg untersucht und mathematische Modelle entwickelt, die diese Daten widerspiegeln. Die Fortführung der Modellrechnungen für zukünftige Zeiten liefern dann die sogenannten **Klimaprojektionen**.

Einfluss des Menschen: Der Mensch manipuliert seit jeher seine Umwelt: Wälder werden gerodet, Pflanzen und Tiere kultiviert, Rohstoffe extrahiert. In der Neuzeit ist das Ausmaß solcher Manipulationen durch die Nutzung von Maschinen dramatisch gestiegen. Ganze Ökosysteme werden zerstört, Berge abgetragen, Landschaften durch Landwirtschaft, Siedlungstätigkeit und Industrie verändert. Nur das Wetter scheint sich einer unmittelbaren Manipulation zu entziehen. Langfristig kann es allerdings durchaus beeinflusst werden: Der Mensch verändert das Klima.

So zeigt beispielsweise die über die gesamte Erdoberfläche gemittelte Lufttemperatur im zeitlichen Verlauf der letzten 170 Jahre einen eindeutig steigenden Trend. Auch in anderen Bereichen sind entsprechende Entwicklungen erkennbar: Die Ozeane haben sich im globalen Durchschnitt in den letzten Dekaden erwärmt, Eisflächen und Gletscher haben sich stetig verkleinert, Meereis und Schneebedeckung haben abgenommen, der Meeresspiegel ist beschleunigt angestiegen.

Nicht immer sind die Ursachen solcher Veränderungen unmittelbar klar. So könnte man beispielsweise Veränderungen der Strahlungsleistung der Sonne in Betracht ziehen. Diese Vermutung trifft jedoch nicht zu: Die Strahlungsleistung hat einen völlig anderen Verlauf als die globale Durchschnittstemperatur (Bild **B2**).

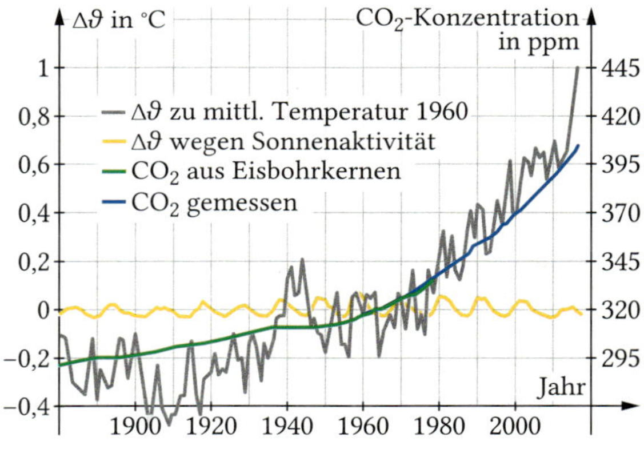

B2 *Verlauf verschiedener Kenndaten im globalen Mittelwert*

Der CO_2-Gehalt der Atmosphäre hingegen zeigt einen viel ähnlicheren Verlauf. Er ist in den letzen 200 Jahren über 40% angestiegen. Zuletzt nahm dieser Anstieg sogar immer mehr zu. Dabei lässt sich hier tatsächlich mit gutem Grund eine **Ursache-Wirkungs-Beziehung** annehmen, die auf physikalischen Zusammenhängen beruht: Der Treibhauseffekt wird reguliert durch die Konzentration der Treibhausgase in der Atmosphäre. Diese legen die Energiebilanz fest und damit letztlich die durchschnittliche Temperatur der Erde (siehe **Kapitel 5.3**, Seite 132). Jede Freisetzung zusätzlicher Treibhausgase durch menschliche Aktivitäten verstärkt den Treibhauseffekt und führt zu einer Erhöhung der globalen Durchschnittstemperatur. Dies wird als **anthropogener Treibhauseffekt** bezeichnet.

Klimamodelle und Klimaprojektionen: Computergestützte Modellrechnungen simulieren, wie sich der anthropogene Treibhauseffekt und sein Einfluss auf das Klima in Zukunft weiterentwickeln könnte. Dabei wird immer wieder geprüft, ob die Modelle bereits vorhandene Messwerte korrekt wiedergeben. Für den zukünftigen Verlauf des Treibhausgasausstoßes werden verschiedene Szenarien in den Modellen berücksichtigt. Alle Ergebnisse werden dahingehend bewertet, wie wahrscheinlich sie zutreffend erscheinen. Aussagen z. B. über die Entwicklung der globalen Durchschnittstemperatur sind entsprechend formuliert: *„Die Änderung der globalen Erdoberflächentemperatur wird am Ende des 21. Jahrhunderts, bezogen auf 1850–1900, für alle RCP-Szenarien außer RCP 2.6 wahrscheinlich 1,5 °C übersteigen. Sie wird für RCP 6.0 und RCP 8.5 wahrscheinlich mehr als 2 °C sein und für RCP 4.5 eher wahrscheinlich als nicht 2 °C übersteigen.“* [Weltklimarat (IPCC), Synthesebericht 2014]

Die Ergebnisse der Klimamodelle hängen auch davon ab, wie sogenannte Kippelemente (siehe **Kapitel 6.2**, Seite 153) berücksichtigt werden. Sie können durch Rückkopplungen Klimaveränderungen beschleunigen oder bremsen. Unabhängig davon sind in den Berechnungen nicht alle Zusammenhänge in einem globalen Maßstab vollständig aufgeklärt. So sind beispielsweise die Veränderungen in der Bewölkung nicht leicht zu modellieren, haben aber einen großen Effekt auf das Ergebnis.

Sachtext 2: Energie im Klimasystem

Durch den von Menschen verstärkten Treibhauseffekt ist im gesamten Klimasystem der Erde zusätzliche Energie vorhanden. Diese Überschuss-Energie verteilt sich aus der Atmosphäre auch in die anderen Teile des Klimasystems. Nur rund ein Prozent der Überschuss-Energie verbleibt in der Lufthülle der Erde, etwa 93 Prozent fließt in die Weltmeere. Stagniert oder sinkt zum Beispiel die Temperatur der Atmosphäre (wie es immer mal wieder und auch über einige Jahre hinweg vorkommt) und steigt gleichzeitig die Temperatur der Ozeane, dann erwärmt sich das Klimasystem dennoch insgesamt weiter. Der Wärmeinhalt der Ozeane ist damit ein besserer Indikator für die Klimaerwärmung als die stark und kurzfristig schwankende Lufttemperatur.

Quelle: klimafakten.de

Hinweis: Weitere Informationen zum Klima findest du auf den Seiten 144 bis 155.

Löse selbst

1 Lies den **Sachtext 1: Anthropogener Treibhauseffekt**. Begründe, dass Schwankungen der Strahlungsleistung der Sonne nicht als Ursache für die beobachteten Veränderungen infrage kommen.
Strukturiere deine Argumente sorgfältig.

2 Stelle unter Zuhilfenahme von **Sachtext 1** übersichtlich zusammen, mit welchen Fakten und mit welchen Hypothesen die Klimaforschung arbeitet.

3 Nicht immer werden die Schlussfolgerungen der Klimaforschung akzeptiert. Ein gängiges Argument lautet: *„Die Klimaschutzpolitik beruht auf Computersimulationen, die mit hypothetischen Klimamodellen berechnet werden. Die Aussagen dieser Computermodelle werden nicht durch Messungen oder Beobachtungen bestätigt.“*
Formuliere eine Entgegnung auf dieses Argument.

4 Lies den **Sachtext 2: Energie im Klimasystem**. Beurteile, ob schlüssig argumentiert wird, dass die Temperatur der Ozeane ein wichtiger Klimaindikator ist. Beziehe deine Kenntnisse der Zusammenhänge zwischen Energie und Temperatur, insbesondere bei Wasser, mit ein.

Lernaufgabe: Folgen des Klimawandels

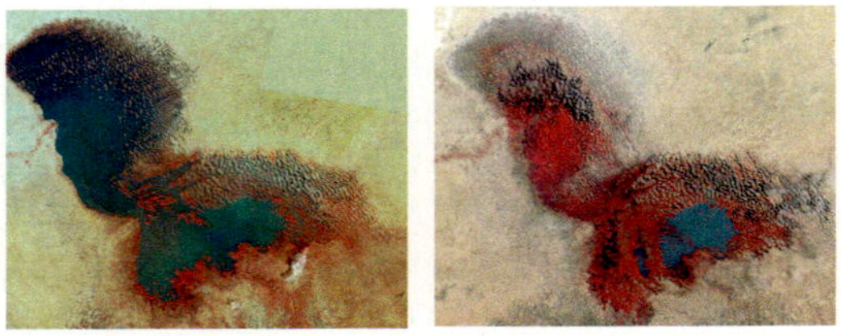

B1 *Satellitenaufnahmen des Tschadsees aus den Jahren 1973 und 2017 (blau: Wasserflächen, rot: Vegetation)*

Der anthropogene Treibhauseffekt zieht nach Ansicht der meisten Wissenschaftler einen Klimawandel mit vielfältigen nachteiligen Folgen nach sich. Dies betrifft sowohl natürliche Ökosysteme als auch menschliche Lebensgemeinschaften. Die Prognosen gehen u. a. von Verschiebungen der Klimazonen, Veränderungen der Niederschlagsmuster sowie Ernteausfällen durch Dürren und Überschwemmungen aus. Die zunehmende Unbewohnbarkeit derzeit besiedelter Gebiete könnte Millionen Menschen zwingen, ihre Heimat zu verlassen.
Das Beispiel des Tschadsees in Zentralafrika (Bild **B1**) zeigt, dass schon eine geringe Erhöhung der Durchschnittstemperatur in manchen Regionen gravierende Folgen hat: In wenigen Jahrzehnten verkleinerte sich die Wasserfläche des Sees um über 90 %. Neben anderen Faktoren spielte dabei das Ausbleiben von Niederschlägen aufgrund der Temperaturveränderung eine wesentliche Rolle.
Je nach Höhe des Temperaturanstiegs werden mehr und mehr großflächige Ökosysteme in Mitleidenschaft gezogen. Die Tabelle gibt dazu eine Übersicht:

Temperaturanstieg	betroffene Ökosysteme
ab 1,5 °C	Gebirgsgletscher Korallenriffe
ab 3,5 °C	Amazonas-Regenwald Meeresströmungen Sahel-Zone
ab 4,5 °C	ostantarktischer Eisschild
ab 5,0 °C	Permafrostböden
ab 5,5 °C	arktisches Eis im Winter

Auftrag: Recherchiert, wie die genannten Ökosysteme jeweils durch den Temperaturanstieg verändert werden. Stellt eure Ergebnisse z. B. in einem Wiki oder in einer Präsentation zusammen.

Lernaufgabe: Klimaschutzpolitik

Es steht außer Frage, dass viele Folgen des anthropogenen Treibhauseffekts bedrohlich sind. Zudem zeigen klimatische Daten eine beschleunigte Veränderung vieler sich ungünstig auswirkender Parameter, z. B. der globalen mittleren Jahrestemperatur. Ein großer Teil dieser Zunahme wird durch menschliche Aktivität verursacht. Es wird deutlich: Ein Gegensteuern ist dringend nötig.

Physikalisch betrachtet müssen ein oder mehrere Parameter verändert werden, die Einfluss auf das Strahlungsgleichgewicht der Erde haben. Dazu gehört der anthropogene Treibhauseffekt. Naheliegend ist daher, die Menge der Treibhausgase zu reduzieren oder zumindest ihre Zunahme zu stoppen.

Beinahe alle Staaten der Welt haben daher beschlossen, auf verschiedenste Weisen ihre CO_2-Emissionen zu reduzieren. Sehr bekannt ist hier das **Pariser Klimaabkommen**, das fast alle Staaten der Erde ratifiziert haben. Damit soll *„auf die Bedrohung durch Klimaänderungen“* reagiert werden, indem *„Vertragsparteien bestrebt sind, so bald wie möglich den weltweiten Scheitelpunkt der Emissionen von Treibhausgasen zu erreichen.“* Ziel ist es, den global gemittelten Temperaturanstieg auf höchstens 1,5 °C über vorindustriellem Niveau zu begrenzen. Dazu müssen allerdings die globalen CO_2-Emissionen bis 2030 um mindestens 40 %, bis 2050 sogar auf null verringert werden.

Die Realisierbarkeit dieser Vereinbarung ist allerdings nicht unumstritten, da beispielsweise die Menge an ausgestoßenem CO_2 und damit auch das Ausmaß der geforderten Reduzierung sehr ungleich auf die Länder der Erde verteilt ist. Auch wirtschaftliche Interessen sorgen in manchen Staaten dafür, dass die Umsetzung des Abkommens nur schwer vorankommt. Ebenso lassen sich drastische Veränderungen der globalen Ökosysteme selbst bei Erreichen der Reduktionsziele nicht ausschließen.

Auftrag: Recherchiert über Klimaschutzvereinbarungen auf internationaler, nationaler und regionaler Ebene.
Stellt eure Ergebnisse übersichtlich auf Plakaten oder in einer Präsentation zusammen.

Projekt: Eigenes Handeln

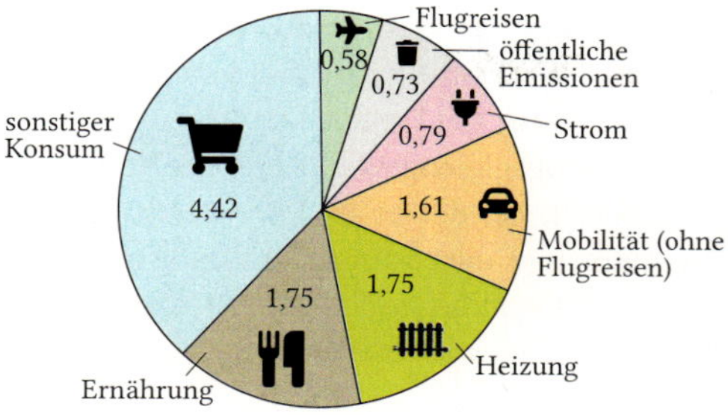

B2 *Durchschnittlicher Ausstoß an Treibhausgasen pro Jahr einer Person in Deutschland, umgerechnet in Tonnen CO_2*

B3 *Schülerinnen und Schüler streiken, um auf die Gefahren des anthropogenen Treibhauseffekts aufmerksam zu machen.*

Neben nationalen und internationalen politischen Aktivitäten, bei denen man durch Gesetze und Förderprogramme Einfluss auf den anthropogenen Treibhauseffekt nehmen will, kann auch jeder Einzelne durch sein Verhalten einen Beitrag leisten.

Jede und jeder von uns hinterlässt aufgrund seiner Lebensgewohnheiten einen mehr oder weniger großen **„ökologischen Fußabdruck"**. Unser heutiges Konsumverhalten und unser in vielen Bereichen energieintensiver Lebensstil bieten vielfältige Möglichkeiten zu Einsparungen – beispielsweise die Verringerung des Fleischkonsums, Einschränkungen bei der Nutzung von Warmwasser und Heizenergie, die Umstellung auf CO_2-arme Fortbewegung, Verwendung von wiederverwertbaren Produkten anstelle von Einwegartikeln usw.
Eine durchschnittliche erwachsene Person in Deutschland verursacht etwa Treibhausgase, die der Wirkung von fast 12 t CO_2 entsprechen. Nach dem Pariser Abkommen sollte sie bis 2030 nur für etwa 7 t CO_2 verantwortlich sein.

Neben staatlichen Maßnahmen wie z. B. der Förderung von erneuerbaren Energien oder Wärmedämmmaßnahmen bei Häusern kann jede und jeder Einzelne auch durch kleine Maßnahmen helfen, dieses Ziel zu erreichen. Trägt man beispielsweise eine Kleidungsschicht mehr im Haus, lässt sich die Raumtemperatur absenken; kurze Wege lassen sich zu Fuß oder mit dem Fahrrad zurücklegen usw.
In diesem Projekt könnt ihr untersuchen, mit welchen Mitteln ihr das Erreichen der Klimaschutzziele unterstützen könnt, und wie effektiv sie sind.

1) Sammelt anhand von Bild **B2** Möglichkeiten, euren CO_2-Ausstoß zu verringern. Recherchiert im Internet nach einem „CO_2-Rechner", um eure Vorschläge auf ihre Wirksamkeit hin zu untersuchen. Überarbeitet schließlich eure Liste.
Präsentiert eure Ergebnisse in übersichtlicher und ansprechender Form.

2) Recherchiert die Entwicklung der CO_2-Emissionen in Deutschland in den letzten Jahrzehnten. Vergleicht diese Daten mit den Zielen des Pariser Abkommens. Diskutiert, inwieweit jeder Einzelne zu dieser Entwicklung beiträgt und überlegt ggfs. Maßnahmen zur Änderung.
Präsentiert eure Ergebnisse übersichtlich und anschaulich.

3) Recherchiert zum CO_2-Ausstoß bei Herstellung, Transport und Nutzung von Gütern wie Nahrung, Kleidung, Haushaltsgeräten, Unterhaltungselektronik usw. Diskutiert, wie sich hier Einsparungen erzielen lassen.
Dokumentiert eure Ergebnisse in Plakatform und macht sie in eurer Schule öffentlich.

4) Organisiert in eurer Klasse einen „Klimapakt": Legt Maßnahmen und einen Zeitrahmen fest, in dem ihr versucht, „klimaschonend" zu leben. Dokumentiert die Umsetzung eurer Maßnahmen und diskutiert am Ende ihre Wirksamkeit und Nachhaltigkeit.
Stellt das Ergebnis eures Klimapakts anderen Klassen bzw. der Schulgemeinschaft in geeigneter Form vor.

Zusammenfassung

1. Spezifische Wärmekapazität

Wird ein Material erhitzt bzw. abgekühlt, so muss ihm Energie zugeführt bzw. entzogen werden. Dabei gilt für die zugeführte bzw. entzogene Energiemenge ΔE:

- ΔE ist direkt proportional zur Masse m:

  $$\Delta E \sim m$$

  (bei gleicher Temperaturdifferenz und gleichem Material);
- ΔE ist direkt proportional zur Temperaturdifferenz $\Delta\vartheta$:

  $$\Delta E \sim \Delta\vartheta$$

  (bei gleicher Masse und gleichem Material);
- ΔE ist bei gleicher Temperaturdifferenz und gleicher Masse davon abhängig, welches Material erwärmt wird. Dies wird durch eine Kenngröße c beschrieben, die man spezifische Wärmekapazität nennt.

Zusammenfassend lässt sich ΔE so berechnen:

$$\Delta E = c \cdot m \cdot \Delta\vartheta,$$

$$[c] = 1\,\frac{\text{J}}{\text{g} \cdot \text{K}} = 1\,\frac{\text{kJ}}{\text{kg} \cdot \text{K}}.$$

2. Änderung der inneren Energie

Die innere Energie eines Gegenstands kann durch *Wärme* oder *Arbeit* verändert werden.

- Wird von einem Gegenstand auf einen anderen innere Energie übertragen, wobei sich bei beiden die Temperatur bzw. der Aggregatzustand ändert, so nennt man die übertragene Energie Wärme Q. Dabei gilt:

  $$Q = \Delta E_i.$$

  Die Einheit der Wärme ist

  $$[Q] = 1 \text{ Joule} = 1 \text{ J}.$$
- Durch Reibungskräfte wird Arbeit an einem Gegenstand verrichtet, wodurch sich dessen innere Energie ändert. Dabei gilt:

  $$W = \Delta E_i.$$

3. Wärmetransport

Es gibt drei verschiedene Mechanismen des Wärmetransports zwischen zwei Gegenständen:

- durch Materie hindurch, aber ohne dass dabei Materie transportiert wird: Wärmeleitung;
- gemeinsam mit Materie: Konvektion;
- durch Photonen (ohne Beteiligung von Materie): Wärmestrahlung.

4. Strahlungsleistung und -gleichgewicht

Ein Gegenstand sendet Photonen aus, deren Energie abhängig von der Temperatur ist (meist aus dem IR-Bereich). Die Leistung ist dabei umso größer, je höher die Temperatur des Gegenstands ist.

Im Strahlungsgleichgewicht hat ein Körper diejenige Temperatur, bei der er in jeder Sekunde die gleiche Energiemenge, die er durch Strahlung aufnimmt, auch wieder abgibt. Die Temperatur des Körpers bleibt dann gleich (Gleichgewichtstemperatur).

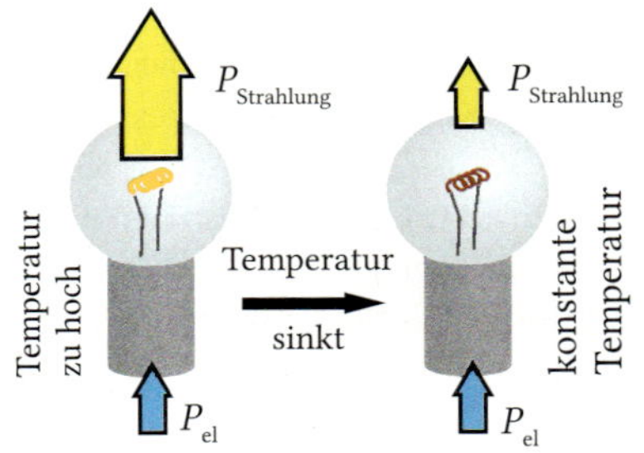

5. Strahlungsgleichgewicht der Erde, Treibhauseffekt

Die Erde befindet sich in einem Strahlungsgleichgewicht. Durch Treibhausgase (klimarelevante Gase) in der Erdatmosphäre ist die Gleichgewichtstemperatur höher als ohne Erdatmosphäre.

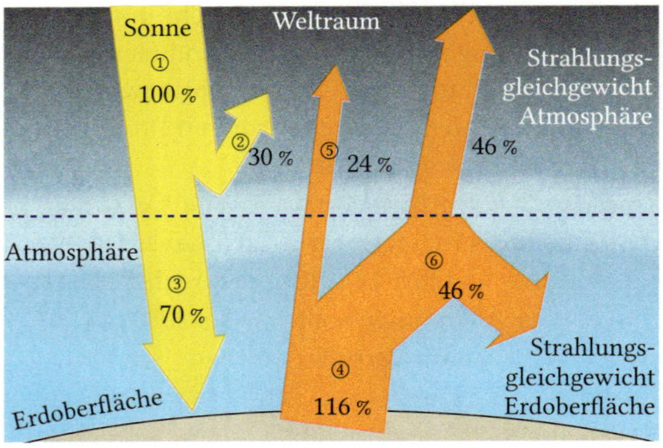

6. Wetter und Klima

Das aktuelle meteorologische Geschehen bezeichnet man als Wetter. Das Klima wird durch langjährige Mittel- und Extremwerte meteorologischer Daten (Luftdruck, Temperatur, Luftfeuchtigkeit etc.) beschrieben.

7. Anthropogener Treibhauseffekt

Der Mensch beeinflusst das Erdklima, weil er klimarelevante Gase (Treibhausgase) in die Atmosphäre einbringt. Diesen Einfluss fasst man unter dem Begriff „anthropogener Treibhauseffekt“ zusammen.

Aufgaben mit Lösungen

1 Berechne die Energiemenge,
a) die 300 g Speiseöl zugeführt werden muss, um es von 20 °C auf 200 °C zu erwärmen;
b) die 1 Liter Milch abgibt, wenn er von 12 °C auf 5 °C abgekühlt wird ($c_{Milch} = 3{,}8\ \frac{kJ}{kg \cdot K}$);
c) die man zum Erhitzen von 1 Liter Nudelwasser von 15 °C bis zum Siedepunkt mindestens benötigt.

2 Ein rotglühendes Hufeisen (800 °C; 400 g) wird in einem 10-Liter-Wassereimer auf Zimmertemperatur (20 °C) abgekühlt.

a) Bestimme die Energiemenge, die das Hufeisen dabei abgibt.

Die Energiemenge, die das Hufeisen abgibt, wird vom Wasser aufgenommen. Nimm an, dass das Wasser anfangs eine Temperatur von 20 °C besitzt.
b) Begründe ohne Rechnung, dass das Wasser vermutlich nicht sehr weit über 20 °C erwärmt wird.
c) Bestimme die Temperaturerhöhung, die sich beim Wasser (ohne Verdampfen) ergeben würde, wenn man annimmt, dass das Hufeisen wie in a) auf 20 °C abgekühlt wird.

3 Erkläre, weshalb Gewässer als „Speicher für Sonnenenergie" bezeichnet werden können.

4 Wasser und Luft leiten Wärme relativ schlecht.
a) ↗ In kaltem Wasser kühlt ein Körper mehr ab als in Luft der gleichen Temperatur. Gib eine physikalische Begründung für diese Beobachtung an.
b) Um den Kühleffekt von Luft zu verstärken, wedelt man die Luft an dem Gegenstand vorbei. Beschreibe die physikalischen Gründe für dieses Vorgehen.
c) Bei Wind hat man das Gefühl, dass die Temperatur geringer ist, als das Thermometer angibt („Windchill-Effekt"). Begründe diese Beobachtung physikalisch.

5 Bei einer Maschine, mit der Steine geschnitten werden, wird das Sägeblatt ständig mit Wasser gekühlt. Erkläre diese Vorgehensweise physikalisch.

6 Motoren müssen aus physikalischen und technischen Gründen gekühlt werden, d. h. es muss innere Energie abgeführt werden.
a) Beschreibe die grundlegenden Mechanismen, die zur Verfügung stehen, um die innere Energie abzuführen.
b) Grundlegend unterscheidet man in der Technik zwischen luftgekühlten und wassergekühlten Motoren. Beschreibe Unterschiede und Gemeinsamkeiten zwischen beiden Kühlverfahren.

7 Legt man einen Gegenstand, z. B. einen Stein, in die Sonne, so heizt er sich bis zu einer bestimmten Temperatur auf – aber nicht weiter, obwohl weiterhin mit gleicher Leistung Energie zugeführt wird. Erkläre die Ursache dafür.

8 Ein schwarz gefärbter Gegenstand erreicht in der Sonne eine höhere Temperatur als der gleiche Gegenstand, der weiß eingefärbt ist (siehe Bild). Begründe diese Beobachtung mithilfe des Strahlungsgleichgewichts.

9 Unsere Haut reagiert darauf, ob ihr Wärme zuströmt („fühlt sich warm an") oder von ihr abgegeben wird („fühlt sich kalt an"). Eine metallene Gabel und ein hölzerner Kochlöffel mit gleicher Temperatur fühlen sich darum beim Berühren verschieden „warm" an.
a) Erkläre diese Empfindung mithilfe von einem der drei Wärmetransportmechanismen.
b) Erläutere die physikalischen Grundlagen des „Babyflaschentests", bei dem die erwärmte Milch auf das Handgelenk getropft wird.
c) ↗ Begründe, dass man auch kühlere Gegenstände mit der Haut erspüren kann, ohne sie zu berühren.

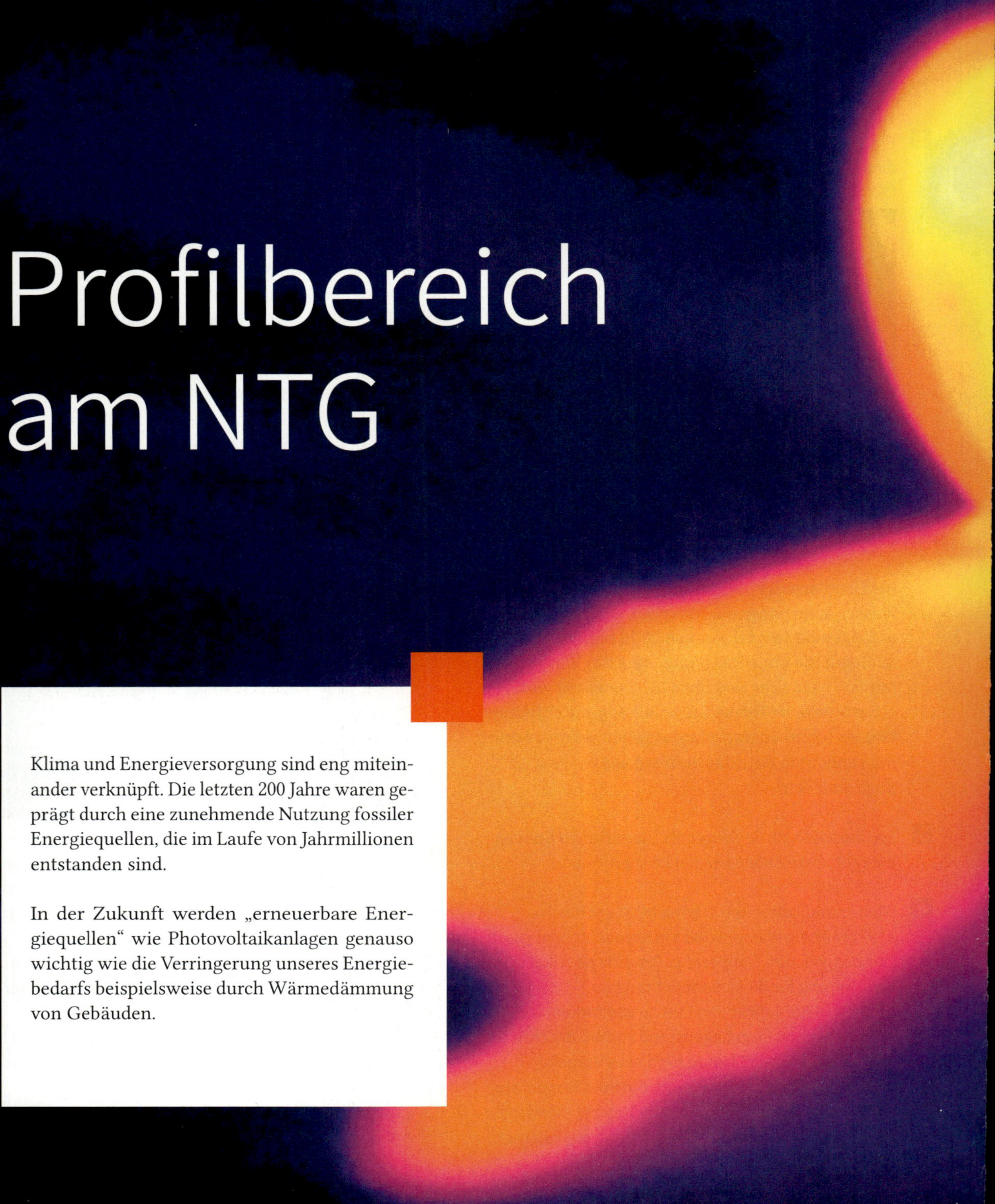

Profilbereich am NTG

Klima und Energieversorgung sind eng miteinander verknüpft. Die letzten 200 Jahre waren geprägt durch eine zunehmende Nutzung fossiler Energiequellen, die im Laufe von Jahrmillionen entstanden sind.

In der Zukunft werden „erneuerbare Energiequellen“ wie Photovoltaikanlagen genauso wichtig wie die Verringerung unseres Energiebedarfs beispielsweise durch Wärmedämmung von Gebäuden.

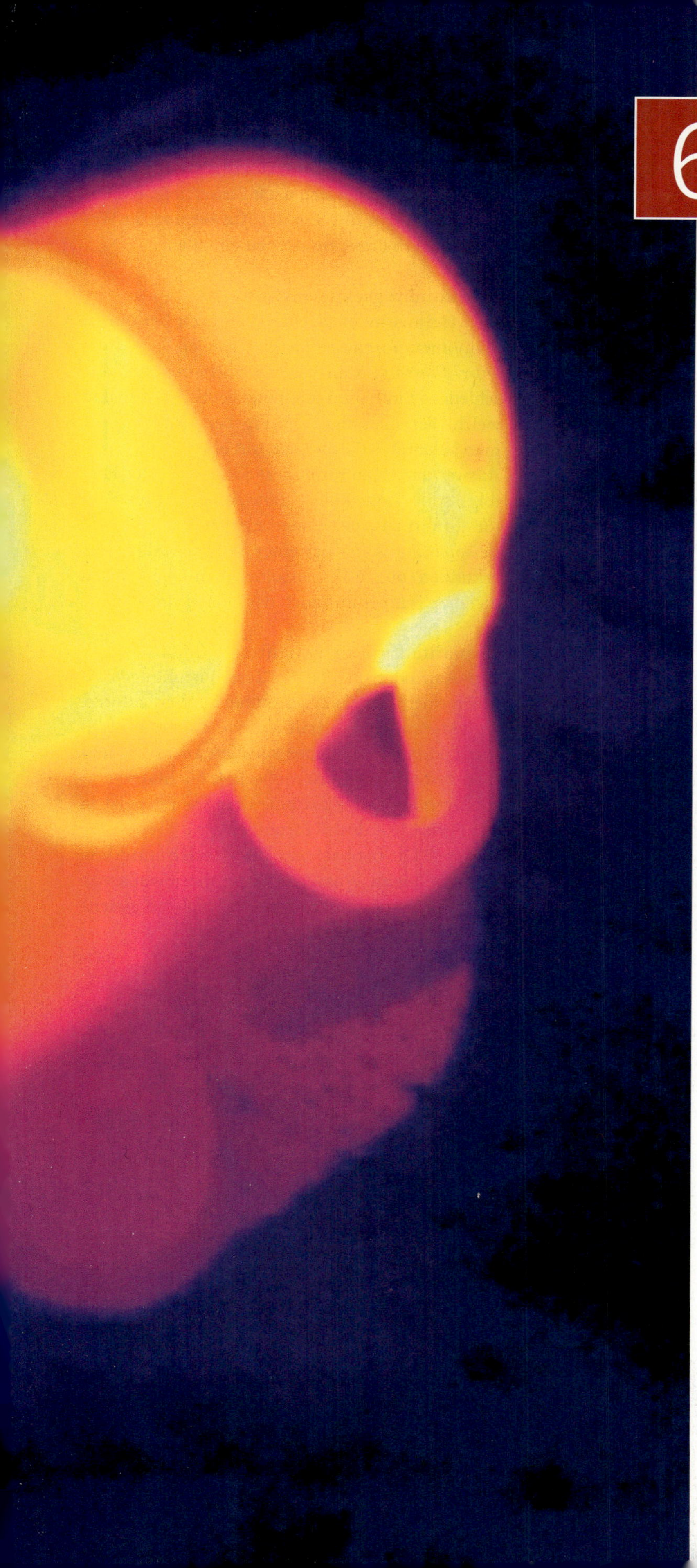

6

Das kannst du in diesem Kapitel erreichen:

- Du beschäftigst dich mit weiteren physikalischen Aspekten des Klimasystems der Erde und entnimmst dazu unterschiedlichen Quellen Informationen.
- Du setzt deine bisher erworbenen physikalischen Kenntnisse zur Bewertung von Quellen und beim Meinungsaustausch ein.
- Du recherchierst zu alternativen Erklärungsansätzen und erörterst die Interessenlagen der Autoren.
- Du dokumentierst selbstständig deine Ergebnisse aus experimentellen Untersuchungen sowie von Literaturrecherchen zum Themenbereich Energie.
- Du präsentierst deine Ergebnisse in angemessener Weise.
- Du nimmst bei einem Meinungsaustausch einen begründeten Standpunkt ein und wägst Nutzen und Risiken technischer Anwendungen gegeneinander ab.

6.1 Vertiefung von grundlegenden Methoden

Kompetenz: Ergebnisse kommunizieren

Im Profilbereich wirst du durch Experimente (siehe **Kompetenz: Erkenntnis durch Versuche**) und aus anderen Informationsquellen (siehe **Kompetenz: Informationen aus Quellen entnehmen und bewerten**, Seite 12 f.) verschiedene Ergebnisse erhalten, die du auch bei Präsentationen und in Diskussionen verwenden kannst, z. B.

- bei einer **Plakatausstellung**,
- bei einem **Kurzreferat**,
- bei einem **öffentlichen Vortrag** in der Schule,

- in einem **Gruppenpuzzle**,
- als **Marktplatz**,
- als **Stationenlauf**,

- als **Kontrollierter Dialog** (siehe Seite 11),
- im **Streitgespräch** (siehe Seite 11),
- bei einem **Fiktiven Interview**.

Dazu musst du deine Ergebnisse zuerst aufbereiten. Folgendes solltest du dabei beachten:

1) Adressaten: Für wen sind die Informationen gedacht: jüngere, ältere oder gleichaltrige Schülerinnen und Schüler, Eltern, Lehrkräfte oder andere Experten? Von welchen relevanten Vorkenntnissen kannst du bei den jeweiligen Personen ausgehen? Um die jeweils passenden Informationen auszuwählen, musst du sie oftmals zuerst bewerten. Hinweise dazu findest du auf Seite 12 und 13.

2) Struktur: Werden die Informationen in einer aufeinander aufbauenden Abfolge präsentiert (z. B. beim *Kurzreferat*) oder in verschiedenen Blöcken parallel dargestellt (z. B. beim *Marktplatz*)? Verwende zur Strukturierung auch dein Fachwissen.

3) Darstellungsform: Werden die Ergebnisse mündlich oder schriftlich vermittelt? Benötigst du eher anschauliche Bilder und Videos für ein Laienpublikum oder detaillierte Fotos eines Experiments, Diagramme, Formeln usw. für ein Fachpublikum? Soll schriftliches Begleitmaterial verteilt werden? Steht eher die Fachinformation im Vordergrund oder soll das Ganze eher unterhaltsam gestaltet sein?

Kompetenz: Erkenntnis durch Versuche

Experimente lassen sich nach *Zielsetzung*, Art der *Durchführung* und Form der *Auswertung* im Wesentlichen in drei Grundtypen einteilen:

1) Erkundungsexperimente:
Ziel: Herausfinden, welche Faktoren bei einem Phänomen/Vorgang eine Rolle spielen.
Durchführung: Man variiert nacheinander verschiedene Einflussfaktoren und beobachtet, ob und welche Veränderungen sich ergeben. Dabei bezieht man bekanntes Fachwissen mit ein.
Auswertung: Man formuliert Sätze wie „Der Faktor … spielt keine Rolle", „Eine Änderung von Faktor … führt zu einer Änderung von …"
Beispiel: Du willst bei einer Wärmebildkamera erkunden, ob sie bei verschiedenen Oberflächen gleicher Temperatur auch das Gleiche anzeigt.

2) qualitative Experimente:
Ziel: Auffinden qualitativer Zusammenhänge zwischen einer Größe und bekannten Einflussfaktoren.
Durchführung: Man hält alle identifizierten Einflussfaktoren bis auf einen konstant. Diesen variiert man systematisch und beobachtet qualitativ.
Auswertung: Der Zusammenhang wird meist in der Form „Je – desto" formuliert.
Beispiel: Du beobachtest die Ausdehnung von verschiedenen Wassermengen, die jeweils von der gleichen Anfangstemperatur auf die gleiche Endtemperatur erhitzt werden.

3) quantitative (Mess-)Experimente:
Ziel: Ermitteln von quantitativen Zusammenhängen zwischen Größen, die in Form von Tabellen oder Formeln beschrieben werden.
Durchführung: Wie beim qualitativen Experiment, nur dass systematisch die jeweiligen Messwerte tabelliert werden.
Auswertung: Wenn möglich wird der Zusammenhang zwischen den Messwerten mit einer mathematischen Formel beschrieben. Ansonsten wird der Zusammenhang zwischen Größen gerne auch übersichtlich in Diagrammform dargestellt.
Beispiel: Du misst die Volumenausdehnung von einem Liter Wasser in Abhängigkeit von der Temperaturdifferenz und stellst das in einem Diagramm dar.

Kompetenz: Nutzen und Risken abwägen

Viele technische Entwicklungen verschaffen uns Erleichterungen im täglichen Leben. Allerdings sind manche davon mit mehr oder weniger starken negativen Auswirkungen auf Umwelt und Gesellschaft verbunden (z. B. der Autoverkehr).
Der Nutzen muss hier also gegen das Risiko bzw. gegen tatsächliche, unvermeidliche Schäden abgewogen werden. Für eine sachliche Bewertung müssen Kriterien festgelegt werden, nach denen man eine Situation beurteilen will (siehe auch Seiten 60/61). Das Ergebnis wird je nach Wahl und Wichtung der Kriterien unterschiedlich ausfallen.

Methode: Fiktives Interview

Bei einem *Fiktiven Interview* bereitet ihr eure Ergebnisse in Form eines Interview-Dialogs auf:
Eine oder zwei aus der Gruppe müssen dabei in die Rolle *der Journalistin/des Journalisten* schlüpfen. Sie stellen Fragen (auch kritische) an *die Expertin/den Experten*. Auch auf Expertenseite können bis zu zwei Personen diese Rolle übernehmen.

Alle Gruppenmitglieder tragen zunächst die Informationen zu ihrem Thema zusammen. Anschließend müssen diese Informationen in Form von Fragen und entsprechenden Antworten formuliert werden. Teilt dazu die Informationen in kurze Abschnitte ein und findet zu diesen Abschnitten eine Art Überschrift in Frageform.
Nun müssen Journalisten und Experten jeweils ihre Rolle lernen.

Tipp: Es reicht, wenn ihr maximal sieben Fragen notiert. Das ist üblicherweise die Anzahl, an die man sich recht gut erinnern kann.

Methode: Marktplatz

Bei der Methode *Marktplatz* (auch: *Markt der Möglichkeiten*) teilt sich die Klasse zunächst in verschiedene (möglichst gleich große) Gruppen auf, die jeweils ein Thema bearbeiten.

Jede Gruppe erstellt zunächst zu ihrem Thema ein aussagekräftiges Plakat. Außerdem sollen alle Gruppenmitglieder in der Lage sein, die Rolle einer „Expertin" oder eines „Experten" einzunehmen, welche(r) Fragen zum jeweiligen Thema bzw. Plakat beantwortet.

Die fertigen Plakate werden dann so in einem Raum platziert, dass sich mehrere Personen um das Plakat herumstellen können. Die Expertin/der Experte bleibt zunächst an diesem Plakat, um die Fragen der „Besucher" zu beantworten.

Die anderen Gruppenmitglieder können sich nun jeweils als „Besucher" bei den anderen Plakaten informieren. Ein zweites Gruppenmitglied wird dazu bestimmt, den Experten/die Expertin nach einer gewissen Zeit abzulösen.

Tipp: Jede Gruppe kann auch zu ihrem Plakat zwei bis drei Quizfragen erstellen. Am Ende können dann alle Fragen zu einem großen Quiz zusammengefasst werden, mit dem dann jede(r) überprüfen kann, was sie/er gelernt hat.

6.2 Vertiefung: Klimasystem und Klimamodelle

Klima, ein heißes Eisen – Seit einigen Jahren oder gar Jahrzehnten sind die Veränderungen des weltweiten Klimas Anlass zu Diskussionen unter Wissenschaftlern und Politikern sowie in der Gesellschaft.
Mittlerweile setzt sich immer mehr die Einsicht durch, dass sich im komplexen System „Klima“ lokale Veränderungen der Umweltbedingungen „vor der eigenen Haustür“ weltweit bemerkbar machen und zu teilweise dramatischen Veränderungen führen können.

Hier sowie in den **Kapiteln 5.3** und **5.4** findest du Hinweise, wie du dir einen Überblick über den aktuellen Stand der Klimaforschung und der Diskussionen in Wissenschaft, Politik, Umwelt- und Wirtschaftsverbänden sowie der Gesellschaft verschaffen kannst. Passende Informationen findest du auch in folgenden Sachtexten:

- **Von der Wetterbeobachtung zu den Klimazonen**,
- **Paläoklimatologie und Bahnparameter**,
- **Klimamodelle**,
- **Rückkopplungen und Kippelemente**.

Diese enthalten einen knapp gefassten Überblick über das jeweilige Thema und können dir als Ausgangspunkt für eigene Recherchen dienen.

Wichtige Informationsquellen findest du auf den Seiten des **Potsdam Institute for Climate Impact Research (PIK)** e.V. (Potsdamer Institut für Klimafolgenforschung). Es gehört zur **Leibniz-Gemeinschaft**, einem Zusammenschluss von selbstständigen Forschungseinrichtungen.

P I K

Weltweite Forschungsergebnisse laufen beim **Intergovernmental Panel on Climate Change – IPCC** (Weltklimarat) zusammen, einer Einrichtung der Vereinten Nationen. Das IPCC veröffentlicht alle sechs bis sieben Jahre Berichte, in denen sowohl die aktuelle Entwicklung der klimatischen Verhältnisse auf der Erde als auch der derzeitige Stand der Forschungen und Ergebnisse im Rahmen von Klimamodellen dargestellt werden. Die Berichte findet man in Englisch auf den Seiten des IPCC direkt oder in deutschen Übersetzungen bei der Deutschen Koordinierungsstelle des IPCC.

WBGU
Wissenschaftlicher Beirat der Bundesregierung
Globale Umweltveränderungen

Viele Informationen, vor allem zu politischen Folgen der Klimaveränderungen und Folgerungen, finden sich auf den Seiten des **Wissenschaftlichen Beirats der Bundesregierung - Globale Umweltveränderungen (WBGU)**.

Auch die Seiten der verschiedenen **Umweltministerien** (z. B. Bundesumweltministerium, Bayerisches Umweltministerium) stellen gute Informationssquellen dar. Oft sind die Ergebnisse in eine auch für Laien verständliche Form übersetzt.

Nicht alle Menschen sind der Meinung, dass der derzeitige Klimawandel auf dem menschlichen Einfluss aufgrund verstärkter Industrialisierung mit zunehmendem Energiebedarf beruht. Sie sehen die Ursache dieses Wandels ausschließlich in natürlichen Prozessen. Vertreter dieser Strömungen werden auch **Klimaskeptiker** genannt. Manchmal wird von deren Seite auch der Begriff **Klimaschwindel** in den Ring geworfen. Die Gründe für die andere Sichtweise sind dabei durchaus unterschiedlich: Sie können beispielsweise religiöser Natur sein oder es stecken wirtschaftliche bzw. politische Interessen dahinter. Manche glauben an Verschwörungen einer einzelnen Gruppe. Auch Wissenschaftler finden sich darunter, die einen alternativen Erklärungsansatz suchen.

Wenn du dich nun also auf die Suche nach Informationen machst, solltest du bedenken: Wenn wir über das Klima reden, dann reden wir sehr häufig über **Mittelwerte** und über **statistische Signifikanz.** Das kann bei der Beurteilung von Aussagen wichtig sein. Ein Beispiel soll das illustrieren:
In Deutschland haben etwa 50 % der Bevölkerung blonde Haare. Das bedeutet nicht, dass in einer Klasse mit 28 Schülerinnen und Schülern auf jeden Fall 14 Personen blond sind. Es können auch nur drei sein. Erst wenn du viele Klassen des gleichen Jahrgangs untersucht hast, wirst du feststellen, dass etwa die Hälfte der Schülerinnen und Schülern blond ist.
Auch beim Klima ist es ähnlich: Heißt es, dass weltweit die mittlere Temperatur um 0,5 °C gestiegen ist, so handelt es sich dabei um einen Mittelwert über viele Orte und viele (meist mindestens 30) Jahre.

Projekt: Wer hat Interesse am Klima(schutz)?

Für die Planung und Durchführung dieses Projekts bieten sich drei Arbeitsphasen an:

1) *Suchen und Sammeln von Informationen*
Hinweise zum Suchen von Informationen findet ihr auf Seite 12 und 13. Nutzt außerdem Kenntnisse, die ihr im Informatikunterricht oder in anderen Fächern dazu erworben habt. Achtet von Anfang an darauf, dass die Informationen geordnet in geeigneter Form notiert werden.

2) *Analysieren der Informationen*
Zunächst geht es darum, die sachlichen, objektiven Fakten abzutrennen von den Interpretationen dieser Fakten oder den Meinungen zu diesen Fakten. Das ist oft nicht einfach!
Je nach Interessenlage der Informationsgeber werden Fakten oftmals auch mit Interpretationen oder mit Meinungen vermischt. Damit erscheinen bloße Meinungen als objektive Fakten.

3) *Präsentieren der Rechercheergebnisse.*
Je nach Themenbereich könnt ihr hier verschiedene Darstellungsformen einsetzen. Es kann sich um ein *Plakat* bzw. eine *Plakatserie* handeln oder eine *Computerpräsentation*. Aber auch ein *Videoclip* oder ein *kurzer Sketch* können unter Umständen geeignet sein, eure Ergebnisse einem Publikum weiterzugeben. Manche Themen eignen sich auch dazu, eine *Diskussionsrunde* zu organisieren. Hinweise dazu findest du auf Seite 11.

In der nachfolgenden Liste findet ihr einige Themenvorschläge mit Fragen, die euch Anregungen für eure Recherchen geben können.

- *Aktuelle Klimadaten ermitteln*
  Welche Daten werden seit wann erhoben? Welche physikalischen Größen werden gemessen? Wo befinden sich die Messstationen? Wie arbeitet man international zusammen?

- *Klimadaten aus der Vergangenheit ermitteln*
  Wie ermittelt man Daten zu Klimaverhältnissen vor mehr als 2000 Jahren? Für welche Zeiträume werden Daten ermittelt? Wie zuverlässig sind die Daten? Welchen Beitrag liefert die Physik dazu?

- *Klimaänderungen in der Vergangenheit*
  Welche Klimaänderungen gab es während der letzten Million Jahre? In welchen Zeitspannen fanden sie jeweils statt? Welche Ursachen und Auswirkungen konnte man dafür ausmachen?

- *Klimamodelle und ihre Entwicklung*
  Was ist ein Klimamodell, welche Typen gibt es und welche Größen spielen dabei eine Rolle? Welche Vereinfachungen werden bei Klimamodellen gemacht? Wie trägt die Physik dazu bei?

- *Rückkopplungen und Kippelemente*
  Was ist eine positive bzw. negative Rückkopplung? Welche Rückkopplungen gibt es im Klimasystem der Erde? Wie hängen die Begriffe labiles Gleichgewicht und Kippelement zusammen? Welche Kippelemente vemutet man?

- *Einfluss des Menschen und Klimaschutz*
  Inwieweit beeinflusst der Mensch das Klima? Welche Folgen sind schon erkennbar? Welche Prognosen (Projektionen) gibt es für die weitere Klimaentwicklung? Mit welchen Maßnahmen könnten sich ungünstige Entwicklungen verhindern lassen?

- *Persönlicher Klimaschutz*
  Inwiefern spielen persönlicher Konsum, Freizeit- und Reiseverhalten für den Klimaschutz eine Rolle? Wie kann man Klimaschutz im Alltag umsetzen?

- *Klimaskeptiker*
  Welche weiteren Erklärungsansätze mit welchen Begründungen gibt es? Wie weit gehen hier Freiheit und Verantwortung der Wissenschaft?

Sachtext: Von der Wetterbeobachtung zu den Klimazonen

B1 *Eine Wetterstation mit verschiedenen Messgeräten*

B2 *In Kremsmünster sammelt man seit 1762 Wetterdaten.*

Schon immer war für Menschen das Wetter von großer Bedeutung, weil es sich meist unmittelbar auf die Versorgung mit Nahrungsmitteln auswirkte. Daher bestand schon früh der Wunsch, das Wetter vorhersagen zu können. Die alten Ägypter wussten durch langjährige Beobachtungen beispielsweise recht genau, wann das alljährliche Nilhochwasser fruchtbaren Schlamm auf die Felder schwemmen würde. Heutige Wettervorhersagen werden u. a. auch dazu verwendet, vor Unwetterereignissen wie Sturm, Hagel und heftigen Schneefall zu warnen.

Mit zunehmender Mobilität erkannte man, dass lokale Ereignisse ihren Ursprung oft an ganz anderer Stelle hatten. Mittlerweile wissen wir, dass das aktuelle lokale Wetter eingebettet ist in ein komplexes System von physikalischen, chemischen und biologischen Abläufen in der Atmosphäre, den Ozeanen sowie den Eis- und Landmassen. Auch die Vegetationsvorgänge auf unserem Planeten sind in dieses System eingebunden, das wir **Klima** nennen.

Den Anfang unserer heutigen Klimamodelle bilden langjährige Wetterbeobachtungen in der Atmosphäre, die zunächst nur auf Beschreibungen beruhten. Einen wesentlichen Fortschritt stellte dann die Verwendung von **Messgeräten** dar:
Seit dem 17. Jahrhundert standen **Thermometer** zur Temperaturmessung, **Barometer** zur Luftdruckmessung und **Anemometer** zur Messung der Windgeschwindigkeit zur Verfügung. Messgeräte für Luftfeuchtigkeit (**Hygrometer**) wurden ab dem 18. Jahrhundert eingesetzt. Man registrierte zudem Niederschläge, Windrichtungen, Sonnenscheindauer und Bewölkung. Nach und nach entstanden so an vielen Orten **Wetterstationen** (siehe Bild **B1**).
Die längste zusammenhängende Zeitreihe von Wetterdaten stammt von der Sternwarte Kremsmünster (siehe Bild **B2**), in der zuverlässige Daten seit dem 28. Dezember 1762 vorliegen.

Schon in der Antike teilte man aufgrund astronomischer Kenntnisse die Erde in einfache **Klimazonen** ein, wobei die Zuordnung über den vermuteten Zusammenhang zwischen Breitengrad und höchste Jahrestemperatur erfolgte. Nach dieser Einteilung befinden sich an den Polen jeweils eisige Zonen, die genauso wie die heiße Zone um den Äquator unbewohnbar sind. Dazwischen liegen zwei gemäßigte, bewohnbare Bereiche (siehe Bild rechts).

Ein wesentlich genaueres Bild ergab sich, als man nach und nach Messnetze von Wetterstationen aufbaute. Das erste internationale Messnetz wurde von der *Pfälzischen Meteorologischen Gesellschaft* mit Sitz in Mannheim ab den Jahren 1780/81 betrieben. Es umfasste 39 Messstationen, die von Nordamerika über Grönland bis zum Ural reichten. Zusammen mit den Ergebnissen vieler Forschungsreisen, u. a. von Alexander von HUMBOLDT (1769–1859), ergab sich nach und nach ein differenzierteres Bild von den klimatischen Verhältnissen rund um den Erdball.

1936 veröffentlichte der Meteorologe und Leiter des deutschen Seewetterdienstes Wladimir Köppen (1846–1940, Bild links) eine wegweisende Klassifikation der **Klimazonen** der Erde, die auf möglichst objektiven Daten beruhte.

Köppen gab dazu einen Bestimmungsschlüssel an, den er selbst „Klimaformel" nannte (siehe Bild **B3**). Mithilfe dieses Bestimmungsschlüssels ordnete er Orte und Bereiche einer bestimmten Klimazone zu. Als Kriterien verwendete er dabei neben anderen Kennzeichen

- mittlere Temperaturen,
- Temperaturextrema,
- mittlere jährliche Niederschlagsmengen,
- maximale und minimale Niederschlagsmengen.

Heutige Einteilungen der Erde in Klimazonen beruhen in ihren Grundzügen auf diesem System (Bild **B4**).

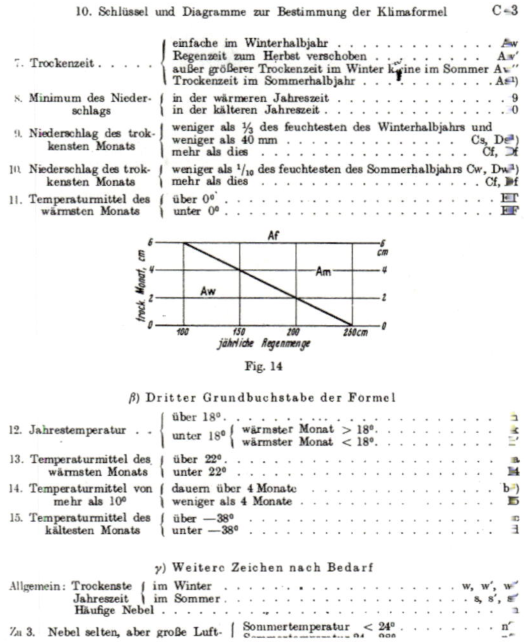

10. Schlüssel und Diagramme zur Bestimmung der Klimaformel C 3

7. Trockenzeit	einfache im Winterhalbjahr	Aw
	Regenzeit zum Herbst verschoben	Aw'
	außer größerer Trockenzeit im Winter kleine im Sommer	Aw''
	Trockenzeit im Sommerhalbjahr	As[1])
8. Minimum des Niederschlags	in der wärmeren Jahreszeit	9
	in der kälteren Jahreszeit	0
9. Niederschlag des trockensten Monats	weniger als ⅓ des feuchtesten des Winterhalbjahrs und weniger als 40 mm	Cs, Ds[1])
	mehr als dies	Cf, Df
10. Niederschlag des trockensten Monats	weniger als $^1/_{10}$ des feuchtesten des Sommerhalbjahrs	Cw, Dw[1])
	mehr als dies	Cf, Df
11. Temperaturmittel des wärmsten Monats	über 0°	ET
	unter 0°	EF

Fig. 14

β) Dritter Grundbuchstabe der Formel

12. Jahrestemperatur	über 18°	[illegible]
	unter 18° — wärmster Monat > 18°	[illegible]
	unter 18° — wärmster Monat < 18°	[illegible]
13. Temperaturmittel des wärmsten Monats	über 22°	a
	unter 22°	[illegible]
14. Temperaturmittel von mehr als 10°	dauern über 4 Monate	b[1])
	weniger als 4 Monate	[illegible]
15. Temperaturmittel des kältesten Monats	über —38°	[illegible]
	unter —38°	[illegible]

γ) Weitere Zeichen nach Bedarf

Allgemein: Trockenste Jahreszeit	im Winter	w, w', w''
	im Sommer	s, s', s''
Häufige Nebel		[illegible]
Zu 3. Nebel selten, aber große Luft-	Sommertemperatur < 24°	n'

B3 *Bestimmungsschlüssel für Klimabereiche von W. Köppen*

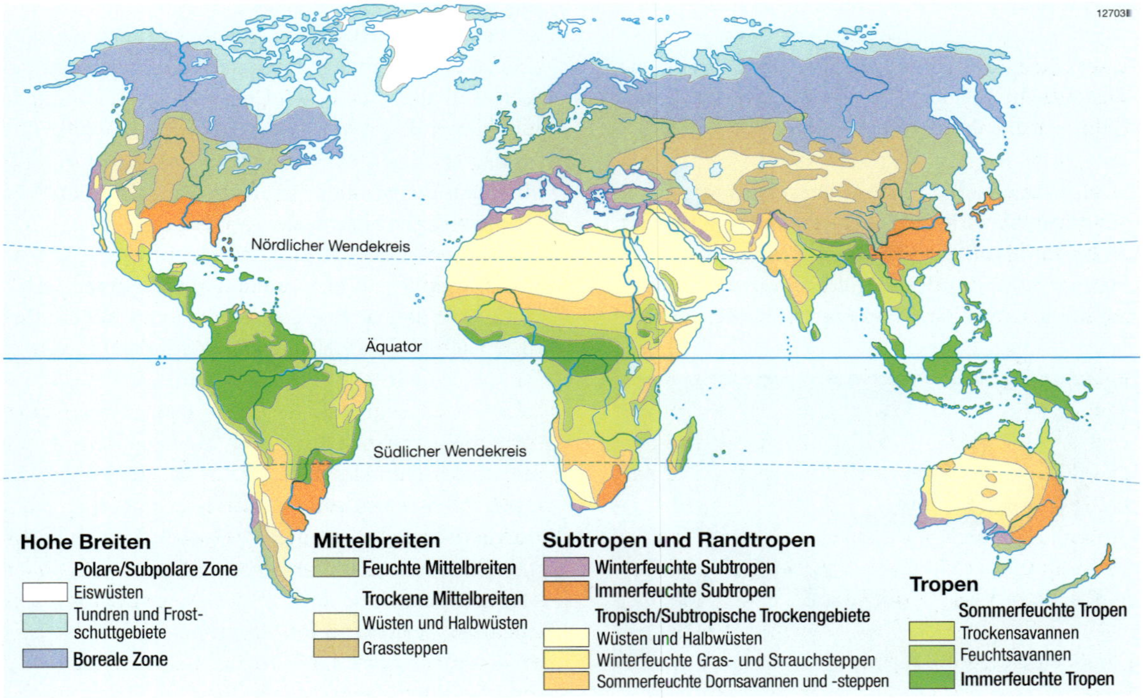

B4 *Einteilung der Erde in Klimazonen*

Sachtext: Paläoklimatologie und Bahnparameter

B1 *Hier erfasst man seit 1781 Daten zum Wind.*

B2 *Baumstämme liefern auch Informationen zum Klima.*

Unsere Informationen über bisherige Klimaveränderungen stammen im Wesentlichen aus drei Bereichen:

1) Das **Neoklima**: Darunter versteht man Klimadaten, die aus Messreihen verschiedener Wetterdaten mittels statistischer Analysen abgeleitet werden. Für manche Messgrößen reichen die längsten Messreihen teilweise bis ins 17. Jahrhundert zurück, z. B.:

- bodennahe Lufttemperatur in England seit 1659,
- Niederschlag in Kew bei London seit 1697,
- Luftdruck seit 1740 in De Bilt in den Niederlanden,
- Wind seit 1781 auf dem Hohenpeißenberg in Oberbayern (Bild **B1**),
- Sonnenscheindauer seit 1880 in Kew bei London,
- Schneedeckenhöhe seit 1881 in Wien.

2) Das **historische Klima**: Diese Daten reichen etwa fünf Jahrtausende zurück und beruhen auf Beschreibungen von Wetterereignissen in *Witterungstagebüchern* oder *Chroniken der öffentlichen Verwaltung*. Auch *Bilder*, Notizen zu *Blühbeginn* und *Laubverfärbung* sowie Berichte über *Lebensmittelqualität* und Ernteergebnisse lassen Rückschlüsse auf das jeweils vorhandene Klima zu. Messwerte sind noch sehr selten.

B3 *Eisbohrkerne enthalten Informationen zum Klima.*

3) Die **Paläoklimatologie**: Hier lassen sich mit verschiedenen Methoden klimatische Verhältnisse und Veränderungen bis zu 3,8 Milliarden Jahre zurückverfolgen.

- **Dendroklimatologie**: Die Jahresringe von Bäumen fallen je nach Witterung mehr oder weniger breit aus (Bild **B2**). Verschieden alte Hölzer (z. B. aus historischen Bauten) weisen daher für den gleichen Zeitraum in der gleichen Region gleiche Baumringabfolgen auf. Aus diesen Überlappungen kann man die klimatischen Verhältnisse bis etwa 10 000 Jahre zurückverfolgen. Messungen der Holzdichte mithilfe von Röntgenstrahlen liefern zudem Informationen zur jeweiligen Sommertemperatur.
- **Eisbohrungen**: Dazu führt man Bohrungen im Festlandeis von Grönland und der Antarktis durch (Bild **B3**), deren älteste Eisschichten 100 000 Jahre bzw. 800 000 Jahre alt sind. Die Bohrkerne werden auf verschiedene Merkmale hin untersucht, z. B. Dicke der einzelnen Eisschichten oder Staubeinlagerungen. Im Eis eingeschlossene Gasblasen liefern Hinweise auf die Zusammensetzung der Atmosphäre und über das Verhältnis der Sauerstoffisotope O-16 und O-18 auf die jeweilige Temperatur.

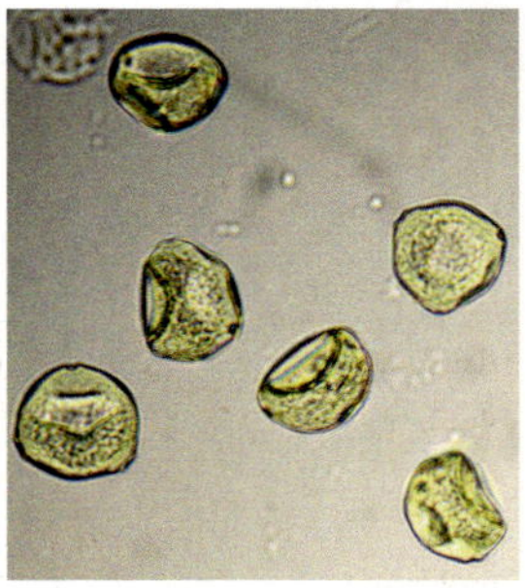

B4 *Haselnusspollen*

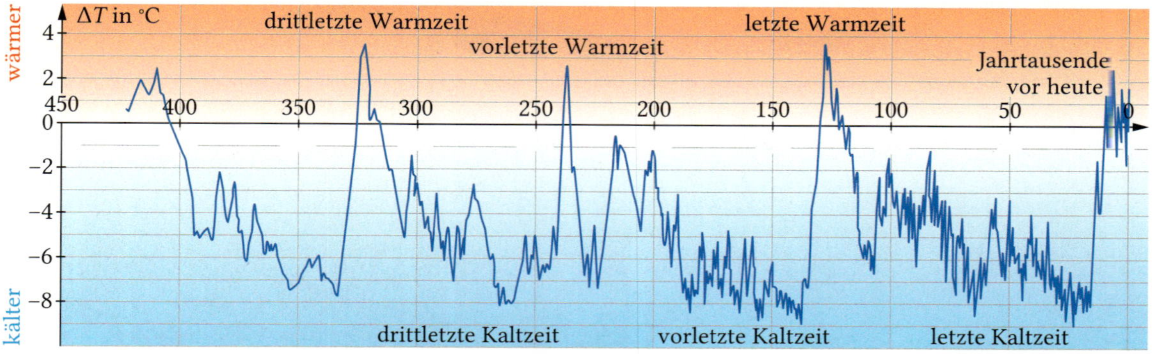

B5 *Verlauf der mittleren Temperatur auf der Erde während der letzten 450 000 Jahre. Die Linie bei „0" stellt das heutige Niveau dar.*

- **Pflanzenpollen-Spektren**: Man durchbohrt Bodenschichten und analysiert, welche Pollen sie enthalten (z. B. Haselnuss, Bild **B4**). Da viele Pflanzen nur bei bestimmten Temperatur- oder Feuchtigkeitsverhältnissen wachsen, kann man so Rückschlüsse auf die klimatischen Verhältnisse am jeweiligen Ort ziehen. Je nach Bodenverhältnissen lassen sich diese zwischen 10 000 und 100 000 Jahre weit zurückverfolgen.
- **Tiefseebohrungen**: Mikroorganismen in der Tiefsee bilden Kalk (Kalziumkarbonat, $CaCO_3$) und binden so Sauerstoff. Wie bei Eisbohrkernen benutzt man nun das Verhältnis von O-16 zu O-18 für Rückschlüsse auf die damaligen Temperaturen. Mit Meeressedimenten kann man so bis 100 Millionen Jahre „in die Vergangenheit schauen."

Aus solchen Daten hat man das **Paläoklima** rekonstruiert, z. B. den Verlauf der mittleren Temperatur in den letzten 450 000 Jahren (Bild **B5**). Deutlich erkennt man eine zyklische Abfolge von Warm- und Kaltphasen. Deren Ursache hält man heute für geklärt: Veränderungen der Wasserströme in den Ozeanen durch die Bildung der Landbrücke zwischen Nord- und Südamerika führten das Klimasystem in einen Zustand über, der sensibel auf kleine Veränderungen der Sonneneinstrahlung reagiert. Drei Parameter der Erdbahn ändern sich aufgrund physikalischer Effekte zyklisch (**Milanković-Zyklen**, nach Milutin Milanković, 1879–1958), sodass solche Veränderungen bei der Erde automatisch auftreten:

- *Form der Erdbahn*: Sie ändert sich in Zyklen von 100 000 bzw. 400 000 Jahren zwischen kreisförmig und leicht elliptisch (übertrieben dargestellt in Bild **B6a**).
- *Schiefe der Erdachse*: Mit einer Zyklusdauer von 41 000 Jahren ändert sich die Neigung der Erdachse gegenüber der Bahnebene zwischen 22,1° und 24,5° (Bild **B6b**).
- *Präzession*: Die Erdachse rotiert, sodass der sonnenfernste Punkt (Aphel) mal im Nordsommer, mal im Nordwinter durchlaufen wird (Bild **B6c**). Die Zyklusdauer beträgt hier 19 000 bis 23 000 Jahre.

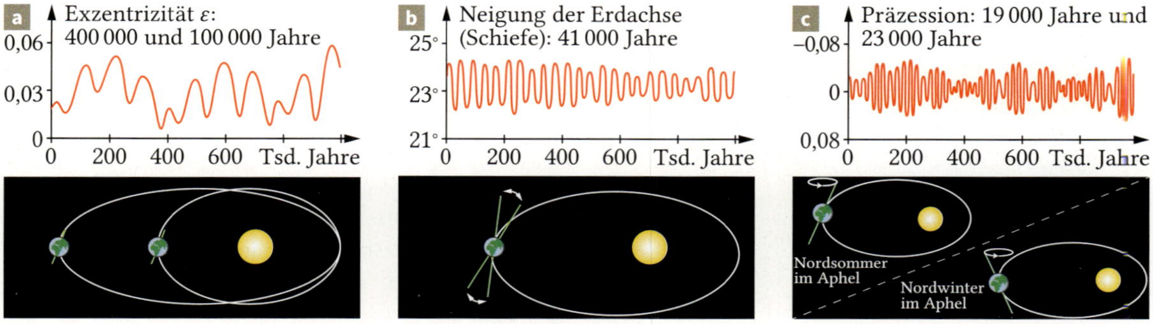

B6 *Änderungen der a) Exzentrizität, b) der Bahnschiefe und c) die Präzession der Erdachse führen zu den Milanković-Zyklen*

Sachtext: Klimamodelle

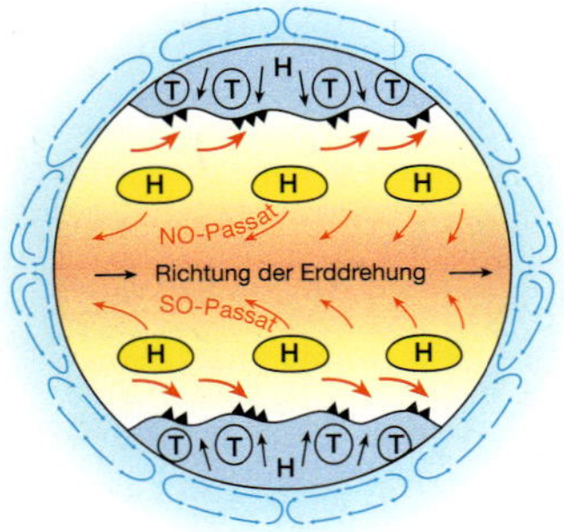

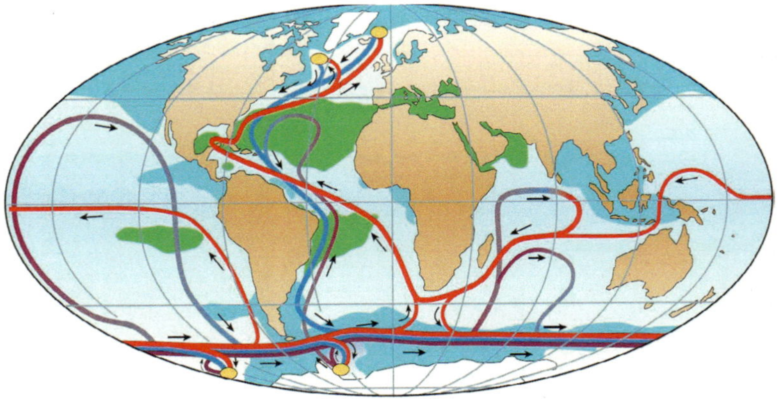

B1 *Wetter und Klima werden vor allem durch globale Strömungen in der Atmosphäre (links) und in den Ozeanen (rechts) bestimmt.*

Das Klimageschehen auf der Erde beruht nach derzeitigem Kenntnisstand im Wesentlichen auf dreidimensionalen **Zirkulationsprozessen** von Gasen und Wasser sowie auf **Stoffkreisläufen**. Dabei wird auch Energie in großen Mengen transportiert (Bild **B1**). Diese Prozesse versucht man mittels mathematischer Gleichungen unter Berücksichtigung grundlegender physikalischer Gesetze (z. B. Energieerhaltung) so zu modellieren, dass das Paläoklima richtig beschrieben wird. Man spricht dann von einem **Klimamodell**.

Das grundlegende Verfahren ist bei allen Modellen gleich: Der entsprechende Bereich wird durch ein dreidimensionales Gitter in einzelne Zellen zerlegt (Bild **B2**). Für jede Zelle werden dann Veränderungen der relevanten Größen (Temperatur, Druck usw.) schrittweise berechnet, indem man jeweils den Einfluss der benachbarten Zellen berücksichtigt.

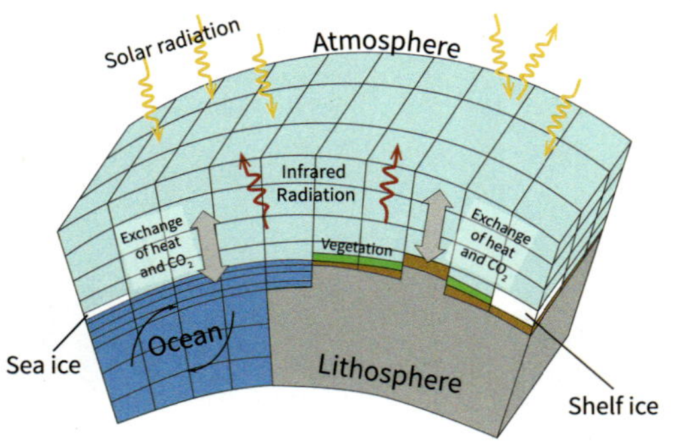

B2 *Für Rechnungen mit Klimamodellen werden die einzelnen Bereiche in Zellen unterteilt, die miteinander wechselwirken.*

Begonnen hatte man in den 1970er-Jahren mit einfachen **Atmosphärenmodellen – AGCM** (siehe Bild **B5**). Sie berücksichtigten Sonneneinstrahlung, CO_2 -Gehalt der Atmosphäre und Niederschläge. Nach und nach wurden diese Modelle durch Einbeziehung von Landoberflächen, Wolken und in einfacher Form auch von Eisflächen erweitert (Bild **B3**).

1988 wurde **das Intergovernmental Panel on Climate Change – IPCC** (Weltklimarat) gegründet. Es führt die unterschiedlichen Modellansätze weltweit zusammen und gibt regelmäßig Berichte („Assessment Reports") heraus. Bild **B4** zeigt, wie dabei immer feinere Gitter benutzt werden, Bild **B5** das Zusammenspiel der Modelle:

- **Ozeanmodelle – OGCM** für Meeresströmungen,
- **Biosphärenmodelle** zu Vegetationseinflüssen,
- **Kohlenstoffkreislaufmodelle** zu Gesteinsbildung und Verwitterung,
- **Kryosphärenmodelle** zu Eisbildung und -schmelze,
- Modelle für **chemische Prozesse** in der Atmosphäre.

Diese Modelle verbindet man in unterschiedlicher Weise miteinander:

- Atmosphäre und Ozeane beeinflussen sich gegenseitig über verschiedene Prozesse (siehe Bild **B5**). Zur Beschreibung koppelt man Modelle zu **Atmosphäre-Ozean-Modellen (AOGCM)**.
- Manche Modelle verbinden über mathematische Verknüpfungen alle Einzelmodelle miteinander. Sie heißen **Generelle Zirkulationsmodelle**, abgekürzt: **GCM**.

B3 *Nach und nach werden seit den 1970er-Jahren immer mehr Einflussfaktoren des Klimas erkannt und mathematisch in Klimamodellen erfasst.*

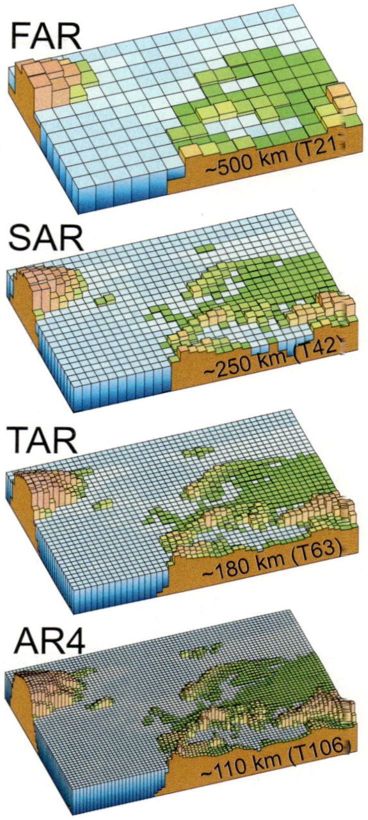

B4 *Verfeinerung des Gitters vom ersten (FAR) bis zum vierten Bericht des IPCC*

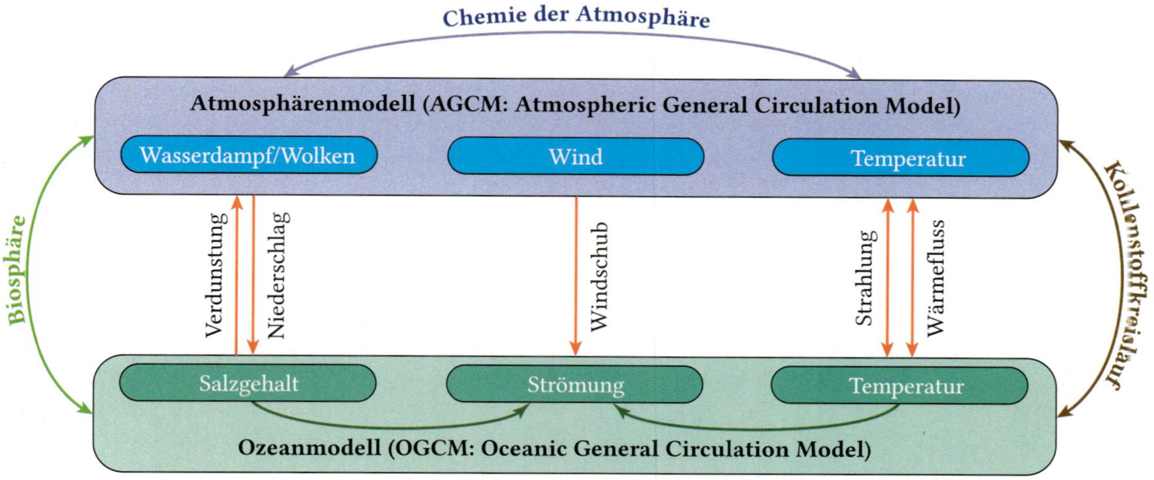

B5 *Für einzelne Teilbereiche des Klimageschehens werden mathematische Modellierungen erstellt, die man miteinander koppelt.*

Sachtext: Rückkopplungen und Kippelemente

B1 *Der Albedowert gibt an, wie groß der Anteil der einfallenden Strahlung ist, der von der jeweiligen Oberfläche diffus zurückgeworfen wird. Hell erscheinende Flächen haben meist einen höheren Albedowert als dunkel erscheinende Flächen.*

A Rückkopplungen

Der Ablauf von Klimaprozessen hängt von inneren Wechselwirkungen ab und wird durch äußere Einwirkungen beeinflusst.

- **Äußere Einwirkungen** sind dadurch gekennzeichnet, dass sie von den Klimaprozessen selbst nicht beeinflusst werden. Die wesentlichen äußeren Einwirkungen sind die Sonneneinstrahlung, der Vulkanismus und die Kontinentaldrift. Auch der Einfluss des Menschen (anthropogener Einfluss) auf die klimawirksamen physikalischen und chemischen Größen durch seine Tätigkeit in Landwirtschaft, Verkehr und Industrie wird hierzu gerechnet.

- **Innere Wechselwirkungen** hingegen verändern sich mit dem Klima und umgekehrt. Dazu gehören die Zirkulationsvorgänge in der Atmosphäre, aber auch Eisbildung bzw. Eisschmelze und Vegetationsprozesse. Dabei kommt es auch zu Rückkopplungen, die als **positive** (verstärkende) oder **negative** (dämpfende) Rückkopplungen auftreten.

Folgende Rückkopplungen sind im Klimasystem von großer Bedeutung:

- **Eis-Albedo-Rückkopplung** (auch Eis-Albedo-Temperatur-Rückkopplung): Als **Albedo** bezeichnet man das Rückstrahlvermögen von Gegenständen, die Licht streuen. Eine Albedo von 0,3 (mittlere Albedo der Erde) bedeutet, dass 30 % der Strahlung zurückgeworfen und 70 % absorbiert werden. Eisflächen haben eine höhere Albedo als Land- und Wasserflächen (siehe Bild **B1**).

Verringern sich die Eisflächen durch eine globale Erwärmung, so wird dieser Effekt weiter verstärkt, da wegen der nun geringeren Rückstrahlung mehr Strahlung absorbiert wird und sich die Temperatur weiter erhöht. Nehmen die Eisflächen hingegen aufgrund einer globalen Abkühlung zu, so wird dieser Effekt ebenfalls verstärkt, da nun weniger Strahlung von diesen Flächen absorbiert und in innere Energie umgewandelt wird. Man spricht hier von einer positiven Rückkopplung, da der ursächliche Prozess durch die Veränderungen weiter verstärkt wird.
Die Albedo der Erde hat einen großen Einfluss auf die mittlere Temperatur. Bild **B2** zeigt (von links oben im Uhrzeigersinn), wie sich die Temperatur einstellen würde, wenn die Erde jeweils vollständig mit Vegetation, Sand, Eis oder Wasser bedeckt wäre.

- **Wasserdampf-Temperatur-Rückkopplung**: Bei höherer Temperatur verdunstet mehr Wasser aus den Ozeanen. Wasserdampf als Treibhausgas vergrößert aber die Rückstrahlung der Atmosphäre in Richtung Erde, sodass der Erwärmungsprozess verstärkt wird. Auch hier liegt eine positive Rückkopplung vor.

B2 *Mittlere Temperatur der Erde aufgrund ihrer Albedo, wenn sie vollständig mit Vegetation, Sand, Eis bzw. Wasser bedeckt wäre (im Uhrzeigersinn von links oben)*

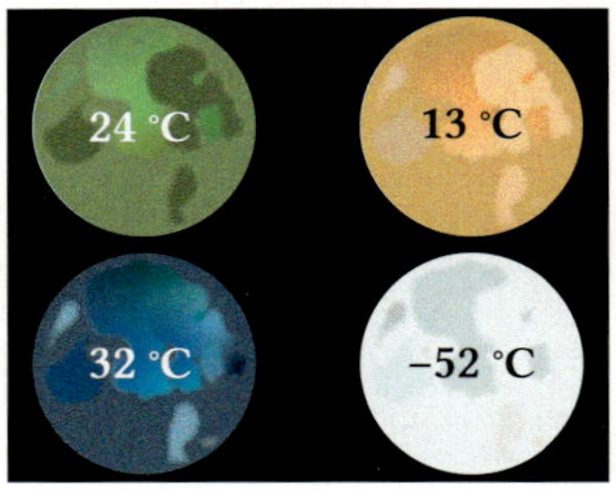

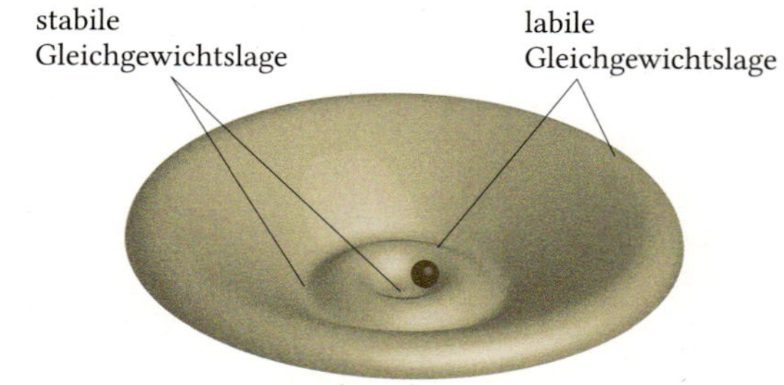

B3 *Bei kleinen Auslenkungen in der Mitte rollt die Kugel wieder dorthin zurück, das Gleichgewicht ist stabil. An den Kuppen kann sie entweder in die eine oder in die andere Mulde gelangen – das Gleichgewicht dort ist labil.*

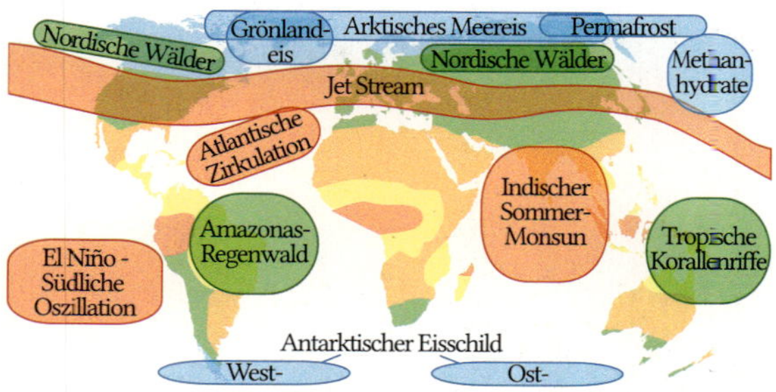

B4 *Kippelemente auf der Erde: Überschreitet die Erwärmung bestimmte Werte, können unumkehrbare Prozesse ausgelöst werden.*

- **Strahlungs-Rückkopplung**: Sie ist eine negative Rückkopplung. Bei höherer Temperatur strahlt die Atmosphäre aufgrund des Stefan-Boltzmann-Gesetzes mehr Energie ab. Die Erwärmung verlangsamt sich oder stoppt. Das führt auch dazu, dass das Erdklima nur in einem relativ engen Bereich variiert.

- **Biotische Rückkopplung**: Die Rückkopplung beruht auf der CO_2-Aufnahme durch die Pflanzen während ihrer Wachstumsphasen. Je höher hier der CO_2-Gehalt der Atmosphäre ist, umso mehr entwickelt sich die Pflanzenwelt. So verringert sich dadurch wieder sukzessive der CO_2-Gehalt und somit die Rückstrahlung der Atmosphäre in Richtung Erde. Die globale Temperatur nimmt ab, sodass nun wieder weniger Pflanzen wachsen, und der CO_2-Gehalt wieder steigt. Es handelt sich somit um eine negative Rückkopplung.

B Kippelemente

Die Wechselwirkungen im Klimasystem sind auf komplexe Weise verknüpft. Eine positive Rückkopplung in einem Bereich kann dabei zu Prozessen mit negativer Rückkopplung in anderen Bereichen führen. Auf diese Weise kann sich das Klima so weit stabilisieren, dass Veränderungen nur gering ausfallen und sich das System in einem stabilen Zustand (vgl. Bild **B3**) befindet. Andererseits können andere Abfolgen von Rückkopplungen das Klimageschehen (teilweise) in einen labilen Zustand geraten lassen. Hier kann dann eine kleine Änderung schon ausreichen, drastische Veränderungen hervorzurufen. Man spricht dann von Kippelementen bzw. Kippschalterprozessen.

Elemente, von denen man annimmt, dass sie aufgrund der globalen Erwärmung in einen Kippzustand geraten können, zeigt Bild **B4** (rot: Strömungssystem; blau: Eiskörper; grün: Biosphäre).
Dies sind beispielsweise:

- Strömungssystem: **El-Niño – Südliche Oszillation**
  Durch Passatwinde vor Südamerika treibt es kalte Wassermassen aus der Tiefe nach oben und warmes Wasser strömt nach Südostasien. Während einer El-Niño-Phase schwächen sich alle zwei bis sieben Jahre die Passatwinde ab und die Strömung dreht sich um. Immer wieder ist der Effekt besonders stark ausgeprägt, was typischerweise in Australien zu Dürreperioden und an der Westküste Amerikas zu starken Niederschlägen führt. Eine globale Erwärmung könnte die Häufigkeit dieser Extremereignisse erhöhen.
- Eiskörper: **Abschmelzen des Grönlandeises**
  Die Abnahme der Eisdicke auf Grönland führt dazu, dass die Oberfläche der Eisschicht in den Bereich tieferliegender und damit wärmerer Luftschichten gelangt. Dadurch wird das Abschmelzen verstärkt. Würde das Grönlandeis vollständig schmelzen, könnte das zu einem Anstieg des Meeresspiegels von sieben Metern führen. Zudem verringert sich die Albedo der Erde.
- Biosphäre: **Nordische Nadelwälder**
  Nadelwälder sind wärmeempfindlich. Eine dauerhafte Erwärmung ließe langfristig daraus Busch- und Graslandschaften entstehen. Das im Holz gebundene CO_2 würde durch Verrottung freigesetzt und der Erwärmungsprozess weiter verstärkt werden.

V1 Forsche selbst: Wann steigt der Pegel?

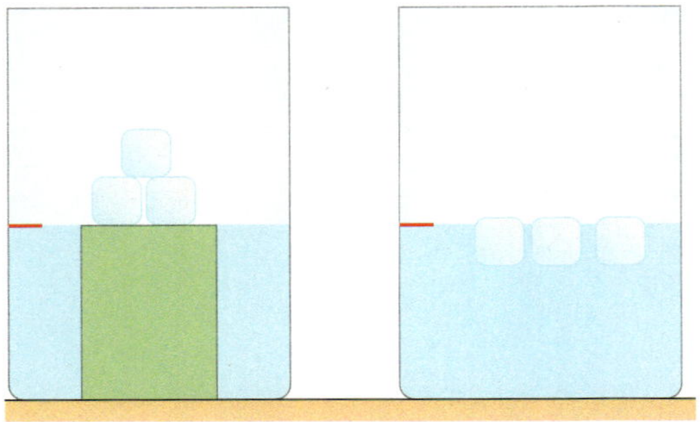

Material: zwei Bechergläser, ein Trinkbecher oder ein Marmeladeglas, Eiswürfel, evtl. Föhn oder Infrarotstrahler, Filzstift

Durchführung:
1) Stelle in eines der beiden Bechergläser den Trinkbecher oder das Marmeladeglas umgekehrt hinein. Fülle anschließend so weit Wasser ein, dass der Boden des Bechers bzw. des Glases noch nicht von Wasser bedeckt ist (siehe Bild links). Achte darauf, dass Trinkbecher bzw. Marmeladeglas nicht aufschwimmen. Lass notfalls etwas Wasser von unten einströmen.
Markiere den Wasserstand auf dem Becherglas.
Lege einige Eiswürfel auf den Boden des Bechers.
2) Gib in das andere Becherglas etwa gleich viel Wasser und genauso viele Eiswürfel wie ins erste Glas. Markiere auch hier den Wasserspiegel.

Aufträge:
1) Beobachte in beiden Bechergläsern den Wasserspiegel, während die Eiswürfel schmelzen.
Falls wenig Zeit zur Verfügung steht, kannst du den Schmelzvorgang mit einem Föhn oder einem Infrarotstrahler beschleunigen.
2) Beschreibe deine Beobachtungen und finde eine Erklärung dafür.
3) Recherchiere zu den Begriffen „Festlandeis“ und „Schelfeis". Notiere deine Ergebnisse.
4) Erläutere anhand dieses Modellversuchs die Bedeutung des Abschmelzens von Festlandeis bzw. Schelfeis für den Anstieg des Meeresspiegels.
5) Recherchiere die Größe des Festlandeises von Grönland. Schätze den Anstieg des Meeresspiegels ab, falls es vollkommen schmelzen würde.

V2 Forsche selbst: Wasser dehnt sich aus

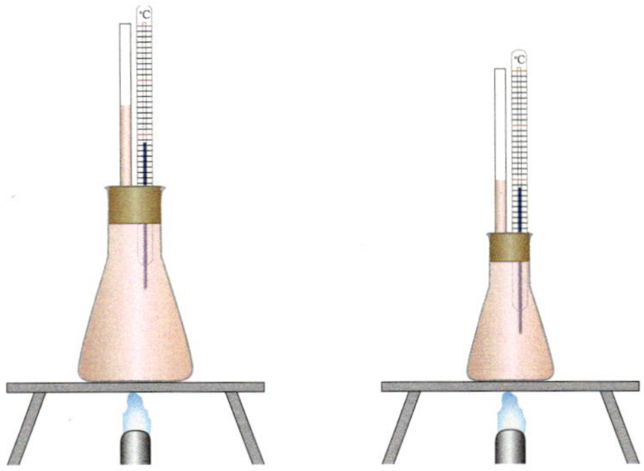

Material: zwei Erlenmeyerkolben unterschiedlicher Größe, passende Stopfen mit zwei Bohrungen, ein oder zwei Glasrohre mit ca. 20 cm Länge, ein oder zwei Thermometer, Dreifuß, Bunsenbrenner, Wasser, Tinte

Durchführung:
Du kannst den Versuch nacheinander mit den beiden Erlenmeyerkolben durchführen oder parallel.
Achte stets auf Brand- und Verbrennungsgefahren!
1) Färbe so viel Wasser mit Tinte, dass du beide Erlenmeyerkolben vollständig füllen kannst. Verschließe die Erlenmeyerkolben dann jeweils mit einem Stopfen.
2) Stecke jeweils ein Glasrohr und ein Thermometer durch die beiden Bohrungen des Stopfens. Lies die Wassertemperatur ab.
3) Erhitze den Erlenmeyerkolben mit dem Bunsenbrenner. Markiere den Wasserstand im Glasrohr, wenn sich die Temperatur um jeweils 5 K bzw. 5 °C erhöht hat.

Aufträge:
1) Beschreibe deine Beobachtungen. Fasse dazu auch die Messwerte in einer Tabelle zusammen.
2) Recherchiere zum Begriff „Volumenausdehnungskoeffizient“. Beschreibe dessen Bedeutung.
3) Vergleiche anhand des Volumenausdehnungskoeffizienten deine Messwerte mit dem theoretischen Wert. Gib Gründe für Abweichungen an.
4) Recherchiere die Wassermenge, die sich in den oberen 100 m der Ozeane befindet. Schätze damit den Anstieg des Meeresspiegels ab, falls sich die Temperatur in dieser Schicht weltweit um 1 K (1 °C), 2 K (2 °C) bzw. 4 K (4 °C) erhöht.

V3 Forsche selbst: Schnelle Luft, träges Wasser

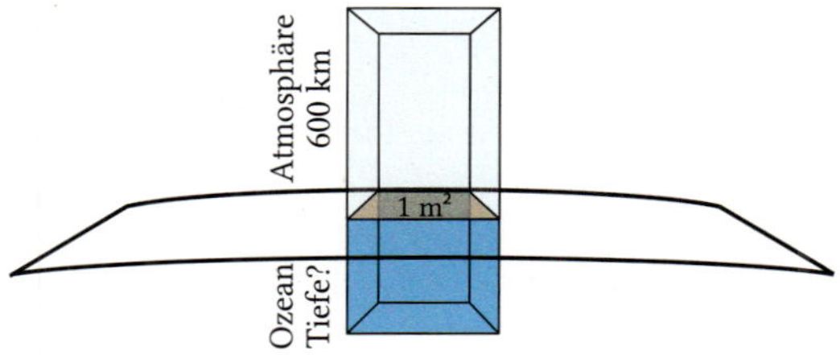

Material: zwei gleiche Erlenmeyerkolben, passende Stopfen mit zwei(!) Bohrungen, zwei Thermometer, Dreifuß, Bunsenbrenner

Durchführung:
1) Fülle einen Kolben mit Wasser. Lass den anderen nur mit Luft gefüllt. Verschließe die Kolben dann mit einem Stopfen. Stecke jeweils ein Thermometer durch eine der beiden Bohrungen des Stopfens. Lies die Wasser- bzw. Lufttemperatur ab.
2) Erhitze die Erlenmeyerkolben gleichzeitig mit dem Bunsenbrenner für eine bestimmte Zeit (z.B. 30 Sekunden). Lies jeweils nach kurzer Wartezeit die Temperatur ab. Achte auf Brand- und Verbrennungsgefahren!

Aufträge:
a) Beschreibe deine Beobachtungen.
b) Der Betrag der Kraft F, die der Luftdruck p auf Grenzflächen erzeugt, hängt von der Größe A des entsprechenden Flächenstücks ab. Dabei gilt der Zusammenhang $p = \frac{F}{A}$. Schätze damit die Masse der Luftsäule über einem Quadratmeter Erdoberfläche ab.
c) Schätze die Höhe einer Wassersäule mit einem Quadratmeter Grundfläche ab, die die gleiche Masse wie die Luftsäule von Auftrag b) hat.
d) Begründe damit, dass die Ozeane eine dämpfende Wirkung auf Temperaturänderungen haben, d.h., dass sie dafür sorgen, dass Temperaturänderungen nicht so abrupt erfolgen.

V4 Forsche selbst: Albedo-Test

Material: vier PET-Flaschen (2 L), dunkle Erde, weiße und graue Kiesel, weiße Acrylfarbe, vier Thermometer, Draht o.ä., Lampe

Vorbereitung: Fülle Erde bzw. helle Kiesel in je eine Flasche und dunkle Kiesel in zwei Flaschen (gleiche Massen). Bemale eine Flasche mit dunklen Kieseln oben mit weißer Farbe (siehe Bild). Befestige mithilfe von Draht an jedem der Flaschendeckel je ein Thermometer. Schraube sie dann auf die Flaschen.

Durchführung:
1) Miss die Anfangstemperatur in allen Flaschen.
2) Beleuchte die Flaschen mit der Lampe aus gleicher Entfernung und unter dem gleichem Winkel. Lies nach je 5 Minuten die Temperatur ab.

Aufträge:
a) Erfasse die Messwerte in einer Tabelle.
b) Vergleiche deine Ergebnisse mit Aussagen im **Sachtext: Rückkopplungen und Kippelemente.**

6.3 Ausgewählte Experimente – Druck und Auftrieb

Sachtext: Der Schweredruck

Die physikalische Größe Druck p beschreibt, wie *stark ein Gas zusammengepresst* ist. Im Alltag können wir das leicht nachvollziehen, indem wir z. B. einen Luftballon auf den Tisch legen und mit der flachen Hand zusammendrücken.
Wir bemerken dann, dass der Luftballon umso stärker gegen unsere Hand drückt, je mehr wir ihn zusammenpressen.
Man merkt das am Luftballon nicht nur an der Stelle, an der wir ihn zusammenpressen, sondern auch seitlich. Je mehr wir den Ballon von oben zusammengedrückt haben, umso schwerer ist es auch, ihn von der Seite her einzudrücken. Die Luft im Ballon steht unter einem höheren Druck, wenn sie stärker zusammengepresst wurde (Bild **B1**).

In der Atmosphäre unserer Erde geschieht Ähnliches. Allerdings drückt hier keine Hand auf einen Luftballon, sondern die oberen Luftschichten werden durch die Schwerkraft der Erde in Richtung Erdmittelpunkt gezogen und drücken so auf die unteren Luftschichten. Je näher wir an der Erdoberfläche sind, umso mehr Luftschichten befinden sich über uns und umso mehr wird die Luft zusammengepresst. Daher ist der Luftdruck am Strand eines Meeres größer als beispielsweise auf dem Gipfel eines tausend Meter hohen Berges (Bild **B2**).

Wir merken das an den Ohren, wenn wir z. B. mit einer Seilbahn bergauf oder bergab fahren. Nach einiger Zeit stellt sich das Gefühl von „Druck auf den Ohren“ ein. Dann ist der Luftdruck beim Trommelfell auf der Außenseite (Gehörgang) und der Innenseite (Mittelohr) unterschiedlich groß. Wir sorgen dann durch „Schlucken“ über die **eustachische Röhre** für einen Druckausgleich (Bild **B3**).

Der gewohnte **Luftdruck** in der Atmosphäre entsteht also durch die Wirkung der Schwerkraft auf der Erde. Man spricht daher davon, dass es sich hier um einen **Schweredruck** handelt. Der Druck auf Meereshöhe beträgt dabei im Mittel 1013 hPa. In Verkehrsflugzeugen, die bei Langstreckenflügen in etwa 10 000 m Höhe fliegen, wird künstlich der Druck so eingestellt, wie er etwa in 3000 m Höhe ist.

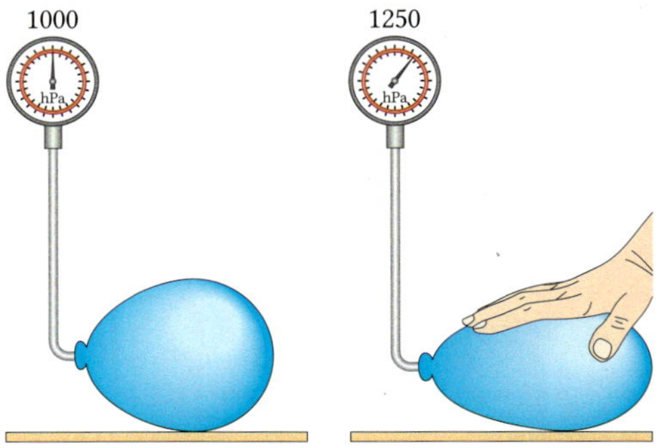

B1 *Je mehr man den Luftballon zusammendrückt, umso größer ist der Druck in der eingeschlossenen Luft.*

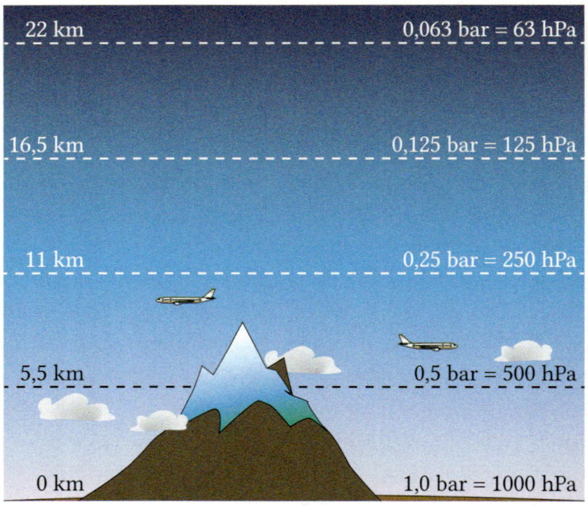

B2 *An der Erdoberfläche herrscht ein Luftdruck von ca. 1000 hPa; er nimmt nach oben hin ab, wobei er sich alle 5,5 km halbiert.*

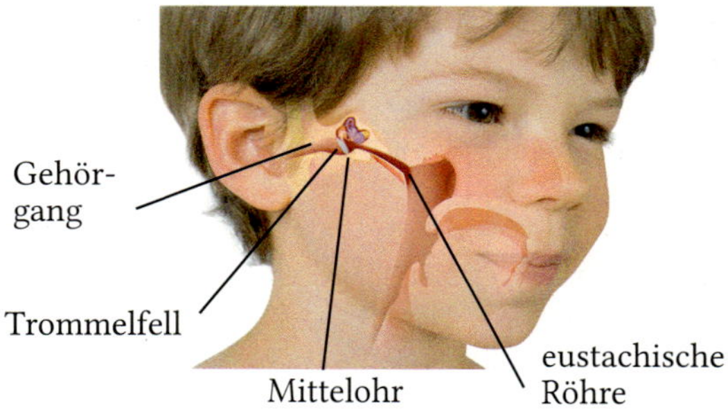

B3 *Durch die eustachische Röhre kann man den Druck zwischen Mittelohr und Gehörgang über den Rachenraum ausgleichen.*

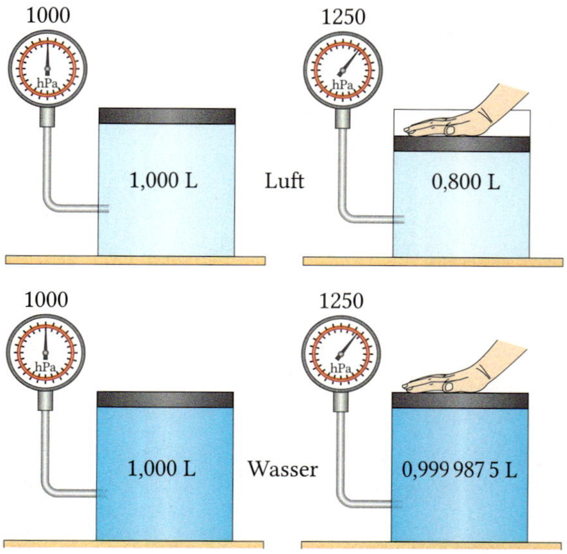

B4 *Im Gegensatz zu Luft verringert Wasser bei Druckerhöhung sein Volumen nur in äußerst geringem Maße.*

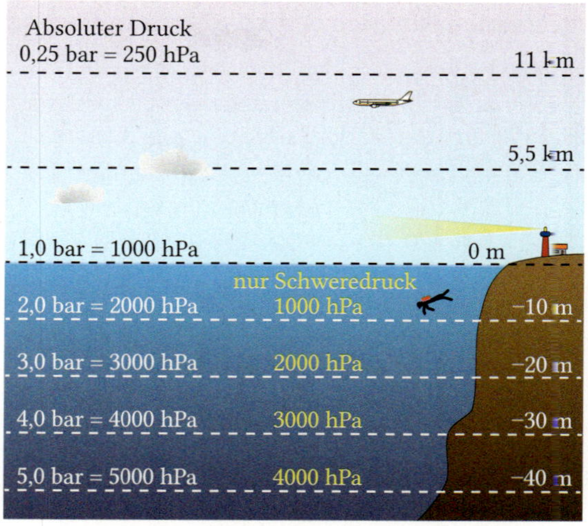

B5 *Der absolute Druck im Wasser setzt sich aus dem Luftdruck an der Wasseroberfläche und dem Schweredruck im Wasser zusammen. Beim Tauchen fällt uns dabei nur der Schweredruck auf.*

Nicht nur Gase lassen sich zusammenpressen, sondern auch Flüssigkeiten wie Wasser. Kann man bei einem Luftballon noch deutlich sehen, wie sich das Volumen beim Zusammenpressen verringert, so ist das bei Flüssigkeiten ohne Hilfsmittel nicht mehr möglich (Bild **B4**). Zum Vergleich: Pressen wir einen Luftballon mit Volumen 1,000 Liter so zusammen, dass in ihm der Druck um 25 % steigt, z. B. von 1000 hPa auf 1250 hPa, so verringert sich sein Volumen auf 0,800 Liter, also um 20 %. Machen wir das Gleiche bei Wasser – erhöhen also den Druck von 1000 hPa auf 1250 hPa – so verringert sich das Volumen von einem Liter Wasser um gerade mal 0,000 012 5 Liter!

Trotzdem gilt bei Wasser, beispielsweise in einem See, das gleiche wie bei Luft: Die oberen Wasserschichten drücken auf die unteren Wasserschichten, da sie von der Schwerkraft der Erde Richtung Erdmittelpunkt gezogen werden. Je tiefer man also ins Wasser eintaucht, umso stärker ist es dort zusammengepresst und umso höher ist dort der Schweredruck.

Dass sich Luft und Wasser hinsichtlich ihrer Volumenänderung so unterschiedlich verhalten, hat allerdings Auswirkungen darauf, wie sich der Druck mit der jeweiligen Höhe bzw. Tiefe verändert:

Von der Erdoberfläche aus gesehen verringert sich der Luftdruck etwa alle 5,5 km auf die Hälfte des vorherigen Werts. Damit beträgt er in 11 km Höhe nur noch etwa ein Viertel, in 16,5 km Höhe nur noch ein Achtel des Werts an der Erdoberfläche (Bild **B2**).

Der Schweredruck im Wasser hingegen nimmt direkt proportional mit der Tiefe zu. Er ist also in 40 m Wassertiefe viermal so groß wie in 10 m Wassertiefe und vierzigmal so groß wie in 1 m Wassertiefe (Bild **B5**). *Das gilt aber nur, wenn wir ausschließlich den Schweredruck des Wassers selbst betrachten.*

Bei allen Gewässern auf der Erde ist aber die Situation folgende: Selbst das Wasser an der Oberfläche steht schon unter Druck! Es lastet die gesamte Atmosphäre über der Wasseroberfläche auf ihm. Schon die oberste Wasserschicht ist zusammengepresst. Daher herrscht in ihr auch schon ein Druck von etwa 1000 hPa. Mit jedem Zentimeter Wassertiefe kommt noch 1 hPa Schweredruck des Wassers hinzu. In einem Meter Tiefe addieren sich so zu den 1000 hPa Luftdruck an der Wasseroberfläche noch 100 hPa Schwerdruck des Wassers. Der **absolute Druck** beträgt somit 1100 hPa; in 10 m Wassertiefe hat sich dann der absolute Druck verdoppelt (Bild **B5**).

V1 Forsche selbst: Das U-Rohr-Manometer

Aufbau und Funktion eines U-Rohr-Manometers

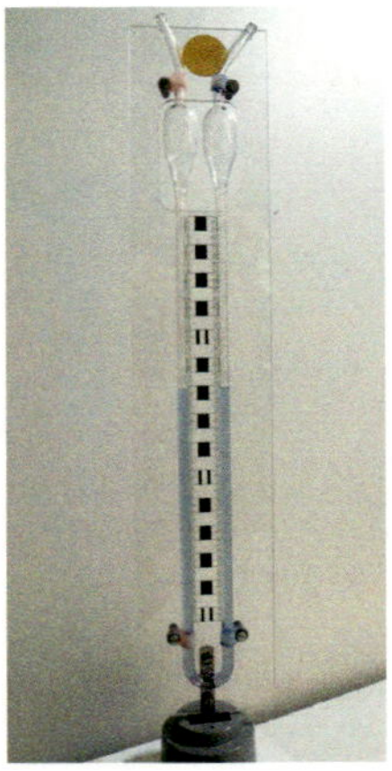

B1 *Ein U-Rohr-Manometer besteht aus einem U-förmig gebogenen Glasrohr bzw. durchsichtigen Kunststoffschlauch. Zwischen den beiden Schenkeln ist eine Längenskala angebracht.*

Mit einem **U-Rohr-Manometer** (engl.: *open ended manometer*) lassen sich recht kleine Drücke bzw. Druckunterschiede im Bereich von ca. 0,1 bis 50 hPa auf einfache Weise messen.

Man nutzt hierbei den Schweredruck von Flüssigkeiten (siehe Seite 156, **Sachtext: Der Schweredruck**). Dazu füllt man beispielsweise Wasser in eine U-förmig gebogene Röhre (siehe Bild **B1**), die auf beiden Seiten zunächst offen bleibt. Das Wasser steht nun in beiden Schenkeln gleich hoch. Dieses Verhalten lässt sich erklären, indem wir den tiefsten Punkt T des U-Rohres betrachten (Bild **B2a**).

Der Druck p_{links} auf der linken Seite vom Punkt T setzt sich zusammen aus dem Luftdruck und dem Schweredruck des Wassers im linken Schenkel. Ist beispielsweise der Luftdruck 1000 hPa und steht das Wasser im linken Schenkel 15 cm hoch, so ist

$$p_{\text{links}} = 1000\text{ hPa} + 15\text{ hPa} = 1015\text{ hPa}.$$

Entsprechend setzt sich auch der Druck p_{rechts} auf der rechten Seite des Punkts T aus dem Luftdruck und dem Schweredruck zusammmen und beträgt im Beispiel hier ebenfalls:

$$p_{\text{links}} = 1000\text{ hPa} + 15\text{ hPa} = 1015\text{ hPa}.$$

Da nun auf beiden Seiten des Punktes T der gleiche Druck herrscht, wird das Wasser im U-Rohr weder nach links noch nach rechts fließen.

Das ändert sich, wenn wir auf der linken Seite den Druck erhöhen, z. B. auf $p_1 = 1004$ hPa (Bild **B2b**). Im ersten Moment der Druckerhöhung ist am Punkt T dann der Druck auf der linken Seite größer als auf der rechten Seite. Daher fließt das Wasser nun von links nach rechts, sodass es im linken Schenkel sinkt und im rechten steigt. Entsprechend wird nun der Schweredruck links von T kleiner und rechts größer.

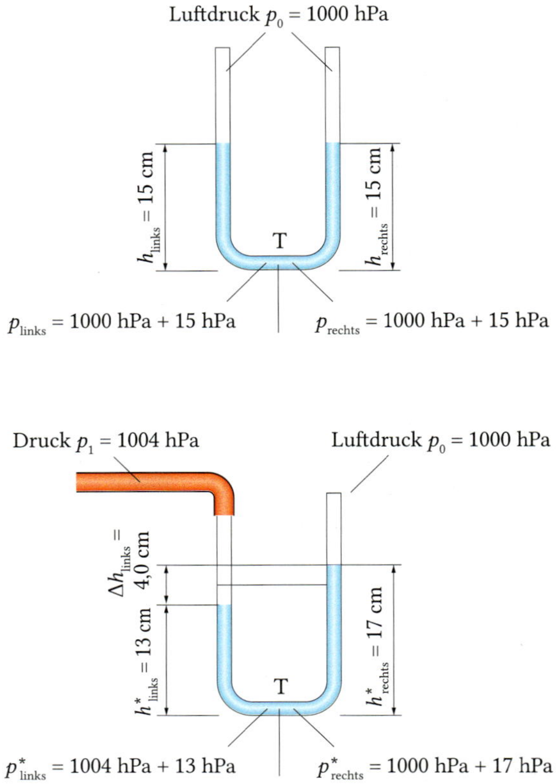

B2 *a) Ist der Druck über dem Wasser auf beiden Seiten gleich, steht das Wasser in beiden Schenkeln gleich hoch. b) Über der Wassersäule im linken Schenkel ist der Druck höher als im rechten Schenkel.*

Das geht solange, bis dort wieder ein Druckgleichgewicht herrscht. Der zusätzliche Druck über der Wassersäule im linken Schenkel wird nun durch den höheren Schweredruck im rechten Schenkel ausgeglichen. Da sich das Volumen des Wassers dabei nicht merklich ändert, kann man aus dem Höhenunterschied Δh zwischen den beiden Wassersäulen nun die Druckerhöhung ablesen:
Da rechts das Wasser 4 cm höher steht als links, muss der Druck über der Wassersäule links um 4 hPa größer sein als über der rechten Wassersäule.

Man kann auch andere Flüssigkeiten verwenden; dann bedeutet ein Höhenunterschied von $\Delta h = 1{,}0$ cm aber einen anderen Druckunterschied Δp. Diesen kann man mithilfe der Dichte der Flüssigkeit aus dem Höhenunterschied Δh berechnen:

$$\Delta p = \varrho \cdot g \cdot \Delta h.$$

Die Dichte ϱ muss dabei in der Einheit $\frac{\text{kg}}{\text{m}^3}$ angegeben werden; g ist der Ortsfaktor, hier auf der Erde:

$$g = 9{,}8\,\frac{\text{m}}{\text{s}^2}.$$

Wäre das Manometer in Bild **B2b** z. B. mit Sonnenblumenöl der Dichte $\varrho = 918\,\frac{\text{kg}}{\text{m}^3}$ gefüllt, so würde der Höhenunterschied von $\Delta h = 4{,}0$ cm schon bei einem geringeren Druckunterschied auftreten:

$$\Delta p = 918\,\frac{\text{kg}}{\text{m}^3} \cdot 9{,}8\,\frac{\text{N}}{\text{kg}} \cdot 0{,}040\text{ m} = 3{,}6\text{ hPa}.$$

Bei einem zusätzlichen Druck von 4 hPa müssen sich daher nun die Höhen der Flüssigkeitssäulen in den beiden Schenkeln um $\Delta h = 4{,}4$ cm unterscheiden.

Eigenbau eines U-Rohr-Manometers

Material: durchsichtiger Kunststoffschlauch (Länge ca. 100 cm, Innendurchmesser 4 bis 6 mm); Brett ca. 25 cm × 10 cm, Klebeband, Klebstoff oder Draht; Papierstreifen, ca. 25 cm lang; Lineal; evtl. Bohrer

Bauanleitung:
1) Zeichne auf dem Brett mithilfe des Lineals ein „U“ auf, dessen Schenkel ca. 20 cm lang und etwa 6–8 cm voneinander entfernt sind.
2) Biege anschließend den Schlauch zu einem „U“; der eine Schenkel sollte etwa 20 cm lang, der andere ca. 70 cm lang sein. Fixiere den Schlauch mithilfe von Klebeband, Klebstoff oder Draht auf dem Brett. Lass dabei an einem Schenkel etwa 50 cm frei überstehen (Bild **B3**).
3) Bringe auf dem Papierstreifen eine Skala an, z. B. mit einer 1-mm-Teilung. Klebe diesen Streifen zwischen die beiden Schenkel des „U“.
4) Fülle die Schenkel etwa bis zur halben Höhe mit Wasser. Dabei dürfen keine Luftblasen eingeschlossen sein.

Mit diesem Manometer kannst du nun Druckveränderungen bis zu etwa 20 hPa messen. Für größere Druckunterschiede müssen die Manometerschenkel entsprechend länger sein.

Erste Experimente mit dem U-Rohr-Manometer

Material: U-Rohr-Manometer mit Wasserfüllung, Trinkglas, wasserfester Stift, verschiedene Flüssigkeiten (z. B. Wasser, Öl, Essig, flüssiges Spülmittel, Salz- oder Zuckerwasser)

Durchführung: Bringe auf dem Trinkglas der Höhe nach Markierungen in 1-cm-Abständen an. Fülle die jeweilige Flüssigkeit bis zu einer der Markierungen in das Glas. Tauche das lange Schlauchende des Manometers Zentimeter für Zentimeter in die Flüssigkeit ein. Notiere jeweils Eintauchtiefe d und Höhenunterschied Δh am Manometer in einer Tabelle.

Aufträge:
1) Rechne die Höhenunterschiede Δh in Druckunterschiede Δp um.
2) Ermittle die Dichte ϱ der verwendeten Flüssigkeiten (entweder experimentell oder aus Tabellen).
3) Überprüfe, ob die Druckunterschiede Δp aus der Manometerablesung mit denen übereinstimmen, die sich aus den Eintauchtiefen d und der jeweiligen Dichte ϱ über folgende Formel ergeben (vgl. links):

$$\Delta p = \varrho \cdot g \cdot d.$$

Dokumentiere deine Ergebnisse sorgfältig.

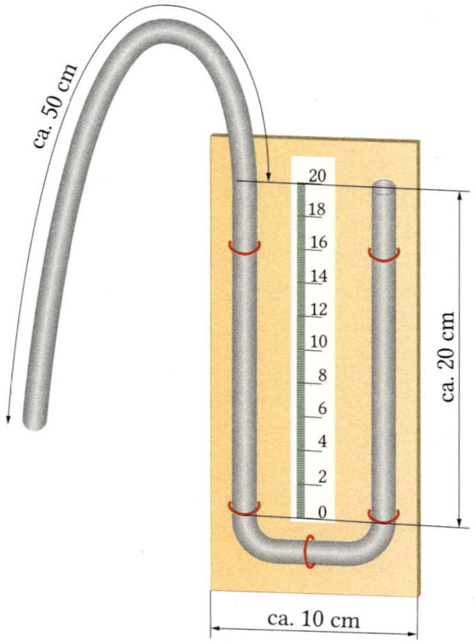

B3 *U-Rohr-Manometer lassen sich leicht selbst herstellen.*

V2 Forsche selbst: Das umgedrehte Wasserglas

Material:

A) Trinkglas, Wasser, ein Stück glatte, steife Kunststofffolie oder wasserfester Karton, Auffangwanne

B) kleiner Trichter, passender Schlauch (Innendurchmesser 4 bis 6 mm), Schlauchklemme, U-Rohr-Manometer, Auffangwanne

Durchführung:

A1) Fülle das Glas bis zum Rand mit Wasser. Bedecke dann die Öffnung des Glases vollständig mit der Kunststofffolie. Halte die Folie mit der flachen Hand fest und drehe das Glas nun mit der Öffnung nach unten. Halte das Glas über die Auffangwanne – aber Achtung: Wähle den Abstand zur Wanne nicht zu groß! Lass dann die Folie los. Versuche anschließend die Folie vorsichtig(!) seitlich zu verschieben.

A2) Wiederhole Versuch A1), indem du das Glas verschieden hoch mit Wasser füllst. Beobachte dabei, ob sich die Folie immer mit dem gleichen Kraftaufwand verschieben lässt.

B) Verbinde den Trichter mithilfe des Schlauches mit einem Schenkel des U-Rohr-Manometers. Verschließe den Schlauch dann nahe am Trichter mit der Schlauchklemme.

Fülle Wasser in den Trichter und lege die Kunststofffolie darauf. Halte die Folie fest und drehe den Trichter um. Öffne dann die Schlauchklemme.

Halte den Trichter über die Auffangwanne und nimm vorsichtig die Hand von der Folie. Beobachte die Veränderungen am Manometer.

Aufträge:

1) Dokumentiere Versuch A. Beschreibe insbesondere die Unterschiede der Ergebnisse zwischen Versuch A1 und Versuch A2.

2) Dokumentiere Versuch B. Beschreibe den Unterschied bei der Manometeranzeige, der sich beim Hochheben des Trichtes ergibt.

Gib an, ob damit eine Druckerhöhung oder eine Druckverringerung gegenüber dem äußeren Luftdruck angezeigt wird.

3) Der nächste Abschnitt enthält weitere Fachinformationen. In verschiedenen Quellen (Schulbücher, Fachbücher, Internet) findest du unterschiedliche Erklärungen für das Versuchsergebnis. Drei davon sind im Folgenden angeführt.

Tauscht euch in Partnerarbeit darüber aus, welche der Erklärungen am besten zu den Versuchsergebnissen passt. Sammelt dazu die verwendeten Argumente und notiert die Abfolge der Argumentationsschritte.

Fachinformation zu Auftrag 3

Flüssigkeiten und Gase unter Druck üben immer Kräfte auf Flächen aus, mit denen sie in Kontakt stehen. Das können gedachte Flächen innerhalb der Flüssigkeit bzw. des Gases sein oder reale Flächen, z. B. die Wände eines Gefäßes, in dem sich Flüssigkeit bzw. Gas befindet.

Die Größe der Kraft F, die dabei auftritt, hängt mit dem Druck p und der Größe A der Kontaktfläche zusammen. Es gilt: Von derjenigen Seite aus, auf der sich die Flüssigkeit bzw. das Gas befindet, wirkt eine Kraft im rechten Winkel auf die Fläche mit dem Betrag

$$F = p \cdot A\text{; dabei gilt für die Einheiten } 1\ \text{N} = 1\ \text{Pa} \cdot \text{m}^2.$$

Sehen wir uns dazu eine Getränkedose mit einer Querschnittsfläche von 33 cm² an. Wir füllen sie 10 cm hoch mit Saft; darüber befindet sich 1,5 cm hoch Luft mit einem Druck von 1000 hPa (siehe Bild **B1**). Innen am Deckel der Dose kommt nur dieser Luftdruck zum Tragen. Daher wirkt auf ihn von innen eine Kraft

$$F_{\text{oben}} = p_{\text{oben}} \cdot A = 1000\ \text{hPa} \cdot 33\ \text{cm}^2 = 330\ \text{N}.$$

Da der Luftdruck außen ebenfalls 1000 hPa beträgt, wirkt von dort eine gleich große Kraft in entgegengesetzter Richtung. Es besteht also am Deckel ein Kräftegleichgewicht.

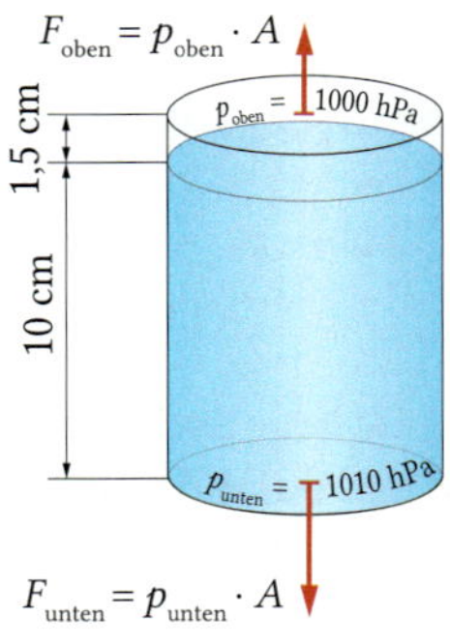

B1 *Die Getränkedose ist 10 cm hoch mit Saft gefüllt, in den oberen 1,5 cm befindet sich Luft. Es sind nur Kraftpfeile für die Kräfte eingezeichnet, die von innen auf Deckel bzw. Boden der Dose wirken.*

Am Boden der Dose ist der Druck innen aufgrund des Schweredrucks der Flüssigkeit 1010 hPa. Die Kraft von innen auf den Boden beträgt daher:

$$F_{\text{oben}} = p_{\text{oben}} \cdot A = 1010 \text{ hPa} \cdot 33 \text{ cm}^2 = 333{,}3 \text{ N}.$$

Der Druck außen hingegen ist weiterhin 1000 hPa, sodass von außen nur eine Kraft von 330 N wirkt. Der Boden der Dose wird also mit einer Kraft von 3,3 N nach unten gedrückt – das entspricht genau der Gewichtskraft, die auf die eingefüllte Flüssigkeit wirkt.

Mögliche Erklärungen zum Versuch

A) Der äußere Luftdruck hält die Folie am Glas

Wenn das Glas vollständig gefüllt ist, so befindet sich keine Luft im Glas. Am unteren Ende des Glases kommt daher nur der Schweredruck zum Tragen, weil der äußere Luftdruck durch das Glas nicht weitergegeben wird. Ein typisches Wasserglas hat eine Querschnittsfläche von etwa 50 cm² und eine Höhe von ca. 6 bis 10 cm. Der Schweredruck auf der Unterseite der Flüssigkeit beträgt bei Wasser daher ca. 6 bis 10 hPa, die Kraft von innen auf die Folie damit etwa 2,5–5 N.

Außen hingegen herrscht in der Luft ein Druck von etwa 1000 hPa, somit wirkt auf die Folie nun eine Kraft von 500 N. Dies Kraft ist deutlich größer als die Kraft von innen. Daher wird die Folie gegen das Glas gepresst und fällt nicht herunter.

B) Adhäsion und Kohäsion halten die Folie am Glas

Jeder hat vielleicht schon einmal bemerkt, dass man einen Tropfen Wasser auf einer Tischplatte mit einem Fingern ein Stück weit auseinanderziehen kann, ohne dass er auseinanderreißt. Zwischen den einzelnen Wasserteilchen bestehen also Anziehungskräfte, die dafür sorgen, dass sie weiterhin in Verbindung bleiben (siehe Bild **B2**). Dieses Phänomen nennt man Kohäsion (lat. *cohaerere* – zusammenhängen). Gleichzeitig bleibt das Wasser am Finger und am Tisch „kleben“ – man nennt das Adhäsion (lat. *adhaerere* – anhaften).

Im Versuch bildet sich zwischen der Folie und dem Glas ein dünner Wasserfilm. Aufgrund von Kohäsion und Adhäsion bilden sich hier so große Kräfte aus, dass sie die Folie gegen die Gewichtskraft des Wassers festhalten können.

C) Ohne Volumenänderungen geht es nicht

Die Situation beim umgedrehten Wasserglas ist ähnlich wie bei der Getränkedose im Bild **B1**. Oben im Glas ist zunächst der Druck so groß wie der äußere Luftdruck, auch wenn das Glas umgedreht ist und die Folie noch festgehalten wird. Dabei spielt es keine Rolle, wie weit das Glas gefüllt wurde. Das Kräfteungleichgewicht an der Folie wird durch die Hand ausgeglichen, die von unten dagegen drückt.

Nimmt man die Hand weg, so fällt die Folie nicht herunter. Es muss also ein Kräfte- bzw. Druckgleichgewicht bestehen. Die Adhäsions- und Kohäsionskräfte sind mit nur wenigen Millinewton Stärke dazu nicht in der Lage. Der Haupteffekt kommt dadurch zustande, dass sich das Volumen des Wassers und der Luft im Glas etwas vergrößert und sich somit der Druck im Glas verringert.

Ist das Glas vollständig mit Wasser gefüllt, so reicht eine äußerst geringe Volumenänderung des Wassers aus, um die gewünschte Druckverringerung zu erzielen (vergleiche Seite 156, **Sachtext: Der Schweredruck**).

Befindet sich Luft im Glas, wie z.B. in Bild **B1**, so müssen sich die etwa 50 cm³ Luft in der Dose so weit ausdehnen, dass der Druck in ihnen nur noch 1000 hPa – 10 hPa = 990 hPa ist. Dann herrscht bei der Folie innen und außen der gleiche Druck. Die Luft muss dazu ein Volumen von 50,5 cm³ erreichen. Das ergibt sich, wenn sich die Folie um 0,015 cm = 1,5 mm senkt oder eine entsprechende Menge Wasser aus dem Spalt zwischen Folie und Glas herausfließt.

B2 *Der Wassertropfen lässt sich ein wenig auseinanderziehen, ohne dass er auseinanderreißt.*

V3 Forsche selbst: Luftdruck mit einem Wasserschlauch messen

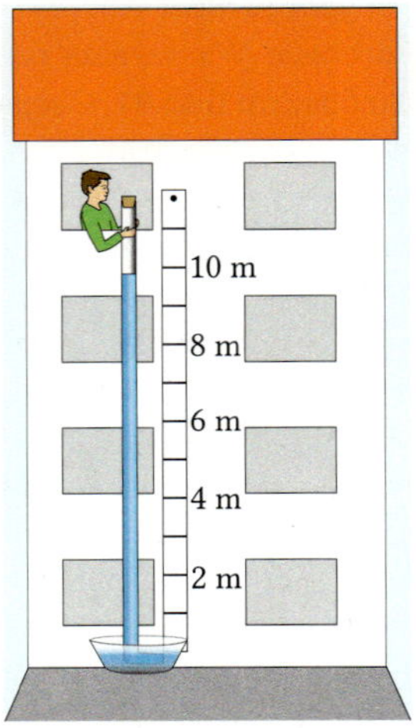

Material:
durchsichtiger Kunststoffschlauch (Länge: mind. 11 m); Wasserwanne (z. B. Babybadewanne); Stopfen; Schlauchklemme; reißfeste Schnur (Länge mind. 11 m); Maßband (mind. 10 m)

Vorbereitung:
Bei diesem Versuch solltet ihr mindestens zu dritt sein. Findet im Schulhaus eine Stelle, an der man den Schlauch mindestens zehn Meter frei hängen lassen und befestigen kann. **Vorsicht!** Beachte dabei mögliche Absturzgefahren! Arbeite nur unter Aufsicht deiner Lehrkraft!

Füllt die Wanne so weit mit Wasser, dass das eine Ende des Schlauches vollständig bedeckt wird. Füllt den Schlauch vollständig und blasenfrei(!) mit Wasser. Verschließt das andere Ende mit dem Stopfen und sichert diesen mithilfe der Schlauchklemme. Legt den Schlauch zunächst in die Wanne. Das offene Ende muss dabei immer unter Wasser bleiben.

Durchführung:
1) Lasst von dem Punkt, an dem das obere Schlauchende befestigt werden soll, die Schnur herunter.
2) Befestigt die Schnur nun am verschlossenen Ende des Schlauches und zieht den Schlauch damit nach oben. Achtet darauf, dass das offene Schlauchende immer unter Wasser bleibt.
3) Fixiert das verschlossene Schlauchende am obersten Punkt. Lass nun das Maßband von oben neben dem Schlauch bis zur Wasseroberfläche in der Wanne herunter. Fixiere es ebenfalls am obersten Punkt.

Aufträge:
1) Beobachtet, was sich während und kurz nach dem Hochziehen im Schlauch ereignet.
2) Findet eine Erklärung, warum der Wasserstand im Schlauch meistens nicht über 10 m hinausgeht.
3) Notiert über mehrere Tage hinweg den Wasserstand. Er gibt in etwa den jeweiligen Luftdruck an.

Hinweis: Da der Druck oberhalb der Wassersäule anfangs sehr gering ist, steigen Bläschen von Gasen auf, die im Wasser gelöst sind. Sie sammeln sich oben im Schlauch. Damit werden die Messwerte bei Auftrag 3 verfälscht. Dann muss man den Schlauch wieder absenken, am oberen Ende öffnen, ihn wieder vollständig mit Wasser füllen und verschließen.

V4 Forsche selbst: Wie viel Druck kann die Lunge erzeugen?

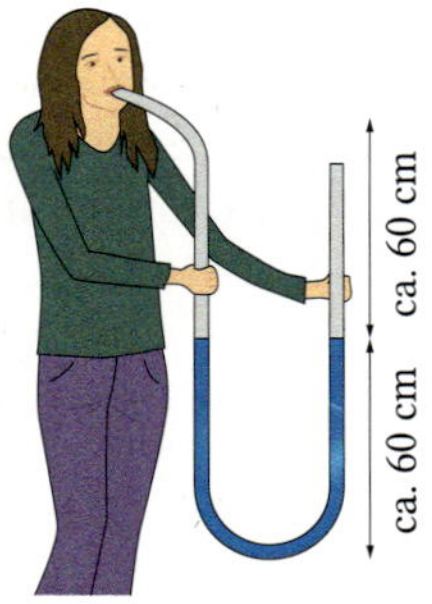

Material: Kunststoffschlauch (ca. 2,5–3 m lang); Wasser; Seife oder Isopropanol zum Desinfizieren

Vorbereitung:
Forme den Schlauch zu einem „U“, dessen Schenkel ca. 1,20 m lang sind. Fülle so weit Wasser ein, dass es in den Schenkeln blasenfrei etwa 60 cm hoch steht.

Durchführung: 1) Nimm ein Schlauchende in den Mund, verschließe die Lippen und ziehe, so weit es geht, die Luft langsam durch den Schlauch ein. Markiere nun die Wasserstände in den Schenkeln. Gib anschließend das Schlauchende wieder frei.
2) Wiederhole den Versuch, indem du, so weit es geht, Luft aus der Lunge langsam(!) in den Schlauch presst. Markiere wieder die Wasserstände.

Aufträge:
1) Dokumentiere den Versuch ausführlich.
2) Bestimme anhand der Wasserstände den Unter- bzw. Überdruck, den du erzeugen kannst.
Tipp: 1 cm Höhenunterschied bei den Wassersäulen bedeutet 1 hPa Druckunterschied.
3) Wenn du einen Schnorchel benutzt, ist der Druck in der Lunge etwa so groß wie der Luftdruck in der Atmosphäre. Begründe mithilfe des Versuchsergebnisses, dass Schnorchel nicht länger als 35 cm (Erwachsene) bzw. 30 cm (Kinder) sein dürfen. Dazu können dir der **Sachtext: Der Schweredruck**, Seite 156, und der Versuch **V1**, Seite 158, weiterhelfen.

V5 Forsche selbst: Wie groß ist der Druck in einem Luftballon?

Frage: Welcher Zusammenhang besteht zwischen Druck und Volumen des Ballons? Formuliere dazu eine Vermutung („Je – desto").

Material: mehrere Luftballone, Druckmessgerät (z. B. U-Rohr-Manometer), Wäscheklammer, evtl. Bindfaden, große Wanne oder Topf, Wasser, Messbecher

Durchführung:
1) Blase den Luftballon auf. Verschließe den Aufblasstutzen mit der Wäscheklammer so, dass noch ein Stück davon übersteht. Bestimme das Ballonvolumen, indem du z. B. den Ballon in Wasser eintauchst, den Wasserstand markierst, den Ballon herausnimmst und das Wasser bis zur Markierung ergänzt. Verbinde dann das überstehende Stück des Aufblasstutzens luftdicht mit dem Druckmessgerät und öffne die Klammer. Notiere Druck und Volumen.
2) Wiederhole den Versuch mindestens noch viermal, indem du den Ballon verschieden groß aufbläst. Notiere die Messwerte in einer Tabelle.
3) Wiederhole die Versuchsreihe mit einem anderen Ballon.

Aufträge:
1) Dokumentiere den Versuch ausführlich.
2) Stelle die Messwerte grafisch dar. Gib dabei an, ob es sich bei den Druckwerten um absolute Druckwerte oder um Druckerhöhungen gegenüber dem Umgebungsdruck (Überdruck) handelt.
3) Formuliere einen Je-desto-Zusammenhang zwischen dem Druck und dem Volumen des Ballons.
4) Beschreibe Gemeinsamkeiten und Unterschiede bei verschiedenen Ballonen.

V6 Forsche selbst: Kleiner Ballon, großer Ballon

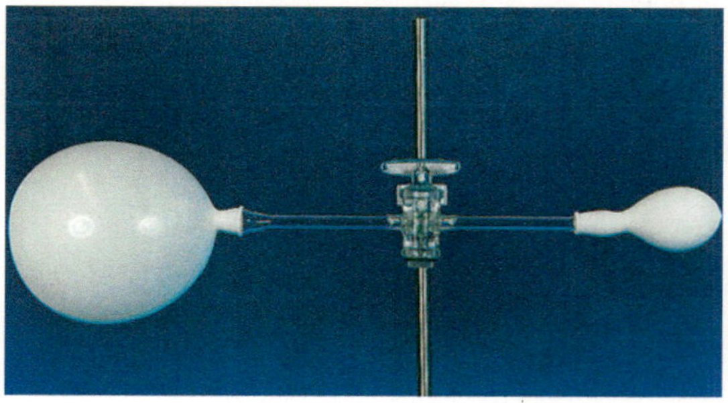

Frage: Welcher Ballon bläst welchen auf? Formuliere eine Vermutung und begründe sie.

Material: zwei gleiche Luftballone, zwei Wäscheklammern oder Verschlussclips für Tüten, Glasrohr oder Kunststoffschlauch (ca. 20 cm lang), Klebeband

Vorbereitung: Blase einen Luftballon nahezu vollständig auf, den anderen nur wenig. Verschließe bei beiden Ballonen den Aufblasstutzen luftdicht, sodass ein Stück davon übersteht. Verbinde die Ballone nun luftdicht (evtl. mithilfe von Klebeband) über das Glasrohr (siehe Abbildung).

Durchführung:
1) Öffne die Wäscheklammern bei beiden Ballonen.
2) Wiederhole den Versuch, indem du Schritt für Schritt den Größenunterschied zwischen beiden Ballonen verringerst.
3) Für eine genauere Untersuchung kannst du jeweils das Volumen der Ballone messen (siehe Versuch **V5**).

Aufträge:
1) Dokumentiere den Versuch genau.
2) Begründe anhand der Versuchsergebnisse, in welchem der Ballone die Luft den jeweils höheren Druck hatte.
3) Recherchiere, welche Erklärungen für dieses Phänomen angegeben werden. Verfasse dazu eine Zusammenfassung in eigenen Worten.

V7 Forsche selbst: Der hydrostatische Auftrieb

Information:
Legst du einen Stein auf die Hand und tauchst ihn dann unter Wasser, scheint er leichter zu werden. Umgekehrt wird er nach und nach schwerer, je mehr er aus dem Wasser auftaucht. Es scheint, als würde das Wasser beim Tragen des Steines „helfen".

Tatsächlich übt das Wasser auf den Stein (und auch auf deine Hand) eine Kraft aus, die der Schwerkraft entgegenwirkt. Man nennt sie **hydrostatische Auftriebskraft** oder kurz **Auftrieb**.
Ihre Stärke hängt davon ab, wie viel vom Volumen des Gegenstands ins Wasser eintaucht. Zudem spielt die Dichte des Wassers eine Rolle. Im salzigen Meerwasser ist der Auftrieb etwas größer als im Süßwasser. Auch in Gasen gibt es Auftrieb, allerdings sind die Kräfte wegen der viel geringeren Dichte der Gase deutlich kleiner.

Material: Becherglas, Kraftmesser 1–3 N, Quader aus Holz oder Metall, Wasser, Waage

Vorbereitung: Fülle Wasser in das Becherglas. Bringe am Quader seitlich Markierungen an, sodass du die Eintauchtiefe ablesen kannst.

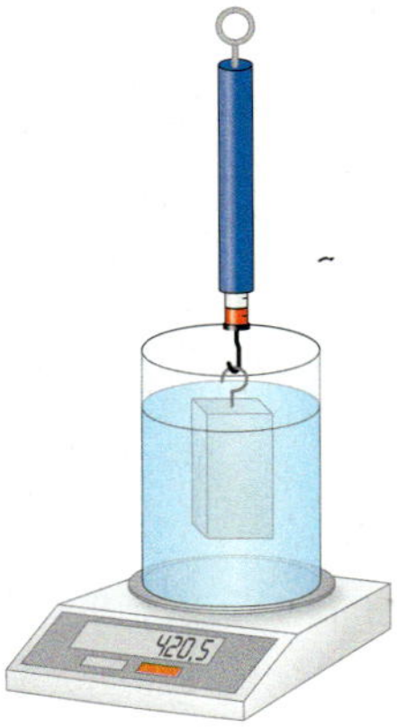

Durchführung:
1) Stelle das Becherglas mit Wasser auf die Waage. Notiere den angezeigten Massewert m_1.
2) Bestimme mit einem Kraftmesser die Gewichtskraft F_G für den Quader.
3) Lass den Quader am Kraftmesser hängen. Tauche ihn ein Stück weit ins Wasser ein. Registriere für drei verschiedene Eintauchtiefen h jeweils die Anzeigewerte F_K am Kraftmesser und m_2 an der Waage.

Aufträge:
1) Beschreibe Zusammenhänge zwischen den Messgrößen qualitativ.
2) Berechne jeweils den Betrag der Gewichtskräfte F_1 und F_2 für die Massewerte m_1 und m_2.
3) Berechne die Differenz von F_G und F_K. Vergleiche mit F_1 und F_2. Formuliere einen Zusammenhang.

V8 Forsche selbst: Schiffe beladen

An Schiffen sind sogenannte Freibord- oder **Plimsollmarken** angebracht, die anzeigen, wie weit sie ins Wasser eintauchen dürfen.

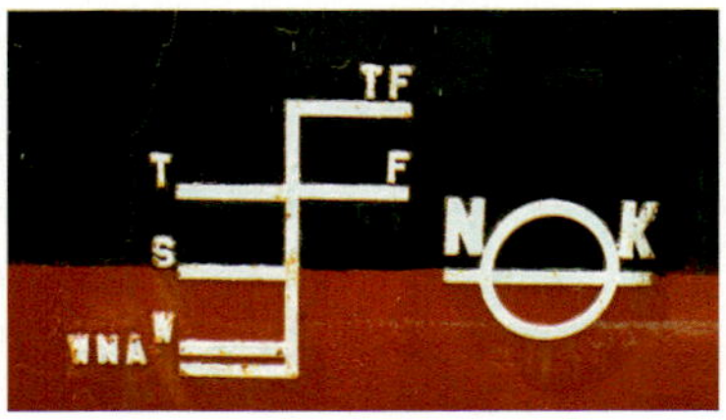

Material: Wasserwanne, eine Dose bzw. ein Glas, Massestücke (Steine), Waage, Folienstift

Vorbereitung: Fülle Wasser in die Wanne. Bringe seitlich an den Gläsern Markierungen an, sodass du die Eintauchtiefe feststellen kannst.

Durchführung:
A) Setze das Glas in die Wanne und „belade" es nach und nach mit Massestücken. Achte darauf, dass es nicht umkippt. Notiere die jeweiligen Massen und Eintauchtiefen in einer Tabelle.
B) Fülle das leere Glas nun bis zur jeweiligen Eintauchtiefe mit Wasser. Diese Wassermenge entspricht etwa dem Volumen des jeweils vom Glas verdrängten Wassers. Bestimme die Masse dieser Wassermenge.

Aufträge:
1) Formuliere Zusammenhänge zwischen
   a) Eintauchtiefe und zugeladener Masse;
   b) der Masse der Zuladung bei A) und der zugehörigen Masse des Wassers bei B).
2) Formuliere mithilfe von 1) eine Regel dafür, wie weit ein Schiff eintaucht, wenn es beladen wird.
3) Recherchiere, was die „Regel des Archimedes" besagt. Beschreibe den Zusammenhang mit 2).
4) Recherchiere zu den „Plimsollmarken" (Bild oben) und beschreibe, was die Zeichen jeweils bedeuten.

V9 Forsche selbst: Prinzip des Archimedes

Frage: Wie kann ein kleiner Junge eine erwachsene Person, die ausgestreckt im Wasser liegt, ohne weitere Unterstützung mit einem Finger so halten, dass diese nicht untergeht? Formuliere eine Vermutung.

Material: Becherglas, Kraftmesser (1–3 N), Quader aus Holz oder Metall (100–300 g), Wasser

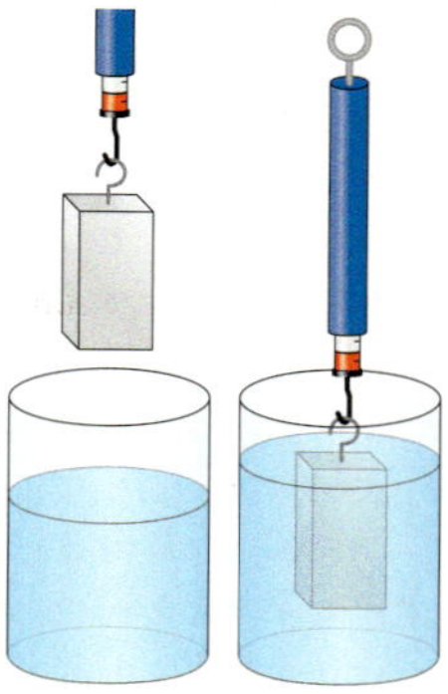

Vorbereitung: Fülle Wasser in das Becherglas. Bringe am Quader seitlich Markierungen an, sodass du die Eintauchtiefe feststellen kannst.

Durchführung:
1) Bestimme die Gewichtskraft für den Quader.
2) Tauche den Quader am Kraftmesser ein Stück weit ins Wasser ein (siehe Bild links unten). Registriere für mindestens vier verschiedene Eintauchtiefen den Anzeigewert am Kraftmesser.

Aufträge:
1) Dokumentiere den Versuch ausführlich.
2) Fertige für eine der Messungen eine Zeichnung mit maßstabsgetreuen Kraftpfeilen für diejenigen Kräfte an, die auf den Quader im Wasser wirken.
3) Bestimme jeweils das Volumen des Quaderteils, der im Wasser eingetaucht ist. Ermittle mithilfe der Dichte von Wasser (siehe **Anhang**) die Masse des Wassers, das von diesem Quaderteil verdrängt wurde. Berechne die zugehörige Gewichtskraft.
4) Vergleiche jeweils die Gewichtskraft für den Quader in Luft, die Kraftanzeige für den Quader im Wasser und die Gewichtskraft für das verdrängte Wasser. Formuliere einen Zusammenhang.
5) Recherchiere zum Begriff „Prinzip des Archimedes“. Verfasse einen kurzen Text dazu.
6) Der menschliche Körper hat eine Dichte von etwas mehr als $1\,\frac{\text{g}}{\text{cm}^3}$. Begründe damit, dass man wie im Bild links oben eine Person im Wasser leicht halten kann.

V10 Forsche selbst: Blutdruck messen

Information: Blutdruck messen ist eine der einfachsten Methoden, wichtige Informationen über den Gesundheitszustand zu bekommen.

Als Ergebnis bekommt man immer Zahlenpaare genannt, z. B. 120 zu 80. Sie geben den Wert für den **systolischen** bzw. den **diastolischen Druck** an („Systole“ bedeutet „Zusammenziehung“, „Diastole“ heißt „Ausdehnung“). Aus historischen Gründen verwendet man dabei die Einheit „mm Hg" – sprich „Millimeter Quecksilbersäule.“

Die Manschette des Blutdruckmessegeräts wird zuerst so weit aufgepumpt, bis man den Pulsschlag nicht mehr hört. Dann lässt man Luft ab und liest beim ersten vernehmbaren Pulsschlag den *systolischen* Druck ab. Anschließend lässt man die Luft weiter ab, bis der Pulsschlag gerade nicht mehr zu hören ist. Nun liest man den *diastolischen* Druck ab.

Material: Manuelles Blutdruckmessgerät mit Stethoskop oder automatisches Blutdruckmessgerät

Durchführung und Aufträge:
1) Mache dich mit der Bedienung des Blutdruckmessgeräts vertraut. Miss deinen eigenen Blutdruck.
2) Recherchiere die Bedeutung der beiden Drücke und deren Normalwerte. Verfasse einen kurzen Text dazu.
3) Erkläre, wie das Messverfahren funktioniert.

6.4 Ausgewählte Themen – Temperaturstrahler

Sachtext: Glühwendel und schwarzer Strahler

B1 *a) In der Glühlampe leuchtet ein heißer Draht. b) Das Leuchten der Kerzenflamme stammt von heißen Rußteilchen. c) Durch die Öffnung des erhitzten Hohlraums tritt Strahlung aus, auch wenn sie für das Auge nicht sichtbar ist.*

Temperatur sorgt für Licht – Bis etwa 2010 war die Glühlampe das am weitesten verbreitete Leuchtmittel in Haushalten (Bild **B1a**). Bis auf wenige Ausnahmen wurden stufenweise ab September 2009 Herstellung und Verkauf von Glühlampen in der EU verboten. Der Grund: Die Erzeugung von sichtbarem Licht mit Glühlampen ist nicht besonders effizient. Nur rund fünf Prozent der aufgewendeten elektrischen Energie wird in Licht umgesetzt.

Glühlampen gehören zu den **Temperaturstrahlern**. Das Licht, das sie erzeugen, entsteht dadurch, dass man einen Gegenstand auf so hohe Temperaturen bringt, dass dieser zu glühen beginnt. Mit Glühen meint man dabei, dass sichtbares Licht ausgesendet wird. Auch bei der Kerzenflamme (Bild **B1b**) kommt das Leuchten durch ein Glühen zustande: Kleinste Rußteilchen in der Flamme sind so heiß, dass sie sichtbares Licht aussenden.

Auch das Loch in der schwarzen Box von Bild **B1c** ist eine Quelle optischer Strahlung. Allerdings ist diese bei Zimmertemperatur für das menschliche Auge unsichtbar. Es ist kaum zu glauben, aber tatsächlich ist die Box mit Loch der optimale Temperaturstrahler. Eine Regel der Physik besagt nämlich, dass der Anteil der einfallenden Strahlungsenergie, der vom Gegenstand absorbiert wird (sogenannter Absorptionsgrad) stets so groß ist wie der Anteil, der von ihm ausgesendet wird (Emissionsgrad). Da in dem Loch dieses Hohlraumstrahlers alle Strahlung verschwindet (also absorbiert wird), sind beide Anteile hier 100 %.

Schwarze Strahler – Erhitzt man die Box nun auf höhere Temperaturen, so strahlt aus dem Loch ab einer gewissen Temperatur auch merklich sichtbares Licht. Bei der genauen Untersuchung dieser Hohlraumstrahlung Anfang des 20. Jahrhunderts fand man drei **Strahlungsgesetze**, die jeweils Teilaspekte des Verhaltens solcher **schwarzer** oder auch **planckscher Strahler** beschreiben. Sie sind nach den Namen der entsprechenden Forscher benannt:

- Das **Planck'sche Strahlungsgesetz** (Max Planck, 1858–1947) beschreibt, wie sich bei einer bestimmten Temperatur die abgestrahlte Energie auf die Photonen mit verschiedenen Energien (Spektralbereiche) verteilt (Bild **B2**).

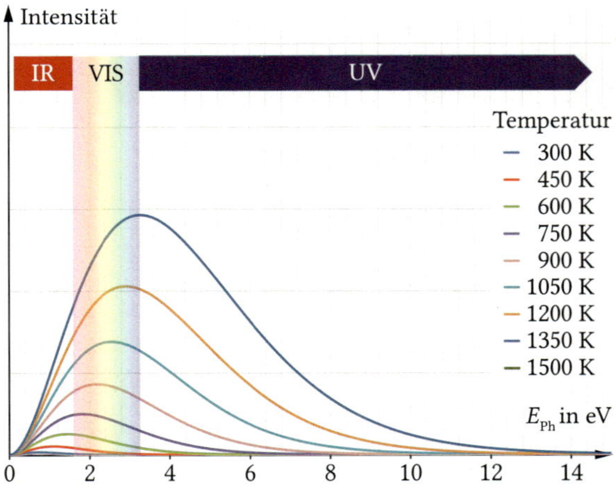

B2 *Verteilung der Strahlungsenergie eines schwarzen Strahlers über das Spektrum. Auf der Rechtswertachse ist die Energie der entsprechenden Photonen angegeben.*

Glühfarben	Glühtemp. °C
Dunkelbraun	550
Braunrot	630
Dunkelrot	680
Dunkelkirschrot	740
Kirschrot	780
Hellkirschrot	810
Hellrot	850
Gut Hellrot	900
Gelbrot	950
Hellgelbrot	1000
Gelb	1100
Hellgelb	1200
Gelbweiß	> 1300

B3 *An der Glühfarbe des Eisens erkennt der Schmied die Temperatur.*

B4 *Die Sterne am Himmel erscheinen genauer betrachtet in unterschiedlichen Farbtönen.*

Es ist deutlich zu erkennen, dass bei höheren Temperaturen die Intensität des Lichts in allen Spektralbereichen zunimmt. Ebenso wächst auch der Anteil an Photonen mit höherer Energie stetig. Je höher die Temperatur des Strahlers ist, umso größer ist also der Anteil an UV-Strahlung. Im sichtbaren Bereich ist der Anteil an blauem und violettem Licht bei höheren Temperaturen größer – das ausgesendete Licht erscheint uns dann bläulich-weiß. Verringert man die Temperatur, so wird der Anteil an rötlichem und gelblichen Licht größer, der Farbeindruck verändert sich zu gelblich-weiß.

- **Stefan-Boltzmann-Gesetz** (Josef Stefan, 1839–1893; Heinrich Boltzmann, 1844–1906): Der Flächeninhalt unter der Kurve in Bild **B2** ist ein Maß für die pro Sekunde abgestrahlte Energie, also für die Strahlungsleistung. Man erkennt, dass mit höherer Temperatur die Fläche unter der Kurve größer wird, die Strahlungsleistung also wächst. Genauer betrachtet nimmt die Leistung mit der vierten Potenz der absoluten Temperatur zu (vgl. **Kapitel 5.3**). Sie hängt zudem von der Größe der abstrahlenden Fläche ab:

  $P = \sigma \cdot A \cdot T^4$;

  $\sigma = 5{,}67 \cdot 10^{-8} \frac{\mathrm{W}}{\mathrm{m}^2 \cdot \mathrm{K}^4}$

  (Stefan-Boltzmann-Konstante);

  A: Fläche des Strahlers.

- **Wien'sches Verschiebungsgesetz** (Wilhelm Wien, 1864–1928): Ebenfalls in Bild **B2** zu sehen ist, dass sich die Maxima der Kurven mit der zunehemender Temperatur systematisch zu den höheren Photonenenergien verschieben. Man erkennt z. B., dass bei doppelt so hoher (absoluter) Temperatur das Maximum auch bei den Photonen mit der doppelten Energie liegt. Die Lage des Maximums verschiebt sich also direkt proportional mit der absoluten Temperatur. Im sichtbaren Bereich kennzeichnet dieses Maximum die Farbe mit der größten Intensität.
  Sehr gut zu beobachten ist das bei einem glühenden Hufeisen, das während des Schmiedens abkühlt. Mit fallender Temperatur steigt der Anteil der Photonen mit niedriger Energie und umso rötlicher erscheint das Hufeisen. Schmiede erkennen daran die jeweilige Temperatur (Bild **B3**).

Sonne und Sterne – Unsere Sonne und die Sterne gehören ebenfalls zu den Temperaturstrahlern. Sie verhalten sich näherungsweise wie schwarze Strahler. Das von ihnen ausgesandte Licht zeigt ein kontinuierliches Spektrum, das im Intensitätsverlauf einem schwarzen Strahler sehr ähnlich ist. Beobachtet man die Sterne genauer, stellt man fest, dass sie in unterschiedlichen Farbtönen erscheinen. Manche leuchten eher bläulich, manche eher rötlich, wie es auch die Aufnahme mit dem Hubble-Teleskop in Bild **B4** zeigt.

Da sich aufgrund des Wien'schen Verschiebungsgesetzes der Farbeindruck mit zunehmender Temperatur von „rötlich" hin zu „bläulich" verschiebt, kann man daraus schließen, dass rötliche Sterne eine niedrigere Oberflächentemperatur aufweisen als bläuliche Sterne. Unsere Sonne entspricht hierbei einem schwarzen Strahler von ca. 5800 K Temperatur.

Sachtext: So funktioniert eine Wärmebildkamera

B1 *In vielen technischen Bereichen setzt man heute zur Überprüfung Wärmebildkameras ein.*

B2 *Bei einem Löscheinsatz kann man mit der Wärmebildkamera versteckte Glutnester entdecken.*

Wärmebildkameras finden heute in vielen Bereichen Anwendung, in denen sich Gegenstände und Strukturen in ihrer Temperatur deutlich von der Umgebung unterscheiden wie etwa im Bild **B1**. Beispielsweise überprüfen Feuerwehren mit einer Wärmebildkamera nach Bränden, ob sich irgendwo noch versteckte Glutnester befinden (Bild **B2**).

Wie aber funktioniert eine Wärmebildkamera? Was unterscheidet sie von einer normalen Kamera?

Zunächst einmal macht die Wärmebildkamera das gleiche wie die optische Kamera – sie bildet das Objekt auf einen Bildsensor ab, der sich aus einzelnen Bildpunkten zusammensetzt (Pixel). Allerdings nutzt sie dazu nur die Infrarotstrahlung. Deswegen ist die Linse nicht aus Glas, welches Infrarot absorbiert, sondern aus Germanium.

Wärmebildkameras gibt es mit gekühlten und ungekühlten Bildsensoren. Letztere bestehen aus sogenannten **Mikrobolometern** (Bild **B3**):
Ein dünnes Plättchen erwärmt sich durch Absorption der einfallenden Strahlung. Da ein Quadratmillimeter eines Gegenstands umso mehr IR-Strahlung aussendet, je höher seine Temperatur ist, erwärmt sich auch das entsprechende Absorberplättchen mehr. Durch die Erwärmung ändert sich der elektrische Widerstand des Plättchens, wodurch der unter einem Reflektor liegende Transistor ein elektrisches Signal erzeugt („**Hellbild**").

Damit daraus dann das Wärmebild (**Thermografie**) gewonnen werden kann, wird der Sensor periodisch abgeschattet, sodass man ein sogenanntes **Dunkelbild** erhält. Aus den Signalen von Hellbild und Dunkelbild wird dann durch aufwendige Rechenprozesse die Temperatur für den jeweiligen Bildpunkt bestimmt. Dabei spielt auch die Umgebungstemperatur eine große Rolle.

Auf dem Display der Kamera werden die errechneten Temperaturen schließlich in Graustufen oder Farbskalen übersetzt. Oft lassen sich bei den Kameras verschiedene Farbcodierungen auswählen.

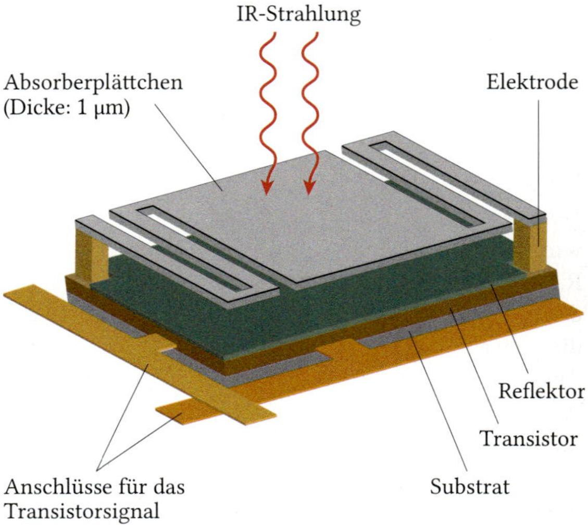

B3 *Viele solche Mikrobolometer, die IR-Strahlung absorbieren, bilden den Bildsensor einer Wärmebildkamera.*

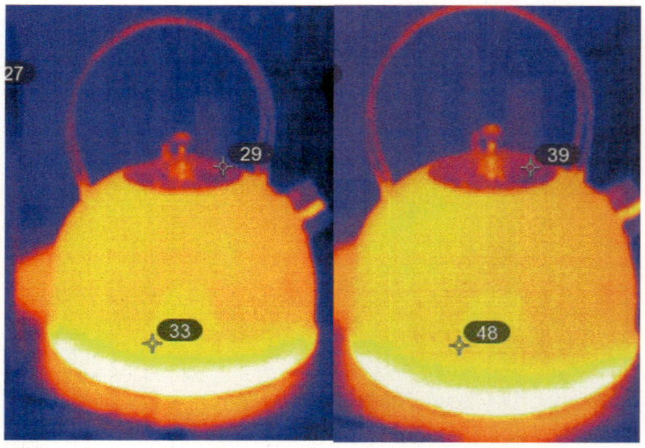

B4 *Die angezeigte Temperatur hängt auch davon ab, welcher Emissionsgrad für die Oberfläche angegeben wurde.*

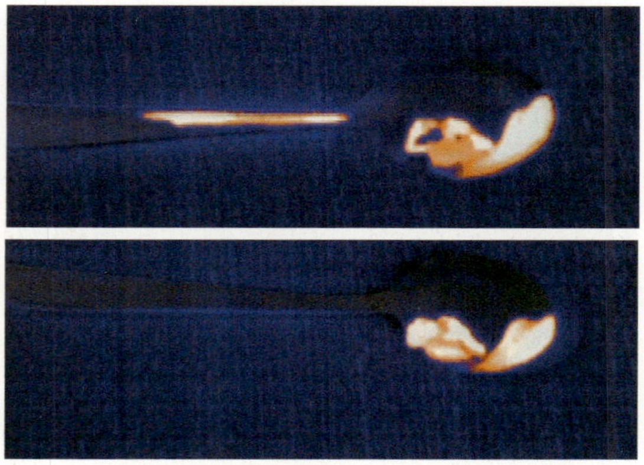

B5 *Der Löffel reflektiert Wärmestrahlung von Gegenständen in der Umgebung je nach Aufnahmewinkel unterschiedlich.*

Wichtig zur Ermittlung der richtigen Temperatur ist dabei das Emissionsverhalten der Oberfläche:

- *Matte Oberflächen* verhalten sich fast wie schwarze Strahler, d. h., sie absorbieren den größten Teil der Strahlung und reflektieren wenig. An der Kamera kommt zum größten Teil jene Strahlung an, die die Oberfläche aufgrund ihrer Temperatur abstrahlt.
- *Glänzende Oberflächen* reflektieren mehr Strahlung aus der Umgebung. Sie senden selbst weniger Wärmestrahlung aus als ein schwarzer Strahler gleicher Temperatur. Je nachdem, wie viel reflektierte Strahlung die Kamera einfängt, werden für diese Oberfläche höhere oder tiefere Temperaturen angezeigt.

Die Seitenwand des Teekessels in Bild **B4** hat eine matte Oberfläche, nur Deckel, Ausguss und Griff sind glänzend. Sie scheinen eine geringere Temperatur zu haben als die Seitenwand.
Tatsächlich sendet der Deckel vergleichsweise weniger Wärmestrahlung aus als die Seitenwände und es wird keine Strahlung von anderen Wärmequellen in Richtung Kamera reflektiert. Der Deckel erscheint daher für die Wärmebildkamera kühler, obwohl er hier die gleiche Temperatur hat wie die Seitenwand. Der Ausguss hingegen reflektiert in einem dünnen Streifen Wärmestrahlung der Seitenwand in Richtung Kamera und täuscht somit eine höhere Temperatur vor.
Bei Wärmebildkameras (und auch bei Infrarotthermometern) kann man daher meist den Emissionsgrad einstellen. Dieser wird dann bei der Berechnung der Temperaturen berücksichtigt (Bild **B4**).

Glänzende Objekte wie z. B. der Esslöffel in Bild **B5** reflektieren die Wärmestrahlung aus der Umgebung. Diese ist um ein Vielfaches größer als die eigentliche Wärmestrahlung des Objekts selbst. Daher nimmt hier die Wärmebildkamera wie bei einem optischen Spiegel vor allem das (Wärme-)Spiegelbild der Umgebung auf – bevorzugt dann, wenn die Gegenstände in der Umgebung eine höhere Oberflächentemperatur besitzen als das spiegelnde Objekt selbst. So sieht man in Bild **B5** jeweils rechts das Spiegelbild des Fotografen.

Einfache Wärmebildkameras, wie für Bild **B4** verwendet, dienen meist dazu, sogenannte Kältebrücken durch Temperaturunterschiede z. B. bei Hauswänden zu entdecken (rote Bereiche in Bild **B6**).

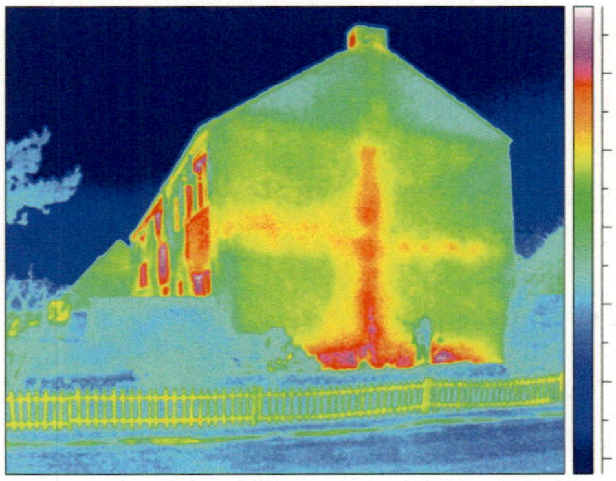

B6 *Die Thermografie des Hauses macht die unterschiedliche Intensität der Wärmestrahlung der Fassade sichtbar.*

Projekt: Untersuchungen mit einem Selbstbau-Spektroskop

An CDs kann man oft ein buntes Farbenspiel beobachten. Es wird durch ganz feine Rillen auf der Oberfläche der CD erzeugt, die ein sogenanntes **optisches Gitter** bilden.
Aus einer alten CD lässt sich daher mit einfachen Mitteln ein Spektroskop bauen, das mithilfe geeigneter Lichtquellen sogar skaliert werden kann, um Photonenenergien bzw. Lichtwellenlängen zu messen. Spektroskope dieser Art gibt es in mehreren Varianten, von denen hier zwei vorgestellt werden.

Material für beide Varianten:
a) für den Bau: alte CD oder DVD, kleine Schachtel, Klebstoff, Schere oder Teppichmesser, Schutzbrille
b) für die Experimente: verschiedene Lichtquellen (z.B. Kerzenflamme, Glühlampe, LED), Farbfolien oder Farbgläser

Sicherheitshinweis: Trage beim Schneiden der CD eine Schutzbrille, da das Material sehr spröde ist und splittern kann!

Aufträge (für beide Varianten):
a) Untersuche das Licht einer Kerzenflamme, einer Glühbirne und einer LED. Beschreibe Gemeinsamkeiten und Unterschiede.
b) Untersuche weitere Lichtquellen, jedoch keinesfalls Laser und andere sehr helle Lichtquellen!
c) Recherchiere, wie man das Spektroskop für Wellenlängen bzw. Photonenenergien skaliert. Konstruiere dann eine Skala für dein Spektroskop.

Variante 1
1) Schneide mithilfe der Schere aus der CD ein schmales „Tortenstück“ heraus.
2) Schneide wie im Bild **a** zwei Spalte in die Schachtel: einen ca. 1–2 mm schmalen für den Lichteinfall und einen ca. 0,5–1,5 cm breiten Beobachtungsspalt.
3) Durch den schmalen Spalt muss das Licht so auf das CD-Stück fallen, dass es durch den anderen Schlitz wieder austreten und mit den Augen beobachtet werden kann. Wie Spalte und CD zueinander liegen müssen, kannst du mithilfe des Reflexionsgesetzes abschätzen (siehe Bild **a**).

a

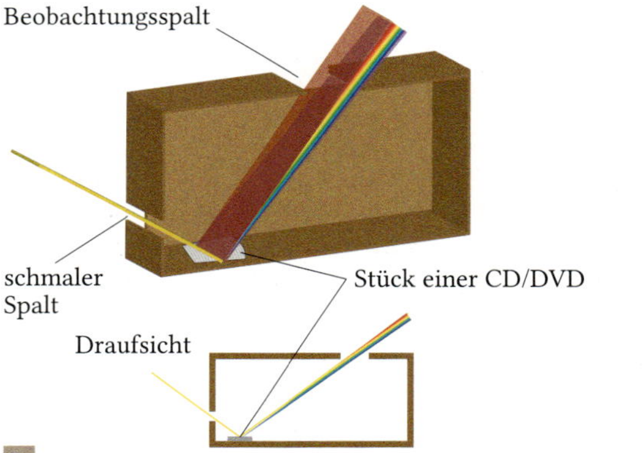

Variante 2
1) Schneide mithilfe der Schere aus der CD ein schmales „Tortenstück" heraus. Entferne mit Klebstreifen oder mit dem Teppichmesser vorsichtig die glänzende Beschichtung der CD. Das durchsichtige CD-Stück zeigt dann auf einer Seite feine Rillen.
2) Bringe an der Schachtel genau gegenüberliegend einen Spalt für den Lichteinfall (ca. 1–2 mm breit) und einen Beobachtungsspalt (ca. 0,5–1 cm breit) an.
3) Platziere dazwischen das durchsichtige CD-Stück, sodass es vom einfallenden Licht im rechten Winkel getroffen wird (siehe Bild **b**).

b

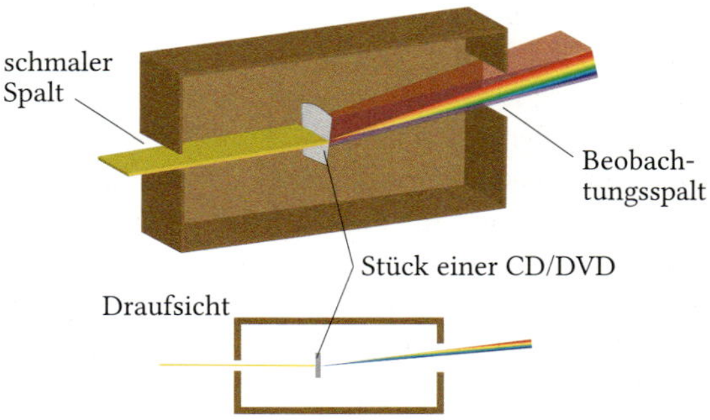

Projekt: DIY-Spektroskop für's Smartphone

Was man beim Spektroskop aus dem **Projekt: Untersuchungen mit einem Selbstbau-Spektroskop** mit den Augen beobachten kann, lässt sich auch mit einer Kamera aufnehmen.

Das Spektroskop könnt ihr aber auch so gestalten, dass es als Aufsatz direkt vor die Kamera eines Smartphones gesetzt werden kann. So lassen sich dann die entsprechenden Spektren fotografieren und anschließend auswerten. Im Internet findet ihr dazu diverse Bauanleitungen und Vorlagen.

Auftrag:
1) Recherchiert im Internet nach Bauanleitungen für einen Spektroskopaufsatz für ein Smartphone. Suchbegriffe: „Spektroskop Smartphone", „DIY spectroscope smartphone" (DIY: Do it yourself) Entscheidet euch für eine dieser Anleitungen.
2) Besorgt euch die entsprechenden Materialien und baut den Aufsatz.
3) Testet euren Spektoskop-Aufsatz.
4) Untersucht damit verschiedene Lichtquellen und dokumentiert eure Ergebnisse.

Projekt: Fahrradfelgenspektrometer

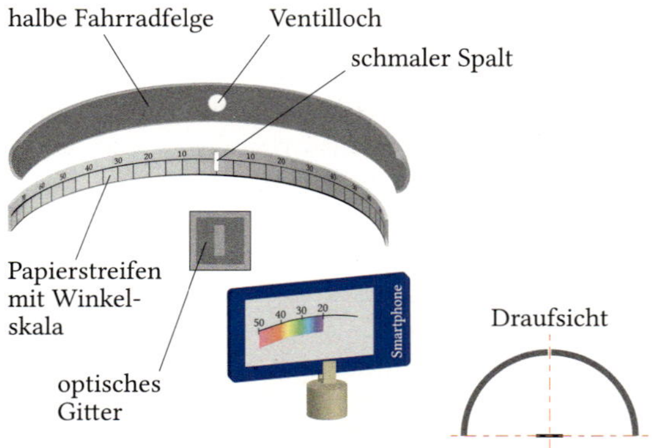

Material:
a) für den Bau: alte Fahrradfelge, optisches Gitter mit 500 bis 1000 Linien pro Millimeter, Papier, Klebstoff, Metallsäge, Feile, Teppichmesser, Maßband, Stativmaterial
b) für die Experimente: verschiedene Lichtquellen (z. B. Kerzenflamme, Glühlampe, LED), Farbfolien oder Farbgläser, Smartphone oder Digitalkamera

Bau des Spektroskops:
1) Halbiere die Felge, sodass das Ventilloch in der Mitte der Felgenhälfte sitzt (siehe Bild).
2) Bereite zwei Papierstreifen vor, die je eine Skala für Winkel bzw. Photonenenergien tragen und auf die Innenseite der Felgen geklebt werden.
a) Winkelskala: Teile den Innenumfang der Felge durch 18 bzw. 36. Damit erhältst du den Abstand der Markierungen in 10°- bzw. 5°-Schritten. Beispiel: Der Umfang einer halben 26"-Felge ist ca. 900 mm, somit ist der Skalenabstand 50 mm bzw. 25 mm.
b) Energieskala: Hier spielen die Daten des Gitters eine Rolle. Für 1000 Linien (α_1) bzw. 600 Linien (α_2) pro Millimeter erhält man folgende Zuordnung:

E in eV	1,6	1,8	2,0	2,2	2,4	2,6	2,8	3,0	3,2
α_1 in °	51	44	38	34	31	28,5	26	24	22,5
α_2 in °	28	24	22	20	18	17	15	14	13

3) Klebe die beiden Streifen an der Innenseite der Felge auf, sodass die 0°-Markierung sich über der Mitte des Ventillochs befindet. Schneide dann über dem Felgenloch einen kleinen Spalt frei (ca. 1 mm Breite).
4) Platziere nun das Gitter am Mittelpunkt des Halbkreises (siehe Draufsicht in der Grafik).

Durchführung:
Beleuchte den Spalt von der Rückseite der Felge mit einer Lichtquelle. Nun kann man bei richtigem Blickwinkel ein Spektrum des Lichts beobachten, das durch den Spalt fällt. Dazu lassen sich dann an der Skala im Hintergrund die Photonenenergien ablesen.

Aufträge:
1) Untersuche die Spektren verschiedener Lichtquellen.
2) Verwende nun eine Lichtquelle, die ein kontinuierliches Spektrum erzeugt. Setze zwischen Spalt und Lichtquelle verschiedenfarbige Folien. Notiere die Veränderungen des Spektrums.
Tipp: Die Spektren lassen sich auch bequem mit der Kamera eines Smartphones dokumentieren und anschließend auswerten.

V1 Forsche selbst: Smartphone als IR-Detektor

Frage: Welche Materialien lassen Infrarotstrahlung durch, welche reflektieren sie?

Material: Smartphone oder einfache Digitalkamera – alternativ: Infrarot-Indikatorkarte (Elektronikhandel), Infrarot-Fernbedienung, diverse Materialien (z. B. Glas, durchsichtige und undurchsichtige Kunststofffolien, Alufolie, Papier, dünne Stoffe etc.)

Vorbereitung:
Teste, ob die Kamera deines Smartphones oder die Digitalkamera auf Infrarot reagiert. Leuchte mit der Fernbedienung in das Objektiv, indem du eine Taste auf ihr drückst. Beobachtest du ein (meist rötlich-violettes) Flackern, kann deine Kamera Infrarotstrahlung registrieren.

Hinweis: Teurere Kameras haben meist vor dem Bildsensor einen Infrarotfilter und registrieren diese Strahlung daher nicht.

Aufträge:
Teste die Materialien darauf, ob sie IR-Strahlung
a) transmittieren (hindurchlassen),
b) reflektieren.

Formuliere einen Zusammenhang zwischen Emissions- und Transmissionsverhalten des jeweiligen Materials.

V2 Forsche selbst: Wärmebilder interpretieren

Frage: Welche Informationen kann man mithilfe von Wärmebildern (Thermografien) erhalten?

Material: Wärmebildkamera oder Smartphone mit Wärmebild-Aufsatz, Gefäße aus Glas und Metall, Isoliermaterial, Wasser, Wasserkocher, diverse Gegenstände, Thermometer, schwarzes und weißes Zeichenpapier, wasserdichter Hohlwürfel mit verschiedenen Oberflächen (Leslie-Würfel, siehe Bild)

Vorbereitung: Informiere dich über die Bedienung der Wärmebildkamera. Registriere mithilfe des Thermometers die aktuelle Raumtemperatur.

Lies zur Vorbereitung auch die beiden **Sachtexte Glühwendel und schwarzer Strahler** und **So funktioniert eine Wärmebildkamera**

Aufträge:
Beschreibe, was dir bei den jeweiligen Aufnahmen auffällt. Tausche dich mit anderen darüber aus, welche Informationen du aus den Thermografien mit Sicherheit gewinnen kannst.
a) Fülle ein Glasgefäß nacheinander mit Wasser, das einmal kälter und einmal wärmer ist als die Umgebung. Registriere die jeweilige Wassertemperatur. Nimm ein Wärmebild des Gefäßes jeweils von der Seite und von oben auf.
b) Stelle an der Kamera einen anderen Emissionsgrad ein und mache die gleichen Aufnahmen noch einmal.
c) Umhülle das Glasgefäß mit schwarzem bzw. weißem Zeichenpapier und wiederhole den Versuch a).
d) Wiederhole die Versuche a) bis c) mit einem glänzenden Metallgefäß.
e) Fülle den Lesliewürfel mit heißem Wasser (max. 60 °C) und nimm ihn von allen Seiten auf. Kontrolliere die Wassertemperatur mithilfe des Thermometers.

V3 Forsche selbst: Schutz vor UV-Licht

Achtung Gefahr! Blicke niemals direkt in das UV-Licht und achte darauf, dass deine Haut nicht davon getroffen wird. Intensives UV-Licht kann unbemerkt schnell zu Schädigungen führen, die du erst später bemerkst. Vermeide auch unkontrollierte Reflexionen. Lass daher deinen Versuchsaufbau von der Lehrkraft kontrollieren.

Material: UV-Leuchtfarben, weißes und schwarzes Papier, UV-Taschenlampe oder Geldscheinprüfer, diverse Materialien (z. B. Glas, durchsichtige und undurchsichtige Kunststofffolien, dünne Stoffe, Alufolie, Sonnencreme)

Vorbereitung: Zeichne ein Symbol o. Ä. mit UV-Leuchtfarbe auf weißes bzw. schwarzes Papier.
Diese Papierstücke dienen dir als Indikator für UV-Strahlung.
Alternativ kannst du auch Euro-Geldscheine benutzen. Diese besitzen Aufdrucke, die unter UV-Licht zu leuchten beginnen (siehe Bild).

Aufträge:
Teste die Materialien darauf, ob sie UV-Strahlung a) transmittieren (hindurchlassen), b) reflektieren.
Formuliere einen Zusammenhang zwischen Reflexions- und Transmissionsverhalten des Materials.

V4 Forsche selbst: Spektren messen

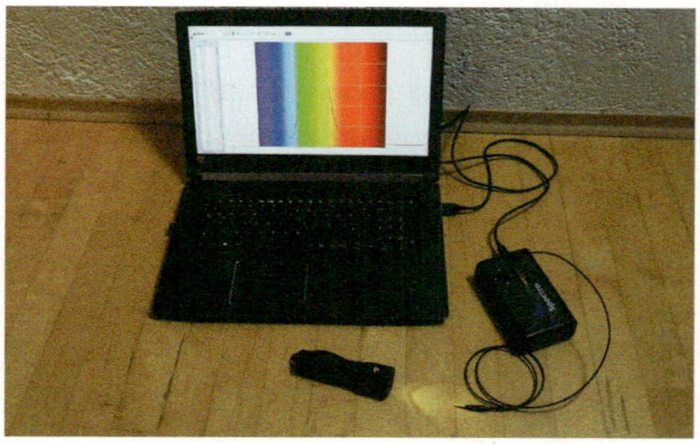

Material: Digital-Spektrometer, Rechner, diverse Lichtquellen und Flüssigkeiten, farbiges und farbloses Glas, Papier, Kunststoff- und Alufolie etc.

Vorbereitung: Mache dich mit der Bedienung des Spektrometers und des Programms zur Messwerterfassung vertraut.

Durchführung: Untersuche
a) Emissionsspektren von Lichtquellen;
b) Absorptionsspektren von Flüssigkeiten;
c) verschiedene Materialien auf Transmission, Absorption bzw. Reflexion in Abhängigkeit von der jeweiligen Beleuchtung.

Projekt: Sterne als Temperaturstrahler

Sterne sind *Temperaturstrahler*, die in verschiedenen Farbtönen leuchten (vergleiche **Sachtext: Glühwendel und schwarzer Strahler**). Aus dem Spektrum des jeweiligen Sternenlichts kann man heute den Lebenslauf des Sterns erschließen.

Auftrag: Erstellt in einer Gruppenarbeit eine informative Internetseite zum Thema „Sterne als Temperaturstrahler". Legt dabei am Anfang fest, wer welche Aufgabe übernimmt. Folgende Stichpunkte können euch helfen: Spektralklassen der Sterne, Oberflächentemperaturen, Rote Riesen, Weiße Zwerge, Hauptreihenstern, Hertzsprung-Russell-Diagramm, Helligkeit der Sterne.

6.5 Ausgewählte Themen – Energie beim Menschen

Sachtext: Energiequelle Nahrungsmittel

Wir brauchen Energie. Wie alle Lebewesen benötigen auch wir Menschen Energie. Unsere Energiequellen sind dabei die Nahrungsmittel. Genauer gesagt beziehen wir unsere Energie im Wesentlichen aus drei Gruppen von Stoffen, die in den Nahrungsmitteln enthalten sind: **Proteine** (**Eiweiß**), **Fett** und **Kohlen(stoff)hydrate.**
Die restlichen Inhaltsstoffe wie Vitamine, Spurenelemente und Ballaststoffe benötigt der Körper als Bausteine für lebensnotwendige Enyzme und Hormone.

Proteine finden sich vor allem in Milch-, Ei- , Fleisch- und Fischprodukten. Wesentliche Quellen für *pflanzliches Eiweiß* sind Hülsenfrüchte (Bohnen, Linsen), Nüsse und Getreide. Eier-, Fleisch- und Fischprodukte enthalten zudem *Fette*, aber wenig bis gar keine Kohlenhydrate, wohingegen Getreideprodukte fettarm, aber reich an *Kohlenhydraten* sind.

Der Mensch setzt die Energie der Nahrungsmittel hauptsächlich in drei Umwandlungsprozessen um:
- in **thermische Energie**, um die Körpertemperatur auf einem konstanten Niveau zu halten;
- in **mechanische Energie** für Bewegungen;
- in **elektrische Energie** z. B. bei Denk- und Wahrnehmungsprozessen.

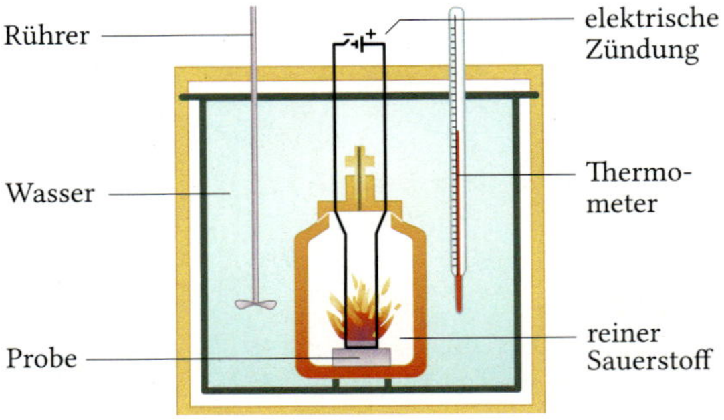

Der Körper ist ein Verbrennungsmotor. Der Körper **oxidiert** die Nahrungsmittel, d. h., er stellt Verbindungen mit Sauerstoff her. So gewinnt er Energie. Als wesentliche Produkte entstehen dabei CO_2 und Wasser. Aus dem Abbau von Eiweiß (Proteinen) entsteht zudem noch Harnstoff. Der Oxidationsprozess ist im Prinzip der gleiche, wenn man Nahrungsstoffe unter Sauerstoffzufuhr verbrennt. Daher wird der **Brennwert** von Nahrungsmitteln auf diese Weise ermittelt. Man verbrennt sie dazu in einem **Kalorimeter**, misst die Temperaturerhöhung des Wassers und bestimmt so die umgewandelte Energie (siehe **Bild oben**).

Den Energieinhalt von Nahrungsmitteln findet man in **Brenn-** oder **Nährwerttabellen**, oft mit der alten Einheit „Kilokalorie“ (kcal). Für die Umrechnung gilt: 1 kcal = 4,2 kJ.
Das ist die Energie, mit der man 1 kg Wasser um 1 °C erhitzen kann. Die Grafik unten zeigt den Brennwert pro Gramm für die drei Hauptgruppen von Nährstoffen und Trinkalkohol. Effektivster Energielieferant bezogen auf die Masse ist demnach Fett.

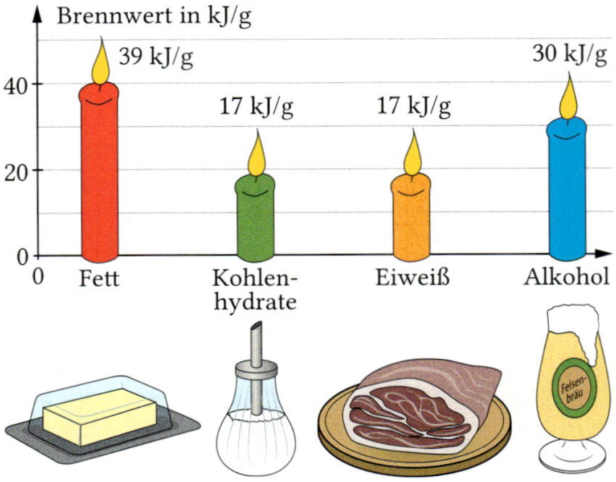

Sachtext: Energiebedarf des Menschen

Grundumsatz und Leistungsumsatz – Selbst wenn wir uns in die Wiese legen und scheinbar nichts tun, benötigen wir Energie für Atmung, Verdauung, Herzschlag usw. Der Energiebedarf, der dabei entsteht, wird **Grundumsatz** (GU) genannt. Er hängt unter anderem vom Lebensalter und dem Körpergewicht ab. Als Faustformel für den täglichen Grundumsatz setzt man für Menschen mit der Körpermasse *m* folgende Werte an:

- Frauen: $\text{GU} = 90\,\frac{\text{kJ}}{\text{kg}} \cdot m$
- Männer: $\text{GU} = 100\,\frac{\text{kJ}}{\text{kg}} \cdot m$

Je nach Tätigkeit haben wir einen zusätzlichen Energiebedarf, den man **Leistungsumsatz** nennt (siehe Tabelle; *m*: Körpermasse):

Tätigkeit	Leistungsumsatz je Std.
Fernsehen	$0{,}8\,\frac{\text{kJ}}{\text{kg}} \cdot m$
Gehen	$2{,}1\,\frac{\text{kJ}}{\text{kg}} \cdot m$
Kochen	$4{,}2\,\frac{\text{kJ}}{\text{kg}} \cdot m$
Tanzen	$8{,}4\,\frac{\text{kJ}}{\text{kg}} \cdot m$
Wandern, Gartenarbeit	$12{,}6\,\frac{\text{kJ}}{\text{kg}} \cdot m$
Radfahren langsam/mittel	$21\,\frac{\text{kJ}}{\text{kg}} \cdot m$ / $34\,\frac{\text{kJ}}{\text{kg}} \cdot m$
Joggen, Schwimmen	$34\,\frac{\text{kJ}}{\text{kg}} \cdot m$
sitzende Tätigkeiten (Büroangestellte etc.)	0,2–0,5 · GU
stehende Tätigkeiten (Lehrer etc.)	0,6–0,7 · GU
gehende Tätigkeiten (Verkäufer etc.)	0,8–0,9 · GU
körperliche Tätigkeit (Handwerker etc.)	0,8–1,5 · GU

Projekt: Nahrung und Energie

Auftrag: Plant eine Infoveranstaltung für Grundschüler zum Thema „Nahrung und Energie“ mit folgenden Teilen:

1) Energie in Nahrungsmitteln

Auf Nahrungsmittelverpackungen müssen in der EU seit 2016 bestimmte Inhaltsstoffe (u. a. Eiweiß, Fett, Kohlenhydrate) und der Energiegehalt angegeben werden.

a) Recherchiert, welche Angaben auf den Verpackungen aufgeführt sein müssen.

b) Besorgt euch Verpackungen von verschiedenen Nahrungsmitteln. Ermittelt aus den angegebenen Werten für Fett, Eiweiß und Kohlenhydrate (inkl. Zucker) selbst den Brennwert und vergleicht ihn mit dem angegebenen Energiegehalt (siehe auch **Sachtext: Energiequelle Nahrungsmittel**).

2) Energie im Körper

a) Grund- bzw. Leistungsumsatz hängen neben der Körpermasse vom Geschlecht und vom Alter ab. Führe dazu eine Recherche durch und ermittle, falls möglich, Gründe für die Unterschiede.

b) Die verschiedenen Organe im Körper benötigen unterschiedlich viel Energie. Recherchiere entsprechende Werte.

3) Täglicher Energiebedarf

a) Schätzt mithilfe der Angaben im **Sachtext: Energiebedarf des Menschen** ab, welchen Gesamtenergiebedarf ihr pro Tag habt.

b) Ermittelt die Menge an Fett, Eiweiß und Kohlenhydraten, die ihr durchschnittlich über die Nahrung zu euch nehmt. Hier können Nähr- bzw. Brennwerttabellen hilfreich sein. Achtet auch auf versteckte „Kalorienbomben“.

c) Während Wachstumsphasen kann der Energiebedarf deutlich über die Durchschnittswerte hinausgehen. Recherchiert entsprechende Werte.

4) Brennwert und Energieumsatz messen

Brennwerte von Nahrungsmitteln und Energieumsätze beim Menschen bestimmt man mit Kalorimetern. Recherchiere, wie man vorgeht, um

a) den Brennwert von Nahrungsmitteln

b) den Grund- bzw. Leistungsumsatz von Menschen

zu bestimmen.

6.6 Ausgewählte Themen – Energieeinsparung bei Gebäuden

Projekt: Eiswürfel-Wettbewerb

Material: diverse Bau- und Isoliermaterialien, Eiswürfel von gleicher Größe, passende gleichartige Gläser, Dosen oder Teller

Ziel:
Baut einen „Thermowürfel" mit den Außenmaßen 20 × 20 × 20 cm, sodass vom Eiswürfel möglichst wenig schmilzt, wenn man den Würfel in ein Zimmer mit Raumtemperatur stellt. Die Wand soll dabei maximal fünf Zentimeter dick sein.

Durchführung:
Nach Fertigstellung wird gleichzeitig in jeden der Würfel ein Glas mit einem Eiswürfel hineingestellt und der Würfel dann verschlossen. Anschließend werden die Würfel frei stehend in einen Raum platziert und dort über eine bestimmte Zeit stehen gelassen. Nach Ablauf der Testzeit wird gemessen, wie viel vom jeweiligen Eiswürfel geschmolzen ist.

V1 Forsche selbst: Den Wärmefluss behindern

Version A: Mit vorgefertigter Isolierung

Material: Thermometer bzw. Messwerterfassungssystem mit Temperaturfühlern, Metallbecher, passender Deckel mit Bohrung für Thermometer, passender Isolierbecher (z. B. aus Schaumstoff), Stoppuhr, Wasserkocher, Wasser

Vorbereitung: Erhitze Wasser bis ca. 60 °C. Stecke das Thermometer durch die Bohrung im Deckel.

Durchführung:
1) Fülle eine bestimmte Menge Wasser (z. B. 150 ml) in den Metallbecher. Setze den Deckel mit dem Thermometer auf den Becher (siehe Grafik). Miss alle zwei Minuten die Temperatur.
2) Wiederhole 1), indem du den Metallbecher in den Isolierbecher setzt. Überlege dabei, wie die Messreihen von 1) und 2) vergleichbar werden.
3) Wiederhole 1) und 2) mit einer anderen Wassermenge. Überlege auch hier, wie diese Messreihen mit den anderen vergleichbar werden.

Version B: Mit selbst angefertigter Isolierung

Material: wie bei Version A, nur dass du statt dem Isolierbecher verschiedene Isoliermaterialien (Wellpappe, Wolle, Luftpolsterfolie, usw.) verwendest.

Durchführung: wie bei Version A, nur dass bei 2) bzw. 3) die Isolierung nun selbst angefertigt wird.

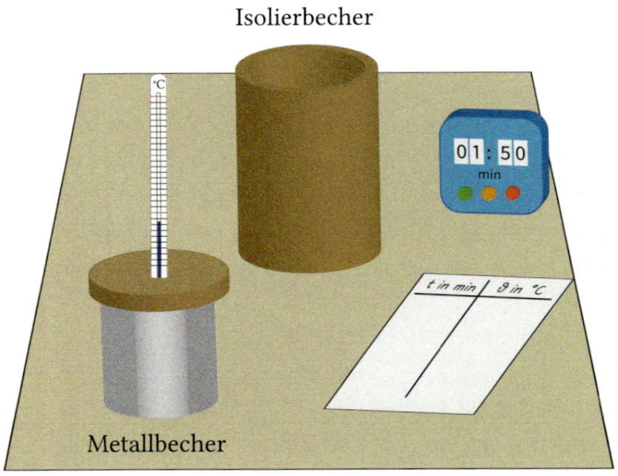

Für Version A und Version B:

Aufträge:
a) Erfasse die Messwerte in einer Tabelle.
b) Ermittle rechnerisch die Wärme, die das Wasser jeweils in zwei Minuten an die Umgebung abgegeben hat.
c) Stelle die Ergebnisse grafisch dar und beschreibe den jeweiligen Kurvenverlauf. Formuliere dazu auch Zusammenhänge in Je-desto-Form.
d) Beschreibe anhand der Messreihen Unterschiede und Gemeinsamkeiten beim Abkühlvorgang.

Projekt: Wie viel muss man heizen?

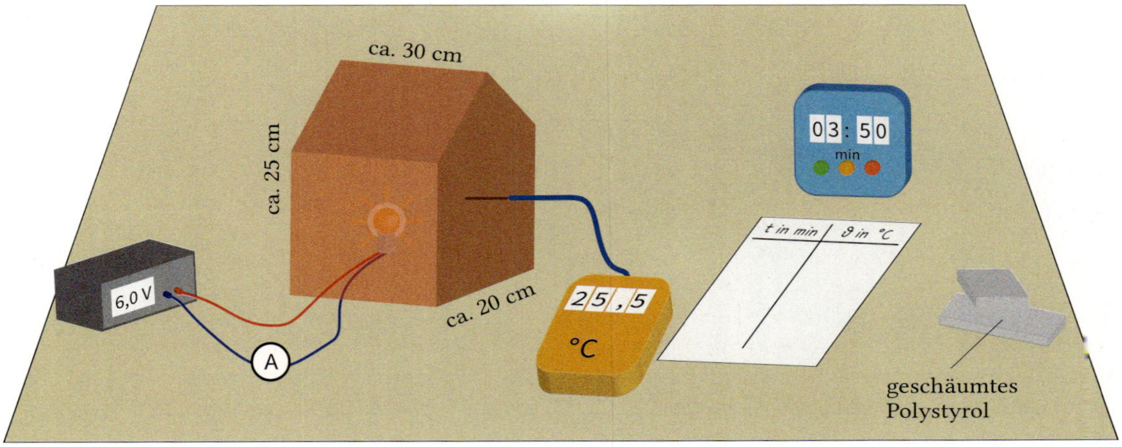

Material:
- □ Thermometer oder Messwerterfassungssystem
- □ Stoppuhr
- □ Glühlampe (6 V / 30 W) mit Lampenfassung
- □ Netzgerät, Multimeter, Messleitungen
- □ diverses Bau- und Dämmmaterial (z. B. Holz, Karton, geschäumtes Polystyrol, Luftpolsterfolie)
- □ Werkzeuge: Schere, Säge, Cutter, Heißklebepistole

Vorbereitung:
Baue ein Haus, sodass sich die Glühlampe als „Heizung“ hineinstellen lässt (Maße etwa L × B × H = 20 × 30 × 30 cm). Bohre etwa in der Mitte der Haushöhe ein Loch, durch das du das Thermometer bzw. den Thermofühler steckst. Bereite mithilfe des Dämmmaterials eine passende Wärmeisolierung des Hauses vor.

Variante A: Gleiche Heizleistung

Durchführung:
1) Schließe die Glühlampe am Netzgerät an. Stelle eine bestimmte Spannung ein (maximal 6 V) und miss die Stromstärke. Platziere die Glühlampe im nicht isolierten Haus. Miss alle zwei Minuten die Temperatur, bis sie sich nicht mehr ändert (Gleichgewichtstemperatur).
2) Wiederhole den Versuch mit vollständig isoliertem Haus, ohne an der Einstellung am Netzgerät etwas zu ändern.
3) Wiederhole den Versuch mehrmals, wobei du jedes Mal die Isolierung ein Stück verringerst. Notiere den Flächeninhalt der nicht isolierten Flächen.

Aufträge:
a) Erfasse die Messwerte jeweils in einer Tabelle.
b) Wenn sich die Temperatur im Haus nicht mehr ändert spricht man von Gleichgewichtstemperatur. Beschreibe, welches „Gleichgewicht“ damit gemeint ist. Formuliere einen Zusammenhang zwischen der Größe der isolierten Fläche und der **Gleichgewichtstemperatur**.

Variante B: Gleiche Temperatur

Durchführung:
1) Schließe die Glühlampe an das Netzgerät an und stelle eine bestimmte Spannung ein (maximal 6 V). Miss die Stromstärke. Platziere die Glühlampe im nicht isolierten Haus. Miss alle zwei Minuten die Temperatur, bis sie sich nicht mehr ändert (Gleichgewichtstemperatur).
2) Wiederhole den Versuch mit dem vollständig isolierten Haus. Regle die Spannung so ein, dass die gleiche Gleichgewichtstemperatur erreicht wird wie bei 1). Miss die Stromstärke.
3) Wiederhole 1) und 2) mit einer geringeren Gleichgewichtstemperatur.

Aufträge:
a) Erfasse die Messwerte jeweils in einer Tabelle.
b) Bestimme die jeweilige Heizleistung, die notwendig ist, um die Gleichgewichtstemperatur zu erreichen.
c) Formuliere Zusammenhänge zwischen der Heizleistung und der Art der Isolierung bzw. der Gleichgewichtstemperatur.

Sachtext: Wärmestrom und Wärmewiderstand

B1 *Für den Verkauf oder die Vermietung eines Hauses benötigt man einen Energieausweis. Das Wärmekamerabild zeigt, an welchen Stellen des Hauses die Wandtemperatur hoch ist.*

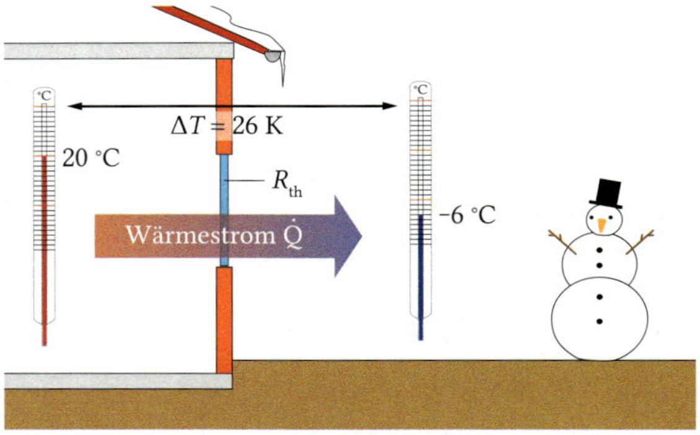

B2 *Die Temperaturdifferenz ΔT zwischen innen und außen stellt den Antrieb für den Wärmestrom $\dot{Q}$ z.B. durch das Fenster mit dem Wärmewiderstand R_{th} dar.*

Wenn Hausbesitzer ein Haus verkaufen wollen oder Wohnungseigentümer eine Wohnung neu vermieten wollen, müssen sie in Deutschland dafür einen **Energieausweis** vorlegen. Darin ist dokumentiert, wie viel Energie je Quadratmeter Wohnfläche im Jahr benötigt wird, um dieses Haus bzw. diese Wohnung zu beheizen (siehe Bild **B1**).

Dabei spielt die **Wärmeleitung** eine wichtige Rolle. Sie ist ein Grund, warum ständig Wärme (also innere Energie) von einem Bereich höherer Temperatur zu einem Bereich niedrigerer Temperatur abfließt. Wegen ihr müssen wir überhaupt heizen, wenn die Außentemperaturen niedriger als die Innentemperaturen sind. Beim Heizen auf eine konstante Raumtemperatur ersetzen wir immer gerade diejenige Energiemenge, die in der entsprechenden Zeitspanne nach draußen abgeflossen ist. Anders ausgedrückt: Die **Heizleistung P_H** ist dann genauso groß wie die **Wärmeverlustleistung P_V** (Bild **B3**).

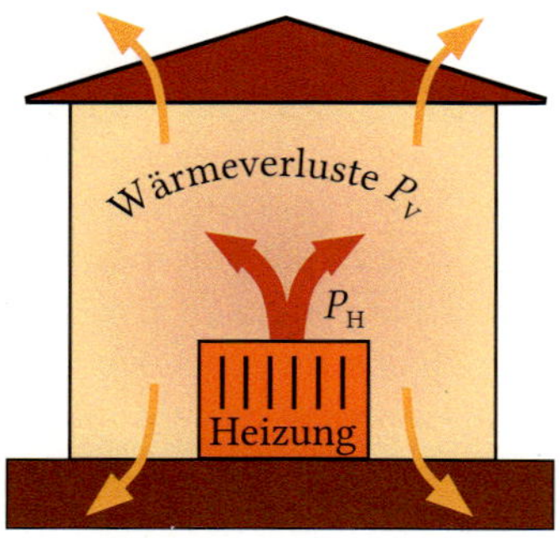

B3 *Bei konstanter Raumtemperatur ist die Heizleistung P_H genauso groß wie die Wärmeverlustleistung P_V.*

Häuser müssen in Deutschland heute so gebaut werden, dass die Wärmeverluste durch Hülle (Bodenflächen, Wände, Fenster und Türen sowie Dachflächen) bestimmte Werte nicht überschreiten (siehe **Projekt: Energieeinsparung bei Gebäuden**). Dies wird erreicht, indem man Dämmmaterialien einsetzt.

So wie nicht alle Materialien elektrischen Strom gleich gut leiten, gilt das auch für die Wärme (siehe auch Versuch **V2**, Seite 181). In der Elektrizität wird dies mithilfe der Größe **elektrischer Widerstand R** beschrieben. Bei Baumaterialien ist entsprechend der **Wärmewiderstand R_{th}** definiert (auch Wärmeleitwiderstand oder thermischer Widerstand). Für die Wärmeleitung gelten dabei analoge Zusammenhänge wie bei elektrischen Stromkreisen:

Damit Energie in Form von Wärme beispielsweise durch eine Fensterfläche abfließt, braucht es einen Antrieb. Das ist in diesem Fall die **Temperaturdifferenz ΔT** zwischen Innen- und Außenseite des Fensters (Bild **B2**). Dies entspricht im elektrischen Stromkreis der **Potenzialdifferenz $\Delta\Phi$** bzw. der **Spannung U** (Bild **B4**). Teilt man die Wärmemenge Q, die durch das Fenster von der höheren Temperatur zur niedrigeren Temperatur fließt, durch die dazugehörige Zeitspanne Δt, so erhält man die **Wärmestromstärke $\dot{Q}$** („Q Punkt"):

$$\dot{Q} = \frac{Q}{\Delta t}; \qquad [\dot{Q}] = 1\,\frac{\text{J}}{\text{s}} = 1\ \text{W}.$$

Sie entspricht im elektrischen Fall der elektrischen Stromstärke I.

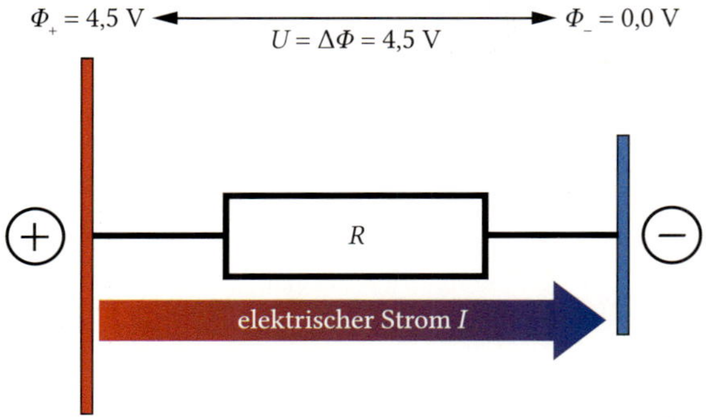

B4 *Die elektrische Potenzialdifferenz ΔΦ (= Spannung U) zwischen Pluspol und Minuspol stellt den Antrieb für den elektrischen Strom I durch den Widerstand R dar.*

Die Wärmestromstärke $\dot{Q}$ gibt an, wie schnell Energie durch die Wand abfließt. Sie hat die gleiche Einheit wie die Leistung, deswegen spricht man oft auch von Wärmeleistung bzw. **Wärmeverlustleistung P_V** (siehe Bild **B3**). Hier gilt also $\dot{Q} = P_V$.

Zwischen der Temperaturdifferenz ΔT, dem Wärmewiderstand R_{th} und der Wärmestromstärke $\dot{Q}$ gilt dabei der analoge Zusammenhang wie zwischen den Größen U, R und I im elektrischen Fall:

$$\dot{Q} = \frac{\Delta T}{R_{th}} \quad \leftrightarrows \quad I = \frac{U}{R}$$

Die Einheit des Wärmewiderstands ergibt sich aus

$$R_{th} = \frac{\Delta T}{\dot{Q}}: \quad [R_{th}] = 1\,\frac{\text{Kelvin}}{\text{Watt}} = 1\,\frac{\text{K}}{\text{W}}.$$

Je nachdem, welche verschiedenen Bauelemente in einer Wand vorkommen, muss der gesamte Wärmewiderstand aus den Wärmewiderständen der einzelen Elemente berechnet werden. Wie bei einer elektrischen Schaltung kann man hier quasi zwischen einer Reihen- und einer Parallelschaltung unterscheiden:

Bauelemente, die „nebeneinander“ angeordnet sind (z. B. ein Fenster und die umliegenden Wandstücke) entprechen einer Parallelschaltung von Widerständen (Bild **B5**). Hier gilt:

$$\dot{Q}_{ges} = \dot{Q}_1 + \dot{Q}_2 + \dot{Q}_3 \quad \leftrightarrows \quad I_{ges} = I_1 + I_2 + I_3$$

$$\frac{1}{R_{th,ges}} = \frac{1}{R_{th,1}} + \frac{1}{R_{th,2}} + \frac{1}{R_{th,3}} \quad \leftrightarrows \quad \frac{1}{R_{ges}} = \frac{1}{R_1} + \frac{1}{R_2} + \frac{1}{R_3}$$

Besteht die Wand aus mehreren Schichten, so entspricht dies einer Reihenschaltung von Widerständen (Bild **B6**). Entsprechend gelten folgende Regeln:

$$R_{th,ges} = R_{th,1} + R_{th,2} + R_{th,3} \quad \leftrightarrows \quad R_{ges} = R_1 + R_2 + R_3$$

$$\Delta T_{ges} = \Delta T_1 + \Delta T_2 + \Delta T_3 \quad \leftrightarrows \quad U_{ges} = U_1 + U_2 + U_3$$

Wie man beim größten elektrischen Widerstand in einer Reihenschaltung die größte Spannung findet, tritt auch bei der Schicht mit dem größten Wärmewiderstand die größte Temperaturdifferenz auf.

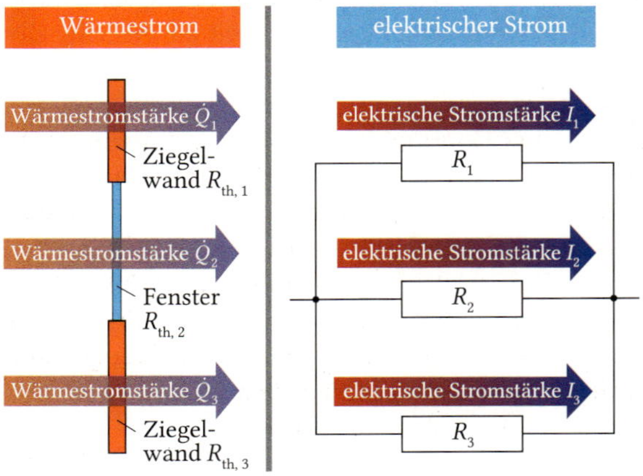

B5 *Nebeneinander liegende Bauteile verhalten sich bei Wärmeströmen so wie parallel geschaltete Widerstände bei elektrischen Strömen.*

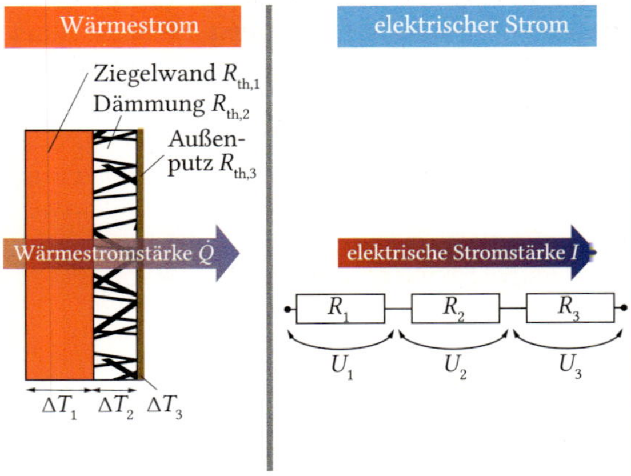

B6 *Verschiedene Schichten einer Wand verhalten sich bei Wärmeströmen so wie in Reihe geschaltete Widerstände bei elektrischen Strömen.*

Sachtext: U-Wert von Baumaterialien

In der **Energieeinsparverordnung (EnEV)** werden bestimmte Standards festgelegt, die bei Neubauten hinsichtlich der Wärmeverluste eingehalten werden müssen.
Der Wärmewiderstand (siehe **Sachtext: Wärmestrom und Wärmewiderstand**, Seite 179) einer Wand hängt von der Größe der Wandfläche, der Dicke der jeweiligen Materialschichten und den verwendeten Materialien ab. Da die Größe der Wandfläche von Zimmer zu Zimmer und von Haus zu Haus variiert, werden in der Energieeinsparverordnung Mindestwerte für den **Wärmedurchgangskoeffizienten** – meist kurz **U-Wert** genannt – gefordert.

Der U-Wert gibt an, wie groß die Wärmestromstärke durch ein Flächenstück der Größe 1 m² bei einer Temperaturdifferenz von 1 K ist. Er hat die Einheit:

$$[U] = 1\,\frac{\mathrm{W}}{\mathrm{m}^2 \cdot \mathrm{K}}.$$

Multipliziert man den U-Wert mit dem Flächeninhalt eines Wandstücks, so erhält man den Kehrwert des Wärmewiderstands für das entsprechende Wandstück:

$$U \cdot A = \frac{1}{R_{\mathrm{th}}} \quad \text{bzw.} \quad R_{\mathrm{th}} = \frac{1}{U \cdot A}.$$

In der Energieeinsparverordnung in der Fassung von 2015 werden beispielsweise folgende U-Werte festgelegt:

- Außenwand gegen Luft: $0{,}28\,\frac{\mathrm{W}}{\mathrm{m}^2 \cdot \mathrm{K}}$
- Außenwand gegen Erde: $0{,}35\,\frac{\mathrm{W}}{\mathrm{m}^2 \cdot \mathrm{K}}$
- Fenster, Fenstertüren: $1{,}3\,\frac{\mathrm{W}}{\mathrm{m}^2 \cdot \mathrm{K}}$
- Dach: $0{,}20\,\frac{\mathrm{W}}{\mathrm{m}^2 \cdot \mathrm{K}}$
- Dachflächenfenster: $1{,}4\,\frac{\mathrm{W}}{\mathrm{m}^2 \cdot \mathrm{K}}$
- Außentüren: $1{,}8\,\frac{\mathrm{W}}{\mathrm{m}^2 \cdot \mathrm{K}}$

Auch für Baumaterialien werden jeweils U-Werte angegeben. Materialien mit einem niedrigen U-Wert leiten Wärme schlechter als solche mit hohem U-Wert.

In der nachfolgende Tabelle finden sich einige Beispiele.

Material	U-Wert in $\frac{\mathrm{W}}{\mathrm{m}^2 \cdot \mathrm{K}}$
Vollziegel, 30 cm dick	1,5–2,0
Lochziegel, 30 cm dick	1,2–1,8
Kalksandstein, 30 cm dick	1,4–2,5
Porenbeton, 30 cm dick	0,25–0,40
Beton, 20 cm dick	3,70
Porenziegel, 30 cm	0,25–0,38
Holz, massiv, 30 cm	0,40–0,54
Profilholzbretter, 20 mm dick	3,2
Mineralwolle WLG040, 30 cm	0,13
Mineralwolle WLG040, 15 cm	0,26
Mineralwolle WLG035, 30 cm	0,11
Mineralwolle, WLG035, 15 cm	0,22
Falzziegel inkl. Lattung	3,3
Zweischeiben-Isolierglas, 14 mm dick	2,8
Wärmeschutzglas, 24 mm dick	1,1
Wärmeschutzglas, 36 mm dick	0,7

Mithilfe der einzelnen U-Werte kann man auch den U-Wert eines schichtweisen Aufbaus berechnen, z. B. wenn eine 30 cm dicke Wand aus Vollziegel ($U = 2{,}0\,\frac{\mathrm{W}}{\mathrm{m}^2 \cdot \mathrm{K}}$) mit 15 Zentimeter Mineralwolle WLG035 und einer zwei Zentimeter dicken Holzverschalung isoliert werden soll. Man nimmt dazu eine Wandfläche von einem Quadratmeter an:

Ziegelwand: $$R_{\mathrm{th},1} = \frac{1}{2{,}0\,\frac{\mathrm{W}}{\mathrm{m}^2 \cdot \mathrm{K}} \cdot 1\,\mathrm{m}^2} = 0{,}500\,\frac{\mathrm{K}}{\mathrm{W}}$$

Mineralwolle: $$R_{\mathrm{th},2} = \frac{1}{0{,}22\,\frac{\mathrm{W}}{\mathrm{m}^2 \cdot \mathrm{K}} \cdot 1\,\mathrm{m}^2} = 4{,}54\,\frac{\mathrm{K}}{\mathrm{W}}$$

Holzverschalung: $$R_{\mathrm{th},3} = \frac{1}{2{,}8\,\frac{\mathrm{W}}{\mathrm{m}^2 \cdot \mathrm{K}} \cdot 1\,\mathrm{m}^2} = 0{,}357\,\frac{\mathrm{K}}{\mathrm{W}}$$

$$R_{\mathrm{th,ges}} = 0{,}500\,\frac{\mathrm{K}}{\mathrm{W}} + 4{,}54\,\frac{\mathrm{K}}{\mathrm{W}} + 0{,}357\,\frac{\mathrm{K}}{\mathrm{W}} = 5{,}40\,\frac{\mathrm{K}}{\mathrm{W}}$$

$$\Rightarrow U = \frac{1}{R_{\mathrm{th,ges}} \cdot 1\,\mathrm{m}^2} = 0{,}19\,\frac{\mathrm{W}}{\mathrm{m}^2 \cdot \mathrm{K}}$$

Projekt: Energieeinsparung bei Gebäuden

Laut einer EU-Richtlinie sollen seit 2021 nahezu alle neuen Gebäude als **Null-Energie-Gebäude** errichtet werden. Zudem wird in Deutschland die sogenannte energetische Sanierung von Gebäuden staatlich gefördert.

Auftrag:
Recherchiert zum Thema „Energieeinsparung in Gebäuden" und präsentiert eure Ergebnisse in geeigneter Form (z.B. als Plakatausstellung in eurer Schule). Hinweise zu einigen physikalischen Hintergründen findet ihr in den **Sachtexten: Wärmestrom und Wärmewiderstand** (Seite 179) und **U-Wert von Baumaterialien** (Seite 180).

Die folgenden Schlagworte können als Ausgangspunkt für eure Recherchen dienen:

1) Gebäudebestand in Deutschland: Anzahl der Altbauten/Neubauten, Bedarf an Heizenergie nach Baujahren, Anteil Wohngebäude/Nicht-Wohngebäude, Anzahl der Wohnfläche pro Person seit 1945
2) EU-Richtlinien, Energieeinsparverordnungen und Gebäudeenergiegesetz in Deutschland
3) Energiebedarf in Häusern: Anteile Heizung, Warmwasser, elektrische Energie
4) Niedrigenergiehaus, Passivhaus, Null-Energie-Haus, Plus-Energiehaus
5) Altbausanierungen: mögliche Maßnahmen, Kosten, Förderungen
6) Dämmmaterialien: Vorteile, Nachteile
7) Baustoffe: Vorteile, Nachteile
8) Energieausweis von Gebäuden: Wie werden sie erstellt? Wer braucht sie? Wie werden die Gebäude klassifiziert?
9) Eure Schule unter der Energie-Lupe: Welches Baujahr hat euer Schulgebäude? Gibt es einen Energieausweis? Wurde eure Schule schon energetisch saniert?
10) Photovoltaik und Solarthermie

V2 Forsche selbst: Den Wärmefluss messen

Frage: Wie hängt der Wärmewiderstand von der Dicke des Materials ab?

Information:
Peltier-Elemente sind elektrische Bauteile, die eine elektrische Spannung erzeugen, wenn Ober- und Unterseite mit Materialien verschiedener Temperatur in Kontakt kommen. Die Spannung ist dabei direkt proportional zur Wärmestromstärke $\dot{Q}$ (siehe **Sachtext: Wärmestrom und Wärmewiderstand**, Seite 179).

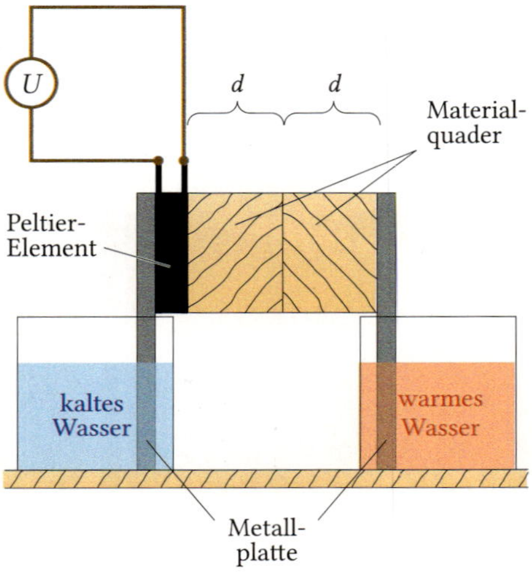

Material: Peltier-Element, mehrere gleiche Quader aus einem Material sowie zwei Metallplatten jeweils in der Breite des Peltier-Elements, Thermometer, Multimeter, zwei Wassergefäße

Aufbau: siehe Grafik; die Wassermengen sollten so groß sein, dass sie während der Versuchsdauer nicht merklich abkühlen bzw. sich erwärmen.

Durchführung: Man registriert jeweils die Wassertemperaturen und für die jeweilige Dicke der Materialschicht die angezeigte Spannung (Tabelle).

6.7 Ausgewählte Themen – Energieversorgung, Kfz-Technik

Projekt: Regenerative und nicht-regenerative Energiequellen

Die Versorgung mit Energie, vor allem mit elektrischer Energie, beruht auf **regenerativen Energiequellen** und **nicht-regenerativen Energiequellen**. Für unseren Alltag spielen dabei verschiedene Aspekte der Energieversorgung eine Rolle, z. B.

- Verfügbarkeit und Speicherung;
- Transportierbarkeit;
- Versorgungssicherheit;
- Wirkungsgrad bei der Nutzung;
- Ökobilanz (siehe dazu auch **Sachtext: Ökobilanzen erstellen**, Seite 185);
- Nutzen und Risiken.

Auftrag: Untersucht die nachfolgenden Energiequellen jeweils auf die oben angegebenen Aspekte und stellt eure Ergebnisse übersichtlich zusammen. Als Hilfe sind bei den jeweiligen Energiequellen Beispiele für Suchbegriffe angegeben.

A) Regenerative Energiequellen

1) *Wasser*
Suchbegriffe: Typen von Wasserkraftwerken, Ausbaupotenzial, Umwelteinflüsse, Großprojekte, Sozialverträglichkeit, geografische Gegebenheiten

B1 *Laufwasserkraftwerk Jochenstein bei Passau an der Donau*

2) *Wind*
Suchbegriffe: Windatlas, Wettereinflüsse, Off-Shore-Anlagen, Stromautobahn, 10-H-Regel, Umwelteinflüsse, Anwohnerproteste

B2 *Off-Shore-Windpark in der Ostsee bei Kopenhagen*

3) *Photovoltaik*
Suchbegriffe: Typen von Photovoltaikanlagen, Solaratlas, Smart-Grid, Erneuerbare-Energien-Gesetz (EEG), Herstellungskosten, Einspeisevergütung

B3 *Solarpark aus Photovoltaik-Modulen, mit Nachführmechanismus*

4) *Solarthermie*
Suchbegriffe: Warmwasser, Einsparungsmöglichkeiten, Typen von Sonnenkollektoren, Kombination Solarthermie-Photovoltaik

B4 *Röhrenkollektoren für Solarthermie auf einem Hausdach*

5) *Biomasse*
Suchbegriffe: Arten Energiegewinnung aus Biomasse, Biomasse-Kraftwerk, Biomasse vs. Nahrungsmittel, Hackschnitzel, CO_2-Bilanz, Betriebssicherheit

B5 *In Biogasanlagen wird brennbares Gas erzeugt.*

6) *Geothermie*
Suchbegriffe: Geothermieatlas, Mikrobeben, Island, oberflächennahe/tiefe Geothermie, Wärmepumpen

B6 *Geothermie-Kraftwerk bei München*

B) Nicht-regenerative Energien

1) *Kohle*
Suchbegriffe: Kohleförderung, Rohstoff Kohle, Kohleausstieg, CO_2-Problematik, Reichweite, Steinkohle, Braunkohle, Tagebau, Landschaftsverbrauch

B7 *Steinkohle war lange Zeit die Hauptenergiequelle.*

2) *Erdöl*
Suchbegriffe: Erdölförderung, Fracking, OPEC, Kunststoffe, Pipelines, Umweltschäden, Warentransport

B8 *Zur Weiterverwendung wird Erdöl in Raffinerien aufbereitet.*

3) *Erdgas*
Suchbegriffe: Erdgas als Rohstoff, Heizung, Erdgasvorkommen, Gasturbine, politische Stabilität

B9 *Kraftwerke mit Gasturbinen haben ca. 50 % Wirkungsgrad.*

4) *Kernenergie*
Suchbegriffe: Reichweite, radioaktive Strahlung, Betriebssicherheit, friedliche und militärische Nutzung, Endlagerstätte, Ausstieg

B10 *In Deutschland wurde der Ausstieg aus der Kernenergie beschlossen.*

Projekt: Mein persönlicher Energiebedarf

Alles was ein Mensch im Laufe seines Lebens an Lebensmitteln, Kleidung, Fahrzeugen usw. benötigt, hinterlässt direkt oder indirekt in der Umwelt Spuren. Man spricht oft auch vom „ökologischen Fußabdruck", den jeder hinterlässt. Manche dieser Fußabdrücke sind größer, manche kleiner. Oft wird in diesem Zusammenhang der Begriff „Nachhaltigkeit" (engl. *sustainability*) genannt.
Doch wie beurteilt man, wer einen großen und wer einen kleinen Fußabdruck in der Umwelt hinterlässt? Was bedeutet es, nachhaltig zu handeln?

Auftrag: Plant eine öffentliche Informationsveranstaltung zum Thema „Bewusster Umgang mit Energie". Teilt euch dazu in verschiedene Arbeitsgruppen ein, die folgende Themen bearbeiten:

- Ökologischer Fußabdruck: Was versteht man darunter? Wie beurteilt man, wie groß der ökologische Fußabdruck eines Einzelnen ist? Wie lässt sich der eigene ökologische Fußabdruck verkleinern?
- Nachhaltigkeit: Was bedeutet Nachhaltigkeit? Wie sieht nachhaltiges Handeln in deinem persönlichen Umfeld, in deiner Schule, an der Arbeitsstelle deiner Eltern aus?
- Persönlicher Energiebedarf: Wie viel Energie benötigt man selbst im Mittel täglich für Nahrung, Kleidung, Mobilität, Wohnen usw.? Wo besteht die Möglichkeit, den Energiebedarf zu verringern?
- Recycling: Wie viel Energie spart man durch Recycling ein? Wie viel könnte man einsparen, wenn man Verpackungsmüll und Papier reduziert? Sparen Mehrwegsysteme Energie?
- Geschichtliche Entwicklung: Wie viel Energie benötigten die Menschen vor 100 Jahren? Welche Einflüsse haben zu einer Änderung geführt?

Projekt: Energiebedarf in Deutschland und der Welt

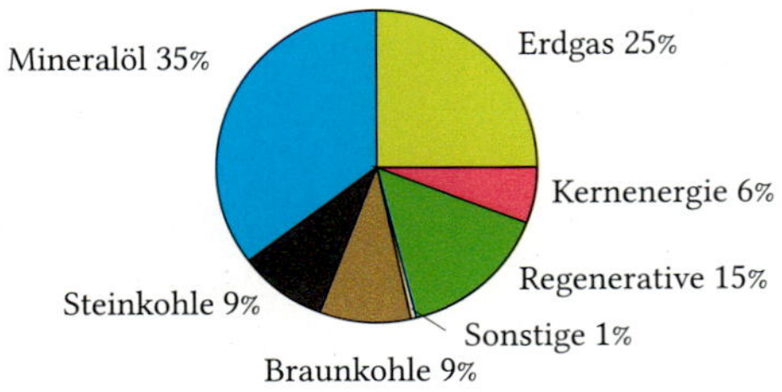

Die Grafik zeigt die Anteile der jeweiligen Energiequelle an der Versorgung mit Primärenergie in Deutschland für 2019.

Aufträge:
Recherchiert jeweils zu den angegebenen Themen. Stellt eure Ergebnisse in geeigneter Form vor, z. B. als Plakatausstellung, Diskussionsrunde, Vortragsreihe.
1) Auf welchen Energieträgern beruht die Energieversorgung in Deutschland heute? Geht dabei auf den Energiebedarf in Industrie und Handwerk, Transport und Verkehr sowie in privaten Haushalten ein.

2) Wie hat sich der Energiebedarf in Deutschland seit 1945 in den Bereichen Industrie, Verkehr und private Haushalte jeweils entwickelt? Welche Rolle spielt dabei der Einsatz technischer Geräte im Haushalt? Berücksichtigt dabei auch die jeweilige Einwohnerzahl.

3) Wie hat sich der Energiebedarf auf der Welt seit dem 19. Jahrhundert entwickelt?
Geht dabei auf folgende Punkte besonders ein:
- Industrialisierung am Ende des 19./Beginn des 20. Jahrhunderts: Nutzen und Risiken;
- Zunahme der Mobilität im Laufe des 20. Jahrhunderts: Nutzen und Risiken.

4) Wie hat sich im 20. Jahrhundert jeweils der Energiebedarf in Ländern entwickelt, die man den Typen Industrieland, Schwellenland bzw. Entwicklungsland zuordnet? Vergleicht dabei auch den Pro-Kopf-Bedarf an Energie für diese drei Typen von Ländern und gebt Gründe für die Unterschiede an.

Projekt: Energiebedarf im Haushalt

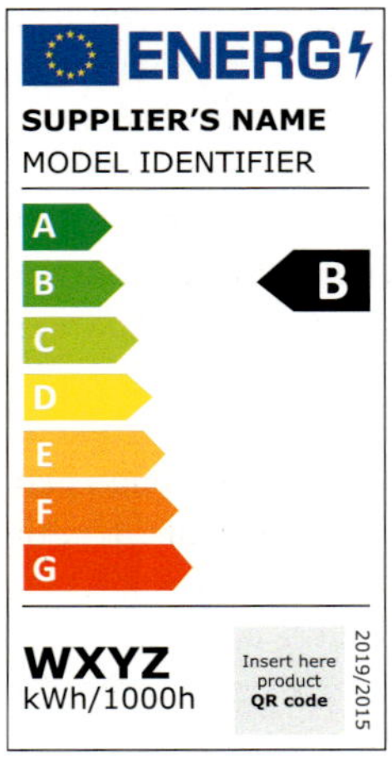

Die ressourcen-, umwelt- und klimaschonende Nutzung von Energie ist in den Ländern der EU eine wichtige Aufgabe geworden. Für viele Geräte ist es mittlerweile in der EU verpflichtend, dass auf ihnen die sogenannte **Energieeffizienzklasse** angegeben wird. Damit soll erreicht werden, dass in den privaten Haushalten insgesamt wieder weniger Energie benötigt wird.

Aufträge: Recherchiert zu den jeweiligen Themen:
1) Wie groß ist der jährliche Energiebedarf in euren Haushalten für die Bereiche Elektrizität, Heizung und Warmwasser sowie Mobilität?
Tipps: Energie wird jährlich im Bereich Elektrizität abgerechnet, oft auch im Bereich Heizung. Zum Energiebedarf im Bereich Mobilität fragt eure Eltern.

2) Wo gibt es in den drei Bereichen Elektrizität, Heizen, Mobilität jeweils Einspar- bzw. Optimierungsmöglichkeiten?
Beschreibt diese und gebt an, wie viel Aufwand es bedeuten würde, diese Möglichkeiten umzusetzen.

3) Für welche Geräte und Objekte besteht in der EU die Pflicht, die Energieeffizienzklasse anzugeben? Beschreibt dabei auch, was die Energieeffizienzklasse über den tatsächlichen Energiebedarf aussagt.

4) Für die Wärmedämmung von Neubauten bei Häusern wurden nach und nach strengere Regeln eingeführt. Stellt zusammen, wie sich diese Regeln entwickelt haben und gebt die derzeit gültigen Regeln an. Vergleicht mit den entsprechenden Daten von bestehenden Gebäuden („Altbestand").

5) Der Kraftstoffverbrauch pro 100 km ist für Pkw ein Kennzeichen für die Energieeffizienz. Stellt dar, wie sich durchschnittlicher Verbrauch pro 100 km und gesamter Kraftstoffverbrauch in Deutschland seit ca. 1950 verändert haben. Gebt Gründe dafür an.

Sachtext: Ökobilanzen erstellen

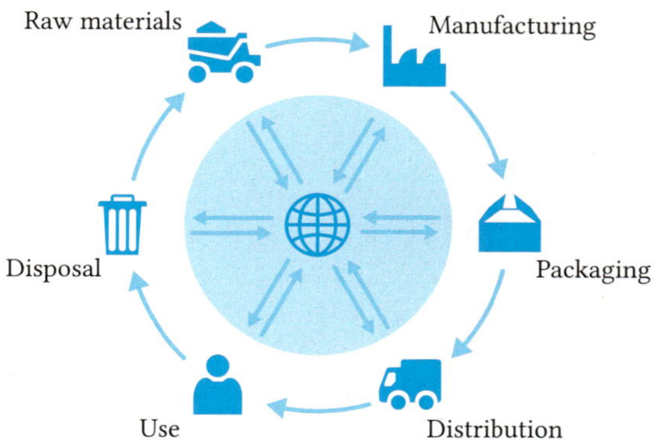

B1 *Bei Ökobilanzen betrachtet man für ein Produkt den Weg vom Rohstoff über die Fertigung bis zum Nutzungsende.*

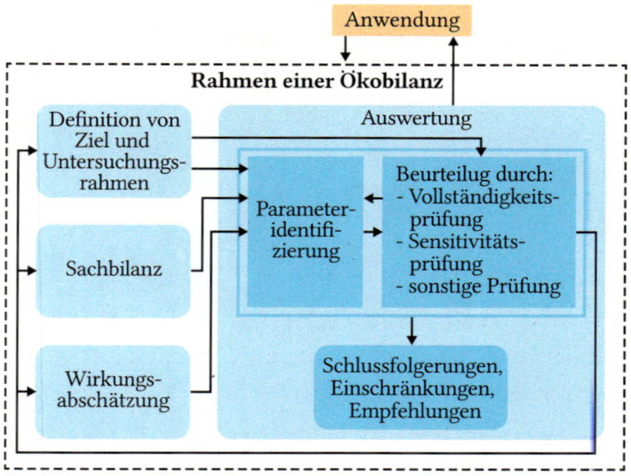

B2 *Schematischer Ablauf bei der Erstellung einer Ökobilanz nach der Norm DIN EN ISO 14040/14044.*

Bei einer **Ökobilanz** (engl. *life cycle assessment*, LCA) werden systematisch die Auswirkungen eines Produkts auf die Umwelt während seiner gesamten Lebensdauer, d.h. von der Rohstoffgewinnung bis zur Entsorgung („cradle-to-grave"), untersucht und bewertet (vgl. Bild **B1**). Im Wesentlichen treten bei allen Produkten ähnliche Phasen auf:

- die Gewinnung der Rohstoffe;
- deren Transport zur Weiterverarbeitung;
- die Herstellung des Produkts;
- die Verteilung an die Nutzer;
- die Nutzung selbst;
- die Entsorgung bzw. das Recycling des Produkts am Ende der Gebrauchsfähigkeit.

Man hat sich international darauf geeinigt, Ökobilanzen für Produkte prinzipiell nach einem einheitlichen Verfahren zu erstellen, das in den Normen DIN EN ISO 14040/14044 beschrieben wird (Bild **B2**):

- **Definition des Ziels und des Untersuchungsrahmens**: Zunächst wird festgelegt, unter welchen Rahmenbedingungen die Ökobilanz erstellt werden soll. Das bedeutet z.B., dass man angibt, welche Produkte untersucht werden, wie genau die Daten erhoben werden sollen, aber auch ob externe Gutachter das Ergebnis überprüfen sollen. Diese Festlegungen sind wichtig, wenn beispielsweise die Ökobilanzen verschiedener Produkte miteinander verglichen werden sollen.

- In der **Sachbilanz** werden nun die Fakten ermittelt: Welche Rohstoffe werden benötigt, wie viel Energie wird bei der Gewinnung benötigt usw. Dazu wird der ganze Lebenszyklus des Produkts in einzelne Phasen unterteilt, für die man jeweils die **Stoff- und Energieströme** bilanziert. Die Sachbilanz bildet die Datengrundlage für die nachfolgenden Schritte.

- **Abschätzung der Umweltwirkung**: In diesem Schritt wertet man die Daten aus der Sachbilanz bezüglich ihrer Umweltwirkungen aus. Dazu bewertet man sie hinsichtlich verschiedener **Wirkungskategorien** wie z.B. Ressourcenverbrauch, Energiebedarf, Eutrophierung von Gewässern, Abfallproduktion usw.

- In der **Auswertung** fasst man die Ergebnisse zusammen und beurteilt sie z.B. hinsichtlich ihrer Aussagekraft, Vollständigkeit, Konsistenz. Unter Umständen führt dies dazu, dass Teile des Verfahrens noch einmal durchlaufen werden, um z.B. für die Sachbilanz neue Daten zu gewinnen oder die Umweltwirkungen neu zu werten.

Das Ergebnis einer solchen Ökobilanz kann dann von Herstellern oder Verbrauchern benutzt werden, um Entscheidungen zu treffen oder Produkte so zu verbessern, dass ihre Ökobilanz anschließend günstiger ausfällt.

Projekt: Ökobilanz light

Auftrag: Erstellt arbeitsteilig eine einfache Ökobilanz, um zu entscheiden, ob ein Holzteller mit Holzbesteck ökologisch sinnvoller ist als ein Porzellanteller mit Metallbesteck.
Teilt euch dazu die Arbeit auf: Je eine Gruppe stellt die Informationen zu je einem Schritt im Lebenszyklus des jeweiligen Produkts zusammen (siehe **Sachtext: Ökobilanzen erstellen**). Ihr könnt Umweltwirkungen schon grob abschätzen, wenn ihr nur z. B. die Rohstoffgewinnung, die Verarbeitung, die Nutzungszeit und die Entsorgung des jeweiligen Essgeschirrs einander gegenüberstellt.

Projekt: Ökobilanz Verkehrsmittel

Wochenende, 25./26. Juli 2020

Der Tageskurier

Haben Elektroautos die bessere Ökobilanz als Diesel und Benziner?

Berlin. Viele Deutsche glauben, dass das Elektrauto ökologisch sinnvoller ist als ein Diesel- oder Benzinfahrzeug. Schließlich fehlt dem Elektogefährt der Auspuff.

Häufig findet man in Tageszeitungen oder Fernsehmagazinen als Diskussionsthema die Frage nach dem ökologischsten Verkehrsmittel. Dabei gibt es meist zwei Kategorien von Vergleichen:

- „Flugzeug vs. Bahn vs. Auto vs. E-Bike vs. Fahrrad“ und
- „Diesel- und Benzinautos vs. Elektroautos".

Auftrag: Recherchiert nach Ökobilanzen zu den unten angegebenen Themen und stellt eure Ergebnisse in geeigneter Form dar. Bewertet dazu die Aussagekraft der gefundenen Informationen.

1) Elektroauto vs. Benzin- bzw. Dieselauto
2) Benzin- bzw. Dieselmotor vs. Gasmotor
3) Verkehrsmittel im Nahverkehr bis 20 km
4) Verkehrsmittel im Nahverkehr bis 50 km
5) Verkehrsmittel im Fernverkehr

Projekt: Straßenverkehr

Um den CO_2-Ausstoß durch den Straßenverkehr zu verringern, hat die EU den Automobilherstellern Grenzwerte vorgeschrieben. Der sogenannte *Flottenverbrauch* darf den Wert von 95 g CO_2 pro Kilometer nicht überschreiten (Stand: 2020).

Auftrag: Recherchiert zu den unten angegebenen Themen. Wägt damit Nutzen und Risiken der hohen Mobilität ab, die damit erreicht wird. Tauscht euch in geeigneter Form darüber aus.

1) Entwicklung des Fahrzeugbestands in Deutschland seit 1950 (Pkw, Lkw, Busse)
2) Entwicklung von Fahrleistung, Verbrauch pro 100 km, Gesamtenergiebedarf für Verkehr
3) Entwicklung der Regelungen zum CO_2-Ausstoß von Kraftfahrzeugen durch die EU
4) Entwicklung des Straßennetzes in Deutschand

Projekt: Antriebsarten bei Kraftfahrzeugen

B3 *a) Vier-Zylinder-Verbrennungsmotor* *b) Elektroantrieb für einen Pkw*

Im Wesentlichen gibt es bei Kraftfahrzeugen drei Typen von Antrieben: **Verbrennungsmotoren** (Bild **B3a**), **Elektromotoren** (Bild **B3b**) und **Hybrid-Systeme**.

Verbrennungsmotoren unterscheiden sich zudem in der Art des Brennstoffs, den sie verwenden. Hier gibt es **Benzin-**, **Diesel-** und **Gasmotoren**.
Für die Energieversorgung von Elektromotoren stehen derzeit zwei Systeme zur Verfügung: **Batterien** bzw. **Akkus** sowie **Brennstoffzellen**.

Auftrag: Recherchiert zu folgenden Themen und präsentiert eure Ergebnisse in geeigneter Form. Diskutiert auf dieser Grundlage über das Thema „Mobilität".

Achtet bei der Recherche auf folgende Punkte:
- Aufbau des Motors bzw. Antriebs
- Wirkungsgrad bei der Energienutzung
- Schadstoffausstoß
- Verfügbarkeit der Energieversorgung
- Lebensdauer
- Wartungsfreundlichkeit

Themen:
1) Dieselmotor
2) Benzinmotor (Viertaktmotor)
3) Fahrzeuge mit Gasantrieb (CNG, LPG, Wasserstoff)
4) Hybrid-Antriebe
5) batteriebetriebene Elektrofahrzeuge
6) Elektrofahrzeuge mit Brennstoffzellen

Projekt: Speichertechnologien für Kraftfahrzeuge

Bei den bisherigen Kraftfahrzeugen mit Verbrennungsmotor besteht die Speicher„technologie" in einem simplen Kunststoff- oder Metallbehälter, dessen Inhalt reicht, um teilweise bis zu 1000 Kilometer ohne Nachfüllen unterwegs sein zu können.
Bei batteriebetriebenen Elektroautos ist die Sache schwieriger, da elektrische Energie zwar leicht zu transportieren, aber schwer in ausreichendem Maße zu speichern ist. Derzeit wird hier intensiv nach Verbesserungsmöglichkeiten geforscht.

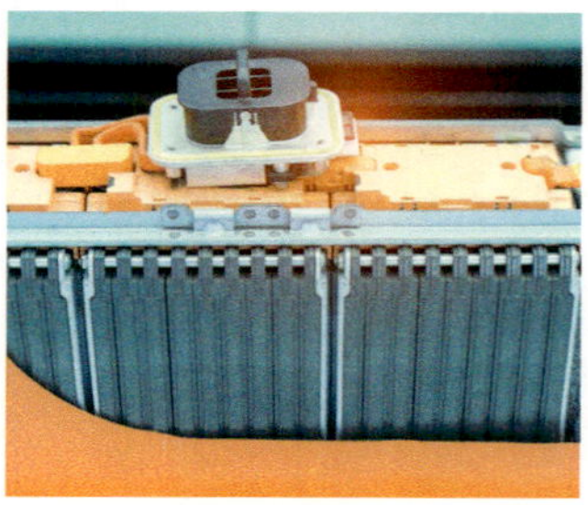

Auftrag: Recherchiert zu folgenden Batterietechnologien bei Elektrofahrzeugen:
1) Nickel-basierte Batterien
2) Metall-Luft-Batterien
3) Lithium-Ionen-Batterien
4) Hochtemperatur-Batterien
5) Redox-Flow- bzw. Hybrid-Flow-Batterien

Geht dabei auf folgende Punkte ein:
- Energiedichte
- maximale Leistung
- Lebensdauer/Recycling
- Verfügbarkeit der Rohstoffe

Diskutiert auf dieser Grundlage über Chancen, Nutzen und Risiken der Elektrofahrzeuge.

Lösungen

Kapitel 1

1. a) Beim Verbiegen des Lineals wird chemische Energie in Spannenergie umgewandelt. Während des Federns werden ständig Spannenergie, kinetische Energie und – je nach Richtung des Federns – auch Höhenenergie ineinander umgewandelt. Nach und nach geht die gesamte Energie in innere Energie über.
b) Das Nullniveau für die Höhenenergie wird auf die tiefste Position beim Federn festgelegt.
Am Anfang besitzt das Lineal Spann- und Höhenenergie. Bewegt sich das Linealende nach unten, werden zunächst Spannenergie und Höhenenergie in kinetische Energie umgewandelt, bis das Lineal gerade ist. Dann werden Höhenenergie und kinetische Energie in Spannenergie umgewandelt, bis das Linealende den tiefsten Punkt erreicht.

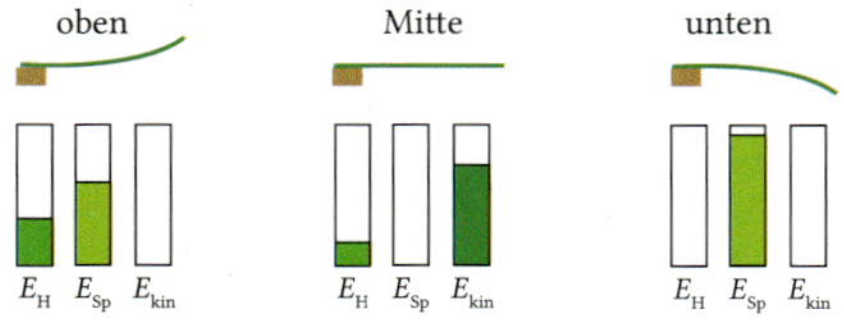

c) Bei waagrechten Hin- und Herfedern bleibt die Höhennergie immer gleich.

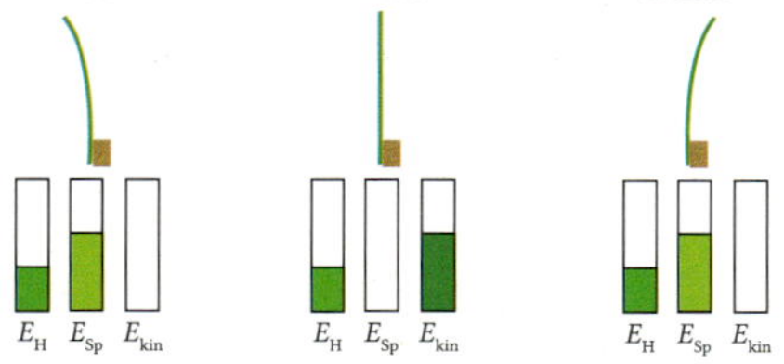

2. a) Während des Spannens des Bogens wandelt die Schützin chemische Energie in Bewegungsenergie des Armes und gleichzeitig in Spannenergie des Bogens. Beim Loslassen der Sehne wird die Spannenergie in kinetische Energie der Sehne umgewandelt und auf den Pfeil übertragen. Je nach Flugbahn wird die kinetische Energie des Pfeils teilweise in Höhenenergie umgewandelt. Nach Erreichen des höchsten Punkts verwandelt sich Höhenenergie wieder in kinetische Energie. Beim Auftreffen auf der Zielscheibe wird diese dann in thermische Energie umgewandelt.

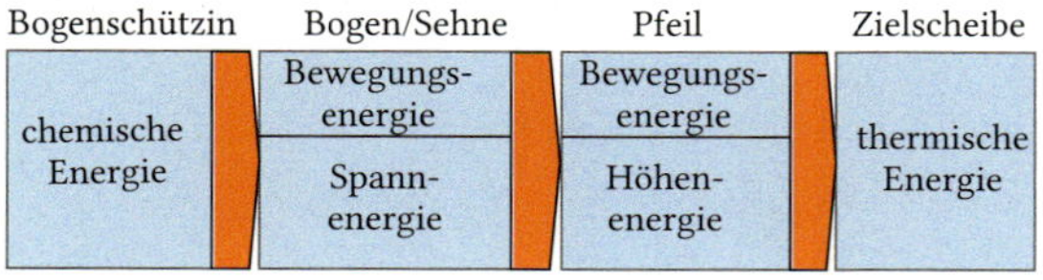

b) Beim Spannen des Bogens ändert die Schützin die Gesamtenergie des Systems „Pfeil + Bogen“. Dazu übt sie über eine Strecke hinweg eine Kraft aus – sie verrichtet also Arbeit an diesem System. Beim Loslassen übt sie keine Kraft mehr aus und verrichtet daher auch keine Arbeit mehr. Daher ist auch ihre Leistung, wenn man dieses System betrachtet, beim Loslassen ebenfalls null.

3. a) Höhenenergie, kinetische Energie, thermische Energie
b) Nullniveau: Grund des Flusses

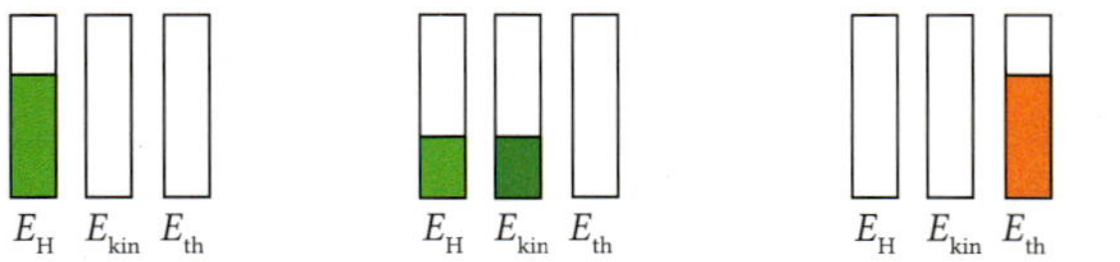

c) Nullniveau: Höhe der Wasseroberfläche
Geg.: $m = 250\ \text{g} = 0{,}250\ \text{kg}$; $h_{ob} = 40\ \text{m}$; $g = 9{,}81\ \frac{\text{m}}{\text{s}^2}$;
$h_{unt} = 0\ \text{m}$; $v_{ob} = 0\ \frac{\text{m}}{\text{s}}$
Ges.: $E_{H,ob}$; v_{unt}
Lösung:

$$E_{H,ob} = m \cdot g \cdot h_{ob} = 0{,}250\ \text{kg} \cdot 40\ \text{m} \cdot 9{,}81\ \tfrac{\text{m}}{\text{s}^2} = 98\ \text{J}$$

Energiebilanz: $E_{ges,ob} = E_{ges,unt}$

$$E_{h,ob} + E_{kin,ob} = E_{h,unt} + E_{kin,unt} \Rightarrow E_{h,ob} = E_{kin,unt}$$

$$m \cdot g \cdot h_{ob} = \tfrac{1}{2}\, m \cdot v_{unt}^2$$

$$v_{unt} = \sqrt{2 \cdot g \cdot h_{ob}} = \sqrt{2 \cdot 9{,}81\ \tfrac{\text{m}}{\text{s}^2} \cdot 40\ \text{m}} = 28\ \tfrac{\text{m}}{\text{s}}$$

d) Bei der Energiebilanz in Teilaufgabe c) fällt in der vorletzten Zeile die Masse heraus, wenn man beide Seiten der Gleichung durch m teilt. Die Fallgeschwindigkeit ist somit nur von der Fallbeschleunigung g und der Starthöhe h_{ob} abhängig.

4. a)

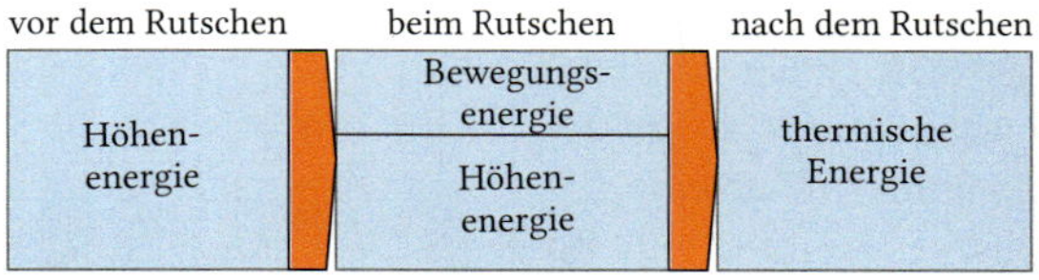

b) *Geg:* $\Delta E = 120\ \text{MJ} = 1{,}20 \cdot 10^8\ \text{J}$;
$m = 500\ \text{t} = 5{,}00 \cdot 10^5\ \text{kg}$
Ges: Δh
Lösung:

$$\Delta E_H = m \cdot g \cdot \Delta h \Rightarrow \Delta h = \frac{\Delta E_H}{m \cdot g} = \frac{1{,}2 \cdot 10^8\ \text{J}}{5 \cdot 10^5\ \text{kg} \cdot 9{,}81\ \frac{\text{m}}{\text{s}^2}} = 24{,}5\ \text{m}$$

5. *Geg.*: $v_{\text{vor}} = 5{,}0\ \frac{\text{m}}{\text{s}}$; $h_{\text{vor}} = 10$ m; $h_{\text{nach}} = 0$ m
Ges.: v_{nach}
Lösung:
Energiebilanz: $E_{\text{ges, vor}} = E_{\text{ges, nach}}$

$$E_{\text{kin, vor}} + E_{\text{H, vor}} = E_{\text{kin, nach}} + E_{\text{H, nach}}$$

$$\frac{1}{2}\,m \cdot v^2_{\text{vor}} + m \cdot g \cdot h_{\text{vor}} = \frac{1}{2}\,m \cdot v^2_{\text{nach}}$$

$$v_{\text{nach}} = \sqrt{v^2_{\text{vor}} + 2 \cdot g \cdot h_{\text{vor}}}$$

$$= \sqrt{(5{,}0\ \tfrac{\text{m}}{\text{s}})^2 + 2 \cdot 9{,}81\ \tfrac{\text{m}}{\text{s}^2} \cdot 10\ \text{m}} = 15\ \tfrac{\text{m}}{\text{s}}$$

6. a) Geg.: $\Delta x = 3{,}0$ m; $\Delta h = 75$ cm $= 0{,}75$ m; $F_{\text{S}} = 52{,}3$ N
Ges.: E_{H}; m
Lösung:
zugeführte Höhenenergie = verrichtete Arbeit

$$\Delta E_{\text{H}} = W = F_{\text{S}} \cdot \Delta x = 52{,}3\ \text{N} \cdot 3{,}0\ \text{m} = 156{,}9\ \text{J} = 0{,}16\ \text{kJ}$$

Die Festlegung eines Nullniveaus ist nicht notwendig, da die Änderung der Höhenenergie mithilfe der Höhendifferenz direkt berechnet werden kann, ohne die Anfangs- und Endwerte der Höhenenergie selbst kennen zu müssen:

$$\Delta E_{\text{H}} = m \cdot g \cdot \Delta h$$

$$\Rightarrow m = \frac{\Delta E_{\text{H}}}{g \cdot \Delta h} = \frac{156{,}9\ \text{J}}{0{,}75\ \text{m} \cdot 9{,}81\frac{\text{m}}{\text{s}^2}} = 21{,}32\ldots\ \text{kg} = 21\ \text{kg}$$

b) Rampen kommen im Alltag immer dort vor, wo Gegenstände einen gewissen Höhenunterschied überwinden müssen, aber die nötige Kraft zum Heben nicht aufgebracht werden kann. Beim Hinaufschieben oder -ziehen benötigt man eine geringere Kraft, dafür muss eine längere Strecke zurückgelegt werden. Das Produkt aus Kraft und zurückgelegter Strecke hat aber (ohne Berücksichtigung der Reibung) immer denselben Wert. Beispiele aus dem Alltag sind Rollstuhlrampen und Passstraßen in Serpentinen.

7. a) Das Vorzeichen der Arbeit ist negativ ($W < 0$), da Kraft und Bewegungsrichtung einander entgegengesetzt gerichtet sind. Die Arbeit wird dabei von der Luft und der Straße aufgrund der jeweiligen Reibungskräfte verrichtet.

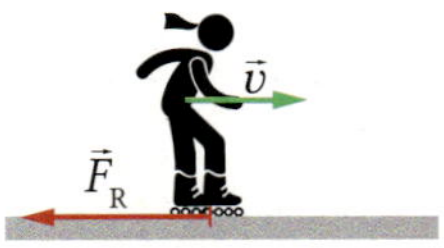

b) *Geg.*: $v_{\text{vor}} = 12\ \frac{\text{km}}{\text{h}} = 3{,}333\ \frac{\text{m}}{\text{s}}$; $v_{\text{nach}} = 6\ \frac{\text{km}}{\text{h}} = 1{,}667\ \frac{\text{m}}{\text{s}}$;
$m = 55$ kg; $\Delta x = 5$ m;
Ges.: F_{Brems}

Lösung:

$$W = F \cdot \Delta x \text{ und } W = \Delta E_{\text{kin}} \Rightarrow F \cdot \Delta x = \Delta E_{\text{kin}}$$

$$\Delta E_{\text{kin}} = E_{\text{kin, nach}} - E_{\text{kin, vor}} = \frac{1}{2} \cdot m \cdot v^2_{\text{nach}} - \frac{1}{2} \cdot m \cdot v^2_{\text{vor}}$$

$$= \frac{1}{2} \cdot m \cdot (v^2_{\text{nach}} - v^2_{\text{vor}})$$

$$= \frac{1}{2} \cdot 55\ \text{kg} \cdot \left((1{,}667\ \tfrac{\text{m}}{\text{s}})^2 - (3{,}333\ \tfrac{\text{m}}{\text{s}})^2\right) = -229{,}0\ \text{J}$$

$$F_{\text{S}} = \frac{\Delta E_{\text{kin}}}{\Delta x} = \frac{-229{,}0\ \text{J}}{5\ \text{m}} = -45{,}8\ \text{N} = -0{,}05\ \text{kN}$$

Das Minuszeichen bedeutet, dass die Kraft entgegengesetzt zur Bewegungsrichtung wirkt.

8. a) Ohne Reibung ist Arbeit, die man verrichtet, um einen Gegenstand um eine Höhendifferenz Δh anzuheben, unabhängig von der Strecke. Ist Reibung im Spiel, so muss zusätzlich Arbeit W_{R} verrichtet werden, die sich gemäß $W_{\text{R}} = F_{\text{R}} \cdot \Delta x$ berechnet. Dieser Teil der gesamten verrichteten Arbeit wird umso größer, je länger der Weg ist.
b) Umformulierungen:
1) „Zuerst ziehe ich den Schlitten den steilen Berg hinauf. Dabei wähle ich immer den kürzesten Weg, damit ich nicht so weit laufen muss.
2) Mit meinem großen Bruder liefere ich mir dabei regelmäßig ein Rennen und ziehe mit voller Leistung (evtl. mit maximaler Kraft) an meinem Schlitten.
3) Runter macht's natürlich am meisten Spaß, wie da aus Höhenenergie Bewegungsenergie wird."
Fehler:
1) siehe Lösung zu a)
2) „ziehen" deutet auf eine Kraft hin; allerdings wird bei Bewegungsvorgängen auch immer Energie umgesetzt, sodass hier sowohl der ursprüngliche Text als auch die Formulierung mit „Kraft" fachlich korrekt erscheinen.
3) „Höhe" und „Geschwindigkeit" sind zwei verschiedene physikalische Größen, die daher nicht ineineinader umgewandelt werden können.

Kapitel 2

1. a) Um U_3 zu messen, schließt man das Voltmeter am Punkt C und am Punkt D an. Um I_1 zu messen, unterbricht man den Stromkreis entweder zwischen Punkt B und R_1 oder zwischen C und R_1. In die Lücke baut man das Amperemeter ein.
b) *Geg.*: $U_2 = 10$ V; $I_{\text{ges}} = 200$ mA; $R_2 = 80\ \Omega$; $R_3 = 40\ \Omega$.
Ges.: U_0
Lösung:
Die Spannung U_0 erhält man als Summe von U_2 und U_3.

Lösungen

Da durch R_3 der Strom mit der Stärke I_{ges} fließt, kann man U_3 berechnen mit:

$U_3 = R_3 \cdot I_{ges} = 40\ \Omega \cdot 200\ \text{mA} = 40\ \Omega \cdot 0{,}200\ \text{A} = 8{,}0\ \text{V}$

$U_0 = U_2 + U_3 = 10\ \text{V} + 8{,}0\ \text{V} = 18\ \text{V}.$

Die Spannungen an R_1 und R_2 sind gleich, da beide an den Punkten B und C angeschlossen sind. Daher ist bei beiden die Potenzialdifferenz, d. h. die Spannung gleich.
c) Die Stromstärke in R_2 ergibt sich durch:

$I_2 = \frac{U_2}{R_2} = \frac{10\ \text{V}}{80\ \Omega} = 0{,}125\ \text{A} = 0{,}13\ \text{A}\ (2\ \text{gZ}).$

Damit ergibt sich I_1:

$I_1 = I_{ges} - I_2 = 0{,}200\ \text{A} - 0{,}125\ \text{A} = 0{,}075\ \text{A}\ (2\ \text{gZ}).$

In 30 Minuten wird durch R_2 die Ladungsmenge ΔQ transportiert:
$\Delta Q = I_2 \cdot 30\ \text{min} = 0{,}125\ \text{A} \cdot 1800\ \text{s} = 225\ \text{C}.$

Die Anzahl der transportierten Elektronen ist dann:
$\frac{225\ \text{C}}{1{,}6022 \cdot 10^{-19}\ \text{C}} = 1{,}4 \cdot 10^{21}.$

d) Wird R_1 kleiner bei gleich bleibendem U_0, dann wird auch der Gesamtwiderstand der Parallelschaltung von R_1 und R_2 kleiner und damit auch der Widerstand der gesamten Schaltung. Daher steigt die Stromstärke I_{ges}. Weil dann durch R_3 ein größerer Strom fließt, wird auch die Teilspannung U_3 größer und U_1 bzw. U_2 kleiner.
e) Die Leistungen sind wie folgt:

$P_1 = U_1 \cdot I_1 = 10\ \text{V} \cdot 0{,}075\ \text{A} = 0{,}75\ \text{W}$

$P_2 = U_2 \cdot I_2 = 10\ \text{V} \cdot 0{,}125\ \text{A} = 1{,}25\ \text{W}$

$P_3 = U_3 \cdot I_3 = 8{,}0\ \text{V} \cdot 0{,}200\ \text{A} = 1{,}60\ \text{W}$

$P_{Batt} = U_0 \cdot I_{ges} = 18{,}0\ \text{V} \cdot 0{,}200\ \text{A} = 3{,}60\ \text{W}$

Man erkennt: Die Leistungen an den Widerständen ergeben zusammen die Leistung der Batterie.

2. a) *Geg.*: $\varphi_B = 20\ \text{V}$; $\varphi_E = 0\ \text{V}$; $R_3 = 400\ \Omega$; $I_E = 20\ \text{mA}$
Durch R_3 fließt I_E. Daher ist die Spannung

$U_3 = R_3 \cdot I_E = 400\ \Omega \cdot 20\ \text{mA} = 400\ \Omega \cdot 0{,}020\ \text{A} = 8{,}0\ \text{V}.$

Somit ist das Potenzial am Punkt C: $\varphi_C = 8{,}0\ \text{V}$.
Da an den Leitungsstücken keine Potenzialdifferenz auftritt, ergeben sich die restlichen Potenzialwerte:

$\varphi_A = \varphi_B = 20\ \text{V}$; $\varphi_D = \varphi_E = 0\text{V}.$

b) Mit $\varphi_C = 12\ \text{V}$ erhält man:
$U_3 = \Delta\varphi_{CD} = \Delta\varphi_{CE} = 12\ \text{V}.$
Damit ergibt sich:
$I_3 = \frac{U_3}{R_3} = \frac{12\ \text{V}}{400\ \Omega} = 0{,}030\ \text{A} = 30\ \text{mA}.$

c) An den beiden Widerständen liegt jeweils eine Spannung von 12 V an (= Potenzialdifferenz zwischen den Punkten B und C). Die Stromstärken in den beiden Widerständen müssen zusammen die gesamte Stromstärke von 20 mA ergeben. Z. B. könnte eine Aufteilung sein: $I_1 = 5{,}0\ \text{mA}$ und $I_2 = 15\ \text{mA}$. Dann sind die beiden Widerstandswerte:

$R_1 = \frac{U_1}{I_1} = \frac{12\ \text{V}}{0{,}005\ \text{A}} = 2400\ \Omega = 2{,}4\ \text{k}\Omega$

$R_2 = \frac{U_2}{I_2} = \frac{12\ \text{V}}{0{,}015\ \text{A}} = 800\ \Omega = 0{,}80\ \text{k}\Omega$

d) Da sich die Spannung der Elektrizitätsquelle halbiert, halbieren sich bei ohmschen Widerständen auch die Gesamtstromstärke und alle Einzelstromstärken. Damit halbieren sich auch die jeweils angegebenen Potenzialwerte.

3. a) *Geg.*: $I_{max} = 10\ \text{A}$; $P_W = 1{,}5\ \text{kW}$; $P_R = 300\ \text{W}$; $P_G = 450\ \text{W}$
Bei der maximalen Stromstärke kann auf einer Leitung eine maximale Leistung übertragen werden von

$P_{max} = U \cdot I_{max} = 230\ \text{V} \cdot 10\ \text{A} = 2300\ \text{W} = 2{,}3\ \text{kW}.$

Die Summe der Leistungen der drei Geräte ist knapp kleiner als die maximale Leistung, die übertragen werden kann: 1500 W + 300 W + 450 W = 2250 W. Die Sicherung spricht wohl noch nicht an.
b) Die Summe der Leistungen ist dann

$P_{ges} = 1500\ \text{W} + 300\ \text{W} + 450\ \text{W} + 60\ \text{W} = 2310\ \text{W}.$

Der Maximalwert ist nun knapp überschritten. Weil die Überschreitung allerdings gering ist (etwa 0,4 %) ist zu vermuten, dass die Sicherung weiterhin nicht auslöst.

c) $P = U \cdot I \qquad I = \frac{P}{U} \qquad R = \frac{U}{I} = \frac{U^2}{P}$

Wasserkocher: $R_W = \frac{(230\ \text{V})^2}{1500\ \text{W}} = 35{,}3\ \Omega$

Geschirrspüler: $R_G = \frac{(230\ \text{V})^2}{450\ \text{W}} = 118\ \Omega$

Netzteil: $R_N = \frac{(230\ \text{V})^2}{60\ \text{W}} = 882\ \Omega = 0{,}88\ \text{k}\Omega$

Die Aussage ist allerdings nur richtig, wenn die Geräte mit der gleichen Spannung betrieben werden.

4. Bei der Berechnung der elektrischen Leistung kommt es nicht nur auf die Stromstärken an, sondern auch auf die Spannungen. Die Spannung bei der Autobatterie ist deutlich geringer als an der Steckdose im Haushalt. Da die Leistung das Produkt von U und I ist, wird die geringere Stromstärke beim Wasserkocher durch die größere Spannung ausgeglichen.

5. a) Es können drei Viertel der zugeführten Leistung genutzt werden, ein Viertel „geht verloren".
b) Für 1,5 Liter Wasser benötigt man:

$\Delta E_{\text{Nutz}} = 252 \text{ kJ} \cdot 1{,}5 = 378 \text{ kJ}.$

Die zum Erhitzen nutzbare Leistung beträgt:

$P_{\text{Nutz}} = 0{,}75 \cdot P = 0{,}75 \cdot 1{,}5 \text{ kW} = 1{,}125 \text{ kW}.$

$\Delta E_{\text{Nutz}} = P_{\text{Nutz}} \cdot \Delta t \Rightarrow \Delta t = \frac{\Delta E_{\text{Nutz}}}{P_{\text{Nutz}}} = \frac{378 \text{ kJ}}{1{,}125 \text{ kW}} = 336 \text{ s} \approx 5\tfrac{1}{2} \text{ min}.$

6. $P_{\text{auf}} = 230 \text{ V} \cdot 200 \text{ mA} = 46{,}0 \text{ W};$

$P_{\text{nutz}} = 12{,}0 \text{ V} \cdot 1200 \text{ mA} = 14{,}4 \text{ W};$

$\eta = \frac{P_{\text{nutz}}}{P_{\text{auf}}} = \frac{14{,}4 \text{ W}}{46{,}0 \text{ W}} = 0{,}3130 = 31{,}3\,\%.$

Ein elektrisches Gerät mit kleiner Leistung wandelt während einer Betriebsdauer von z. B. einer Stunde weniger Energie um als ein Gerät mit großer Leistung. Ist dann noch die Betriebsdauer des Gerätes klein, z. B. eine Viertelstunde am Tag, so fällt die Menge der insgesamt umgesetzten Energie recht klein aus. Dann sind auch die Mengen an nicht genutzter Energie vergleichsweise gering. Bedingung ist aber, dass beides zutrifft: kleine Leistung und geringe Betriebsdauer.

7. Die nachfolgenden Tabellen stellen jeweils Beispiele dar, wie eine Bewertung ausfallen könnte. Du selbst kannst die Punkteskala und die Punkteverteilung individuell anpassen. Es werden stets 0, 1, 2 Punkte vergeben.

I) Eine Nutzwertanalyse mit gleich gewichteten Kriterien ohne „Hersteller" und „Design":

	Typ A	Typ B	Typ C
Preis	2	1	0
Energieeffizienz	0	2	2
Wirkungsgrad	0	1	2
Wasserverbrauch	0	1	2
Geräuschpegel	1	0	2
Gesamt	**3**	**5**	**8**

II) Alternative Nutzwertanalyse mit drei gewichteten Kriterienbereichen:

(A) Kriterienbereich Umweltverträglichkeit

	Typ A	Typ B	Typ C
Energieeffizienz	0	2	2
Wasserverbrauch	0	1	2
Hersteller	0	2	1
Gesamt	**0**	**5**	**5**

Beim Hersteller wird der Transport berücksichtigt.

(B) Kriterienbereich: Physikalisch/technische Aspekte

	Typ A	Typ B	Typ C
Wirkungsgrad	0	1	2
Geräuschpegel	1	0	2
Gesamt	**1**	**1**	**4**

(C) Kriterienbereich: Sozialverträglichkeit
Hierbei wird ein Zusammenhang von Preis und Entlohnung der Arbeitskräfte gesehen.

	Typ A	Typ B	Typ C
Preis	1	2	0
Gesamt	**1**	**2**	**0**

Zusammenfassung
Die Kriterienbereiche werden unterschiedlich gewichtet:

	Typ A	Typ B	Typ C
Umwelt (3 x)	$3 \cdot 0$	$3 \cdot 5$	$3 \cdot 5$
Sozial (2 x)	$2 \cdot 1$	$2 \cdot 2$	$2 \cdot 0$
Physik (1 x)	$1 \cdot 1$	$1 \cdot 4$	$1 \cdot 4$
Design (1 x)	$1 \cdot 1$	$1 \cdot 2$	$1 \cdot 0$
Gesamt	**4**	**25**	**19**

Nach Nutzwertanalyse I würde man sich eher für den Typ C entscheiden, nach Nutzwertanalyse II für Typ B.

8. a) Mögliche Kriterien könnten sein: Preis, Design, Hersteller, verarbeitete Materialien, kostenfreie Zusatzleistungen (Kopfhörer etc.), Garantieleistungen, Akkulaufzeit, Akku tauschbar, Sensoren, Kamera usw.
b) Der Preis könnte ein solches Kriterium sein. Ist er zu hoch, kaufe ich das Handy nicht. Der Hersteller könnte an sich auch ein „positives Ausschlusskriterium" bilden (er bietet gute Arbeitsbedingungen, er hat beste Garantiebedingungen etc.).
c)

Kriterienbereich	Kriterien
Umweltverträglichkeit	Energienutzung, verarbeitete Materialien, Akku tauschbar
Sozialverträglichkeit	Hersteller, Arbeitsbedingungen
technische Ausstattung	eingebaute Sensoren, Güte der Kamera
Design	Farbe, Gehäuseform

Lösungen

Kapitel 3

1. a) 2,45 eV: grün;
b) 3,8 eV: ultraviolett (UV)
c) 0,652 eV: Infrarot (IR)
d) $1{,}29 \cdot 10^{-19}\,\text{J} = \frac{1{,}29 \cdot 10^{-19}}{1{,}602 \cdot 10^{-19}}\,\text{eV} = 0{,}805\,\text{eV}$: IR
e) $416 \cdot 10^{-21}\,\text{J} = \frac{416 \cdot 10^{-21}}{1{,}602 \cdot 10^{-19}}\,\text{eV} = 2{,}60\,\text{eV}$: blau
f) $312 \cdot 10^{-17}\,\text{mJ} = \frac{312 \cdot 10^{-20}}{1{,}602 \cdot 10^{-19}}\,\text{eV} = 19{,}5\,\text{eV}$: UV

2. a) Bedeutung 1: Die Photonen, die zum UV- bzw. IR-Bereich des Spektrums gehören, besitzen eine hohe bzw. geringe Energie.
Bedeutung 2: Die UV-Strahlung hat insgesamt viel Energie auf einen Gegenstand übertragen. Die Infrarotstrahlung hat insgesamt weniger Energie auf den Gegenstand übertragen. Für die Gesamtmenge an übertragener Energie spielt neben der Strahlungsart aber auch die Zeitdauer der Bestrahlung eine Rolle. Eine kurzfristige Beleuchtung mit UV-Licht kann daher weniger Energie auf den Körper übertragen als eine länger dauernde Beleuchtung mit IR-Licht.
b) UV: sowohl für das Auge als auch für die Haut immer gefährlich. Führt zu Zellschädigungen.
VIS: bei hoher Intensität besonders für das Auge gefährlich.
IR: bei hoher Intensität Verbrennungen auf der Haut oder bei Langzeiteinwirkung Trübung der Augenlinse.
c) UV-Licht liegt im nicht sichtbaren Bereich. Dadurch können wir es nicht wahrnehmen und der Lidschlussreflex findet nicht statt bzw. wir reagieren nicht aktiv auf zu große Intensitäten, indem wir die Augen schließen. Daher bemerken wir nicht, dass aufgrund der „hohen“ Photonenenergie schon Schädigungen eintreten und unser Auge oder die Haut gefährdet sind.

3. a) siehe Grafik:

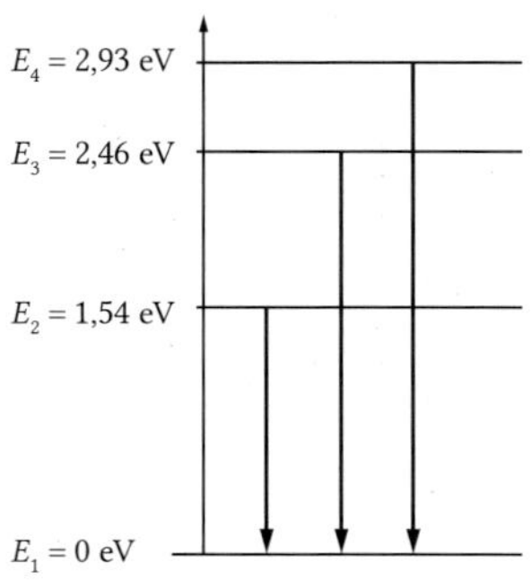

b) Weitere Energiewerte für Photonen:
$E_{32} = 2{,}46\,\text{eV} - 1{,}54\,\text{eV} = 0{,}92\,\text{eV}$ (IR)
$E_{42} = 2{,}93\,\text{eV} - 1{,}54\,\text{eV} = 1{,}39\,\text{eV}$ (IR)
$E_{43} = 2{,}93\,\text{eV} - 2{,}46\,\text{eV} = 0{,}47\,\text{eV}$ (IR)
c)

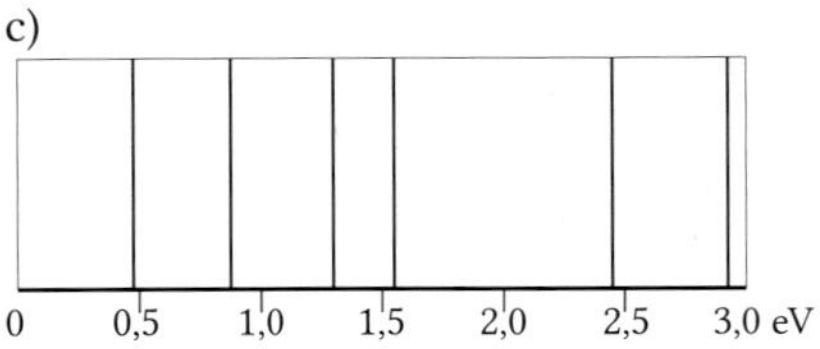

4. a) Die Cäsiumatome werden in der Flamme angeregt. Dadurch gehen ihre Atomhüllen in einen höheren Energiezustand über. Nach einer Weile gehen die Atomhüllen spontan wieder in den Grundzustand über und emittieren Photonen, deren Energien den Energiedifferenzen zwischen den Energiestufen der Atomhülle entsprechen. Diese liegen teilweise im sichtbaren Bereich und bewirken die Färbung.
b) Hinter der gefärbten Flamme entsteht ein Schatten, da die Photonen der Lampe von den Cäsiumatomen in der Flamme absorbiert werden. Wenn die Atome dann wieder Photonen emittieren, werden diese in alle Raumrichtungen abgestrahlt. Auf dem Schirm kommen hinter der Flamme daher weniger Photonen an. Bei der ungefärbten Flamme tritt der Effekt hingegen nicht auf, weil sich in der Flamme keine Cäsiumatome befinden.
c) Man beleuchtet die Flamme mit weißem Licht und blickt entgegen der Lichtquelle durch ein Spektroskop auf die Flamme. Man beobachtet nun im kontinuierlichen Spektrum schwarze Linien an den Stellen, wo die Linien im Emissionsspektum von Cäsium liegen würden. Erklärung: Es werden bestimmte Photonen von den Cäsiumatomen absorbiert und anschließend in alle Richtungen wieder ausgesendet. Daher gelangen in Strahlrichtung weniger von diesen Photonen zum Schirm und die Intensität an den entsprechenden Stellen des Spektrums ist abgeschwächt. Es erscheinen dort dunkle Linien.

5. Das obere Diagramm zeigt, welcher Anteil der Sonnenstrahlung, die außerhalb der Atmosphäre ankommt, von der Atmosphäre absorbiert wird. Der Wert 100 % bedeutet dabei, dass alle Photonen mit der entsprechenden Energie von der Atmosphäre absorbiert werden; bei 0 % werden alle entsprechenden Photonen durchgelassen. Die unteren Diagramme zeigen, wie das jeweilige Gas zu dieser Absorption beiträgt (z. B. Wasserdampf besonders im IR-Bereich und „Sauerstoff und Ozon“ vor

allem im UV-Bereich). Das obere Diagramm entsteht durch Überlagerung der unteren Diagramme.

6. Mit den angegebenen Energiewerten können folgende Photonenenergien auftreten:
$E_{21} = 2{,}3$ eV; $E_{31} = 2{,}6$ eV; $E_{32} = 0{,}30$ eV.
a) Der rote Spektralbereich umfasst Energiewerte von 1,6 eV bis ca. 2,1 eV; damit tritt keine rote Spektrallinie auf.
b) Der blaue Spektralbereich geht von ca. 2,6 eV bis ca. 3,1 eV. Es können also Photonen aus dem Rand dieses Bereichs absorbiert werden.
c) Aus den berechneten möglichen Energiedifferenzen ergibt sich, dass es hier keine Photonen mit 2,2 eV Energie geben kann.
d) Da keine der Photonenenergien über 3,3 eV liegt, gibt es keine Linie im UV-Bereich.
e) Es gibt genau eine Photonenenergie unterhalb von 1,6 eV, daher gibt es auch genau eine Linie im IR-Bereich.

7. Bei einem kontinuierlichen Spektrum findet man alle Farben ohne Unterbrechung nacheinander angeordnet in der Reihenfolge rot-orange-gelb-grün-blau-violett.
Bei einem Linienspektrum sind einzelne farbige Linien erkennbar, die durch dunkle Bereiche voneinander getrennt sind.
Bei einem Absorptionsspektrum ist ein kontinuierliches Spektrum von schwarzen Linien durchzogen.
Das Linienspektrum entsteht dadurch, dass angeregte Atome Photonen aussenden, deren Energie genau den Differenzen zwischen den Energiestufen der jeweiligen Atomhülle entsprechen.
Das Absorptionsspektrum entsteht, wenn man eine Materialprobe mit weißem Licht durchleuchtet. Im Material werden dann diejenigen Photonen absorbiert, deren Energie der Differenz zwischen zwei Energiestufen der Atomhülle entspricht.

8. a) *Geg.*: $P = 0{,}7$ mW; $\Delta t = 1$ s; $E_{Ph} = 2{,}33$ eV
Ges.: Anzahl n der Photonen
Lösung:
In einer Sekunde abgestrahlte Energie:

$$\Delta E = P \cdot \Delta t = 0{,}0007 \text{ W} \cdot 1 \text{ s} = 0{,}0007 \text{ J}$$

$$E_{Ph} = 2{,}33 \text{ eV} = 2{,}33 \cdot 1{,}602 \cdot 10^{-19} \text{ J} = 3{,}733 \cdot 10^{-19} \text{ J}$$

$$N = \frac{\Delta E}{E_{Ph}} = \frac{0{,}0007 \text{ J}}{3{,}733 \cdot 10^{-19} \text{ J}} = 1{,}875 \cdot 10^{15}$$

$$N = 2 \cdot 10^{15} \text{ (1 gZ)}$$

Es sind ungefähr $2 \cdot 10^{15}$ Photonen.
b) In a) wurde die Energie berechnet, die der Laserpointer in einer Sekunde abstrahlt. In 0,25 s strahlt er ein Viertel dieser Energie ab:

$$\Delta E = \frac{0{,}0007 \text{ J}}{4} = 0{,}000175 \text{ J} = 0{,}2 \text{ mJ}.$$

Es reichen unter Umständen etwa 0,2 mJ aus, um die Netzhaut zu schädigen.
c) Bei gleicher Leistung ist die Energie, die in einer Sekunde abgestrahlt wird, gleich. Daher erscheinen beide Laserpointer zunächst gleich gefährlich. Da uns die Netzhaut rot erscheint, wenn sie z. B. vom Blitz eines Fotoapparats beleuchtet wird („Rote-Augen-Effekt"), kann man daraus schließen, dass sie das Licht aus den anderen Farbbereichen absorbiert. Daher werden „grüne Photonen" in stärkerem Maße von der Netzhaut absorbiert als „rote Photonen". Somit ist der grüne Laserpointer bei gleicher Leistung gefährlicher.

9. a) siehe Grafik:

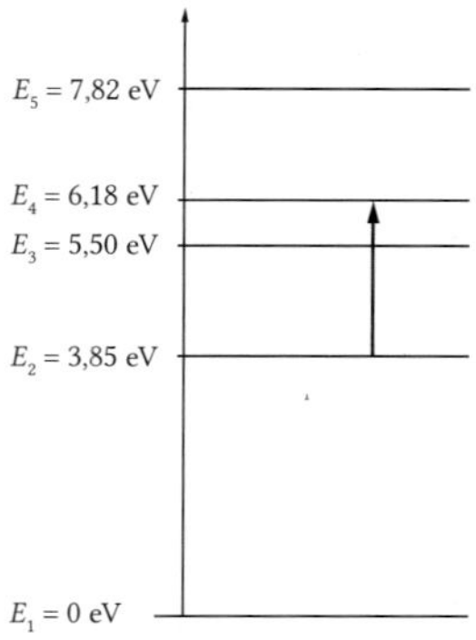

Der Laser kann das Molekül anregen mit einem Übergang von $E_2 = 3{,}85$ eV auf $E_4 = 6{,}18$ eV.

b) $E_{21} = 3{,}85$ eV (UV) $E_{31} = 5{,}50$ eV (UV)
$E_{41} = 6{,}18$ eV (UV) $E_{51} = 7{,}82$ eV (UV)
$E_{32} = 1{,}65$ eV (VIS) $E_{42} = 2{,}33$ eV (VIS)
$E_{52} = 3{,}97$ eV (UV) $E_{43} = 0{,}68$ eV (IR)
$E_{53} = 2{,}32$ eV (VIS) $E_{54} = 1{,}64$ eV (VIS)
c)

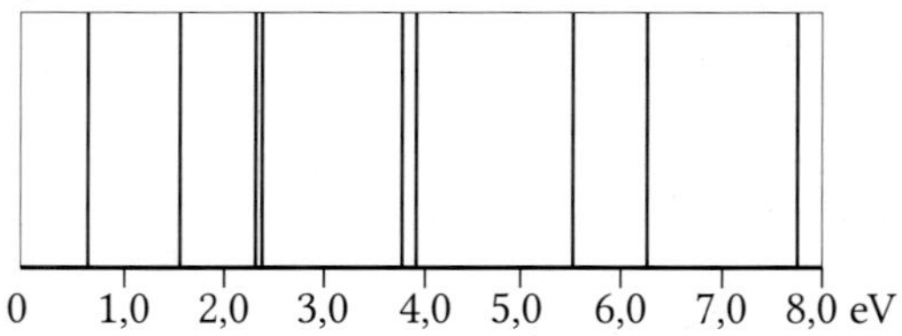

d) Das Spektrum weist Einbrüche bei den Energiewerten auf, die in Aufgabe b) berechnet wurden. Außerdem hat es noch weitere Spitzen bei 2,75 eV, 4,32 eV und 5,16 eV. Die Probe enthält also noch einen weiteren Stoff.

Kapitel 4

1. a) $\vartheta = -273\ °C \Rightarrow T = 0\ K$
b) $\vartheta = 0\ °C \Rightarrow T = 273\ K$
c) $\vartheta = 100\ °C \Rightarrow T = 373\ K$
d) $\vartheta = 20\ °C \Rightarrow T = 293\ K$ bzw. $\vartheta = 19\ °C \Rightarrow T = 292\ K$
e) $\vartheta = 36–37\ °C \Rightarrow T = 309–310\ K$
f) $\vartheta = 42\ °C \Rightarrow T = 315\ K$
g) $\vartheta = 80–100\ °C \Rightarrow T = 353–373\ K$
h) $\vartheta \approx 5500\ °C \Rightarrow T \approx 5800\ K$

2. a) Eine geringere Temperatur bedeutet eine Verringerung der mittleren kinetischen Energie, d. h., dass sich die Teilchen im Mittel langsamer bewegen. Das Gas muss Energie an die Umgebung abgegeben haben.
b) Eine höhere Temperatur bedeutet eine Vergrößerung der mittleren kinetischen Energie; d. h., die Teilchen bewegen sich im Mittel schneller. Beim Erwärmen muss also dem Gas Energie zugeführt werden.
c) Beim Kondensieren findet eine Änderung des Aggregatzustands von gasförmig zu flüssig statt. Die Teilchen, die vorher ohne Bindungen untereinander umhergeflogen sind, gehen nun Bindungen ein. Dabei wird (potenzielle) Energie nach außen abgegeben. Die mittlere kinetische Energie der Teilchen hingegen bleibt während des Kondensierens gleich.

3. a) $230\ hPa = 23\,000\ Pa = 2{,}30 \cdot 10^4\ Pa$
$230\ hPa = 0{,}230\ bar = 230\ mbar$
b) $980\ mbar = 98\,000\ Pa = 9{,}8 \cdot 10^4\ Pa = 980\ hPa$
c) $4{,}5\ bar = 4500\ hPa = 4{,}5 \cdot 10^3\ hPa$
$4{,}5\ bar = 450\,000\ Pa = 4{,}5 \cdot 10^5\ Pa$
d) $70\ mPa = 0{,}070\ Pa = 0{,}000\,000\,70\ bar$

4. Der Luftdruck auf dem Berg ist geringer als im Tal. Wenn Klara am Berg das Kissen aufgeblasen hat, sodass es dort prall war, hat die Luft im Innern etwas mehr Druck als der äußere Luftdruck. Durch den höheren äußeren Druck im Tal wird das Kissen nun von außen zusammengedrückt: Es prallen zunächst in der gleichen Zeit von außen mehr Teilchen gegen die Wand als von innen; dabei verringert sich das Volumen so weit, bis von innen in pro Sekunde wieder genauso viele Teilchen gegen die Wand prallen wie von außen. Fährt sie mit dem Nackenkissen wieder bergauf, verringert sich der Außendruck wieder und das Kissen scheint wieder prall gefüllt zu sein.

5. a) Es gibt zwei Gründe für vakuumverpackte Lebensmittel:
- Da der Druck innen sehr gering ist, wird das entsprechende Material vom äußeren Luftdruck zusammengepresst (geschlossene Kaffeepackungen fühlen sich hart an, offene weich). Es nimmt daher weniger Raum ein und behält leichter seine Form bei.
- Zudem befindet sich dann weniger Sauerstoff in der Packung, sodass sich Bakterien schlechter vermehren können bzw. weniger Oxidationsprozesse stattfinden, die das Lebensmittel verderben lassen.

b) Durch das Abpumpen der Luft wir der äußere Druck so weit verringert, dass er kleiner ist als der Druck des Restgases in der Packung. Da die Packung leicht dehnbar ist, kann das Restgas in der Packung sein Volumen vergrößern.
c) Vermutung: Der äußere Luftdruck presst die Packung wieder zusammen.
Begründung: Da nun wieder mehr Teilchen von außen gegen die Packungswand prallen als von innen, wird die Wand von der Außenseite her zusammengepresst.

6. Bei einer Temperaturerhöhung würde es in der Gasflasche zu einer Druckerhöhung kommen, da das Volumen der Gasflasche sich nicht ändert. Die Gasflasche besitzt zwar ein Sicherheitsventil, das bei zu hohem Druck Gas nach außen strömen lässt, sodass die Gasflasche nicht explodieren kann. Allerdings darf der Temperaturanstieg nicht zu groß sein. Das Sicherheitsventil ist nur für Notfälle gedacht. Weil das Gas brennbar und schwerer als Luft ist, sollte es daher vermieden werden, dass dieser Fall schon beim normalen Lagern eintritt.

7. a) Die Beobachtung von Diana könnte zutreffend sein, da beim Öffnen des Kühlschranks kalte Luft herausströmt und warme Luft einströmt. Die zugeströmte warme Luft kühlt sich dann nach dem Schließen der Tür ab, wobei sich der Druck verringert. Da nun der Druck im Kühlschrank sinkt, wird sie durch den äußeren Luftdruck stärker auf die Abdichtung gepresst und geht schwerer auf. Je länger man wartet, umso weiter kühlt die Luft ab, und umso geringer ist der Druck im Kühlschrank. Dianas Beobachtung könnte also zutreffend sein.

b) Tatsächlich geht die Kühlschranktür wieder leichter auf, wenn man etwas länger wartet. Das liegt daran, dass die Kühlschranktür nicht vollständig dicht aufliegt und so durch den zunächst geringeren Druck im Kühlschrank Luft „angesaugt“ wird, sodass der Druck sich wieder an den Außendruck anpasst.

8. a) Eine Erhöhung der Temperatur führt (bei gleichbleibendem Volumen des Raums) zunächst zu einer Druckerhöhung in dem Raum. Da aber normale Räume nicht hermetisch abgedichtet sind, strömt aufgrund des höheren Drucks im Raum Luft z. B. durch eine Fensterritze nach draußen, bis ein Druckausgleich erfolgt ist. Tims Aussage ist folglich dann korrekt, wenn er für die Zustandsgröße Druck diesen Druckausgleich beachtet. Es befinden sich tatsächlich nach dem Druckausgleich weniger Luftteilchen im Raum.
b) Strömen keine Teilchen nach außen, bleibt das Volumen also gleich, so muss bei einer Temperaturerhöhung der Druck im Raum steigen.
c) Hält man im Winter die Hand an die Dichtung eines Fensters oder an eine Türspalte, so spürt man mehr oder weniger deutlich einen Luftstrom. Es wird folglich eher a) eintreten. Man kann dies auch mit leichten Papierstreifen oder Kerzenflammen zeigen, die sich im Luftstrom bewegen.

9. a) Man erzeugt mithilfe der Brustmuskulatur in der Lunge einen größeren Druck als der äußere Luftdruck. Daher kann dann die Luft in den Ballon strömen.
b) Das Gas in der Kartusche hat einen höheren Druck als die Luft in der Umgebung. Daher strömt das Gas vom Bereich hohen Drucks (innen) zum Bereich mit geringem Druck (außen).
c) Durch das Erhitzen des Wassers entsteht mehr Wasserdampf, d. h., immer mehr Teilchen prallen gegen den Topfdeckel – der Druck nimmt zu. Wenn pro Sekunde so viele Teilchen von innen gegen den Topfdeckel prallen, dass sie sowohl die Wirkung des äußeren Luftdrucks als auch die Gewichtskraft am Deckel ausgleichen, strömt der Wasserdampf heraus.
d) In der Vakuumverpackung ist der Druck viel geringer als der äußere Luftdruck. Wird sie geöffnet, so strömt Gas vom Bereich höheren Drucks (außen) zum Bereich geringeren Drucks (innen). Es strömt also Luft in die Packung ein, was sich durch ein Zischen bemerkbar macht.
e) In der Limonade ist Kohlenstoffdioxid gelöst, das teilweise „ausgast“, d. h., im Bereich zwischen Flüssigkeit und Deckel befindet sich ein Gas. Meist ist der Druck dieses Gases höher als der äußere Luftdruck. Dreht man den Verschluss auf, so strömt das Gas aus der Flasche (höherer Druck) nach außen (niedrigerer Druck).

Kapitel 5

1. a) *Geg.*: $m = 300\ \text{g}$; $c_{\text{Öl}} = 1{,}97\ \frac{\text{kJ}}{\text{kg} \cdot \text{K}}$;
$\vartheta_A = 20\ °\text{C}$; $\vartheta_E = 200\ °\text{C}$
Ges.: ΔE
Lösung:
$\Delta E = c_{\text{Öl}} \cdot m \cdot \Delta\vartheta = 1{,}97\ \frac{\text{kJ}}{\text{kg} \cdot \text{K}} \cdot 0{,}300\ \text{kg} \cdot 180\ \text{K}$
$= 106{,}...\ \text{kJ} = 0{,}11\ \text{MJ}$

b) *Geg.*: $m = 1{,}0\ \text{kg}$; $c_{\text{Milch}} = 3{,}8\ \frac{\text{kJ}}{\text{kg} \cdot \text{K}}$;
$\vartheta_A = 12\ °\text{C}$; $\vartheta_E = 5\ °\text{C}$
Ges.: ΔE
Lösung:
$\Delta E = c_{\text{Milch}} \cdot m \cdot \Delta\vartheta = 3{,}8\ \frac{\text{kJ}}{\text{kg} \cdot \text{K}} \cdot 1{,}0\ \text{kg} \cdot (-7\ \text{K})$
$= -27\ \text{kJ}$

Das negative Vorzeichen bedeutet, dass die Milch die Energie abgegeben hat.

c) *Geg.*: $m = 1{,}0\ \text{kg}$; $c_{\text{Wasser}} = 4{,}2\ \frac{\text{kJ}}{\text{kg} \cdot \text{K}}$;
$\vartheta_A = 15\ °\text{C}$; $\vartheta_E = 100\ °\text{C}$
Ges.: ΔE
Lösung:
$\Delta E = c_{\text{Wasser}} \cdot m \cdot \Delta\vartheta = 4{,}2\ \frac{\text{kJ}}{\text{kg} \cdot \text{K}} \cdot 1{,}0\ \text{kg} \cdot 85\ \text{K}$
$= 357\ \text{kJ} = 0{,}36\ \text{MJ}$

2. a) *Geg.*: $m = 400\ \text{g}$; $c_{\text{Eisen}} = 0{,}452\ \frac{\text{kJ}}{\text{kg} \cdot \text{K}}$;
$\vartheta_A = 800\ °\text{C}$; $\vartheta_E = 20\ °\text{C}$
Ges.: ΔE
Lösung:
$\Delta E = c_{\text{Eisen}} \cdot m \cdot \Delta\vartheta = 0{,}452\ \frac{\text{kJ}}{\text{kg} \cdot \text{K}} \cdot 0{,}400\ \text{kg} \cdot (-780\ \text{K})$
$= -141{,}0\ \text{kJ} = -0{,}14\ \text{MJ}.$

Das negative Vorzeichen bedeutet, dass das Hufeisen die Energie abgegeben hat.
b) Das Wasser (ca. 10 kg) besitzt im Vergleich zum Hufeisen eine etwa 25-mal so große Masse. Bei gleicher Energiemenge und gleichem Material würde daher die Temperaturänderung beim Wasser nur etwa ein Fünfundzwanzigstel so groß sein wie beim Hufeisen:
$\frac{780\ \text{K}}{25} = 31{,}2\ \text{K}.$

Lösungen

Zudem ist die spezifische Wärmekapazität von Wasser etwa neunmal so groß wie die von Eisen. Die Temperaturänderung fällt also nochmal kleiner aus:

$\frac{31{,}2\ \text{K}}{9} = 3{,}5\ \text{K}.$

Da aber beim Eintauchen noch etwas Wasser verdampft, fällt die Temperaturänderung noch geringer aus.

c) Es wird Wärme vom Hufeisen auf das Wasser übertragen. Da sich das Hufeisen auf etwa 20°C abkühlt, kann man annehmen, dass die in Aufgabe a) berechnete Energiemenge auf das Wasser übertragen wird:

$Q = \Delta E = 141{,}0\ \text{J}\ .$

Beachte: Das Vorzeichen ist positiv, da die Energiemenge vom Wasser aufgenommen wird. Für die Temperaturerhöhung gilt dann:

$$\Delta\vartheta = \frac{\Delta E}{c \cdot m} = \frac{141{,}0\ \text{kJ}}{4{,}2\ \frac{\text{kJ}}{\text{kg} \cdot \text{K}} \cdot 10\ \text{kg}} = 3{,}4\ \text{K (2 gZ)}\ .$$

3. Wasser besitzt verglichen mit anderen in der Natur vorkommenden Stoffen (z. B. Sand, Stein) eine hohe spezifische Wärmekapazität (siehe Tabelle **T3**, Seite 119 bzw. im Anhang).
Daher nehmen die Wassermassen in Gewässern viel Energie aus der Sonneneinstrahlung auf, obwohl sie sich nur um wenige °C erwärmen. Genauso können sie auch viel Energie abgeben, ohne stark abzukühlen.

4. a) Wenn ein Körper von kalter Luft oder kaltem Wasser umgeben ist, findet Wärmetransport vom Körper zur Luft bzw. zum Wasser statt. Die Menge an Wärme, die dabei transportiert wird, hängt von verschiedenen Faktoren ab. Neben der Wärmeleitung in Wasser bzw. Luft spielen die spezifischen Wärmekapazitäten und die Masse der Luft bzw. des Wassers, die mit dem Körper in Kontakt stehen, eine Rolle.
Nimmt man an, dass bei beiden jeweils die erwärmte Schicht um den Körper gleich dick ist, so befindet sich in dieser Schicht bei Wasser etwa 1000-mal so viel Masse wie bei Luft (Dichte von Wasser $\rho_W = 1{,}0\ \frac{\text{kg}}{\text{dm}^3}$; von Luft $\rho_L = 1{,}3\ \frac{\text{g}}{\text{dm}^3}$). Außerdem ist die spezifische Wärmekapazität von Wasser höher als die von Luft. Daher wird sich die umgebende Wasserschicht bei gleicher Wärmezufuhr durch den Körper viel weniger stark erwärmen. Der Körper muss durch Abkühlen daher mehr Wärme abgeben, damit das Wasser die gleiche Temperatur erreicht wie er selbst. Die Körpertemperatur, bei der dann kein Wärmetransport mehr zu dieser Schicht stattfindet, liegt dann niedriger.

b) Aufgrund der geringen Wärmeleitfähigkeit von Luft erwärmt sich diese vor allem in einem Bereich direkt um den Körper herum. Ist diese geringe Luftmasse bis auf die Temperatur des Körpers erwärmt, findet kein weiterer Wärmetransport vom Körper zur Luft statt. Durch das Wedeln wird diese Luft abtransportiert und in Körpernähe gegen kühlere Luft ausgetauscht. Es kann dann wieder ein Wärmetransport vom Körper zur Luft stattfinden.

c) Der menschliche Körper gibt beständig Wärme an seine Umgebungsluft ab. Dies geschieht auch durch Wärmeleitung zwischen Körper und Umgebungsluft. Wind wirkt dabei wie das Wedeln in Aufgabe b): Die Abkühlung wird verstärkt, indem ständig die aufgewärmte Luft durch kühle Luft ersetzt wird. Die Wärmeübertragung an der Hautoberfläche ist daher stärker als bei Windstille, obwohl die Temperatur der Umgebungsluft die gleiche sein kann. Diese verstärkte Wärmeübertragung erzeugt bei uns das gleiche Gefühl wie eine Wärmeübertragung, die bei entsprechend kälterer Umgebungsluft stattfinden würde.

5. Sägeblatt und Stein üben wechselseitig Reibungskräfte aufeinander aus. Somit wird beim Sägen mit jeder Umdrehung des Sägeblatts Reibungsarbeit an beiden Gegenständen verrichtet. Stein und Sägeblatt erwärmen sich daher. Um das Sägeblatt vor zu starker Erwärmung – und damit möglichen Schäden – zu schützen, wird es mit Wasser gekühlt.

6. a) Um Wärme von einem Gegenstand abzuführen, kann man entweder die Wärmeleitung, die Konvektion oder die Wärmestrahlung benutzen.

- Bei der Wärmeleitung muss ein zweiter Gegenstand bzw. ein Stoff in direkten Kontakt mit dem abzukühlenden Gegenstand gebracht werden. Dieser nimmt dann durch Wärmeleitung Wärme auf und gewinnt innere Energie. Der Stoff bleibt aber in Ruhe und wird weder wegbewegt, noch strömt er weg. Dieses Prinzip wird z. B. bei der Kontaktfläche zwischen Kühlkörpern und CPU in Computern angewandt.
- Bei der Konvektion wird ein flüssiger oder gasförmiger Stoff in direkten Kontakt mit dem abzukühlenden Gegenstand gebracht. Auch hier nimmt dieser Wärme auf und gewinnt an innerer Energie. Der Stoff strömt aber nach der Energieaufnahme vom Gegenstand weg. Dieses Prinzip tritt häufig auf, wenn Luft oder eine Flüssigkeit in Kontakt mit einem heißen Gegenstand ist, z. B. beim Kühler eines Autos.

- Bei der Wärmestrahlung gibt der Gegenstand Energie in Form von Photonen ab. Dieser Vorgang findet prinzipiell immer statt, da die Gegenstände oder Stoffe nicht in Kontakt zueinander kommen müssen.

b) Gemeinsamkeiten der Kühlverfahren:

- Es wird ein zweiter Stoff (Luft, Wasser) in direkten Kontakt mit den heißen Bauteilen des Motors gebracht.
- Die Wärme wird zunächst durch Wärmeleitung an der Oberfläche auf die Luft bzw. das Wasser übertragen.
- Durch Konvektion wird die Wärme abtransportiert; diese wird durch eine Pumpe (beim Wasser) oder ein Gebläse bzw. Fahrtwind (bei der Luft) hervorgerufen. So wird immer wieder kühles Wasser bzw. kühle Luft am heißen Bauteil vorbeitransportiert.

Unterschiede der Kühlverfahren:

- Bei der Luftkühlung wird die gesamte Umgebungsluft als Reservoir kühler Luft genutzt. Es wird also durch das Gebläse/den Fahrtwind immer wieder neue, kühle Luft mit der Umgebungstemperatur in Kontakt mit dem heißen Bauteil gebracht.
- Bei der Wasserkühlung wird ein bestimmtes Wasserreservoir genutzt und durch die Pumpe in einen Kreislauf gepumpt. Dabei tritt das Wasser immer wieder in Kontakt mit den heißen Bauteilen, erwärmt sich und muss anschließend wieder abgekühlt werden. Dieser zweite Abkühlvorgang findet oft in einem „Wärmetauscher“ bzw. „Kühler“ als Energieübertragung zur Umgebungsluft statt.

7. Die Strahlungsenergie, die ein Körper pro Sekunde an die Umgebung abgibt, wächst, wenn die Temperatur des Körpers steigt. Der Stein erwärmt sich daher so lange, bis er aufgrund der höheren Temperatur mit gleicher Leistung Energie abgibt, wie er durch die Sonne aufnimmt. Würde der Stein sich noch weiter aufheizen, wäre seine Strahlungsleistung zu groß und er würde in jeder Sekunde mehr Energie an die Umgebung abgeben, als ihm zugeführt wird. Der Stein würde wieder abkühlen.

8. Die Farbe des Gegenstandes bestimmt, welcher Anteil der auftreffenden Strahlung absorbiert wird. Ein weißer Gegenstand reflektiert einen größeren Teil der einfallenden Strahlung, daher ist die aufgenommene Leistung geringer als bei einem schwarzen Gegenstand. Es reicht daher eine geringere Temperatur, um ein Strahlungsgleichgewicht zu bewirken.

9. a) Hier kann ähnlich argumentiert werden wie in Aufgabe 4: Zwischen der Haut (Temperatur ca. 37 °C) und dem Löffel oder der Gabel (Temperatur ca. 20 °C) findet Wärmetransport durch Wärmeleitung statt. Dabei ist Metall ein wesentlich besserer Wärmeleiter als Holz. In der Gabel wird die Wärme sehr effektiv von der Kontaktfläche wegtransportiert. Daher nimmt die Kontaktfläche nur langsam die Temperatur 37 °C an. Im Holz wird die Energie dagegen nicht effektiv „weitergeleitet“. Darum erwärmt sich der Löffel im Bereich der Kontaktfläche vergleichsweise rasch bis auf 37 °C. Der Wärmestrom kommt dann in diesem Bereich zum Erliegen, da dort die Temperaturdifferenz null wird.
b) Beim Babyflaschentest ist das Ziel, abzuschätzen, dass die Temperatur der Milch ungefähr der Körpertemperatur entspricht. Die Haut am Handgelenk dient dabei nur indirekt als Temperatursensor. Eigentlich ist die Haut ein Wärmesensor, der den Zustrom bzw. die Abgabe von Wärme registriert. Ist die Milch im Tropfen nun deutlich heißer als ca. 37 °C, so gibt sie Wärme an die Haut ab – was als Wärmezustrom bzw. die Empfindung „zu heiß“ registriert wird.
Besitzt die Milch dagegen ungefähr die gleiche Temperatur wie die Haut, so kann keine Wärmeübertragung stattfinden – dies wird als „angenehm warm“ registriert. Ist sie zu kalt, geht der Wärmestrom von der Haut zur Milch und wir empfinden sie als kalt.
c) Da unser Körper wärmer ist als die umgebende Luft, erfolgt ständig ein Wärmetransport von innen nach außen. Erreicht dieser Wärmetransport einen bestimmten Wert, so empfinden wir es als angenehm warm. Zu diesem „Gleichgewichtszustand“ trägt auch die Wärmestrahlung von außen bei. Kommt mehr Wärmestrahlung an, als dem momentanen Gleichgewichtszustand entspricht, so empfinden wir es als heiß, ist sie geringer, fühlen wir es als „Kälte“. Ein kühler Gegenstand hat aber eine geringere Strahlungsleistung, sodass wir in seiner Nähe bemerken, dass von außen nicht so viel Energie zuströmt wie im Gleichgewichtsfall. Wir spüren die „Kälte“ des Gegenstands.

Formeln, Einheiten und Tabellen

Größen und ihre Einheiten; wichtige Konstanten

Name	Zeichen	Einheit	Umrechnungen
Masse	m	1 Kilogramm = 1 kg	1 t = 1000 kg 1 kg = 1000 g 1 g = 1000 mg
(Strecken-)Länge	Δx, l, b usw.	1 Meter = 1 m	1 km = 1000 m 1 m = 10 dm = 100 cm = 1000 mm
Zeitspanne	Δt	1 Sekunde = 1 s	1 h = 60 min = 3600 s 1 s = 1000 ms
Volumen	V	1 Kubikmeter = 1 m^3	1 m^3 = 1000 dm^3 1 dm^3 = 1000 cm^3 = 1 L
Dichte	ϱ	$1\,\frac{kg}{m^3}$	$1\,\frac{t}{m^3} = 1\,\frac{kg}{dm^3} = 1\,\frac{g}{cm^3}$
Geschwindigkeit	v	$1\,\frac{m}{s}$	$1\,\frac{km}{h} = \frac{1}{3{,}6}\,\frac{m}{s}$ $1\,\frac{m}{s} = 3{,}6\,\frac{km}{h}$
Beschleunigung **Ortsfaktor/ Fallbeschleunigung**	a $\boldsymbol{g}$	$1\,\frac{m}{s^2}$	$1\,\frac{m}{s^2} = 1\,\frac{N}{kg}$ $\boldsymbol{g = 9{,}81\,\frac{m}{s^2}}$
Kraft	F	1 Newton = 1 N	1 kN = 1000 N 1 N = 1000 mN $1\,N = 1\,kg \cdot \frac{m}{s^2}$
Federhärte	D	$1\,\frac{N}{m}$	$1\,\frac{N}{m} = 0{,}01\,\frac{N}{cm}$ $1\,\frac{N}{cm} = 100\,\frac{N}{m}$
elektr. Spannung elektr. Potenzial Potenzialdifferenz	U φ $\Delta\varphi$	1 Volt = 1 V	1 kV = 1000 V 1 V = 1000 mV
elektrische Ladung **Elementarladung**	Q, q $\boldsymbol{e}$	1 Coulomb = 1 C	1 C = 1 A · s $1\,C = 1 \cdot 10^3\,mC$; $1\,mC = 1 \cdot 10^{-3}\,C$ $\boldsymbol{e = 1{,}6022 \cdot 10^{-19}\,C}$
elektr. Stromstärke	I	1 Ampere = 1 A	1 kA = 1000 A 1 A = 1000 mA
elektr. Widerstand	R	1 Ohm = 1 Ω	$1\,\Omega = 1\,\frac{V}{A}$ 1 MΩ = 1000 kΩ 1 kΩ = 1000 Ω 1 Ω = 1000 mΩ
Energie Energieänderung Arbeit Wärme	E ΔE W Q	1 Joule = 1 J 1 Kilowattstunde = 1 kWh	$1\,J = 1\,N \cdot m = 1\,kg \cdot \frac{m^2}{s^2} = 1\,V \cdot A \cdot s$ $1\,MJ = 1 \cdot 10^3\,kJ$ $1\,kJ = 1 \cdot 10^3\,J$ $1\,J = 1 \cdot 10^3\,mJ$ 1 kWh = 1000 W · 3600 s = 3,6 MJ
Leistung	P	1 Watt = 1 W	$1\,W = 1\,\frac{J}{s} = 1\,V \cdot A$ $1\,GW = 1 \cdot 10^9\,W$; $1\,MW = 1 \cdot 10^6\,W$
Wirkungsgrad	η	% (ohne Einheit)	0,01 = 1 % 0,10 = 10 % 0,50 = 50 %
Temperatur (Celsius) Temperatur (absolut) Temperaturdifferenz	ϑ T $\Delta\vartheta$ ΔT	1 Grad Celsius = 1 °C 1 Kelvin = 1 K $\Delta\vartheta = 1\,°C \Leftrightarrow \Delta T = 1\,K$	absolut → Celsius: Maßzahl um 273(,15) verringern Celsius → absolut: Maßzahl um 273(,15) vergrößern
spezifische Wärmekapazität	c	$1\,\frac{kJ}{kg \cdot K}$	$1\,\frac{kJ}{kg \cdot K} = 1\,\frac{J}{g \cdot K}$
Druck **Normaldruck**	p $\boldsymbol{p_0}$	1 Pascal = 1 Pa 1 bar	1 hPa = 100 Pa; $1\,bar = 1000\,hPa = 1 \cdot 10^5\,Pa$ $1\,mbar = 1 \cdot 10^{-3}\,bar = 1\,hPa$ $\boldsymbol{p_0 = 1013\,hPa}$

Formeln, Einheiten und Tabellen

Wichtige Formeln

Dichte:	$\varrho = \frac{m}{V}$
Geschwindigkeit (Betrag):	$v = \frac{\Delta x}{\Delta t}$
Beschleunigung:	$a = \frac{\Delta v}{\Delta t}$
Gewichtskraft:	$F = m \cdot g$
newtonsche Bewegungsgleichung:	$F \cdot \Delta t = m \cdot \Delta v$ $F = m \cdot a$
elektrischer Widerstand:	$R = \frac{U}{I}$
elektrische Stromstärke:	$I = \frac{U}{R}$ $I = \frac{\Delta Q}{\Delta t}$
transportierte elektrische Ladungsmenge	$\Delta Q = I \cdot \Delta t$
transportierte elektrische Energie	$\Delta E_{el} = U \cdot I \cdot \Delta t$ $\Delta E_{el} = U \cdot \Delta Q$
Federhärte: (*s*: Dehnung der Feder)	$D = \frac{F}{s}$
Höhenenergie	$E_H = m \cdot g \cdot h$
kinetische Energie (Bewegungsenergie)	$E_{kin} = \frac{1}{2} \cdot m \cdot v^2$
Arbeit (F = konst., $\vec{F}$ parallel zur Strecke Δx)	$W = F \cdot \Delta x$
Wärme (bei Temperaturänderung)	$Q = c \cdot m \cdot \Delta\vartheta$
Wärme (bei Änderung des Aggregatzustands)	$Q = s \cdot m$ $Q = r \cdot m$
Leistung (allgemein)	$P = \frac{\Delta E}{\Delta t}$
über Arbeit	$P = \frac{W}{\Delta t}$
über Wärme	$P = \frac{Q}{\Delta t}$
elektrisch	$P = U \cdot I$
Wirkungsgrad	$\eta = \frac{\Delta E_{nutz}}{\Delta E_{auf}}$ $\eta = \frac{P_{nutz}}{P_{auf}}$

Dichte (Festkörper, Flüssigkeiten bei 20 °C; Gase bei 0°C)

Material	ϱ in $\frac{g}{cm^3}$	Material	ϱ in $\frac{g}{cm^3}$
Aluminium	2,73	Holz, Eiche (tr.)	ca. 0,8
Blei	11,3	Holz, Fichte (tr.)	ca. 0,5
Diamant	3,51	Kork	0,20–0,35
Eis	0,917	Kupfer	8,96
Eisen	7,86	Silber	10,5
Glas, Porzellan	2,3–2,6	Speisefette	0,90–0,95
Granit, Kalk	2,6–3,0	Steinsalz	2,17
Brennspiritus	0,82	Milch	1,03
Erdöl	0,74–0,94	Speiseöle	0,90–0,95
Glycerin	1,26	Wasser	0,998
Kohlendioxid	0,00198	Methan	0,000714
Kohlenmonoxid	0,00125	Sauerstoff	0,00143
Luft	0,00129	Stickstoff	0,00125

thermische Eigenschaften (jeweils bei p_0 = 1013 hPa)

Material	spezifische		
	Wärmekapazität in $\frac{kJ}{kg \cdot K}$	Schmelzwärme in $\frac{kJ}{kg}$	Verdampfungswärme in $\frac{kJ}{kg}$
Beton	0,85–1,0	————	————
Granit, Kalk	0,74–0,79	————	————
Eisen	0,452	277	6340
Gold	0,129	66	1650
Kupfer	0,383	205	4790
Silber	0,234	105	2350
Wachs	2,9	176	————
Zinn	0,227	60	2450
Ethanol, Brennspiritus	2,43	108	840
Speiseöle	1,97	————	————
Argon	0,523	————	163
Kohlendioxid	0,837	————	574
Luft	1,00	————	————
Methan	2,22	————	510
Wasser – flüssig	4,19	334	2256
– Dampf	1,87	————	————
– Eis	2,1	————	————
Milch	3,85	————	————

Formeln, Einheiten und Tabellen

Elektrische Schaltzeichen

Leitungen		Spannungsmessgerät		Solarzelle	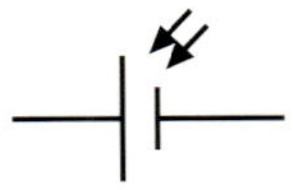
Schalter offen		Stromstärkemessgerät		Solarmodul	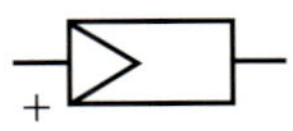
Schalter geschlossen		Messgerät allgemein		Gleichstrom, -spannung	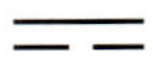
Wechselschalter	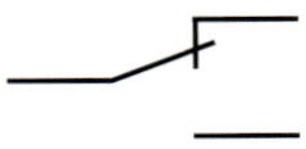	Verzweigung		Wechselstrom, -spannung	
Lampe		Kreuzung		Widerstand	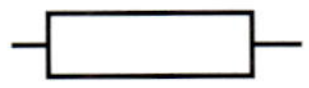
Leuchtdiode	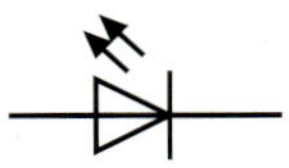	Klingel		veränderbarer Widerstand	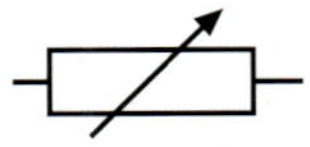
Motor		Generator, Dynamo		Fotowiderstand (LDR)	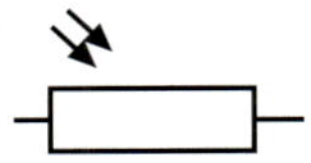
Batterie	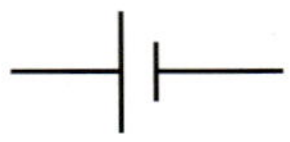	Spule		NTC-Widerstand (Heißleiter)	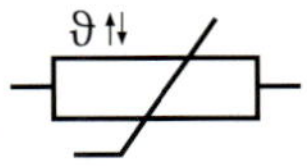
Netzgerät	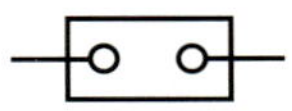	Spule mit Eisenkern		PTC-Widerstand (Kaltleiter)	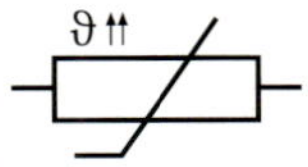

Offizielle Gefahrensymbole und Gefahrstoffsymbole

Allgemeines Gefahrzeichen

Gefährliche optische Strahlung

Gefährliche elektrische Spannungen

Gesundheitsgefährdende Stoffe

Feuergefährliche Stoffe

Heiße Oberflächen

Lagerraum mit feuergefährlichen Stoffen

Lagerraum mit giftigen Stoffen

Ätzende Stoffe

Giftige Stoffe

Rutschgefahr

Handverletzungen

Starke magnetische Felder

Wassergefährdende Stoffe

Unter Druck stehende Gase

Formeln, Einheiten und Tabellen

Operatoren

Die folgenden Wörter, sogenannte „Operatoren“, findest du in Aufgaben oder Arbeitsaufträgen. Sie geben an, was du bei deren Bearbeitung machen sollst. Die genaue Bedeutung kannst du hier nachlesen.

Operator	Bedeutung
Begründe Zeige	Du musst angeben, ob eine Aussage oder eine Vorgehensweise richtig oder falsch ist, indem du physikalisch argumentierst. Nutze dazu physikalische Gesetze aus, die du in einem eigenem Text, Berechnungen und/oder Zeichnungen notierst.
Berechne	Ermittle mithilfe einer nachvollziehbaren Rechnung die Lösung einer Aufgabe.
Beschreibe	Mit deinen eigenen Worten und den passenden Fachbegriffen stellst du ein physikalisches Phänomen, einen physikalischen Zusammenhang oder einen Lösungsweg dar. Du musst nicht begründen.
Bestimme Ermittle	Du musst selbst einen Lösungsweg wählen oder dich für eine Vorgehensweise (z. B. Versuchsaufbau) entscheiden. Dies musst du nachvollziehbar aufschreiben. Dabei kannst du Rechnungen, Erklärungen, Skizzen oder Zeichnungen nutzen.
Beurteile Nimm Stellung	Du prüfst eine physikalische Aussage oder beurteilst, ob etwas physikalisch möglich / sinnvoll ist. Dies musst du begründen.
Bewerte	Du sammelst Argumente, die für oder gegen etwas sprechen und überlegst, wie viel Gewicht du jedem Argument beimisst. Mithilfe der Wertung der Argumente gibst du deine Einschätzung/deine Meinung zu einem Sachverhalt begründet wieder.
Erkläre Erläutere	Beim <u>Erklären</u> machst du den Sachverhalt mithilfe von Informationen über Fakten und Zusammenhänge nachvollziehbar. Beim <u>Erläutern</u> musst du noch Beispiele oder mehr als die mindestens notwendigen Informationen angeben.
Gib an Nenne	Von dir wird nur ein Ergebnis oder eine Aussage erwartet. Ein Lösungsweg oder eine Begründung sind nicht erforderlich.
Stelle dar	Du machst einen physikalischen Zusammenhang oder eigene Beobachtungen für andere nachvollziehbar, beispielsweise indem du ein Versuchsprotokoll anfertigst, eine Berechnung übersichtlich notierst oder eine Zeichnung oder Skizze anfertigst.
Skizziere	Du fertigst eine Zeichnung an, die die wichtigsten Merkmale, die zu einer Beobachtung oder einer Erklärung gehören, enthält. Eine Beschriftung ist sinnvoll.
Untersuche	Hier wählst du den Lösungsweg oder die Vorgehensweise selbst, mit dem du einen physikalischen Versuch oder eine Aufgabe genauer betrachtest.
Vergleiche	Du stellst Gemeinsamkeiten, Ähnlichkeiten, aber auch Unterschiede dar.
Zeichne Stelle grafisch dar	Du fertigst eine möglichst genaue Zeichnung zu einem physikalischen Sachverhalt an. Du achtest auf die Verwendung von Lineal und Bleistift. Auch Maßstäbe sollten in Zeichnungen angegeben und beachtet werden.

Periodensystem der Spektrallinien

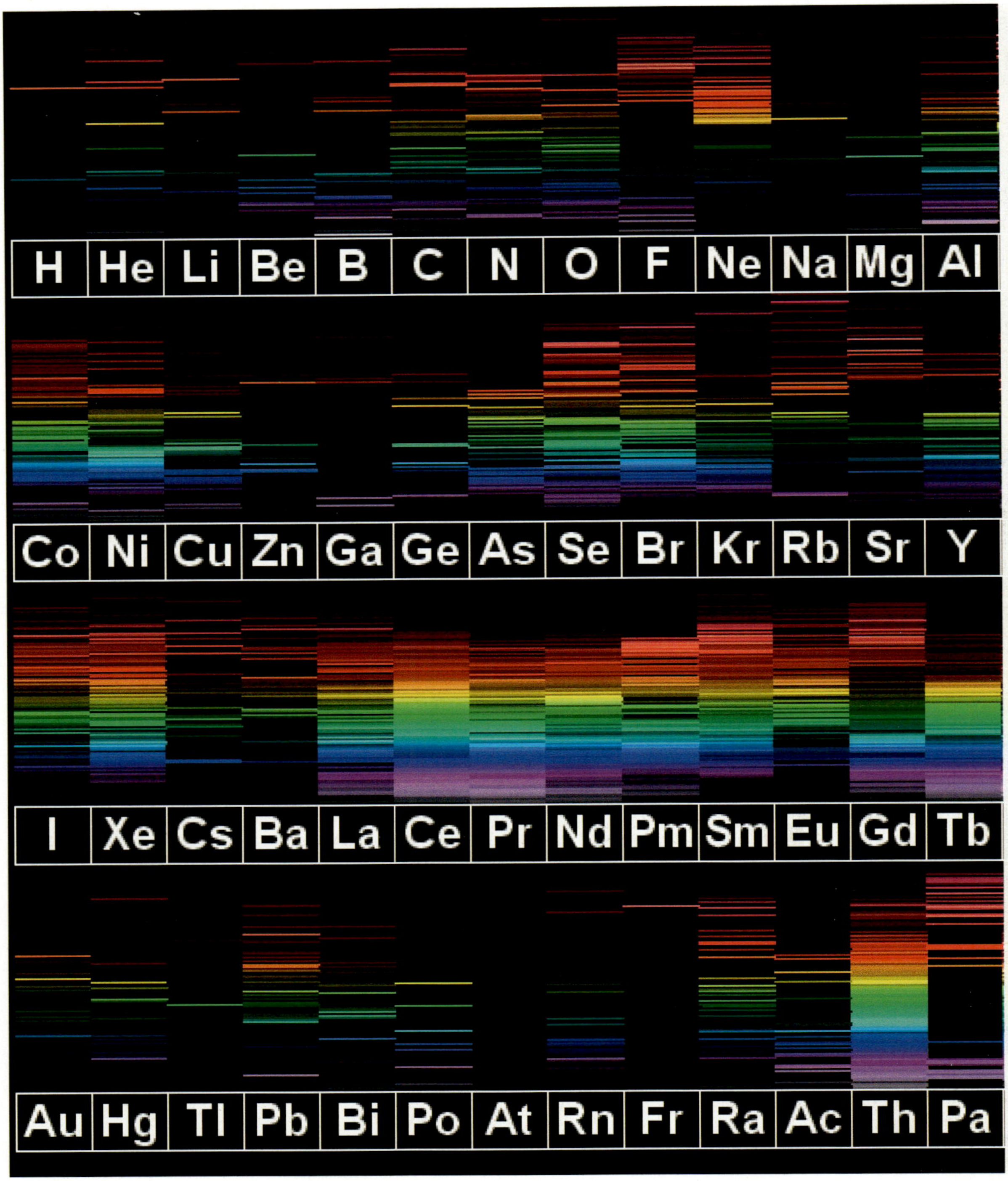

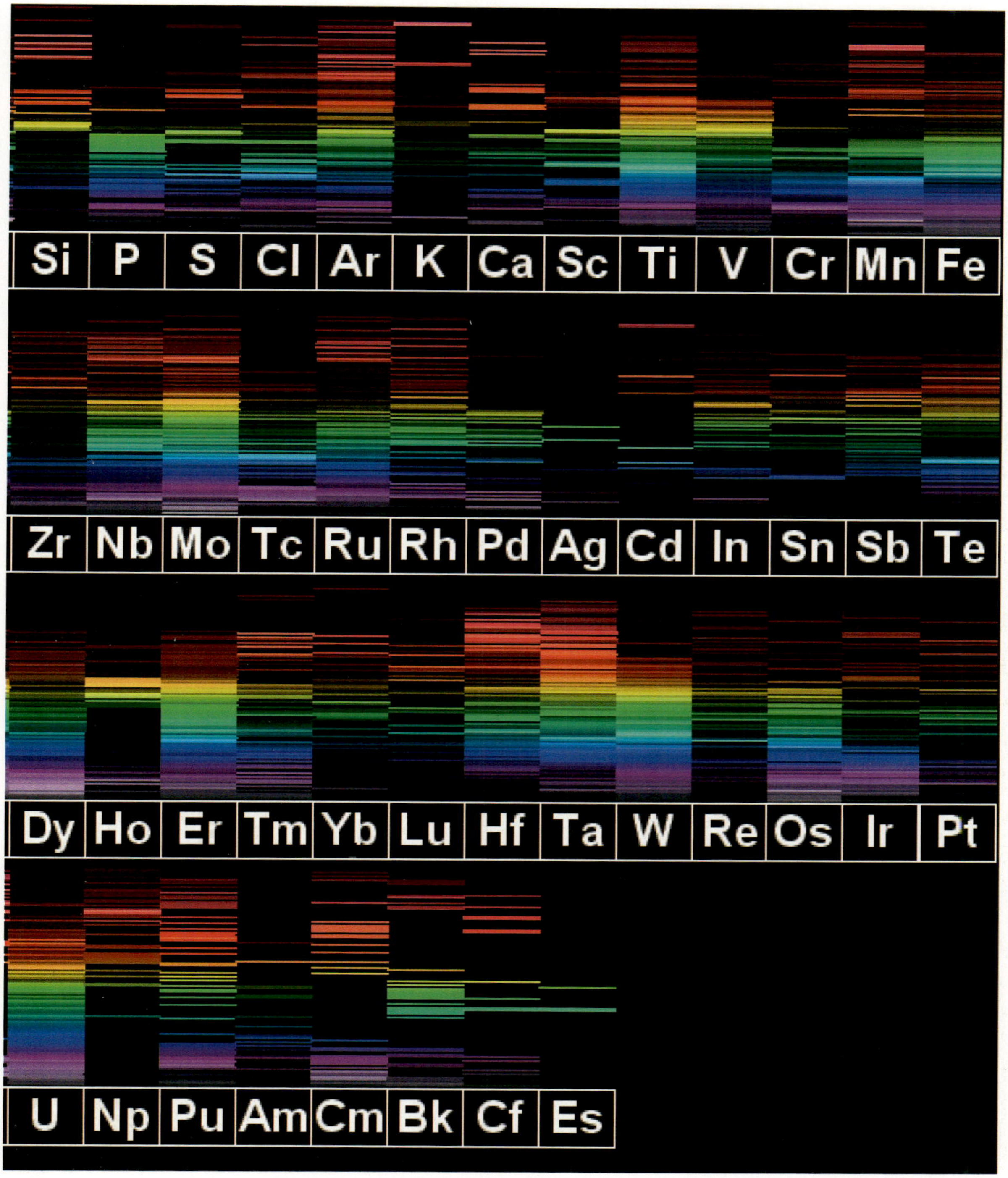
Si P S Cl Ar K Ca Sc Ti V Cr Mn Fe
Zr Nb Mo Tc Ru Rh Pd Ag Cd In Sn Sb Te
Dy Ho Er Tm Yb Lu Hf Ta W Re Os Ir Pt
U Np Pu Am Cm Bk Cf Es

Stichwortverzeichnis

Stichwortverzeichnis

Bildquellenverzeichnis

|akg-images GmbH, Berlin: 82.3. |Alamy Stock Photo, Abingdon/Oxfordshire: 826A IA 174.2; Aflo Co. Ltd. 36.1; allOver images/MEV 56.2; Archive Pics 47.5; ARCTIC IMAGES/Sigurdsson, Ragnar Th 148.3; Arndt, Vladimir 164.1; Art Directors & TRIP/Helene Rogers 43.1; Basler, Andreas 101.1; Blom, Sonja 32.1; bratt, simon 129.1; Brilt 166.1; BSIP SA/AMELIE-BENOIST 33.2; BSIP SA/CHASSENET 84.3; BSIP SA/JACOPIN 104.2; Budman, Alan 182.4; Burdyak, Pavlo 167.1; Canetti 182.3; Carlsson, Martin 3.1, 14.1; Cultura Creative RF/Joseph Giacomin 5.2, 140.1; Daly, Jeff J. 161.1; Degginger, Phil 8.3, 80.4, 80.5, 81.2, 85.3; Dvornikov, Sergei 123.3; Edie, Lisa 139.1; Enigma 38.1; Findlay 103.3; Fotodrobik 172.1; Gozansky, Bill 127.1; gre jak 34.1; Green, David J. - electrical 57.1; Hinrichs, Johann 148.1; Historic Images 147.2; HOT SHOTS 168.2; imageBROKER/Fischer, Guenter 4.2, 88.1; imageBROKER/Kehrer, Herbert 182.2; imageBROKER/Siepmann, Martin 146.1; imageBROKER/Tack, Jochen 90.6; imageBROKER/Thiele, Ralf-Udo 174.4; Imaginechina Limited/ Imaginechina-Tuchong 81.3; JACOPIN/BSIP 156.3; Joe 145.1; Kondratov, ksandr 57.3; Lucadp 180.1; Lund, Jacob 11.1; magicmine 111.3; Marongiu, Eugenio 24.4; MITO images GmbH/Dreet Production 182.6; Mitrinovic, Mladen 174.6; Mopic 130.1; NEKRASOV, EVGENY 50.1; NG Images 167.3; Oviedo, Arnau Ramos 98.2; Panther Media GmbH/of.art 109.3; PaulPaladin 90.4, 90.5; Petrychenko, Anton 3.2, 44.1; RioPatuca 72.2; robertharding 164.3; Romanchenko, Pavlo 121.1; RooM the Agency/denistorm 166.2; sakkmesterke 107.4; Savage, Maurice 172.2; Scharnweber, Alexander 170.1; Science History Images 4.1, 8.6, 66.1, 84.1, 128.1; Science History Images/Photo Researchers 132.2; sciencephotos 74.5, 100.2; Smak, Lourens 124.3; Starikov, Anton 129.3; Stephen Dorey ABIPP 187.1; Strózyk, Wojciech 96.2; Tack, Jochen 55.1; Taylor, David 74.3, 74.4, 80.2; Thanitthitianant, Keerati 106.2; Tryapitsyn, Sergiy 63.1; van der Haven, Menno 105.3; Vidler, Steve 26.1; wacpan 90.1; Westend61 GmbH/Siepmann, Martin 182.1. |Alamy Stock Photo (RMB), Abingdon/Oxfordshire: Archive PL 82.2; Chin, Robert K. 137.1; Cultura Creative RF/Giacomin, Joseph 122.1; imageBROKER/Eisele-Hein, Norbert 37.1; Jannopparat, Sunan 124.1; Oakley, Terry 31.5; PhotoAlto/Mouton, Laurence 129.2; Science History Images 72.3; sciencephotos 68.6; Sotnichenko, Vladimir 91.2; Stocktrek Images, Inc. 132.1; Zoonar GmbH/Hofer, Alfred 108.1. |BC GmbH Verlags- und Medien-, Forschungs- und Beratungsgesellschaft, Ingelheim: 200.3, 200.4, 200.5, 200.6, 200.7, 200.8, 200.9, 200.10, 200.11, 200.12, 200.13, 200.14, 200.15, 200.16, 200.17. |DESY, Hamburg: Niedworok, Susann 109.4. |Druwe & Polastri, Cremlingen/Weddel: 143.2. |Europäische Kommission, Berlin: © European Union, 2020 59.3. |fotolia.com, New York: beermedia.de 56.3; bluraz 17.3; chaya1 - 16.7; eyewave 31.1; Fiedels 111.1; fotozick 183.2; Internetter 124.2; nmann77 173.1; Reinartz, Petra 19.2; RiveGauchePhoto 18.1; wellphoto 16.8. |Fruhmann GmbH NTL Manufacturer & Wholesaler, Bad Mergentheim: 97.5. |Gleixner, Dr. Christian, Iffeldorf b. München: 12.2, 12.3, 16.4, 19.5, 22.1, 22.3, 23.1, 23.2, 23.3, 24.3, 25.1, 25.3, 33.3, 41.1, 42.2, 47.1, 47.2, 47.3, 55.2, 58.1, 69.2, 69.3, 76.1, 76.2, 78.1, 78.3, 78.5, 83.2, 83.3, 83.4, 83.5, 84.2, 84.4, 98.3, 99.1, 99.2, 99.3, 103.2, 104.1, 105.2, 107.2, 107.3, 108.2, 109.1, 110.4, 112.2, 112.3, 112.4, 112.5, 118.1, 119.1, 122.3, 123.1, 125.1, 125.2, 125.3, 131.1, 133.1, 138.1, 138.2, 150.3, 158.2, 160.1, 165.1, 166.3, 169.1, 169.2, 169.3, 169.4, 173.2, 176.1, 188.1, 188.2, 188.3, 188.4, 188.5, 192.1, 192.2, 193.1, 193.2. |Gleiß / schulgrafik.flgrafik.de, Eischberg: Gleiß

schulgrafik.flgrafik.de unter CC BY 4 77.2, 77.3. |Heckmann, Angelina, München: 60.1, 60.2, 60.3. |Heckmann, Gerwald, Unterhaching: 59.2. |IPCC, Geneva 2: Le Treut, H., R. Somerville, U. Cubasch, Y. Ding, C. Mauritzen, A. Mokssit, T. Peterson, and M. Prather, 2007: Historical Overview of Climate Change. In: Climate Change 2007: The Physical Science Basis. Contribution of Working Group I to the Fourth Assessment Report of the Intergovernmental Panel on Climate Change [Solomon, S., D. Qin, M. Manning, Z. Chen, M. Marquis, K.B. Averyt, M. Tignor and H.L. Miller (eds.)]. Cambridge University Press, Cambridge, United Kingdom and New York, NY, USA; page 113 fig. 1.4 151.1; Le Treut, H., R. Somerville, U. Cubasch, Y. Ding, C. Mauritzen, A. Mokssit, T. Peterson, and M. Prather, 2007: Historical Overview of Climate Change. In: Climate Change 2007: The Physical Science Basis. Contribution of Working Group I to the Fourth Assessment Report of the Intergovernmental Panel on Climate Change [Solomon, S., D. Qin, M. Manning, Z. Chen, M. Marquis, K.B. Averyt, M. Tignor and H.L. Miller (eds.)]. Cambridge University Press, Cambridge, United Kingdom and New York, NY, USA; page 99 fig. 1.2 151.2. |iStockphoto.com, Calgary: aerogondo 129.7; arogant 183.4; Elenathewise Titel; Grigoriev, Andrey 129.6; ilona75 5.1, 114.1; Joachim Angeltun 90.3; lentolo 163.1; Maria_Lapina 129.5; nealec 16.2; Nikada 37.2; Osman, Omar 129.9; Poetsch, Johanna 148.4; Selvanegra 17.7; solar22 73.2; TadejZupancic 36.2; VectorMine 95.3; VitaliyPozdeyev 129.4; warrengoldswain 127.2. |Julie Gagnon - http://www.umop.net/spctelem: Julie Gagnon http://www.umop.net/spctelem (C) 2007, 2020. CC-BY-SA 4.0 https://creativecommons.org/licenses/by-sa/4.0/legalcode 8.5, 75.1, 75.3, 75.4, 75.5, 86.2, 202.1, 203.1. |Keis, Heike, Rödental: 90.7. |Kids and Science - www.kids-and-science.de, Dornstadt: Tillmann, Andreas 139.2. |Kilian, Ulrich - science & more redaktionsbüro, Frickingen: 8.1, 8.2, 8.4, 17.2, 18.2, 20.2, 20.3, 20.4, 22.2, 24.1, 32.2, 33.1, 34.2, 42.1, 42.3, 42.4, 46.2, 46.3, 50.3, 50.4, 59.1, 62.1, 64.1, 64.3, 65.2, 68.7, 70.2, 71.1, 71.2, 72.1, 74.1, 75.2, 75.6, 76.3, 77.1, 77.4, 78.2, 78.4, 82.1, 83.1, 85.1, 86.1, 86.4, 86.5, 87.1, 87.2, 92.2, 95.1, 95.2, 96.1, 105.1, 107.1, 112.1, 112.6, 116.2, 120.1, 120.2, 120.3, 120.4, 121.2, 132.3, 134.1, 137.2, 143.1, 184.1, 186.3, 189.1, 200.1, 200.2. |Köppen, Wladimir Peter: 147.1. |Lingemann, Peter/uranmaschine.de, Münster: 77.5, 77.6. |Lohrer, Anja, Lindau: 69.1, 70.1, 70.3. |Mettin, Markus, Offenbach: 21.1, 21.2, 113.3, 113.4. |NASA, Washington: 136.2, 173.3. |newVISION! GmbH, Pattensen OT Reden: 19.4, 20.1, 21.3, 24.2, 26.2, 27.1, 27.2, 30.1, 30.2, 30.3, 31.2, 31.3, 31.4, 46.1, 46.4, 48.1, 48.2, 48.3, 49.1, 50.2, 51.1, 51.2, 52.1, 52.2, 52.3, 52.4, 53.1, 54.1, 54.2, 54.3, 56.1, 57.2, 58.2, 64.2, 65.1, 68.4, 79.1, 79.2, 79.3, 79.4, 79.5, 80.1, 80.3, 81.1, 110.2, 117.1, 126.2, 127.3, 128.2, 130.2, 134.2, 149.1, 149.2, 149.3, 149.4, 150.2, 151.3, 152.3, 153.1, 153.2, 154.1, 154.2, 155.1, 155.2, 155.3, 156.1, 156.2, 157.1, 157.2, 158.1, 159.1, 160.2, 162.1, 162.2, 164.2, 165.2, 166.4, 167.2, 168.3, 170.2, 170.3, 171.1, 174.1, 174.3, 176.2, 177.1, 178.2, 179.1, 179.2, 179.3, 181.2, 185.1, 185.2. |Nürnberger, Monika, Lauingen: 92.1, 92.3, 97.2, 97.4, 103.1. |PantherMedia GmbH (panthermedia.net), München: Arapovic, Benis 174.5; Divizia, Claudio 19.1. |PhET Interactive Simulations. University of Colorado Boulder (http://phet.colorado.edu/) CC-BY 4.0: Der Treibhauseffekt 133.3; Eigenschaften von Gasen/CC BY 4.0 93.1, 93.2, 93.3, 93.4, 94.1, 94.2, 94.3, 106.1. |Picture-Alliance GmbH, Frankfurt/M.: MP/Leemage 47.4. |Potsdam-Institut für Klimafolgenforschung, Potsdam: 144.2. |Rahmstorf, Prof. Stefan / Potsdam-Institut für Klimafolgenforschung (PIK), Potsdam: 150.1. |Schlierf, Birgit und Olaf, Lachendorf: 74.6. |Science Photo Library, München: 73.1, 73.3; Aberration Films 129.8; Bernard, George 146.3; Jensen, Mikkel Juul 97.3; NASA 136.1; Winters, Charles D. 74.2. |Scorza, Dr. Cecilia, München: Handbuch „Der Klimawandel: Verstehen und Handeln", Scorza et al, 2019 Publikation der LMU Physik Fakultät, www.klimawandel- Schule.de, S. 59 133.2. |Shutterstock.com, New York: Africa Studio 98.1; BogDog 116.1; creativemarc 183.1; Designua 111.2; Inspiring 25.2; kapona 35.2; MaraZe 16.1; Oleg, Palii 109.2; Oleksandrserbinov 35.1; Semanche 100.1; Srisuttiwong, Akanit 10.1. |Spießl, Peter, Augsburg: 8.7, 68.1, 68.2, 68.3, 68.5, 122.2, 126.1. |Stiftung Juliusspital Würzburg, Würzburg: Martina Schneider 148.2. |stock.adobe.com, Dublin: AIDAsign 186.1; Alexander, U. J. 110.5; alfa27 90.2; anderssehen 181.1; Apart Foto 38.2; ARochau 16.9; Bartussek, Ingo 169.5; benik.at 175.1; Black, Ruth 102.4; CandyBox Images 43.3; CLShebley 11.2; Countrypixel 183.5; Daxenbichler, Patrick 19.3; digital-designer 182.5; dreampicture 128.3; EKH-Pictures 187.2; elcovalana 186.4; eyetronic 183.3; graja 102.3; Grundmann, Sven 16.6; juefraphoto 17.1; Jurik, Peter 12.1; Kadmy 168.1; Kampan 91.1; Kara 16.5; maho 113.1; MarekPhotoDesign.com 110.3; natros 71.3; naturenow 152.1; nokturnal 39.1; photobars 102.2; Pixel-Shot 165.3; Rabus, Tina 152.2; Rawpixel.com 16.3; Richard 40.1; Roswitha S. 146.2; Ryzhov, Sergey 43.2; Sanders, Gina 178.1; sergejka 49.2; Svitlana 102.1; Syda Productions 17.5, 17.6; tanawatpontchour 186.2; torwaiphoto 110.1; tsarevv 113.2; werayuth 17.4; Wolfilser 97.1; xiaoliangge 187.3. |Thermal Guys: 123.2. |WBGU - Wissenschaftlicher Beirat der Bundesregierung, Berlin: 144.1. |Wiley-VCH Verlag GmbH & Co KGaA, Weinheim: I. Müller und P. Strehlow, Physik von Luftballons. Phys. Bl. 55 (1999) Nr. 2. S. 37 Abb. 1 rechts. Copyright Wiley-VCH Verlag GmbH & Co. KGaA. Reproduced with permission. 163.2. |© Europa-Park, Rust bei Freiburg: 29.1. |© Europäische Union: 184.2.

Wir arbeiten sehr sorgfältig daran, für alle verwendeten Abbildungen die Rechteinhaberinnen und Rechteinhaber zu ermitteln. Sollte uns dies im Einzelfall nicht vollständig gelungen sein, werden berechtigte Ansprüche selbstverständlich im Rahmen der üblichen Vereinbarungen abgegolten.